*Georg Schwedt*
*Goethe als Chemiker*

# Springer

*Berlin*
*Heidelberg*
*New York*
*Barcelona*
*Budapest*
*Hongkong*
*London*
*Mailand*
*Paris*
*Singapur*
*Tokio*

Georg Schwedt

# Goethe als Chemiker

Mit 23 Abbildungen

Springer

Professor Dr. Georg Schwedt
Technische Universität Clausthal
Institut für Anorganische und Analytische Chemie
Paul-Ernst-Straße 4
38678 Clausthal-Zellerfeld

ISBN 3-540-64354-0  Springer-Verlag Berlin Heidelberg New York

Die Deutsche Bibliothek - CIP-Einheitsaufnahme
Schwedt, Georg:
Goethe als Chemiker / Georg Schwedt.- Berlin ; Heidelberg ; New York ; Barcelona ; Budapest ;
Hongkong ; London ; Mailand ; Paris ; Singapur ; Tokio : Springer 1998
ISBN 3-540-64354-0

Layout und Datenkonvertierung: Kirsten Matthias und Tina Hellweg, Berlin
Umschlaggestaltung: de`blik, Berlin

SPIN: 10530112     51/3020 - 5 4 3 2 1 0 - Gedruckt auf säurefreiem Papier

# INHALTSVERZEICHNIS

Susanna Katharina von Klettenberg, Johann Kunckel, Georg Christoph
Lichtenberg, Justus Christian Loder, Pierre Joseph Macquer, Karl Friedrich
Philipp Martius, Jean-Jacques Rousseau, Ferdinand Friedlieb Runge,
Friedrich Wilhelm Josef Schelling, August Wilhelm von Schlözer, Thomas
Johann Seebeck, Samuel Thomas Sömmering, Jacob Reinhold Spielmann,
Starkey, Friedrich August Wolf)

*Wo der Mensch im Leben hergekommen,
die Seite von welcher er in ein Fach hereingekommen,
läßt ihm einen bleibenden Eindruck,
eine gewisse Richtung seines Ganges für die Folge,
welches natürlich und notwendig ist.*

# EINLEITUNG

ANNÄHERUNG AN DEN NATUR(ER)FORSCHER GOETHE

Zum Thema „Goethe und die Naturwissenschaften" sind aus der Sicht der Naturwissenschaften und auch aus einer allgemeinen wissenschaftstheoretischen bzw. -historischen Sicht schon zahlreiche Beiträge erschienen. Meist wurden einzelne Fachgebiete betrachtet – auch von bedeutenden Naturwissenschaftlern wie dem Anatomen RUDOLF VIRCHOW, den Biologen ADOLF PORTMANN und ERNST HAECKEL, den Physikern WERNER HEISENBERG und HERMANN VON HELMHOLTZ, dem Chemiker PAUL WALDEN u.a. mehr. In dieser Annäherung soll im Unterschied dazu versucht werden, die Entwicklung Goethes mit und zu den Naturwissenschaften zu verfolgen. Es sollen speziell die Gebiete der Chemie, der Geochemie, des chemischen Teils der Farbenlehre, der damaligen chemischen Pflanzenphysiologie in Goethes Werken und Wirken möglichst detailliert und zugleich aus einer ganzheitlichen Sicht betrachtet und auch nach der raschen Weiterentwicklung der Naturwissenschaften in den vergangenen 150 Jahren verständlich gemacht werden. Die Darstellungen orientieren sich an Goethes gesammelten Werken, beginnend mit der Autobiographie *Dichtung und Wahrheit* über seine Tagebücher und Briefe bis hin zu seinen eigenen naturwissenschaftlichen Schriften und auch Dichtungen. Dabei werden der allgemeine Wissensstand, zu dem Goethe vor allem auch durch seine zahlreichen persönlichen und brieflichen Kontakte zu Naturwissenschaftlern seiner Zeit Zugang hatte, und die spezielle Denk- und Arbeitsweise Goethes einen wesentlichen Platz einnehmen. Das Material zu dieser Annäherung liefern die Gesamtausgabe von Goethes Werken (Weimarer Ausgabe: WA), die im Auftrage der Großherzogin SOPHIE VON SACHSEN von 1890 bis 1906 erschien, und Goethes Schriften zur Naturwissenschaft, die im Auftrage der Deutschen Akademie der Naturforscher (Leopoldina) zu Halle 1947 bis 1973 herausgegeben wurden. Exkurse zur ausführlichen Erläuterung der von Goethe angesprochenen Sachverhalte sind durch Balken vom übrigen Text abgesetzt.

Ausgangspunkt aller Darstellungen sind die Goethe-Texte selbst; sie werden deshalb auch häufig und ausführlich zitiert. Erst im zweiten Schritt in der Entstehungsgeschichte dieses Buches wurde zur Interpretation der Goethe-Texte auch die Sekundärliteratur herangezogen. Es beginnt mit den ersten chemischen Erfahrungen des jungen Goethe, die von ihm noch überwiegend aus alchemistisch-mystischer Sicht und aber zugleich auch praktisch-experimentell gemacht wurden. Nach seinem Studium und der Übersiedlung nach Weimar stehen zunächst geologische Interessen im Vordergrund. Sie werden aus geochemischer Sicht und anhand seiner Reisen in den Harz, die Schweiz und nach Italien sowie des Versuchs eines Neubeginns des Bergbaus in Ilmenau und der späteren Studien in Böhmen dargestellt. Und *die ganz persönliche Annäherung* setzt sich dann fort mit den „chemischen Anfangsgründen" in Weimar und der *Rolle der Chemie* an der Universität Jena, wo bedeutende Chemiker wie *Göttling, Döbereiner und Wackenroder* in der Goethezeit gewirkt und zu Goethe einen engen Kontakt gepflegt haben. In der zweiten Hälfte seines Lebens hat sich Goethe vor allem mit der Farbenlehre beschäftigt. Auch für dieses Tätigkeitsfeld werden die chemischen (jedoch nicht die physikalischen) Aspekte heraus- und kommentierend dargestellt. Anhand von Goethes handschriftlichem Nachlaß wird darüber hinaus deutlich, daß er sich nicht nur chemische Experimente hat vorführen lassen, sondern daß er selbst oder zusammen mit den Chemikern umfangreiche Versuchsreihen durchgeführt und deren Ergebnisse auch in Form von Laboraufzeichnungen festgehalten hat. Anhand dieses Materials erweist sich *Goethe auch als chemischer Experimentator*. Goethes Interessen an der angewandten Chemie und seine Begegnungen mit zeitgenössischen Chemikern beschließen den chemisch-wissenschaftlichen Teil des Buches, bevor der Stellenwert der Chemie in Goethes dichterischem Werk behandelt wird.

Die Chemie war für Goethe stets ein Teil seiner vielseitigen Interessen, seines Wirkens, seines Denkens, seines Handelns als hoher Beamter des kleinen Herzogtums Sachsen-Eisenach-Weimar und auch seines dichterischen Schaffens – und somit ein Teil seines täglichen Lebens.

Die kursiv gesetzten Goethe-Zitate wurden der Weimarer Ausgabe entnommen, in ihrer Rechtschreibung jedoch der zur Zeit geltenden Form angepaßt (ausgenommen Briefe), um die Lesbarkeit zu erleichtern. Im Hinblick auf die Rechtschreibreform in unserer Zeit mögen Goethes eigene Worte gelten, die er gegenüber dem Schriftsteller und Schauspieler KARL VON HOLTEI (1798–1880) in seinen letzten Lebensjahren geäußert hat[1]:

*Mir, der ich selten selbst geschrieben, was ich zum Druck beförderte,
und, weil ich diktierte, mich dazu verschiedener Hände bedienen mußte,
war die konsequente Rechtschreibung immer ziemlich gleichgültig. Wie
dieses oder jenes Wort geschrieben wird, darauf kommt es doch eigentlich
nicht an; sondern darauf, daß die Leser verstehen, was man damit sagen
wollte! Und das haben die Deutschen bei mir doch manchmal getan.*

---

[1]   Richard Dobel: Lexikon der Goethe Zitate, Artemis Zürich/Stuttgart,
      Ausgabe Weltbild Augsburg 1991

# 1 DIE CHEMISCHEN EXPERIMENTE DES JUNGEN GOETHE

In seinem zweiundsiebzigsten Lebensjahr entwarf Goethe – datiert auf den 11. April 1821- ein Schema seines naturwissenschaftlichen Entwicklungsganges.[2] Darin vermerkt er:

*In Leipzig Winklers Physik. Zu Hause alchemistisches Treiben. Große Pause durch jugendliche Leidenschaften angefüllt.*

## STUDENT IN LEIPZIG

Als Goethe am 3. Oktober 1765 im Alter von 16 Jahren aus seiner Geburtsstadt Frankfurt am Main in Leipzig zur Messezeit eintraf, bezog er seine erste Wohnung in der „Großen Feuerkugel". Das im Zweiten Weltkrieg zerstörte Gebäude am Neumarkt 3 trug als Wahrzeichen eine brennende Handgranate. Es befand sich nicht weit entfernt vom heutigen Goethedenkmal, das am Naschmarkt vor der Alten Handelsbörse steht, dem ältesten Versammlungsgebäude der Leipziger Kaufmannschaft und erstem Barockgebäude der Stadt aus dem Jahre 1679. Das Goethedenkmal des Leipziger Bildhauers Carl Seffner, am 28. Juni 1903 eingeweiht, zeigt den Studenten in einem Kostüm der damaligen Zeit. Porträtreliefs im Sockel stellen Goethes Leipziger Freundinnen KÄTHCHEN (ANNA KATHARINA) SCHÖNKOPF (1744–1806) – Tochter des Zinngießers und Weinwirtes Christian Gottlob Schönkopf und ab 1770 verheiratet mit dem Advokaten und Ratsherrn von Leipzig Dr. Kanne – sowie FRIEDRIKE (ELISABETH) OESER (1748–1829) dar, Tochter des Direktors der Kunstakademie Adam Friedrich Oeser.

Goethes erster Eindruck von der damals 30 000 Einwohner zählenden Stadt war sehr positiv; das Messetreiben und die Stadt selbst *mit ihren schönen, hohen und untereinander gleichen Gebäuden* gefielen ihm. *Sie machte einen sehr guten Eindruck auf mich, und es nicht zu leugnen, daß sie überhaupt, besonders aber in stillen Momenten der Sonn- und Feiertage etwas*

---

[2] WA II. 11, 300₁₇₋₃₀

*Imposantes hat, so wie denn auch im Mondschein die Straßen halb beschattet, halb beleuchtet, mich oft zu nächtlichen Promenaden einluden.*[3]

Goethe kam in einer friedlichen Zeit nach Leipzig: 1763 war der Siebenjährige Krieg zwischen Preußen und Österreich durch die Vermittlung Sachsens mit dem Frieden von Hubertusburg beendet worden. In seiner Autobiographie *Aus meinem Leben. Dichtung und Wahrheit* beschreibt er sehr ausführlich aus der Sicht des Alters (1811 – im Alter von 72 Jahren) seine Leipziger Studentenzeit[4]:

*Leipzig ruft dem Beschauer keine altertümliche Zeit zurück; es ist eine neue, kurz vergangene, von Handelstätigkeit, Wohlhabenheit, Reichtum zeugende Epoche, die sich uns in diesen Denkmalen ankündet. Jedoch ganz nach meinem Sinn waren die mir ungeheuer scheinenden Gebäude, die, nach zwei Seiten ihr Gesicht wendend, in großen, himmelhoch umbauten Hofräumen eine bürgerliche Welt umfassend, großen Burgen, ja Halbstädten ähnlich sind. In einem dieser seltsamen Räume quartierte ich mich ein, und zwar in der Feuerkugel zwischen dem alten und neuen Neumarkt. Ein paar artige Zimmer, die in den Hof sahen, der wegen des Durchgangs nicht unbelebt war, bewohnte der Buchhändler Fleischer*[5] *während der Messe und ich für die übrige Zeit um einen leidlichen Preis.*

Goethe studierte in Leipzig nicht nur Jura sondern auch Philosophie sowie Philologie, und er nahm Zeichenunterricht bei ADAM FRIEDRICH OESER (1717-1799), der auch eine Naturaliensammlung besaß. Am Mittagstisch des damaligen Rektors, des Mediziners und Botanikers CHRISTIAN GOTTLIEB LUDWIG (1709–1773), hörte *ich gar kein ander(es) Gespräch als von Medizin oder Naturhistorie, und meine Einbildungskraft wurde in ein ganz ander Feld hinübergezogen. Die Namen Haller, Linné, Buffon hörte ich mit großer Verehrung nennen, ... Die Gegenstände waren unterhaltend und bedeutend, und spannten meine Aufmerksamkeit. Viele Benennungen und eine weitläufige Terminologie wurden mir nach und nach bekannt ...* [6]

Diese Gespräche haben Goethe wohl auch dazu angeregt, Vorlesungen über Physik zu hören, worüber er im historischen Teil seiner Farbenlehre

---

[3]  WA I.27, 48$_{20-27}$
[4]  WA I.27, 49$_{1-17}$
[5]  stammte aus Frankfurt, gest. 1796, dessen Söhne und Enkel wurden Buchhändler in Leipzig
[6]  WA I.27, 67$_{20}$–68$_4$

berichtet. Er nennt speziell den Professor der griechischen und römischen Sprache und der Physik zu Leipzig JOHANN HEINRICH WIN(C)KLER (1703–1770)[7] und dessen Werk, die „Institutiones mathematico-physicae" von 1738. In die Geschichte der Physik ist Winckler durch die Konstruktion einer Elektrisiermaschine (1744) und auch durch seine Untersuchungen über die Luftelektrizität (1752) eingegangen, welche den Ideen Benjamin Franklins folgten [1]. Auf Goethes Entwicklungsgang in den Naturwissenschaften hat er offensichtlich im Rückblick eine nur zum Teil günstige Wirkung ausgeübt:

*Winkler in Leipzig, einer der ersten der sich um Elektrizität verdient machte, behandelte diese Abteilung sehr umständlich [8] und mit Liebe, so daß mit die sämtlichen Versuche mit ihren Bedingungen fast noch jetzt 1810 durchaus gegenwärtig sind. Die Gestelle waren sämtlich blau angestrichen; man brauchte ausschließlich blaue Seidenfäden zum Anknüpfen und Aufhängen der Teile des Apparats: welches mir auch immer wieder, wenn ich über blaue Farbe dachte, einfiel. Dagegen erinnere ich mich nicht, die Experimente, wodurch die Newtonische Theorie bewiesen werden soll, jemals gesehen zu haben; wie sie denn gewöhnlich in der Experimental-Physik auf gelegentlichen Sonnenschein verschoben, und außer der Ordnung des laufenden Vortrags gezeigt werden.[9]*

Ende Juli 1768 erkrankte Goethe in Leipzig schwer – er erlitt einen Blutsturz. Die Ursachen werden von ihm selbst u.a. im Sturz mit dem Pferd oder auch als Spätfolge eines Unfalles mit dem Reisewagen auf der Hinreise von Frankfurt nach Leipzig bei Auerstedt im Oktober 1765 gesehen, als dieser bei einbrechender Nacht im Schlamm der damals miserablen Wege steckenblieb.

## ALCHEMISTISCHE EXPERIMENTE IM ELTERNHAUS

Etwa vier Wochen nach dem Blutsturz Ende Juli, an seinem 19. Geburtstag am 28. August 1768, verließ der an Leib und wohl auch an der Seele kranke Goethe mit einer Geschwulst am Hals Leipzig und kehrte in seine Vaterstadt zurück. An den beiden Vortagen hatte er sowohl von Käthchen Schönkopf

---

[7]   Register WA II. 5.2, 531
[8]   im Sinne von ausführlich, eingehend, alle Umstände umfassend
[9]   WA II. 4, 292$_{14-28}$

als auch von der Familie Oeser in deren Landhaus in Dölitz Abschied genommen. In Frankfurt ging es ihm nur zeitweise gesundheitlich besser, schließlich mußten wegen der Geschwulst am Hals ein Chirurg und der Arzt DR. JOHANN FRIEDRICH METZ (1721–1782) hinzugezogen werden.

*Da ich mit der Geschwulst am Halse sehr geplagt war, indem Arzt und Chirurgus diese Excrescenz* [10] *erst vertreiben, hernach, wie sie sagen, zeitigen* [11] *wollten, und sie zuletzt aufzuschneiden sehr gut befanden, so hatte ich eine geraume Zeit mehr an Unbequemlichkeit als an Schmerzen zu leiden, obgleich gegen das Ende der Heilung das immer fortdauernde Betupfen mit Höllenstein* [12] *und anderen ätzenden Dingen höchst verdrießliche Aussichten auf jeden neuen Tag geben mußte. Arzt und Chirurgus gehörten auch unter die abgesonderten Frommen, obgleich beide von höchst verschiedenem Naturell waren.* [13]

Der Arzt Dr. Metz ist auch in Goethes literarisches Werk – in „Wilhelm Meisters Lehrjahre" – eingegangen. Durch ihn angeregt und zusammen mit seiner Frankfurter Freundin SUSANNA KATHARINA VON KLETTENBERG (Biographie s. Kap. 8, [2]), begann Goethes *alchemistisches Treiben*. Dr. Metz, Hausarzt der Familie von Klettenberg, *ein unerklärlicher, schlaublickender, freundlich sprechender, übrigens abstruser* [14] *Mann, … Tätig und aufmerksam war er den Kranken tröstlich; mehr aber als durch alles erweiterte er seine Kundschaft durch die Gabe, einige geheimnisvolle selbstbereitete Arzneien im Hintergrunde zu zeigen, von denen niemand sprechen durfte, weil bei uns den Ärzten die eigene Dispensation* [15] *streng verboten war. Mit gewissen Pulvern, die irgend ein Digestiv sein mochten, tat er nicht so geheim; aber von jenem wichtigen Salze, das nur in den größten Gefahren angewendet werden durfte, war nur unter den Gläubigen die Rede, …* [16] Er empfahl Goethe *gewisse chemischalchimische Bücher.* Zusammen mit dem Fräulein von Klettenberg, dem Urbild der *schönen Seele* in „Wilhelm Meisters Lehrjahre", studierte Goethe verschiedene Werke, um *die Geheimnisse der Natur im Zusammenhange* kennenzulernen. Namentlich werden in seiner Erinnerung „Dichtung und

---

[10]  kleine Wucherung
[11]  zur Reife bringen
[12]  Silbernitrat
[13]  WA I. 27, $202_{3-14}$
[14]  im Sinne verworren, schwer verständlich
[15]  Bereitung und Abgabe einer Arznei
[16]  WA I. 27, $202_{18}$–$203_3$

Wahrheit" von ihm die Autoren Welling, Paracelsus, Basilius Valentinus, Helmont und Starkey genannt (s auch Kap. 8).

In der zitierten Geschichte der Alchemie [2] wird auch das alchemistische Treiben des jungen Goethe und des mehr als doppelt so alten Fräuleins von Klettenberg beschrieben. Ob das Beispiel ihres Onkels (s. S. 354) wie Federmann schreibt „von Kind auf wenn auch nicht vor Augen, so doch im Herzen" angespornt hat, bleibt fraglich. Katharina von Klettenberg wird als eine Person mit Natürlichkeit, Anmut und einer wahrhaft inneren Ruhe beschrieben. Goethe charakterisiert sie mit seinen eigenen Worten wie folgt[17]:

*Es ist dieselbe, aus deren Unterhaltungen und Briefen die Bekenntnisse der schönen Seele entstanden sind. Sie war zart gebaut, von mittlerer Größe, ein herzliches natürliches Betragen war durch Welt- und Hofart noch gefälliger geworden. Ihr sehr netter Anzug erinnerte an die Kleidung Herrnhutischer Frauen. Heiterkeit und Gemütsruhe verließen sie niemals.*

*Sie hatte schon insgeheim Wellings Opus mago-cabbalisticum studiert, wobei sie jedoch, weil der Autor das Licht, was er mitteilt, sogleich wieder selbst verfinstert und aufhebt, sich nach einem Freunde umsah, der ihr in diesem Wechsel von Licht und Finsternis Gesellschaft leistete.[18]*

Goethe verschaffte sich Georg von Wellings Werk, das erstmals 1735 in Homburg vor der Höhe und noch zweimal – 1760 und 1784 – in Frankfurt bzw. Leipzig erschien, und fand darin vor allem nur *dunkle Hinweisungen, wo der Verfasser von einer Stelle auf die andere deutet, und dadurch das was er verbirgt, zu enthüllen verspricht ... Aber auch so blieb das Buch noch dunkel und unverständlich genug; außer daß man sich zuletzt in eine gewisse Terminologie hineinstudierte ...* [19]

Auch wenn der Untertitel des Werkes neben „Magischen und Mystischen Materien" über die „Natur, Eigenschaften und Gebrauch des Saltzes, Schwefels und Mercurii" und über die „Erzeugung der Metalle und Mineralien" zu unterrichten versprach, wandte sich Goethe den dort zitierten Quellen zu.

Goethe beschäftigte sich nun mit den Werken der Alchemisten Theophrastus Paracelsus, Basilius Valentinus, Helmont und Starkey [2-4], bevor er sich auch an eigene Experimente wagte. Im historischen Teil der Farbenlehre widmete Goethe dem Arzt und Naturforscher Paracelsus –

---

[17] WA I.27, 199$_{16-23}$
[18] WA I.27, 203$_{26}$–204$_3$
[19] WA I.27, 204$_{9-17}$

Die Herrnhuter Brüdergemeinde war aus dem Pietismus hervorgegangen. Eine Keimzelle hatte sich 1722 auf den Besitzungen des Grafen Zinzendorf in Herrnhut/Oberlausitz (südwestlich von Görlitz) entwickelt. Tochtergründungen in der Wetterau in Hessen 1736/1738 verbreiteten die Lehre zur Verwirklichung einer urchristlichen Brüderlichkeit auch im Westen Deutschlands. 1749 wurde die Brüdergemeinde nach deren Zustimmung zum Augsburger Bekenntnis von 1530 (von Melanchthon verfaßte Bekenntnisschrift der reformatorischen Kirche, vor dem Reichstag verlesen) staatlich anerkannt. Und so kam auch Katharina von Klettenberg mit der Brüdergemeinde in Verbindung.

eigentlich Theophrast Bombast von Hohenheim (Einsiedeln 1493–1541 Salzburg) einen eigenen Abschnitt[20] – s. auch Kap. 6 :

*Man ist gegen den Geist und die Talente dieses außerordentlichen Mannes in der neuern Zeit mehr als in einer früheren gerecht, daher man uns eine Schilderung derselben gern erlassen wird … Paracelsus ließ zwar noch vier Elemente gelten, jedes war aber wieder aus dreien zusammengesetzt, aus Sal, Sulphur und Mercurius, wodurch sie denn sämtlich, ungeachtet ihrer Verschiedenheit und Unähnlichkeit, wieder in einen gewissen Bezug untereinander kamen.*

*Mit diesen drei Uranfängen scheint er dasjenige ausdrücken zu wollen, was man in der Folge alkalische Grundlagen, säuernde Wirksamkeiten, und begeisternde Vereinigungsmittel genannt hat … .*

Nochmals 150 Jahre später wird Paracelsus heute nach seinem 500. Geburtsjahr (der Tag ist nicht genau bekannt) zwar einerseits als eine zwiespältige Persönlichkeit, eben ein Kind seiner Zeit am Übergang zwischen Spätmittelalter und Neuzeit, andererseits aber auch als fortschrittlicher Arzt und Naturforscher eingeschätzt, der in seinem auch chemischen Wissen der Zeit weit voraus war. Von ihm stammt der toxikologische Grundbegriff der *Dosis*.

Die Lehren dieser Autoren (Biographie s. Kap. 8, [3]) bezeichnete Goethe als *mehr oder weniger auf Natur und Einbildung beruhende Lehren und Vorschriften*, die *wir einzusehen und zu befolgen suchten. Mir wollte besonders*

---

[20] WA II.3, 205–206

*die* Aurea Catena Homer²¹ *gefallen, wodurch die Natur, wenn auch vielleicht auf phantastische Weise, in einer schönen Verknüpfung dargestellt wird; und so verwendeten wir teils einzeln, teils zusammen, viele Zeit an diese Seltsamkeiten, und brachten die Abende eines langen Winters, während dessen ich die Stube hüten mußte, sehr vergnügt zu, indem wir zu dreien, meine Mutter mit eingeschlossen, uns an diesen Geheimnissen mehr ergötzten, als die Offenbarung derselben hätte tun können.* ²²

Goethes Erkrankung erreichte in dieser Zeit ihren Höhepunkt – *denn eine gestörte und man dürfte wohl sagen für gewisse Momente vernichtete Verdauung brachte solche Symptome hervor, daß ich unter großen Beängstigungen das Leben zu verlieren glaubte und keine angewandten Mittel weiter etwas fruchten wollten. In diesen letzten Nöten zwang meine bedrängte Mut-*

Das Werk „Aurea Catena Homeri…" erschien erstmals 1723 in Frankfurt und Leipzig – mit dem Untertitel „eine Beschreibung von dem Ursprung der Natur und natürlichen Dingen". Als wahrscheinlicher Autor gilt Joseph Anton Kirchweger aus Krummau in Mähren. Das spätbarocke pansophische Werk verwendet die Kette als Symbol für eine Verbindung der weltlichen Sphären mit der göttlichen Sphäre, von Vernunft (ratio), Erfahrung und den Inhalten (Verkündigungen) der Heiligen Schrift, zur Beschreibung der auf der Erde, in unserer Welt wirkenden Kräfte der Natur [4]. Die Pansophie als eine religiöse, naturphilosophische Bewegung des 16. bis 18. Jahrhunderts ist vor allem auf das Werk des tschechischen Theologen und Pädagogen Johann Amos Comenius (eigentlich Jan A. Komensky, 1592–1670) „Pansophiae prodromus" Der Vorbote der Allweisheit, 1639, zurückzuführen. Sie versuchte aus dem Wissen über Gott und die Welt eine Universalwissenschaft aller Wissenschaften einschließlich der Alchemie zu bilden und darauf aufbauend ein weltweit gültiges Gelehrten- und Friedensreich zu verwirklichen. Aber auch in diesem Buch werden neben überwiegend „Ideen" häufig Experimente und Beobachten vermittelt und in das „Ideengebäude" einbezogen.

²¹  Die Goldene Kette des Homer
²²  WA I.27, 204₂₇–208₈

*ter mit dem größten Ungestüm den verlegnen Arzt, mit seiner Universal-Me-dizin hervorzurücken; nach langem Widerstande eilte er tief in der Nacht nach Hause und kam mit einem Gläschen kristallisierten trocknen Salzes zurück, welches in Wasser aufgelöst von dem Patienten verschluckt wurde und einen entschieden alkalischen Geschmack hatte. Das Salz war kaum ge-nommen, so zeigte sich eine Erleichterung des Zustandes, und von dem Au-genblick an nahm die Krankheit eine Wendung, die stufenweise zur Besse-rung führte.* [23]

Von Medizinern, insbesondere von dem Internisten Frank Nager [5], Pro-fessor an der Universität Zürich und Chefarzt der medizinischen Klinik am Kantonspital Luzern, wird von durch Goethe selbst ausführlich beschrie-benen Symptomen seiner Erkrankung seit Leipzig auf ein Magen- und Zwölffingerdarmgeschwür geschlossen – und nicht auf eine Lungener-krankung (aufgrund des Blutsturzes) wie meist vermutet. Nach Nager kön-nen auch die Brustschmerzen, „die er selber mit einem Sturz vom Pferd in Zusammenhang bringt, die aber auch 'epigastrischen' Schmerzen (in der Magengegend) entsprechen (...), Folge eines Magengeschwürs sein ... " [5] Über das „Hintergründige dieser Jugendkrankheit" schreibt Nager: „Auf-grund von Goethes Briefen und seiner Schilderung in 'Dichtung und Wahr-heit' ist es offensichtlich, daß er vor dieser Krise zerrissen war und sehr un-gesund lebte. Disharmonisch war er hin- und hergerissen zwischen ausgelassener Rokoko-Leichtlebigkeit, falsch verstandener Rousseauscher Askese [zur Biographie s. Kap. 8] mit Kaltbaden und Kühlschlafen, melan-cholischem Unbehagen und hypochondrischen Verstimmungen."

Hinter der „alchemistisch zubereiteten Universalmedizin" (Nager) wird das Glaubersalz vermutet – „Jenes Wundersalz des Dr. Metz, aber auch spä-ter erprobte geheimnisvolle Universalarzneien wirkten bei ihm oft in klein-sten Dosis so eindeutig und so unmittelbar rasch, daß man sich fragt, wie stark wohl bei diesem sensiblen Patienten der berühmte Placebo-Effekt zum Tragen gekommen sei."

Die Beschreibung Goethes – kristallisiertes Salz, gut löslich in Wasser, alkalischer Geschmack -, alle drei Kriterien sprechen für ein Mineralsalz wie z.B. das Glaubersalz (Natriumsulfat). Glaubers Wundersalz wurde im 18. Jahrhundert als Sal mirabile Glauberi (seit 1680) mit den Wirkungen als La-xans (Abführmittel) und auch als Diuretikum (harntreibendes Mittel) in

---

[23]  WA I.27, 205$_{10-26}$

den amtlichen Arzneibüchern (Pharmakopoen) aufgeführt. JOHANN RUDOLF GLAUBER (Karlstadt am Main 1604–1670 Amsterdam) hat es erstmals beschrieben, hergestellt und auch vertrieben. Mit der Wirkung hatte Goethe auch sein Interesse für die Chemiatrie, einen zweiten Zweig der frühen Chemie neben der bereits genannten Iatrochemie entdeckt. Die Chemiatrie ging vor allem von Paracelsus aus, der die gezielte Verwendung chemischer Stoffe unter Berücksichtigung der Dosis zur Behandlung von Krankheiten verfolgte. Die Chemiatrie als Teil einer pharmazeutischen Alchemie ging um 1800 in die wissenschaftlichen pharmazeutische Chemie über. Der erste Lehrstuhl für Chemiatrie wurde 1609 durch den Mediziner JOHANN HARTMANN (1568–1631) an der Universität Marburg begründet.

Die auf so wundersame und schnelle Weise geheilte Krankheit Goethes schätzt der Internist Frank Nager [5] für Goethes vor allem naturwissenschaftlichen Werdegang insgesamt wie folgt ein:

„Die strenge und weitblickende Gouvernante, genannt Krankheit, hatte aus einer extravertiert-hektischen Sebstentfremdung auf den Weg in die eigene Tiefe geschickt, in heilsame Introversion gezwungen. Hier ist er ganz auf der Suche und öffnet sich für die religiöse Welt von Susanne von Klettenberg, jener 'schönen Seele', die ihn für die pietistische Glaubenshaltung der Herrnhuter Brüdergemeinde aufschließt. Diese Krise und Suche wird zur ersten großen Lebenswende, Anlaß zu religiöser Besinnung, zum Studium alchemistischer, mystischer und naturphilosophischer Werke sowie hermetischer Geheimschriften … Der 'Faust'-Gedanke wird geboren. Auch der Grundstein für seine ehrfurchtsvolle Art der Naturforschung, seine fromm-verehrende Naturbetrachtung wird gelegt."

Nach seiner Genesung beginnt Goethe mit Hilfe seiner Freundin von Klettenberg selbst chemische Experimente durchzuführen, worüber er ausführlich in seinen Erinnerungen „Dichtung und Wahrheit" berichtet[24]:

*Meine Freundin, welche eltern- und geschwisterlos in einem großen wohlgelegenen Hause wohnte, hatte schon früher angefangen, sich einen kleinen Windofen, Kolben und Retorten von mäßiger Größe anzuschaffen, und operierte nach Wellinigischen Fingerzeigen und nach bedeutenden Winken des Arztes und Meisters, besonders auf Eisen, in welchem die heilsamsten Kräfte verborgen sein sollten, und wenn man es aufzuschließen wisse, und weil in allen uns bekannten Schriften das Luftsalz, welches her-*

---

[24]  WA I.27, 206$_{1-15}$

*beigezogen werden mußte, eine große Rolle spielte, so wurden zu diesen*
*Operationen Alkalien erfordert, welche indem sie an der Luft zerfließen*
*sich mit jenen überirdischen Dingen verbinden und zuletzt ein geheimnis-*
*volles treffliches Mittelsalz per se hervorbringen sollten.*

Goethe nimmt zu Beginn des Textes zunächst Bezug auf den frühen Tod der Eltern Susanna Katharina von Klettenbergs: Der Vater Remigius Seyfart war 1766, die Mutter Susanna Margaretha geborene Jordis bereits zehn Jahre früher verstorben. Hier gelangen wir als Leser von Goethes Erinnerungen erstmals an faßbare „chemisch-stoffliche Informationen". Er nennt Eisen (und meint offensichtlich auch dessen Verbindungen), das Luftsalz (= Kaliumcarbonat) und Alkalien (also Natrium- oder auch Kaliumhydroxid in fester Form), die *an der Luft zerfließen.*

Eisen (ferrum), das alchemistisch das Zeichen des Mars trug, stellte bereits in der Antike einen wichtigen Grundstock dar. Es wurde elementar oder überwiegend mineralisch als Vitriol (Sulfat) oder als Blutstein (Eisenoxid – Lapis Haematitis – als Adstringens beim Blutspeien) verwendet und zur Blütezeit der Chemiatrie im 17. und 18. Jahrhundert kamen zahlreiche Eisenpräparate hinzu: An mineralischen Eisenoxiden fanden neben dem Blutstein auch der Magnetstein (Lapis Magnetis) als Bestandteil einiger Pflaster, Ochra (Ockergelb, Verwitterungsprodukt aus Eisenerz und Feldspat mit hohem Gehalt an Eisenoxiden) zur äußerlichen Verwendung gegen Entzündungen und Gichtknoten medizinische Anwendung. Künstlich hergestellten Eisenoxide waren Rubigo (Eisenrost aus der antiken und arabische Medizin, gegen Ausschlag, Geschwülste und Podagra), Colcothar als Bestandteil von Pflastern (bei den Arabern ursprünglich ein rotes Mineralprodukt, meist als rotgebranntes Eisenvitriol) und Crocus Martis (rot bis gelbgefärbte Präparate als Adstringens). Gegen übermäßige Magensäure und Schwindsucht wurde seit dem 17. Jahrhundert auch das künstliche hergestellte Eisensulfid verwendet. Gegen Eisenmangel setzten sich im 18. Jahrhundert vor allem Eisentinkturen durch – mit Weinstein z. B. als Essentia Martis, mit Apfelsaft als Tinctura Martis cum Succo Pomorum (Ende des 17. Jahrhunderts). Die positive Wirkung von Eisensalzen gegen Bleichsucht (Anämie) war wahrscheinlich schon im Altertum bekannt. So soll der griechische Geschichtsschreiber Herodot (482–429 vor Christus) vorgeschlagen haben, alte rostige Hufeisennägel in saure Äpfel zu stecken, wobei sich das Eisen im Apfel(Zell)saft löst, und diese so behandelten Äpfel jeden Morgen gegen die Bleichsucht zu essen. Der Arzt Sydenham (1624–1689) verordnete gegen Blutarmut Auflösungen von Eisenfeilspänen in saurem Wein. Die blutstillende Wirkung saurer Eisen(III)salze wie des Eisen(III)chlorids beruht auf der Ausfällung von Eiweiß (lokal ätzende Wirkung) und damit zum Verschluß einer Wunde. [6, 7]

Die Beispiele des Exkurses machen deutlich, daß Eisenpräparate in der Goethezeit, auch noch im 19. Jahrhundert, im Arzneimittelschatz der Apotheken zahlreich vertreten waren. Im 20. Jahrhundert verringerte sich zwar die Zahl dieser sogenannten offizinellen Präparate, die therapeutische Bedeutung blieb jedoch erhalten. Nach 1800 wurden z.B. neu die sogenannten Blaud-Pillen – nach dem französischen Arzt PAUL PIERRE BLAUD (1774–1858) –, die Eisencarbonat (bzw. Eisen(II)sulfat) und Calciumcarbonat mit Zucker als Oxidationsschutz enthalten, als Antianämikum eingeführt [6]. Aufgrund der Krankengeschichte von Goethe verwundert es also nicht, daß er sich u.a. besonders für das chemische Element Eisen interessierte. In einem erfolgreichen Lehrbuch des 17. Jahrhunderts, dem „Chimischen Wegweiser" von Christophero Glaser, Professor und Apotheker am königlichen Hof in Paris, entnehmen wir eine charakteristische Stelle in der typischen Barocksprache der damaligen Zeit:

*Das Eisen, von den Chimisten Mars genannt, ist ein unvollkommen metall, hat wenig mercurium[25] aber viel Feuer-beständig Saltz und irdischen Schwefel. Man machet daraus sehr vortreffliche Artzeneyen, die in vielen Kranckheiten verwunderliche Wirkung thun, also, daß auch die Feinde der Chimischen Kunst sich dessen bedienen, und seine Tugend loben müssen, wenn die gemeine remedia[26] nichts helffen wollen."* [8]

Als weiteren wichtigen Stoff führt Goethe nach dem Eisen und dessen Verbindungen das *Luftsalz* an. Als Luftsäure wurde vor der Entdeckung des Sauerstoffs in der Luft (1771 durch den Apotheker Wilhelm Scheele) das Kohlenstoffdioxid bezeichnet, als Luftsalz z.B. das Kaliumcarbonat. Feste

---

[25] Flüchtigkeit
[26] Heilmittel

bzw. flüssige Natriumhydroxid- bzw. Kaliumhydroxid-Päparate lernte man erst in der zweiten Hälfte des 18. Jahrhunderts – z.B. aus Soda oder auch Pottasche – herzustellen. Die Beschreibung Goethes gründet sich auf die hygroskopischen Eigenschaften und natürlich auf die Reaktionen mit Säuren wie dem Kohlenstoffdioxid aus der Luft. Auch für diese Stoffe finden sich in der Pharmaziegeschichte zahlreiche frühe Anwendungen. So wurde Natriumcarbonat sowohl zu Bädern als auch präparativen Zwecken, als säurebindendes Mittel, Diuretikum, bei Gelenkrheumatismus und Gelbsucht, das Kaliumcarbonat in mittelalterlichen Arzneibüchern jedoch wesentlich seltener für Bäder oder Umschläge verwendet – nach W. Schneider [6].

Die Erfahrungen des Fräulein von Klettenberg, die sie wohl auch von ihrem und Goethes Arzt Dr. Metz erworben hatte, griff Goethe dann im Frühjahr 1769 selbst auf, um sich nun nicht nur mehr theoretisch spekulativ sondern auch praktisch experimentierend mit der Alchemie zu beschäftigen:

*Kaum war ich einigermaßen wieder hergestellt und konnte mich, durch eine bessere Jahreszeit begünstigt, wieder in meinem alten Giebelzimmer aufhalten, so fing auch ich an, mir einen kleinen Apparat zuzulegen; ein Windöfchen mit einem Sandbade war zubereitet, ich lernte sehr geschwind mit einer brennenden Lunte die Glaskolben in Schalen verwandeln, in welchen die verschiedenen Mischungen abgeraucht werden sollten. Nun wurden sonderbare Ingredienzien des Makrokosmos und Mikrokosmos auf eine geheimnißvolle wunderliche Weise behandelt, und vor allem suchte man Mittelsalze auf eine unerhörte Art hervorzubringen. Was mich aber eine ganze Weile am meisten beschäftigte, war der sogenannte Liquor Silicum (Kieselsaft), welcher entsteht, wenn man reine Quarzkiesel mit einem gehörigen Anteil Alkali schmilzt, woraus ein durchsichtiges Glas entspringt, welches an der Luft zerschmilzt und eine schöne klare Flüssigkeit darstellt. Wer dieses einmal selbst verfertigt und mit Augen gesehen hat, der wird diejenigen nicht tadeln, welche an eine jungfräuliche Erde und an die Möglichkeit glauben, auf und durch dieselbe weiter zu wirken. Diesen Kieselsaft zu bereiten hatte ich eine besondere Fertigkeit erlangt; die schönen weißen Kiesel, welche sich im Main finden, gaben dazu ein vollkommenes Material; und an dem übrigen so wie an Fleiß ließ ich es nicht fehlen: nur ermüdete ich doch zuletzt, indem ich bemerken mußte, daß das Kieselhafte keineswegs mit dem Salze so innig vereint sei, wie ich philosophischerweise geglaubt hatte: denn es schied sich gar leicht wieder aus, und die schönste mineralische Flüssigkeit, die mir einigemal zu meiner größten Verwunde-*

*rung in Form einer animalischen Gallert erschienen war, ließ doch immer ein Pulver fallen, daß ich für den feinsten Kieselstaub ansprechen mußte, der aber keineswegs irgend etwas Productives in seiner Natur spüren ließ, woran man hätte hoffen können diese jungfräuliche Erde in den Mutterstand übergehen zu sehen.*[27]

Als Kiesel oder Kieselsteine bezeichnet man noch heute ein kleines Geröll aus Quarz oder quarzreichem Gestein. Führt man Goethes Versuch mit den Mitteln eines chemischen Laboratoriums unserer Zeit durch, also in einem Tiegel z.B. aus Nickel, der in ein Tondreieck gesetzt über einer Bunsenflamme erhitzt wird, so stellt man mit doch etwas Erstaunen fest, daß Goethe erfolgreich chemisch gearbeitet und auch gut beobachtet hat: Schmilzt man einen Teil oder einen kleinen Kieselstein von etwa 1 g mit 6 bis 7 g an Natriumhydroxid, so tritt nach eigenen Versuchen bei etwa 550 °C eine Schmelze auf, in der sich der Kieselstein unter Aufschäumen in wenigen Minuten fast vollständig auflöst. Die Schmelze kann dann nach dem Abkühlen mit Wasser ausgekocht und dabei wiederum fast vollständig gelöst werden, wodurch eine Lösung von Natronwasserglas entsteht. Der von Goethe beobachtete feinste Kieselstaub ist wahrscheinlich eine in der Schmelze nicht aufschließbare Beimengung wie z.B. Bariumsulfat oder Bariumcarbonat gewesen. Calciumsalze bilden dagegen eine weißen und voluminösen Niederschlag bzw. Rückstand von Calciumhydroxid. Das erhaltene Natronwasserglas bildet eine zähe, wasserklare Flüssigkeit und besteht aus den Alkalisalzen der Orthokieselsäure. Hätte Goethe Alkalicarbonat für die Schmelze verwendet, so hätte er erst bei Temperaturen um 1300 °C einen Aufschluß des Quarzes erreicht. Wasserglas dient heute zur Herstellung von Kieselsäurefüllstoffen, Zeolithen, Säurekitten und Waschmitteln.

*So wunderlich und unzusammenhängend auch diese Operationen waren, so lernte ich doch dabei mancherlei. Ich gab genau auf alle Kristallisationen Acht, welche sich zeigen mochten, und ward mit den äußern Formen mancher natürlichen Dinge bekannt, und indem mir wohl bewußt war, daß man in der neuer(e)n Zeit die chemischen Gegenstände methodischer Aufgeführt, so wollte ich mir im Allgemeinen davon einen Begriff machen, ob ich gleich als Halb-Adept vor den Apothekern und allen denjenigen, die mit dem gemeinen Feuer operierten, sehr wenig Respekt hatte. Indessen zog mich doch das chemische Kompendium des Boerhave gewaltig an, und ver-*

---

[27]  WA I.27, 206₁₆–207₂₅

*leitete mich mehrere Schriften dieses Mannes zu lesen, wodurch ich denn, da ohnehin meine langwierige Krankheit mit dem Ärztlichen näher gebracht hatte, eine Anleitung fand, auch die Aphorismen dieses trefflichen Mannes zu studieren, die ich mir gern in den Sinn und ins Gedächtnis einprägen mochte. (s. Fußnote 27, dort S. 207/8)*

Boerhaaves Lehrbuch „Elementa Chemiae" – die erste Auflage erschien 1732 – galt als das beste Chemielehrbuch seiner Zeit. Hermann Boerhaave (von Goethe nur mit einem „a" geschrieben) wurde als Sohn eines Pfarrers am 21. Dezember 1669 in Voorhout bei Leiden geboren. Er studierte von 1684 bis 1690 an der 1575 gegründeten Universität Leiden (Promotion zum Dr. phil.) und schloß daran ein Medizinstudium an, das er 1693 mit dem Dr. med. abschloß. Bis zu seiner Berufung an die Universität Leiden 1701 (zunächst als Dozent für Medizin) war er als Arzt und Privatgelehrter tätig. Ab 1709 hatte er die Lehrstühle für Medizin und Botanik, für praktische Medizin (1714) und für Chemie (1718) inne. Der heutige Botanische Garten der niederländischen Universitätsstadt am Alten Rhein wurde bereits 1587 eingerichtet. Von Chemiehistorikern wird vor allem hervorgehoben, daß Boerhaave zwar noch an die alchemistische Transmutation der Metalle glaubte, zugleich jedoch zahlreiche Fehler und Irrtümer früherer Chemiker korrigierte [9]. In seinem zweibändigen Hauptwerk, das in deutscher Sprache u.a. 1732 in Leipzig und in Basel, 1732/34 in Halberstadt, sowie 1745 erneute in Basel und 1753 in Leipzig, danach 1755 auch in Hannover und 1762 in Berlin erscheinen war [10] entwickelte Boerhaave eine eigene Wärme- und Verbrennungstheorie. Er erkannte, daß bei der Verbrennung von Alkohol Wasser entsteht, verfolgte den Temperaturverlauf von chemischen Reaktionen, ermittelte Schmelz- und Siedepunkte, isolierte 1729 aus Harn Harnstoff, dem er den Namen „sal nativus urinae" gab, und er unterschiede zwischen Gemischen und chemischen Verbindungen. Seine Vorlesungen wurden bereits 1724 (ohne seine Autorisierung) als „Institutiones et experimenta chemiae" in Paris veröffentlicht [9]. In seiner Geschichte der Chemie führt der Göttinger Chemieprofessor Johann Friedrich Gmelin [11] auch eine in Göttingen 1754 erschienene Übersetzung

an: „Herr Börhaaven's Anfangsgründe der Chemie, nach Maaß-
gebung des englischen Auszuges aus der lateinischen Urkunde
treulich verkürzt von einem Doctor." Eine erste englische
(gekürzte) Ausgabe wurde 1732 in London veröffentlicht. In einer
neueren Untersuchung über deutschsprachige Chemielehrbücher
der Zeit von 1775 bis 1850 beschreibt die Autorin Bettina Haupt
[12] den praktischen, zweiten Teil des Lehrbuches in seiner Ausgabe von 1791 wie folgt: „In diesem wird die Anwendung der Chemie an Hand beispielhafter 'Prozesse' aus den drei Naturreichen
dargestellt, wobei jeweils auch auf den 'Nutzen', d.h. die praktische
Bedeutung der hergestellten Erzeugnisse eingegangen wird. Trotz
der veralteten 'Theorie' ist das Werk bemerkenswert wegen seiner
klaren Darstellung und der äußerst genauen Beschreibung aller
Operationen und Geräte auf Grund der langjährigen praktischen
Erfahrung des Autors."

Die Bedeutung des Lehrbuches von Boerhaave wurde sowohl von seinem
Zeitgenossen Gmelin und auch unter heutigen wissenschaftshistorischen
Gesichtspunkten hoch eingeschätzt. Auch Goethe muß dieses Werk sehr beeindruckt haben – *das chemische Compendium des Boerhave zog mich gewaltig an*. Es hat ihn auch veranlaßt, weitere medizinische Schriften zu lesen.
Am Ende des 18. Jahrhunderts, an der Schwelle zur der dann erfolgen-
den raschen Entwicklung einer messenden und damit nach unserem Verständnis wissenschaftlichen Chemie blühte die Alchemie ein letztes Mal auf.
In seinen späteren naturwissenschaftlichen Schriften, im historischen Teil
der Farbenlehre, geht Goethe nochmals auf die Alchemie ein:[28]
*Von der alchymistischen Zeit her war noch die Lust am Geheimnis ge-
blieben, von welchem man bei zunehmender Technik, beim Eingreifen des
Wissens ins Leben, nun mehr man die Vorteile hoffen konnte. Die Werkzeuge mit denen man operierte, waren noch höchst unvollkommen. Wer sieht
dergleichen Instrumente aus jener Zeit in allen physikalischen Rüstkam-
mern und ihre Unbehilflichkeit nicht mit Verwunderung und Bedauern … .
Man hatte kaum den Begriff, daß man ein Phänomen, einen Versuch
auf seine Elemente reduzieren könne; daß man ihn zergliedern, vereinfa-*

---

[28] WA II.4, $22_{16-24}$, $23_{1-5}$

*chen und wieder vermannigfaltigen müsse, um zu erfahren, wohin er eigentlich deute …*

## GOETHE IN STRASSBURG

Am 1. April 1779 reiste Goethe aus seiner Vaterstadt Frankfurt am Main nach Straßburg, um an der Universität sein Jurastudium abzuschließen. Er bezog eine Wohnung beim Kürschnermeister Schlag am Alten Fischmarkt und trug sich am 18. April in die Universitätsmatrikel ein. Die in seinem „Naturwissenschaftlichen Entwicklungsgang" genannte Phase nach der Alchemie – die *Große Pause durch jugendliche Leidenschaften ausgefüllt* hatte noch nicht begonnen, die Begegnung mit Friederike Brion im Pfarrhaus von Sesenheim im Oktober 1770 stand noch aus.

Straßburg zählte damals etwa 50.000 Einwohner und befindet sich auf dem Boden des römischen Argentoratum (als Ort in vielen lateinischen Druckwerken zu finden). Straßburg war zu Beginn der Neuzeit Mittelpunkt des deutschen Humanismus, führte 1522 die Reformation ein und gründet 1621 eine Universität. 1681 wurde die Stadt von den Truppen Königs Ludwig XIV. besetzt und 1682 Hauptstadt der Provinz Elsaß (ab 1790 den neugeschaffenen Departments Bas-Rhin).

Über die Medizin – die meisten seiner Tischgenossen waren Mediziner bzw. Medizinstudenten – bekam Goethe in Straßburg auch wieder Berührung zur Chemie. So besuchte er im zweiten Semester auch die Chemie-Vorlesungen bei Professor Spielmann (Biographie s. Kap. 8, [9,10,13]) und nahm an der Demonstration chemischer Experimente in dessen Apotheke teil.

Spielmanns Lehrbuch erschien erstmals in lateinischer Sprache 1763, wurde von Louis Claude Cadet de Gassicourt [29] in das Französische übersetzt und erschien 1783 in deutscher Sprache unter dem Titel „Chemische Begriffe und Erfahrungen". In diesem Werk werden vor allem auch die „chemischen Werk-

---

[29]  1731–1799, Oberapotheker der französischen Armee und Direktor der Porzellan-manufaktur in Sèvres, Entdecker der Kakodylverbindungen bei der Destillation von Arsenoxid mit Kaliumacetat 1757

zeuge" und „chemische Operationen" wie Auflösung, Extraktion, Sublimation, Abdampfen, Destillation, Kristallisation und Präzipitation behandelt.

## DIE REISE IN DAS ELSASS UND NACH SAARBRÜCKEN

Im Sommer, vom 22. Juni bis 4. Juli 1770, unternahm Goethe mit zwei Freunden eine Reise in das Nordelsaß – nach Zabern (Saverne)[30]. Sie brachte ihm auch die praktische Seite der Chemie nahe und weckte erste Interessen an Erscheinungen der Geologie. Hier nahmen sein *Interesse der Berggegenden* und die *Lust zu ökonomischen und technischen Betrachtungen, welche mich einen großen Teil meines Lebens beschäftigt haben* ihren Anfang (s.u.).

*Mit zwei werten Freunden und Tischgenossen, Engelbach und Weyland*[31], *beide aus dem untern Elsaß gebürtig, begab ich mich zu Pferde nach Zabern, wo uns, bei schönem Wetter, der kleine freundliche Ort gar anmutig anlachte.*[32]

Goethe berichtet in seinen Erinnerungen zunächst über das bischöfliche Schloß, daß 1779 in Flammen aufging und als Château de Rohan nach dem Vorbild von Schloß Wilhelmshöhe bei Kassel neu erstand. Besonders beeindruckt hat Goethe auch die Zaberner Steige, *ein Werk unüberdenklicher Arbeit. Schlangenweis, über die fürchterlichsten Felsen aufgemauert, führt eine Chaussee, für drei Wagen neben einander breit genug, so leise bergauf, daß man es kaum empfindet.*

Von dort ging die Reise nach Buchsweiler (Bouxwiller) und 326 m hohen zum nahegelegenen Baschberg (Bastberg), wo im Mittelalter die Hexen ihr Unwesen getrieben haben sollen. Dort hatte er auch sein geologisches „Schlüsselerlebnis":

*Diese Höhe, ganz aus verschiedenen Muscheln zusammengehäuft, machte mich zum ersten Male auf solche Dokumente der Vorwelt aufmerksam; ich hatte sie noch niemals in so großer Masse beisammen gesehen.*[33]

---

[30]  WA I.27, 323ff
[31]  Der Jurastudent Johann Konrad Engelbach (1744 – ca. 1802) wurde später Rat des Fürsten von Nassau-Saarbrücken. Friedrich Leopold Weyland (1750–1785) studierte Medizin; sein Bruder Philipp Christian kam 1790 an den Hof des Herzogs Carl August nach Weimar.
[32]  WA I.27, 323$_{26}$–324$_{2}$

Im Tal der Saar (Sarre) führte dann ihre Reise bis nach Saarbrücken („Saarbrück").

Das heutige Saarbrücken ist erst 1909 durch den Zusammenschluß von drei Gemeinden entstanden. Den Kern bildeten der Marktort St. Johann rechts der Saar und die Residenzstadt der Grafen von Nassau-Saarbrücken Alt-Saarbrücken links der Saar. Bereits 1546 wurden sie durch eine Steinbrücke – die heutige „Alte Brücke" – miteinander verbunden. Das barocke Schloß entstand 1739–1748 (1793 abgebrannt und 1801–1811 neu erbaut) unter der Leitung des Baumeisters F.J. Stengel. Mit dem „verstorbenen Fürsten" meint Goethe den Fürsten Wilhelm Heinrich, der nach seinem Regierungsantritt 1741 der kleine Residenzstadt zu kultureller und auch wirtschaftlicher Blüte verhalf. Neben einer regen Bautätigkeit (Bau der Ludwigskirche 17868–1775, des Schlosses mit prunkvollen Gärten) ließ er die benachbarten Steinkohlengruben ausbeuten, die vorhandenen Eisenhütten vergrößern sowie Glashütten errichten. Die Schloßkirche aus dem 15. Jahrhundert ist die Grabkirche der Fürsten von Nassau-Saarbrücken.

In seinen Erinnerungen berichtet Goethe über seinen Besuch in Saarbrücken folgendes:[34]

*Ich benutzte die mancherlei Bekanntschaften, zu denen wir gelangten, um mich vielseitig zu unterrichten. Das genußreiche Leben des vorigen Fürsten gab Stoff genug zur Unterhaltung, nicht weniger die mannigfaltigen Anstalten, die er getroffen, um Vorteile, die ihm die Natur seines Landes darbot, zu benutzen. Hier wurde ich nun eigentlich in das Interesse der Berggegenden eingeweiht, und die Lust zu ökonomischen und technischen Betrachtungen, welche mich einen großen Teil meines Lebens beschäftigt haben, zuerst erregt. Wir hörten von den reichen Dudweiler Steinkohlengruben, von Eisen- und Alaunwerken, ja sogar von einem brennenden Berge, und rüsteten uns, diese Wunder in der Nähe zu beschauen.*

---

[33] WA I.27. 327$_{1-5}$
[34] WA I.27, 330$_{12-26}$

▬▬▬▬ Dudweiler ist heute eine Stadtteil von Saarbrücken. An Goethes Aufenthalt im Sommer 1770 erinnerte eine Bronzetafel an einem Felsen: Am „Brennenden Berg schwelt das unterirdische Flöz unverwandt für eine Bronzetafel", schrieb der 1927 in Sulzbach an der Saar geborene Schriftsteller Ludwig Harig. ▬▬▬▬

Der Besuch von Dudweiler und Umgebung stellt in Goethes Leben den Beginn seines Interesses auch für die praktische Seite der Chemie dar. Sein Bericht in seinen Erinnerungen „Dichtung und Wahrheit", der erst 40 Jahre später geschrieben wurde, macht deutlich, wie stark Goethe von den damaligen Besichtigungen, die er ausführlich beschreibt, beeindruckt wurde. Aus chemischer Sicht interessierte Goethe vor allem die Alaungewinnung, nachdem er sich mit seinen Begleitern zuvor *complicirte Maschinenwerke*, eine *Sensenschmiede* und einen *Drahtzug* besichtigt hatte.

*In der Alaunhütte erkundigten wir uns genau nach der Gewinnung und Reinigung dieses so nötigen Materials, und als wir große Haufen eines weißen, fetten, lockeren, erdigen Wesens bemerkten und dessen Nutzen erforschten, antworteten die Arbeiter lächelnd, es sei der Schaum, der sich beim Alaunsieden obenauf werfe, und den Herr Stauf sammeln lasse, weil er denselben gleichfalls hoffe zu Gute zu machen.* [35]

Auf seiner weiteren Reise bis nach Neunkirchen besuchte Goethe den von ihm als *einsiedlerischen Chemiker* bezeichnet Stauf. Seine Beschreibungen über den Weg dorthin und den Besuch enthalten zahlreiche chemisch interessante Beobachtungen, so daß sie hier ausführlich zitiert und daran anschließend erläutert werden sollen.

*Unser Weg ging nunmehr an den Rinnen hinauf, in welchen das Alaunwasser heruntergeleitet wird, und an den vornehmsten Stollen vorbei, den sie die Landgrube nennen, woraus die berühmten Dutweiler Steinkohlen gezogen werden. Sie haben, wenn sie trocken sind, die blaue Farbe eines dunkel angelaufenen Stahls, und die schönste Irisfolge spielt bei jeder Bewegung über die Oberfläche hin. Die finsteren Stollenschlünde zogen uns jedoch um so weniger an, als der Gehalt derselben reichlich um uns her ausgeschüttet lag. Nun gelangten wir zu offnen Gruben, in welchen die gerösteten Alaunschiefer ausgelaugt werden, und bald darauf überraschte uns, obgleich vorbereitet, ein seltsames Begegnis. Wir traten in eine Klam-*

---

[35] WA I.27, 331₁₁₋₁₈

me und fanden uns in der Region des brennenden Berges. Ein starker Schwefelgeruch umzog uns; die eine Seite der Hohle war nahezu glühend, mit rötlichem weißgebranntem Stein bedeckt; ein dicker Dampf stieg aus den Klunse[36] hervor, und man fühlte die Hitze des Bodens auch durch die starken Sohlen. Ein so zufälliges Ereignis, denn man weiß nicht wie diese Strecke sich entzündete, gewährt der Alaunfabrikation den großen Vorteil, daß die Schiefer, woraus die Oberfläche des Berges besteht, vollkommen geröstet daliegen und nur kurz und gut ausgelaugt werden dürfen. Die ganze Klamme war entstanden, daß man nach und nach die calcinierten Schiefer abgeräumt und verbraucht hatte. Wir kletterten aus dieser Tiefe hervor und waren auf dem Gipfel des Berges. Ein anmutiger Buchenwald umgab den Platz, der auf die Hohle folgte und sich ihr zu beiden Seiten verbreitete. Mehrere Bäume standen schon verdorrt, andere welkten in der Nähe von andern, die, noch ganz frisch, jene Glut nicht ahnten, welche sich auch ihren Wurzeln bedrohend näherte.

Auf dem Platze dampften verschiedene Öffnungen, andere hatten schon ausgeraucht, und so glomm dieses Feuer bereits zehn Jahre durch alte verbrochene Stollen und Schächte, mit welchen der Berg unterminiert ist. Es mag sich auch auf Klüften durch frische Kohlenlager durchziehen, denn einige hundert Schritte weiter in den Wald gedachte man bedeutende Merkmale von ergiebigen Steinkohlen zu verfolgen; man war aber nicht weit gelangt, als ein starker Dampf den Arbeitern entgegendrang und sie vertrieb. Die Öffnung ward wieder zugeworfen; allein wir fanden die Stelle noch rauchend, als wir daran vorbei den Weg zur Residenz unseres einsiedlerischen Chemikers verfolgten. Sie liegt zwischen Bergen und Wäldern; die Täler nehmen daselbst sehr mannigfaltige und angenehme Krümmungen, rings umher ist der Boden schwarz und kohlenartig, die Lager gehen häufig zu Tage aus. Ein Kohlenphilosoph – Philosophus per ignem, wie man sonst sagte – hätte sich wohl nicht schicklicher ansiedeln können.

Wir traten vor ein kleines, zur Wohnung nicht übel dienliches Haus und fanden Herrn Stauf, der meinen Freund sogleich erkannte und mit Klagen über die neue Regierung empfing. Freilich konnten wir aus seinen Reden vermerken, daß das Alaunwerk, so wie manche andere wohlgemeinte Anstalt, wegen äußerer, vielleicht auch innerer Umstände, die Unkosten nicht trage, und was dergleichen mehr war. Er gehörte unter die Chemiker jener

---

[36]  Klunse oder Klins(z)e = Ritze, Spalte

*Zeit, die bei einem innigen Gefühl dessen was mit Naturprodukten alles zu leisten wäre, sich in einer abstrusen Betrachtung von Kleinigkeiten und Nebensachen gefielen, und bei unzulänglichen Kenntnissen nicht fertig genug dasjenige zu leisten verstanden, woraus eigentlich ökonomischer und merkantilischer Vorteil zu ziehen ist. So lag der Nutzen, den er sich von jenem Schaum versprach, sehr im Weiten; so zeigte er nichts als einen Kuchen Salmiak, den ihm der brennende Berg geliefert hatte.*

*Bereitwillig und froh, seine Klagen einem menschlichen Ohre mitzuteilen, schleppte sich das hagere abgelebte Männchen in einem Schuh und einem Pantoffel, mit herabhängenden, vergebens wiederholt von ihm heraufgezogenen Strümpfen, den Berg hinauf, wo die Harzhütte steht, die er selbst errichtet hat und nun mit großem Leidwesen verfallen sieht. Hier fand sich eine zusammenhängende Ofenreihe, wo Steinkohlen abgeschwefelt und zum Gebrauch bei Eisenwerken tauglich gemacht werden sollten; allein zu gleicher Zeit wollte man Öl und Harz auch zu Gute machen, ja sogar den Ruß nicht missen, und so unterlag den vielfachen Absichten alles zusammen. Bei Lebzeiten des vorigen Fürsten trieb man das Geschäft aus Liebhaberei, auf Hoffnung; jetzt fragte man nach dem unmittelbaren Nutzen, der nicht nachzuweisen war.*

*Nachdem wir unsern Adepten seiner Einsamkeit überlassen, eilten wir – denn es war schon spät geworden – der Friedrichsthaler Glashütte zu, wo wir eine der wichtigsten und wunderbarsten Werktätigkeiten des menschlichen Kunstgeschickes im Vorübergehen kennen lernten.*

*Doch fast mehr als diese bedeutenden Erfahrungen interessierten uns junge Bursche einige lustige Abenteuer, und bei einbrechender Finsternis, unweit Neukirch, ein überraschenden Feuerwerk. Denn wie vor einigen Nächten, an den Ufern der Saar, leuchtende Wolken Johanniswürmer zwischen Fels und Busch um uns schwebten, so spielten uns nun die funkenwerfenden Essen ihr lustiges Feuerwerk entgegen. Wir betraten bei tiefer Nacht die im Talgrunde liegenden Schmelzhütten, und vergnügten uns an dem seltsamen Halbdunkel dieser Bretter-Höhlen, die nur durch des glühend Ofens geringe Öffnung kümmerlich erleuchtet werden. Das Geräusch des Wassers und der von ihm getriebenen Blasbälge, das fürchterliche Sausen und Pfeifen des Windstroms, der, in das geschmolzene Erz wütend, die Ohren betäubt und die Sinne verwirrt, trieb uns endlich hinweg, um in Neukirch einzukehren, das an dem Berg hinaufgebaut ist.*[37]

Ein Exkurs in die Geschichte der Alaungewinnung verdeutlicht, welche chemisch-technischen Vorgänge sich hinter Goethes sehr ausführlichen Beschreibungen verbergen. Vorauszuschicken ist, daß die Natur der Alaune, der Charakter eines Doppelsalzes aus meist Kalium- und Aluminiumsulfat – allgemein als $Me^IMe^{III}$ $(SO_4)_2 \cdot 12\ H_2O$, erst 1796 von den französischen Chemikern J.A. CHAPTAL (1756–1832), der eine Reihe chemischer Fabriken, u.a. auch zur Herstellung von Schwefelsäure gründete, und L.N. VAUQUELIN (1763–1829), Apotheker und seit 1794 Professor der Chemie, entdeckt wurde. Zuvor war Alaun noch häufig mit Vitriolen (als Sammelbezeichnung für Sulfate, vor allem wasserlösliche Sulfate zweiwertiger Schwermetalle mit fünf oder sieben Molekülen Kristallwasser – $Me(H_2O)_4SO_4 \cdot H_2O$ oder $Me(H_2O)_6\ SO_4 \cdot H_2O$ ) verwechselt worden. Der Kaliumaluminium-Alaun war bereits im Zweistromland Mesopotamien um 2200 v.Chr. bekannt, von Ägypten wurde er seit dem 2. Jahrtausend v.Chr. nach Babylon exportiert. Erste Güteprüfungen des Alauns werden von dem römischen Schriftsteller PLINIUS DEM ÄLTEREN (23–29 n.Chr.) in seiner „Naturalis Historia" und in einem thebanischen Papyrus (P. Leyd. X nach dem Aufbewahrungsort Leiden, 1828 in einem Grab bei Theben gefunden) aus dem 3. Jahrhundert n. Chr. mit 250 chemischen Rezepten beschrieben. Alaun wurde als Beizmittel in der Färberei und auch in der Gerberei verwendet. Die Alaungewinnung erfolgte in der Levante, den östlichen Mittelmeerländern, bis in das 12. Jahrhundert aus den Vorkommen natürlicher Ausblühungen in der Nähe von Vulkanen, außerdem aus Alunit (dem Alaunstein, einem weißen meist körnigen Mineral). Alunit ist als Zersetzungsprodukt trachytischer Gesteine – vulkanischer Ergußgesteine. Eine weitere Quelle ist Alaunschiefer, ein dunkles Tongestein, deren Schwefelkiesanteil (Pyrit = $FeS_2$) durch Verwitterung in Alaun übergeht. Nach Europa gelangte Alaun vor allem aus arabischen Ländern. 1462 entdeckte der Paduaner Färber Giovanni di Castro bei Tolfa im Kirchenstaat ein ausgedehntes Vorkommen an Alunit. PAPST PIUS II. ( E. S. PICCOLOMINI 1405–1464, Papst seit 1458) erkannte die Bedeutung dieser Entdeckung und

---

[37] WA I.27, $330_{27}$–$335_{27}$

unter seiner Herrschaft wurde 1462 die „Societas aluminum" gegründet. Dieses Unternehmen wurde der bedeutendste chemische Großbetrieb der damaligen Zeit [14]. Die Monopolstellung dieser Gesellschaft soll dem Heiligen Stuhl jährlich 30.000 Dukaten Gewinn erbracht haben [15]. Den Griechen war die feuerhemmende Wirkung von Alaunen bekannt: Nach dem Brand des Tempels von Delphi im 6. Jahrhundert v.Chr. wurde das Holz des Neubaus mit Alaun getränkt.

Durch Erhitzen von Alaun bis zur Weißglut erhielten die Alchemisten „Alaungeist", eine noch stark wasserhaltige, durch Schwefeldioxid verunreinigte Schwefel(Vitriol-)säure. Bereits der Arzt und Naturforscher Paracelsus, mit dem Goethe sich intensiv beschäftigte hatte, unterschied Vitriole vom Alaun und erkannte, daß Alaun eine sogenannte Erde sei. [13] Alaun fand nicht nur in der Textilverarbeitung und -färberei sondern auch als Gerbmittel in der Lederherstellung Verwendung. Die Umwandlung der Haut zum stabilen Leder wurde mit Hilfe einer Brühe aus Kalialaun erreicht. Sie beruht nach unseren heutigen Kenntnissen auf der Bildung von Metallkomplexen (Aluminium- und später Chrom-) zwischen zwei Carboxylgruppen von Aminosäuren im Kollagengerüst beruht. Das mit Alaun gewonnene Leder ist fast weiß gefärbt (bei der Chromgerbung tritt eine graugrünliche Färbung auf), es wurde daher auch als Weißleder bezeichnet. Noch heute wird für die Herstellung von Glacéleder (feines, glänzendes Ziegen- oder Lammleder) als mineralisches Gerbmittel Alaun zusammen mit Natriumchlorid, Eigelb und Weizenmehl verwendet. Im 4. Jahrtausend v.Chr. war alaungegerbtes Leder bei den Sumerern in Gebrauch [15].

Der zweite wichtige Anwendungsbereich von Alaunen war das Beizen von Stoffen zum anschließenden Färben mit pflanzlichen Färbemitteln. Als saure, leicht lösliche Metallsalze spielen Alaune „beim Färben mit unselbständigen Färbstoffen eine vermittelnde Rolle. Das Metall dieser Salze trennt sich in den Beizbädern von der Säure, schlägt sich an die Wolle und verbindet sich zugleich unlösbar mit den Färbstoffen." – so die Erläuterung in einem Färbbuch unserer Zeit [16].

Ausführliche Details über die Gewinnungsprozesse hat Georg Agricola in seinem Werk „De Re Metallica Libri XII" von 1556 (Zwölf Bücher vom Berg- und Hüttenwesen) [17] vermittelt. Ein Textausschnitt aus dem Zwölften Buch (im Anschluß an die Salpeterdarstellung) mit den Erläuterungen in der Neuübersetzung von 1928 erklärt auch einen großen Teil der von Goethe beobachteten und beschriebenen Vorgänge:

„Jetzt will ich die Alaundarstellung besprechen, die ebenfalls nicht immer gleich und nicht einfach ist. Der Alaun wird aus alaunhaltigem Wasser gewonnen, das bis zur Alaunausscheidung eingedampft wird, oder aus Alaunlösung, die man aus einer Erdart, aus gewissen Gesteinen, aus Kiesen und anderen Mineralien herstellt."

„Diese Schilderungen Agricolas beziehen sich auf die Verarbeitung von Alaunschiefer bzw. Alaunerde, die durch Verwitterung des Schiefers entsteht und das gleiche Material in lockerer Form ist, nämlich tonschieferartiges Gestein mit feinverteiltem Schwefelkies. Derartiges Gestein wurde erhitzt (geröstet) und lange Zeit im Freien gelagert, um es verwittern zu lassen. Aus dem Schwefelkies entstand dadurch Eisenvitriol und Schwefelsäure und dann, mit Ton zusammen, Aluminiumsulfat und durch Zusatz von Kali- oder Ammoniumsalzen Alaun. Durch Auslaugen und Eindampfen konnte Alaun und Eisenvitriol gewonnen werden. Bei dem Zusatz des Harns wirkte offenbar sein Ammoniakgehalt im genannten Sinne ein. Es bildete sich Ammonium-Alaun, das schwerer löslich ist als Eisenvitriol und sich ausschied, während das Vitriol in Lösung blieb und erst nach dem Eindampfen auskristallisierte. Diese verwickelten Verhältnisse waren in ihren Zusammenhängen für Agricola und seine Zeit nicht zu erkennen. Die alten Mißverständnisse über Alaun und Vitriol wurden deshalb noch vergrößert [17]." Das zweite von Agricola ebenfalls beschriebene Verfahren der Alaungewinnung bezieht sich auf alaunhaltiges Gestein, auf Alunit, das Goethe ebenfalls erwähnt.

Bemerkenswert an Goethes Schilderungen seiner Reise in das Elsaß und in das Saarland ist auch die Charakterisierung des Chemikers Stauf. Dem Register (erschienen 1918) zu Goethes Werken in der Weimarer Ausgabe wird der Name in *Staudt*, Johann Kaspar (ohne Lebensdaten) korrigiert.[38] Er war offensichtlich als Chemiker in den Diensten der Fürsten von Nassau-Saarbrücken Leiter eines Kohlen- und Alaunwerkes zu Sulzbach bei Saar-

---

[38] WA I.55, 386

brücken. Goethe stellt in seiner Charakterisierung von Staudt (s.o.) dessen praktische Tätigkeit, Naturprodukte zu nutzen, der mehr theoretischen (*abstrusen* als verworren, schwer verständlich) Betrachtung von *Kleinigkeiten und Nebensachen* gegenüber, wobei er vor allem die damals noch *unzulänglichen Kenntnisse* hervorhebt. Der *ökonomische und mercantilische Vorteil* wird von Goethe als der wichtigste Nutzen der Chemie eingeschätzt. Diese sehr einseitige Einschätzung sollte sich in seiner Weimarer Zeit doch wesentlich zugunsten einer „Wissenschaft Chemie" ändern. Diese Reise bedeutete aber auch eine weitgehende Abkehr von seinen alchemistischen Vorstellungen; die praktischen Erörterungen stehen den philosophisch-alchemistischen Gedanken der Frankfurter Zeit diametral entgegen. Durch Anschauung, ein sehr wichtiger Ansatzpunkt für alle naturwissenschaftlichen Einsichten und eigenen Arbeiten Goethes, bildet nun die Grundlage für Goethes zukünftiger Beschäftigung auch mit der Chemie, die erst wieder in Weimar einsetzt.

Die Geschichte des brennenden Berges bei Dudweiler beginnt nach übereinstimmender Meinung der Historiker um 1668, als das Feuer offensichtlich infolge Selbstentzündung entstand:
Es handelt sich um einen recht umfangreichen Grubenbrand des Landgruber(Blücher-)Flözes zwischen Dudweiler und Sulzbach. Nach alten Berichten begann das Feuer „oberhalb dem Landgruber Stollen, auf der Seite des Berges, der sich nach Dudweiler zu verflächet, zog allmählig den sanften Berg hinauf, durch die alten Arbeiten, und überwältigte nach und nach die schwachen Mittel und Kohlenbänke. Es dauerte 100 Jahr, bis das Feuer über den Berg, der sich auf jener Seite nach dem Sulzbacher Thal zu verflächet, kam [18]."
Die spätere Alaungewinnung wurde erst durch diesen Flözbrand möglich: Durch die Hitze des jahrelangen Brandes am Berge wurde der Schiefer, der dort die Bergoberfläche bildet, geröstet. Dabei gebildete Alaune wurden vom Regenwasser ausgewaschen und kristallierten an den Flözwänden. Sie waren damals wertvoller als Kohle und wurden für die Medizin, Gerberei, zum Papiermachen und als Beize für die Färberei verwendet.[39] Aus dem Jahre 1691 stammt die erste gesicherte Nachricht über die Alaungewinnung, als in einem Schreiben Gräfin Eleonar Clara zu Nas-

sau-Saarbrücken einem Christian Jebel in Zinnwald/Böhmen die Erlaubnis erteilt, „die Materie zu alaun und kupferwasser zu graben". Er und weitere drei „Genossen" mußten vom gewonnenen Alaun aufgrund eines Pachtvertrages vom 2. Januar 1693 jedes siebte Pfund an die Herrschaft abzuliefern. 1728 gab es bei Dudweiler zwei Alaunhütten, 1733 wurde eine „herrschaftliche" Kohlengruppe speziell für das Alaunwerk des Fürsten eröffnet. 1765 ließ Fürst Wilhelm Heinrich ein neues Alaun- und Farbenwerk erbauen, das Goethe 5 Jahre später besuchte. 1840 kam die Alaungewinnung zum Erliegen.

Über die Entstehung des Brandes schrieb 1864 der bayerische Geologe K. W. von Gümbel [39]:

„Das sogenannte 'Landgruber-Flöz' der Fettkohlengruppe, (…), ist eines der mächtigsten Flöze innerhalb des Saarbrückener Steinkohlengebirges und geht am brennenden Berg zutage (…). Die bei den damaligen wilden Kohlengräbereien anfallenden Berge in Form von Ton- und Brandschiefer, die die Flöze begleiten, häuften sich infolge des fortschreitenden Abbaus immer mehr an, und bildeten allmählich eine 'Berghalde', wie man sie heute in größerem Maßstab leider als Wahrzeichen in Bergbau-Gebieten antrifft. Durch Zersetzung und Druck entstehen hohe Temperaturen und es tritt eine Selbstentzündung der berghalde, die auch noch Kohle in geringen Mengen enthält, ein; sie brennt … – (…) ; ein unterirdisch in Brand geratenes Steinkohlenflöz (…), bei dessen unter gehemmtem Zutritt der Luft erfolgter Zersetzung bedeutende Wärme und verschiedene Produkte, Salmiak, Alaun, Schwefel und Wasserdämpfe erzeugt werden. Diese Wasserdämpfe führen die aus der Zersetzung entstandenen Produkte mit sich in die Höhe und setzen sie an der Wand, wo sie zutage treten, als weiße und gelbe Krusten ab. In einer künstlichen, früher behufs Gewinnung des alaunhaltigen Gesteins gegrabenen Vertiefung, die das Ansehen eines eingesunkenen Kraters angenommen hat, brechen sich an einer hohen zerklüfteten und zerrissenen Felswand rotgebrannten Schiefers zahlreiche Dampfsäulchen zischend Bahn und verleihen der ganzen Erscheinung

---

[39] Saarbrücker Bergmannskalender 1903, 67–68

ein vulkanisches Aussehen, welches durch die gelbe und weiße Überrindung der Klüfte mit Schwefel, Salmiak, Alaun, sowie durch die teilweise Frittung des Kohlenschiefers zu sogenanntem Porzellanjapsis noch sehr verstärkt wird."

Dieser Bericht hätte auch von Goethe selbst stammen können, wenn er zur Zeit der Elsaßreise bereits über das später erworbene geologische Wissen verfügt hätte.

Infolge des „Brennens" der schwefelkieshaltigen Tonschiefer, wodurch sie eine rötliche, porphyrartige Färbung erhielten, entstanden durch langsame Zersetzung Mineralneubildungen – neben Salmiak (Ammoniumchlorid), Alaun, Porzellanjapsis (Japsis allgemein als Mineral $SiO_2$ – in Form einer kryptokristallinen Abart von Quarz, undurchsichtig und verschiedenartig gefärbt) und Schwefel auch Eisenvitriol, das neben Alaun in einer späten Phase ebenfalls gewonnen wurde, Bittersalz (als Mineral Epsomit: $MgSO_4 \cdot 7\,H_2O$) und Haarsalz (Halotrichum, ein aus Eisenvitriol und Alaun bestehendes Salz in Form haarfeiner Fäden). Der Geologe von Gümbel berichtete:
„Von den genannten Mineral-Neubildungen sind der Salmiak, der Schwefel und der Porzellanjapsis in wissenschaftlicher Hinsicht besonders interessant. Salmiak hat sich in fein- bis grobkristalliner Form als Überzug der rotgebrannten Tonschiefer gefunden. Kristallisiert, besonders in schön ausgebildeten Kristallen, trat er weit seltener auf. Es sind ziemlich flächenreiche Kristalle vom Brennenden Berg bekannt, die fast 10 mm Länge haben. Wie beim Salmiak, so handelt es sich beim Schwefel um Sublimationsbildungen. Die Schwefel-Kristalle vom Brennenden Berg sind meist sehr klein … Der Porzellanjapsis findet sich als feiner Überzug in den Farben Rosa, Weiß, Grau, Violett und Grauschwarz auf feinkörnigen, rotgebrannten Tonschiefern. Oft sind auch feine, zum Teil auskeilende dünne Lagen innerhalb des Tonschiefers in Porzellanjapsis umgewandelt. Während Salmiak und Schwefel zu den Mineralien zu rechnen sind, stellt die Porzellanjapsis ein kontaktmetamorphes Gestein dar, dessen Ausgangsmaterial meist Tonschiefer oder Ton war."

Der „Brennende Berg" hatte Goethe stark beeindruckt. Über ihn berichtete auch in unserem Jahrhundert noch der Saarbrückener Bergmannskalender.[40] 1944 wurde noch weißer Qualm (hauptsächlich Wasserdampf) beobachtet, der aus den Spalten drang, und auch ein leichter Brand- und Modergeruch, bei jedoch geringer Temperatur. 50 Jahre zuvor konnte man noch Eier in den einzelnen Klüften kochen. 1968 wird nur noch eine „warme Ausdünstung" festgestellt.[41]

Für die Rückreise nach Straßburg wählte Goethe einen Weg über Zweibrücken, Bitsch (Bitsche), *wo die Gewässer sich scheiden, und ein Theil in die Saar, ein Theil dem Rhein zufällt,* Niederbrunn (Nietierbronn) nach Hagenau (Haguenau) – *und ritt durch Hagenau, auf Richtwegen, welche mir die Neigung schon andeutete, nach dem geliebten Sesenheim* (Sessenheim). Da Goethe am 4. Juli 1770 nach Straßburg zurückkehrte und er Friederike Brion im Pfarrhaus von Sesenheim aber erst Anfang Oktober kennenlernte, kann diese Bemerkung nur in der Erinnerung verstanden werden. Der Weg von Hagenau über Sesenheim nach Straßburg wäre ein damals noch nicht verständlicher Umweg gewesen.

In Straßburg gehörte zu seiner „Tischgesellschaft" auch der spätere Augenarzt und Schriftsteller JOHANN HEINRICH JUNG (1740–1817), der sich Jung-Stilling nannte. Goethe hielt zu Jung-Stilling auch später Kontakt und besuchte ihn auf seiner Lahn-Rhein-Reise im Jahre 1774 am 21. August in (Wuppertal-)Elberfeld, wo dieser seit 1772 als Arzt tätig und als Staroperateur bekannt geworden war. Über seine Zeit in Straßburg schrieb Goethe im „Eilften Buch" von Dichtung und Wahrheit:[42]

*Das Juristische trieb ich mit so viel Fleiß als nötig war, um die Promotion mit einigen Ehren zu absolvieren; das Medizinische reizte mich, weil es mir die Natur nach allen Seiten wo nicht aufschloß, doch gewahr werden ließ, und ich war daran durch Umgang und Gewohnheit gebunden ...*

Am 14. August 1771 kehrte Goethe als Lizentiat der Rechte, damals dem Titel eines Doktors entsprechend, nach Frankfurt zurück und ließ sich dort als Advokat nieder. Die Zeit bis zum erneuten Kontakt zur Chemie in Weimar ist nach Goethes eigenen Aussagen in seinem „Naturwissenschaftlichen

---

[40] s. Zitat 39, 1944 (72. Jg.), 73–76
[41] s. Zitat 39, 1968, 102–103
[42] WA I. 28, $7_{23-26}$

Entwicklungsgang" als *Große Pause durch jugendliche Leidenschaften ausgefüllt* charakterisiert.

LITERATUR ZU KAPITEL 1:

1. E. Gerland, F. Traumüller: Geschichte der physikalischen Experimentierkunst, S. 331, 335 und 344–345, Leipzig 1899
2. R. Federmann: Die königliche Kunst. Eine Geschichte der Alchemie, S. 365ff, Wien, Berlin, Stuttgart 1964
3. J. F. Gmelin: Geschichte der Chemie. Seit dem Wiederaufleben der Wissenschaften bis an das Ende des 18. Jahrhunderts. Geschichte der Künste und Wissenschaften 8. Abt. II.1, Göttingen 1797, Band 1, S. 744–745
4. O. Krätz: Goethe und die Naturwissenschaften, S. 23, München 1992
5. F. Nager: Der heilkundige Dichter. Goethe und die Medizin, Zürich und München 1990
6. W. Schneider: Wörterbuch der Pharmazie. 4 Geschichte der Pharmazie, Stuttgart 1985
7. G. Schwedt: Unser täglich Brot. Inhaltsstoffe unserer Lebensmittel, Stuttgart 1986
8. Christoph Glaser: Chimischer Wegweiser/Das ist/Sichere Anweisung zur Chimischen Kunst/ … Erstl. in Frantzösischer Sprache beschrieben … Anietzo aber auf Begehren in unsere Teutsche Sprache übersetzt von einem Philochimico. Jena 1710
9. W. Müller in: Lexikon bedeutender Chemiker, Thun/Frankfurt 1989, S. 52
10. Wolf-Hagen Hein, Holm-Dietmar Schwarz (Hrgs.): Deutsche Apotheker-Biographie, Band II, S. 644/45, Stuttgart 1978
11. J.F. Gmelin: Geschichte der Chemie, II., S. 692, Göttingen 1798
12. B. Haupt: Deutschsprachige Chemielehrbücher (1775–1850), Quellen und Studien zur Geschichte der Pharmazie Band 35, Stuttgart 1987, S. 324
13. G. Kerstein: Entschleierung der Materie. Vom Werden unserer chemischen Erkenntnis, Stuttgart 1962
14. S. Engels, R. Stolz (Hrsg.): ABC Geschichte der Chemie, Alaune S. 52, Leipzig 1989
15. Günter Gall: Leder im europäischen Kunsthandwerk, S. 5/6, Braunschweig 1965
16. Emil Spränger: Färbbuch. Grundlagen der Pflanzenfärberei auf Wolle, Zürich 1981
17. Georg Agricola: De Re Metallica Libri XII Zwölf Bücher vom Berg- und Hüttenwesen. Zwölftes Buch, S. 484, Düsseldorf, 1978
18. A. Haßlacher: Der Steinkohlenbergbau des Preussischen Staates in der Umgebung von Saarbrücken. II. Teil. Geschichtliche Entstehung des Steinkohlenbergbaues im Saargebiete. Berlin: Julius Springer 1904

# 2 GEOCHEMISCHE ANSICHTEN UND REISEBILDER

*In der Mineralogie kann ich ohne die Chymie nicht einen Schritt weiter das weis ich lange und habe sie auch darum Beyseite gelegt, werde aber immer wieder hineingezogen und gerissen.*
(Brief an Charlotte von Stein am 16. August 1786[1] aus Schneeberg im westlichen Erzgebirge mit Silbererzbergbau im 18. und 19. Jahrhundert, wo Goethe ein Bergwerk besichtigte. Am 3. September trat er von Karlsbad aus die Reise nach Italien an.)

Am frühen Morgen des 7. November 1775 traf Goethe in Weimar ein. Der Herzog Carl August von Sachsen-Weimar hatte ihn eingeladen, den er noch als Prinzen zusammen mit dessen Bruder und dem damaligen Kammerherrn von Knebel im Dezember 1774 in Frankfurt kennengelernt hatte. Am 26. April 1776 erwarb Goethe das Weimarer Bürgerrecht. Im Mai (zwischen dem 3. und 10.) ritt er das erste Mal anläßlich eines großen Brandes nach Ilmenau und besichtigte das dortige stillgelegte Bergwerk. Am 11. Juli trat Goethe in den weimarischen Staatsdienst ein und wurde zum Geheimen Legationsrat im Geheimen Consilium (Conseil) ernannt. Vom 18. Juli bis 14. August hielt er sich zusammen mit dem Herzog und dem damaligen Bergmeister Friedrich Wilhelm Heinrich Freiherr von Trebra aus Marienberg im Erzgebirge erneut in Ilmenau auf, um die Möglichkeiten für eine Wiederaufnahme des Bergbaus zu erkunden. Die Ilmenauer Silber- und Kupferbergwerke hatten bereits 1739 infolge eines Wassereinbruches ihren Betrieb einstellen müssen. Diese Erkundungsreise war der unmittelbare Anlaß zur Aufnahme seiner geologischen und mineralogischen Studien. Am 14. November 1775 wurden ihm sämtliche Bergwerksangelegenheiten übertragen. [1]

---

[1]   WA IV. 8, 4 (Brief Nr. 2493)

Dreimal besuchte Goethe den Harz – das erste Mal im Winter 1777, dann nochmals 1783 und 1784. Die Motive seiner ersten Reise waren sicherlich in erster Linie persönlichen und seelischen Ursprungs, er wollte mit sich selbst „ins Reine kommen", sein Leben und Tun in Weimar überdenken. Die von ihm fast 45 Jahre später in der „Campagne in Frankreich 1792" (erschienen 1822) aufgeführten Motive stimmen wohl nur zum Teil[2]:

*Nun hatte ich einen wundersamen geheimen Reiseplan. Ich mußte nämlich, nicht nur etwa von Geschäftsleuten sondern auch von vielen am Ganzen teilnehmenden Weimarern, öfter den lebhaften Wunsch hören, es möge doch das Ilmenauer Bergwerk wieder aufgenommen werden. Nun ward von mir, der ich nur die allgemeinsten Begriffe von Bergbau allenfalls besaß, zwar weder Gutachten noch Meinung, doch Anteil verlangt, aber diesen konnt' ich an irgend einem Gegenstand nur durch unmittelbares Anschauen gewinnen. Ich dachte mir unerläßlich vor allen Dingen das Bergwesen in seinem ganzen Komplex, und wär' es auch nur flüchtig, mit Augen zu sehen und mit dem Geiste zu fassen, denn alsdann nur konnt' ich hoffen, in das Positive weiter einzudringen und mich mit dem Historischen zu befreunden. Deshalb hatt' ich mir längst eine Reise in den Harz gedacht, und gerade jetzt, da ohnehin diese Jahreszeit in Jagdlust unter freiem Himmel zugebracht werden sollte, fühlte ich mich dahin getrieben. Alles Winterwesen hatte überdies in jener Zeit für mich große Reize, und was die Bergwerke betraf, so war ja in ihren Tiefen weder Winter noch Sommer merkbar; …*

Über geologische Eindrücke während der ersten Harzreise, deren Höhepunkt die Besteigung des Brockens im Winter bei tiefem Schnee von Torfhaus aus am 10. Dezember 1777 darstellte, berichtet Goethe in seinen Briefen (vor allem an Charlotte von Stein in Weimar gerichtet) und Tagebuchaufzeichnungen kaum. Ganz sicher werden die Erinnerungen an diese Reise, die er als weimarischer Staatsbeamter unter dem Pseudonym eines Malers Weber, (Goethes Mutter , geb. Textor = Weber) aus Darmstadt unternahm, ihn jedoch in seinen späteren geologischen Studien beeinflußt haben, denn er informierte sich über Erzbergbau und -verhüttung.

---

[2]  WA I.33, 214$_{1-23}$

Goethe begann seine erste Harzreise in Weimar am frühen Morgen des 29. November 1777. Sie führte ihn zu Pferd über Ilfeld in den Harz. Am 1. und 2. Dezember verzeichnete er in seinem Tagebuch den Besuch der Baumannshöhle von Elbingerode aus.

Im Unterschied zum Hochharz, wo Granit und Grauwacken die Welt der Gesteine bestimmen, treten in Rübeland Kalksteinwände in den Vordergrund, in welche sich die Bode ihr Bett gegraben hat. Neben den heute noch zu besichtigenden zwei großen Schauhöhlen, der Baumannshöhle und der Hermannshöhle, sind weitere 12 Höhlen bekannt.

Die Baumannshöhle bei Rübeland zwischen Blankenburg und Elbingerode soll von dem Bergmann Friedrich Baumann 1536 entdeckt worden sein. Sie zählt zu den schönsten Naturhöhlen Deutschlands. Schon bei Merian (1654) wird sie ein „solch Wunderwerck der Natur" genannt, an einem ziemlich hohen Berg innerhalb von harten Felsen, mit einem runden und so engen Eingang, „daß der Jenige, so darein will, etliche Lachter [1 Lachter etwa 2 m] weit hinein schlupffen oder kriechen muß." Bald danach aber würden sich Höhlen von solcher Größe eröffnen, daß ganze Häuser darin stehen könnten.

Bereits 1565 berichtete der Schweizer Naturforscher CONRAD GESNER (1516–1565) in seinem Werk „De rereum fossilium ... " unter Hinweis auf eine noch frühere Beschreibung des Stolberger Oberhofmeisters Reiffenstein über die Baumannshöhle – und er erwähnt Tropfsteine und fossile Knochen, die er von Reiffenstein erhalten und untersucht habe. Der Arzt und Botaniker Johannes Thal (gest. 1583) führte die Baumannshöhle in seiner „Sylvia Hercynia" auf, der ersten Spezialflora des Harzes, mit dem Hinweis, daß der bereits genannte Reiffenstein dort Goldkörner (!) gefunden habe. Die Wasser der Bode, vom Brocken kommend, haben die Höhle in das Felsengefüge gegraben und diese nach einem Absinken des Flußspiegels um etwa 40 m freigegeben.

Seit 1730 wurde ein Höhlenbuch zur Eintragung der Besucher geführt, die zuvor die Wände und Tropfsteine bekritzelt hatten, in dem Goethe dreimal – 1./2. Dezember 1777, 2. September 1783 und 11. September 1784 – aufgeführt ist. Goethe besuchte die Baumannshöhle 1777 auf seiner zweiten Harzreise am 12. September 1783 mit Fritz von Stein und auch auf der dritten Harzreise am 11. September 1784 mit dem Zeichner Georg Melchior Kraus, von dem eine Zeichnung vom Eingang der Baumannshöhle stammt. Goethe selbst zeichnete auch im Inneren der Höhle. Ein 40 x 60 m großer Höhlenraum mit kristallklarem See wird heute „Goethesaal" genannt. Goethe schreibt über seinen ersten Besuch 1777 [in: „Campagne in Frankreich 1792" – rückblickend] [2]:

*Nach einer wohl durchschlafenen Nacht eilte ich frühe, von einem Boten geleitet, der Baumannshöhle zu; ich durchkroch sie und betrachtete mir das fortwirkende Naturereignis ganz genau. Schwarze Marmormasse aufgelöst, zu weißen kristallinischen Säulen und Flächen wiederhergestellt, deuteten mir auf das fortwebende Leben der Natur. Freilich verschwanden vor dem ruhigen Blicke alle Wunderbilder, die sich eine düster wirkende Einbildungskraft so gern aus formlosen Gestalten erschaffen mag; dafür blieb aber auch das eigene Wahre desto reiner zurück, und ich fühlte mich dadurch gar schön bereichert.*

Ähnlich wie in seinen „alchemistischen" Studien (s. Kap. 1) haben Goethe auch hier die chemischen Vorgänge des Lösens und Kristallisierens besonders beeindruckt. Hinzu kommt, daß bei Rübeland inmitten der im Hochharz dominierenden Gesteine Granit und Grauwacke Kalkwände wie in der Schwäbischen Alb vorkommen. Beeindruckend ist auch heute noch die unendliche Formenvielfalt dieser und auch der benachbarten Hermannshöhle aus Stalaktiten (Deckenzapfen), Stalagmiten (Bodenzapfen) und Stalagnaten (Tropfsteinsäulen aus zusammengewachsenen Stalaktiten und Stalagmiten). In beiden Höhlen treten meist wasserklare Calzit-Kristallbildungen auf, die im stehenden Wasser entstanden und besonders filigran ausgebildet sind. Besonders häufig sind sie in Sinterschalen und -becken zu finden. Aufgrund der Änderungen im Wasserstand entstanden galerieartige Konzentrationen von bizarren Kristallgebilden.

Von Wernigerode aus kam Goethe am 4. Dezember 1777 nach Goslar, in die alte Kaiserstadt, wo er im damaligen Gasthaus Scheffler in der Worth- straße 2 (Gedenktafel) unmittelbar am historischen Marktplatz wohnte. Am folgenden Tag regnete es unentwegt; daher begab er sich *Früh in* [den] *Ram- melsberg; den ganzen Berg bis ins Tiefste befahren.*

Wenige Jahre zuvor hatte der Oberbergmeister JOHANN CHRISTOPH ROEDER (1730–1810) dort mit seinen Arbeiten zur Modernisierung des seit dem 3. Jahrhundert betriebenen Erzbergwerkes begonnen. Seine neu ge- schaffenen Förder- und Wasserhaltungsanlagen sind heute im Bergbaumu- seum Roeder- Stollen-Rammelsberg zu besichtigen. Auch damals schon konnten Privatleute – denn als Maler Weber aus Darmstadt reiste Goethe durch den Harz – die Gruben besuchen. Für den Chemiker von besonderem Interesse sind die farbenprächtigen Vitriole dieses historischen Bergwerkes. Aus den sulfidischen Erzen bzw. Mineralen – Pyrit und Markesit $FeS_2$, Bleiglanz $PbS$, Zinkblende $ZnS$ und Kupferkies $CuFeS_2$ – entstanden bei Wasser- und Luftzutritt durch Verwitterung stark saure Lösungen an Sulfa- ten, die Vitriollösungen. Infolge von Raubbau bis 1360 waren zahlreich Hohlräume im Bergwerk zu Bruch gegangen und hatten so den Ober- flächenwässern einen Zugang ermöglicht. In tiefergelegenen Hohlräumen kristallisierten dann grüne, rote und gelbliche Vitriolausbildungen des Ei- sens, blaue Vitriolformen des Kupfers und weißes Zinkvitriol. Anteile von Mangan in den Erzen ergaben auch dunkelbraune Färbungen [4]. Als Ab- bautechnik wurde im Rammelsberg auch das Feuersetzen (s.u.) angewen- det. Durch die Hitze des Feuers wurden die Vitriole entwässert, das Metall- salz – auch zusammen mit Erz- oder Schieferbrocken – verkrustete. Die dabei entstandene Masse wurde als Atramentstein oder auch Kupferrauch bezeichnet. Erz und Schiefer färben den Kupferrauch grau. Bereits 1565 schrieb der damalige Goslarer Münzmeister LAZARUS ERCKER (um 1530–1594): „Dieses Kupffer-Rauch wächset in dem Rammelsberge über- flüßig viel, also man an etlichen Orten des Berges Kupffer-Rauch muß weg- hauen, sonst wüchsen etliche Oerter gar zu, daß man könte nicht mehr hin- einkommen." – s. in [5].

Zehn Jahre vor Goethes Besuch erschien ein Werk über die Bergwerke der damaligen Zeit, in dem die „salzhaltenden Mineralien" des Rammelsberges aufgeführt wurden [6]:

„A. Atramentstein von brauner, röthlicher, weiser, blaulicher und gelber Farbe, der aus einem unordentlichen Gewebe besteht, woraus der grüne Vitriol gemacht wird;

B. Misi, eine weiche talkige und schmierige Erde, die sich in dem Wasser ganz auflöset, wovon grüner Vitriol gesotten wird;

C. Kupferrauch, ein weiser erhärteter Sinter, der sich in den Gruben von dem Wasser ansezzet, woraus ebenwol grüner Vitriol gesotten wird;

D. Gediegener Vitriol, von grüner, blauer, weiser und brauner Farbe, der sich, wie Eiszapfen, in dem Berg ansezzet, und mit einem gemeinschaftlichen Nahmen Jökkel genennet wird;"

Sechzig Jahre nach Goethes Einfahrt in den Rammelsberg veröffentlichte C. Koch [6] auch eine Beschreibung des Feuersetzens im Rammelsberg:

„Das ungewöhnlich feste Rammelsberger Erz ist seit alters her durch Feuersetzen abgebaut worden. Um die notwendige große Hitze zu erreichen, muß das untertägige Feuer mit heller Flamme schnell um sich greifen, was durch eine lockere, nicht zu hohe Anordnung des Feuerholzes erreicht wird.

Das Anzünden wird bei Agricola (1556) durch Anspänen der Rundhölzer begünstigt. Im Rammelsberg verwendet man hierfür klein gespaltenes Brandholz. An hangenden Erzpartien wird das Feuer aus senkrecht gestellten Stämmen errichtet. Soll die Firste hereingewonnen werden, schichtet man die Hölzer kreuzweise übereinander, so daß ein Holzschrank mit quadratischer Grundfläche entsteht. In der Regel bilden 3 bis 4 Schränke dann einen Brand.

Das erhitzte Erz dehnt sich aus und platzt in Schalen ab, die entweder noch während des Brennens herunterfallen oder anschließend mit Eisenstangen oder Keilen gelöst werden. Mit zwei Raummetern Holz können zwischen 3 und 6t Erz abgebaut werden. Die Menge hängt von der richtigen Plazierung des Feuers ab, wobei auf vorhandene Klüfte, d.h. Schwächezonen des Erzlagers zu achten ist.

Da die Brände im Rammelsberg größtenteils nach oben wirken, nimmt die Höhe der Abbaukammern schnell zu. Um den Abstand vom Feuer zum Erz konstant zu halten, muß die Sohle mit taubem Schiefergestein aufgefüllt werden. Die mit Asche und Holzkohle vermischten kleineren Erzstücke verbleiben bis 1762 als sog. Brandstaub in den Gruben, wo sie sich mehrfach unkontrolliert entzünden. Erst in den folgenden Jahren werden sie über den Brandstaubschuppen zutage geschafft und in der Brandstaubwäsche gereinigt.

Die überwiegend am Sonnabend angezündeten Feuer brennen zwischen 30 und 45 Minuten. Für den Rauchabzug sorgt dabei ein besonderes System aus Wettertüren, Wetterstrecken und Wetterschächten, das in der Regel Montag früh bei Schichtbeginn den Bergleuten eine atembare Luft garantiert.

Für die interessierten Besucher des Rammelsberges, unter ihnen auch Goethe (1777) und König Jérome von Westfalen (1809), sind die Brände eine besondere Sehenswürdigkeit, die erst vor gut hundert Jahren mit dem Einsatz preßluftgetriebener Bohrmaschinen und dem damit möglichen Erzsprengen entfällt."

Es gibt im Nachgelassenen einen Hinweis, daß Goethe wirklich etwas vom Feuersetzen gesehen (WA II. 13, 295)hat. Das Bergwerk Rammelsberg verhalf der Stadt Goslar durch den Silbergehalt seiner Erze zu Reichtum, bis sie 1552 die Rechte an der Bergwerken und Forsten an den Herzog von Braunschweig-Wolfenbüttel abgeben mußte. Es war bereits zur Zeit Goethes als Schaubergwerk zur Besichtigung offen. Der Betrieb des Bergwerkes wurde 1988 eingestellt und 1992 wurde es ebenso wie die Altstadt von Goslar von der UNESCO zum Weltkulturerbe erklärt.

Am 5. Dezember des Jahres 1777 besuchte Goethe den 5 km von Goslar entfernten Hüttenort Oker, „und war im Faktoreigebäude (jetzt Brunnenstraße 29 mit Gedenktafel) der Messinghütte zu Gast des Zehntgegenschreibers Volkmar, mit dem er die Okerschen Hüttenwerke, vor allem die nahe Messinghütte, besichtigte … " [3] Im Gegensatz zu seinen Tagebucheintragungen und Briefen schreibt Goethe in der „Campagne in Frankreich 1792" ausführlicher über seine *Harzreise im Winter*[3]:

---

[3]  WA I. 33, 226₂₃–227₂

*Nun ritt ich an dem Nordosthange des Harzes in grimmigen, mich zur*
*Seite bestürmenden Stöberwetter, nachdem ich vorher den Rammelsberg,*
*Messing-Hütten und die sonstigen Anstalten der Art beschaut und ihre*
*Weise mir eingeprägt hatte, nach Goslar, wovon ich dießmal nicht weiter*
*erzähle, da ich mich künftig mit meinen Leser darüber umständlich zu un-*
*terhalten hoffe ... –* was jedoch leider nicht geschah.

Was Goethe wohl gesehen hat, erfahren wir aus dem Bericht des Apothekers JOHANN BARTHOLOMÄUS TROMMSDORFF[4] (1770–1837) aus Erfurt.
Er besuchte mit seinen Schülern im Sommer 1798 den Harz. In seinem Bericht, der erst 1957 veröffentlicht wurde, beschreibt er auch die von Goethe
zuvor besuchten Stätten [7]. So erfahren wir in seinen Aufzeichnungen Einzelheiten über die Messinghütte in Oker:

„Wir besuchten hier die Messinghütte, welche 3/4 Stunden von Goslar
entfernt ist; es wird daselbst jährlich auf 800 Center gutes Messing bereitet.
In jedem Ofen stehen 4 grosse Tiegel, in welche das Kupfer und das mit Koh-
lengestübe vermengte gepulverte Gallmay (Zinkerz) (der Ct. Gallmay kostet
in Goslar 6 gg.) Stratum super Stratum eingetragen wird, die Exmutation
und Schmelzung dauert circa 11 Stunden, und das Messing wird aus den Tie-
geln theils in Kuchen, zum Verkauf, theils in Platten zur nachherigen Bearbeitung ausgegossen. Vierzig Pfund Kupfer liefern im Durchschnitt 55 Pfd.
Messing. Neben der Messingbrennery befindet sich ein Messinghammer-
werk und eine Messingdrahtziehung, ferner ein Kupferhammerwerk und
andere Hüttenwerke, die in der That sehenswürdig sind."

Am 7. Dezember ritt Goethe vormittags in den Oberharz: Die Bergstädte Clausthal und Zellerfeld auf einer früher waldreichen Hochebene von
600 m über NN waren damals noch durch die Landesgrenze zwischen zwei
welfischen Herzogtümern getrennt – Clausthal gehörte zur hannoverschen,
Zellerfeld zur braunschweigisch-wolfenbüttelschen Linie. Um 1200 wurden
wegen des Holzes neben Bergwerken (vor allem Silbererzbergwerke) Hütten zur Verarbeitung auch Rammelsberger Erze betrieben. Im 14. Jahrhundert führte eine Pestepidemie zu einem Niedergang. Nachdem von den Wel-
fenfürsten Bergleute aus dem Erzgebirge in den Harz geholt worden waren,
kam es im 16. Jahrhundert zu einer neuen Blütezeit auch in Clausthal, wo
Silber, Kupfer, Blei und Zinkblende gewonnen wurden. Nach einer weiteren

---

[4]  Er hatte beim Hofapotheker Buchholz (s. Kap. 3) in Weimar gelernt und spielte auch
     eine Rolle bei der Besetzung des Chemie-Lehrstuhls in Jena (s. Kap. 4).

Notzeit konnte der Berghauptmann von Reden durch „Modernisierung der Technologie, klügere Planung und sachkundigere Durchführung der Arbeiten (…) die Krise der Oberharzer Montanindustrie" überwinden [3].

Clausthal und Zellerfeld waren mit über 13 000 Einwohnern damals fast doppelt so groß wie Weimar. Das gesellschaftliche Leben prägten die Berg- und Hütten- sowie auch Forstleute, die in den gehobenen Positionen Beamte waren. Aus Goethes Tagebuch wird deutlich, daß ihm der Unterschied zwischen dem Leben in Goslar und Clausthal besonders auffiel:

*d. 7 … Nach Clausthal. Seltsame Empfindung aus der Reichsstadt die in und mit ihren Privilegien vermodert, hierherauf zu kommen wo von unterirdischem Seegen die Bergstädte fröhlig nach wachsen … d. 8 früh eingefahren in der Caroline Dororthee und Benedickte. Schlug ein Stück Fels den geschwornen vor mir nieder ohne Schaden weil sichs auf ihm erst in Stücke brach … d. 9 früh auf die Hütten.* [5]

Am 9. Dezember schreibt Goethe in einem Brief an Charlotte von Stein nach Weimar über den nicht ungefährlichen Zwischenfall im Bergwerk ausführlicher [6]:

*… Dass ich iezt um und in bergwercken lebe, werden Sie vielleicht schon errathen haben. gestern Liebste hat mir das Schicksaal wieder ein gros Compliment gemacht. Der Geschworne ward einen Schritt vor mir von einem Stück gebürg das sich ablöste zu Boden geschlagen, da er ein sehr robuster Mann war so stemmte er sich da es auf ihn fiel, dass es sich in mehr Stücken auseinander bruch, und an ihm hinabrutschte, es überwältigte ihn aber doch, und ich glaubte es würde ihm wenigstens die Füsse sehr beschädigt haben, es ging aber so hin, einen Augenblick später so stund ich an dem Fleck, denn es war eben vor einem Ort den er mir zeigen wollte, und meine schwancke Person hätt es gleich niedergedrückt, und mit der völligen Last gequetscht. Es war immer ein Stück von fünf, sechs Zentnern. Also dass Ihre Liebe bey mir bleibe, und die Liebe der Götter.*

Goethe übernachtete wahrscheinlich im Clausthaler Rathaus oder im noch heute bestehenden Gasthof Goldene Krone, über den auch Heinrich Heine in seiner Harzreise (1824) lobend berichtete. „Am nächsten Morgen fuhr er in die Gruben Dorothea, Caroline und Benedicte ein, drei südöstlich von Clausthal gelegene Bergwerke, die durch Wasserlösungsstollen mitein-

---

[5]   WA III. 1, 56$_{11-21}$
[6]   WA IV. 3, 196$_{24}$–197$_{12}$ (Brief Nr. 653)

ander verbunden sind und damals 'in bester Ausbeute' standen. Wie das Erz-
bergwerk Rammelsberg wurden diese Gruben häufig besichtigt und zwar
vorwiegend von Laien. Hier standen auch ständig Steiger mit Geleucht bereit, für das ein Trinkgeld erwartet wurde, das war auch der Fall, wenn die
'Hutfrau' nach dem Besuch Waschwasser, Seife und Handtuch reichte." [3]

Am nächsten Tag ging Goethe *Früh auf die Hütten.*, wie er in seinem Tagebuch vermerkte. „Goethe hatte vermutlich die schon seit dem Mittelalter
bestehende Clausthaler Silberhütte zu den Frankenscharn besichtigt, die
kurz vor 1554 neu aufgebaut und in den folgenden Jahrhunderten mehrfach
erweitert worden war. Vier Jahre vor dem Besuch des Weimarer Gastes hatte man dort den ersten Hochofen eingebaut. Hier wurden fast die gesamten
Bleierze der Berginspektion Clausthal sowie ein Teil der bleiischen Erze der
Berginspektion von Grund verschmolzen. Sie war in der Hauptsache Roh-
hütte, das heißt sie lieferte Halbfertigprodukte, die in anderen Harzer Hütten weiter verarbeitet wurden [3]." Auch der zitierte Apotheker Trommsdorff aus Erfurt besuchte im Sommer 1798 diese Hütte und schilderte sie in
seinem Reisebericht als Zeitzeuge wie folgt [7]:

„Nachmittags besuchten wir einige Pochwerke und die Frankenscharner
Hütte, eine der grössten auf dem Harze; sie hat 15 Schmelzöfen. Die Ab-
scheidung des silberhaltigen Bleyes geschieht durch Niederschlagung mit
gekörntem Eisen. Das silberhaltige Bley wird dann abgetrieben und die erhaltene Glätte zum Theil wieder angefrischt und das metallisch Bley verkauft. Auf jedes Treiben werden 72 Center silberhaltiges Bley eingesetzt. Das
Rösthaus ist sehr gut angelegt. Das erhaltene geschwefelte Eisen wird wird
auch wieder zu gute gemacht." – Womit er in wenigen Sätzen die gesamte
Metallurgie dieser Hütte beschrieben hat.


IM MINERALIENKABINETT DES APOTHEKERS ILSEMANN IN CLAUSTHAL

Zwei Jahre vor Goethes erstem Besuch am 8. Dezember 1775 in Clausthal auf dem Oberharz war hier die Bergschule, später Bergakademie und
heutige Technische Universität gegründet worden. Auch wenn die Notiz
Goethes in seinem Tagebuch – *d.8. ... Nach Tische bey Apothecker Ilsemann[7] sein Cabinet sehn.* – nur kurz ist und keinen speziellen Eindruck er-

---

[7]  Seit 1758 war der damalige Apotheker Ilsemann Pächter der Ratsapotheke in Clausthal.[8]

kennen läßt, so hat ihn dessen damals bedeutende Mineraliensammlung vermutlich doch zu der bereits 1780 – nach der zweiten Reise in die Schweiz (s.u.) – begonnenen eigenen Sammlung angeregt, die mit über 18 000 Nummer wohlgeordnet bis heute erhalten blieb.

Eine Gedenktafel erinnert am ehemaligen Gebäude der Ratsapotheke in der Rollstraße schräg gegenüber der Marktkirche und in der Nähe des Hauptgebäudes der Technischen Universität Clausthal an Goethes Besuch im Ilsemannschen Mineralienkabinett.

Ilsemann (Biographie s. Kap. 8) war „der erste Dozent, der nach 1775 die 'chymische Mineralogie' lehrte, … , der neben dem Unterricht in Mineralogie auch, wie alte Aufzeichnungen bezeugen, 'öffentliche metallurgische und chemische Vorlesungen' hielt. 1782 heißt es in einem Bergbericht, daß es in Clausthal 'an einem guten Unterricht in Chemie, besonders in der Betrachtung der anzustellenden Versuche, nicht fehle'."[9]

Auch der bereits zitierte Apotheker Trommsdorff (s. Messinghütte Oker) besuchte den Kollegen Ilsemann und schrieb in seinem Reisebericht darüber [7]:

„Vormittags hatte ich auch das Vergnügen den verdienstvollen Hn. Bergsecret. und Apotheker Ilseman kennen zu lernen. Dieser Mann nahm mich ausserordentlich freundschaftlich auf, und zeigte mir sein Mineralien Cabinet, welches ich für eines der vortrefflichsten halte, die ich je gesehen habe. Es enthält keine einzige schlechte Piece [franz. pièce: Stück], jedes Stück ist vortrefflich conservirt und instructiv. Eine Menge wahrer Prachtstücke befinden sich darunter, z. B. eine Stufe weissen kristallisirten Bleyspath, auf welche man öfters mehr als 200 rth. in Golde gebothen hat.

Sehenswürdig sind seine Silberstufen (eine Seite von Kalkspathen und Flusspathen)."

Am folgenden Tag befuhr Trommsdorff ebenso wie Goethe zunächst die Gruben Dorothea und Carolina und war dann nochmals beim Apotheker Ilsemann:

„Nachdem wir zurückgekehrt waren, besuchte ich wieder Herrn Ilseman, der mir den übrigen Theil seines Cabinets, seine Instrumente, Laboratorium und Präparate zeigte. Ilseman ist jetzt Antiphlogistiker (Anhänger Lavoisiers), und ein vortrefflicher, praktischer Arbeiter; seine vorzüglichste Stärke ist Metallurgie. Er lehrt den jungen Hüttenleuthen die metallurgische Chemie."

Von Clausthal aus brach Goethe über Altenau am 10. Dezember zur Besteigung des Brockens vom Torfhaus auf und kehrte danach über Altenau am 11. Dezember wieder nach Clausthal zurück. Seine Rückreise nach Eisenach begann er am 12. Dezember. In St. Andreasberg fuhr er „in die Grube Samson ein, wo in mehreren Schächten Erz gewonnen wurde; übrigens noch bis 1910, heute ist das Bergwerk Museum [3]." In Goethes Tagebuch ist zu lesen [8]:

> *Abends eingefahren in Samson durch Neufang auf Gottes gnade heraus. ward mir sehr sauer diesmal. Nachher geschrieben.*

Der Bergbau im Andreasberger Revier mit silberhaltigen Blei-Zink-Kupfer-Erzen hatt eine 400jährige Geschichte. Mineraliensammler heute schätzen vor allem Kalkspatkristalle, Silbererze und Zeolithe aus dieser Region. Die erste intensive Betriebsperiode begann mit Mansfelder Bergleuten im 15. Jahrhundert und dauerte bis zum Dreißigjährigen Krieg. Als Goethe nach St. Andreasberg kam, begann gerade der Aufschwung der dritten Periode, die von Historikern auf die Zeit von 1765 bis 1910 eingegrenzt wird. Die Leitung hatte der Clausthaler Berghauptmann CLAUS FRIEDRICH VON REDEN (1769 bis 1791). Neue Gruben dieser Zeit trugen die Namen Catharina Neufang, Samson, Gnade Gottes und St. Andreaskreuz. Um 1770 wurde jährlich eine Tonne Silber gewonnen. 1912 wurde der Betrieb der Silberhütte eingestellt. Im Andreasberger Revier wurden in Gängen von einem Zentimeter bis zu einem Meter Mächtigkeit silberhaltiger Bleiglanz, Kupferkies, Zinkblende, gediegenes Arsen, Rotgültigerz (Silber-Arsen- und Silber-Antimonsulfide), Antimonsilber und gediegenes Silber gefördert. Als Goethe nach St. Andreasberg kam, lebten dort etwa 3000 Menschen. Bereits 1958 wurden die Übertageanlagen des Silberbergwerkes Samson zu einem technischen Museum ausgebaut. Die Grube Catharina Neufang in unmittelbarer Nähe der Grube Samson, die urkundlich bereits 1575 erwähnt wurde, kann von Besuchern heute im Förderstollen aus der letzten Betriebszeit bis zum verfüllten Schacht Catharina Neufang 40 m tief befahren werden. Von dort gelangt man über eine „Fahrt" den etwa 6 m höher liegenden „Alten Tagesstollen". Zu Goethes Zeit war jedoch die Fahrkunst noch nicht erfunden. Die Gruben und Stollen konnten nur über Leitern erreicht werden. Die Einfahrt erforderte etwa 90, die Ausfahrt sogar 150 Minuten. An einem der Gebäude der Museumsanlage ist zur Erinnerung an Goethes Besuch eine Gedenktafel in Form einer stilisierten Tanne (Fichte) angebracht, die im gesamten Oberharz an vielen historisch-bergbaulichen Orten zu finden sind. Der Text lautet:

---

[8]  WA III. 1, 57$_{13-16}$

„Hier weilte Goethe auf der Rückfahrt von seiner Harzreise im Winter 12. Dez. 1777. Er fuhr auf der Grube Samson ein und über die Grube Gnade Gottes wieder aus. In seinem Tagebuch vermerkte er: 'Ward mir sehr sauer.'"

Am 13. Dezember besichtigte Goethe auf dem Weg nach Duderstadt die am Ortsrand von Lauterberg gelegene Königshütte. Sie war in der Zeit von 1731 bis 1734 (nach anderen Angaben 1733–1737) unter Kurfürst Georg II. errichtet worden. „Diese Eisenhütte, Eisengießerei und Drahtzieherei war damals das größte Unternehmen dieser Art im Königreich Hannover und unter anderem Zulieferer der Herzberger Gewehrfabrik, eines namhaften Rüstungsbetriebes jener Zeit [3]." In Lauterberg wurden Kupfererze, Eisenstein und auch Silber gewonnen. Der Kupferbergbau begann 1688, eine Kupferhütte wurde 1705 eingerichtet. Ein weiterer Besuch fand auf seiner geognostischen Harzreise am 10. August 1784 statt (s. weiter unten). Alle Eindrücke von den beschriebenen Stationen auf der ersten Harzreise mögen in späterer Zeit, als sich Goethe ernsthaft der Mineralogie und Geologie zuwandte, eine Rolle gespielt haben. Der „Ertrag" der Winterreise 1777 war jedoch sicher ein anderer – ein persönlicher, gefühlsmäßiger und literarischer, wie seine Hymne *Harzreise im Winter*, in der sich Goethe selbst in seinem damaligen inneren Zustand wiederfinden läßt.

DIE REISE IN DIE SCHWEIZ 1779

Zum Mineralogen wurde Goethe wohl erst auf seiner zweiten Reise in die Schweiz[9], die er in Begleitung des Herzogs Carl August zusammen mit dem Oberforstmeister Otto Joachim Moritz von Wedel[10] im November und Dezember 1779 unternahm.

Die Reisegruppe verließ Weimar bereits am 12. September. Vom 14. bis 16. September hielt sie sich in Kassel auf, wo Goethe den Forschungsreisenden und Reiseschriftsteller Johann Georg Forster (1754–1794) besuchte (s. S. 351). Forster war 1778 als Professor für Naturgeschichte an die damalige Gewerbeschule gekommen, an der sechzig Jahre später auch der Chemiker Friedrich Wöhler wirkte, bevor er an die Universität Göttingen berufen wurde. Die weitere Reiseroute verlief über Frankfurt, Heidelberg und Emmendingen, wo

---

[9]   1. Schweizreise von Frankfurt am Main im Jahre 1775
[10]   lebte 1752 bis 1794, seit 1776 Oberforstmeister und Kammerherr in Weimar

seine Schwester Cornelia als Ehefrau des Oberamtmannes Schlosser am 8. Juni 1777 gestorben war. Über diese Reise exisitieren Goethes *Briefe aus der Schweiz*, die er später in der Zeitschrift „Die Horen" (herausgegeben von Schiller, Jahrgang 1796) veröffentlichte und bereits kurz nach seiner Reise in Weimar vortrug. Die Reise führte wie schon die erste Schweizreise vier Jahre zuvor bis zum St. Gotthard. Der Goethe-Kenner K. O. Conradi schreibt dazu [10]:

„Jetzt hatte sich der Berichtende ganz die Anschauungsweise des sorgfältig Beobachtenden angeeignet, der die Dinge so sehen will, wie sie sind. Nicht mehr der Ausdruck subjektiver Empfindungen, die die Begegnung mit der Natur einst ausgelöst hatten, drängte in diese Briefe wie noch auf der ersten Reise in den Harz, sondern in ruhiger Beschreibung wurde berichtet. Die genaue Erfassung der Gegenstände und ihres Zusammenhangs, die vom Chef der Bergwerks- und der Wegebaukommission gefordert wurde: hier bewährte sie sich im Anblick der Berge und Täler, des Himmels und der Schluchten, auch der Menschen und ihrer Arbeit … Seine Neugier ließ ihn schon früher jene alchimistischen Versuche machen, sie hatte ihn bereits in Straßburg in anatomische Vorlesungen der Mediziner gelockt; die physiognomischen Arbeiten erforderten sorgfältiges Hinsehen, und eine Versepistel an seinen Freund in Darmstadt Johann Heinrich Merck schloß am 4. Dezember 1774 mit den Zeilen 'Wer mit seiner Mutter, der Natur, sich hält / Find´t im Stengelglas (Reagenzglas) wohl eine Welt'. Aber bei all dem dominierten doch spekulative Schau und der Wunsch, durch Erkenntnis der Natur die eigenen schöpferischen Fähigkeiten zu verstehen und zu legitimieren."

Neben der Lust an hermetischer Spekulation, „nämlich den Zusammenhang des Ganzen zu erfassen", wird in seinen Briefen aus der Schweiz eine neue Richtung, eine Bindung „an Beobachtung und ruhige Anschauung" deutlich.

Eine Auswahl aus Goethes „Briefen aus der Schweiz" beschränkt sich im folgenden auf „geochemische" Betrachtungen, welche die Genauigkeit in der Beobachtung und zugleich die dichterische Sprache verdeutlichen mögen. Am Sonntag, den 3. Oktober 1779, schrieb Goethe am Abend aus Münster[11] zwischen Basel und Biel[12]:

---

[11] Moutier, Marktflecken im Birstal, Kanton Bern
[12] WA I. 19, 223$_9$–224$_{11}$

*... Auf dem Wege nach Biel ritten wir das schöne Birsch-Thal herauf und kamen endlich an den engen Paß der hierher führt.*

*Durch den Rücken einer hohen und breiten Gebirgskette hat die Birsch, ein mäßiger Fluß, sich einen Weg von Uralters gesucht ... Das über Felsstücke rauschende Wasser und der Weg gehen neben einander hin und machen an den meisten Orten die ganze Breite des Passes, der auf beiden Seiten von Felsen beschlossen ist, die ein gemächlich aufgehobenes Auge fassen kann. Hinterwärts heben Gebirge sanft ihre Rücken, deren Gipfel uns vom Nebel bedeckt waren.*

*Bald steigen an einander hängende Wände senkrecht auf, bald streichen gewaltige Lagen schief nach dem Fluß und dem Weg ein, breite Massen sind auf einander gelegt, und gleich daneben stehen scharfe Klippen gesetzt. Große Klüfte spalten sich aufwärts, und Platten von Mauerstärke haben sich von dem übrigen Gesteine losgetrennt. Einzelne Felsstücke sind herunter gestürzt, andere hängen noch über und lassen nach ihrer Lage fürchten, daß sie dereinst gleichfalls herein kommen werden.*

*Bald rund, bald spitz, bald bewachsen, bald nackt, sind die Firsten der Felsen, wo oft noch oben drüber ein einzelner Kopf kahl und kühn herüber sieht, und an Wänden und in der Tiefe schmiegen sich ausgewitterte Klüfte hinein ...*

Im Zusammenhang mit diesem Tal äußert Goethe dann auch Gedanken zur Entstehung der Gebirge[13]: *... Am Ende der Schlucht stieg ich ab und kehrte einen Theil allein zurück. Ich entwickelte mir noch ein tiefes Gefühl, durch welches das Vergnügen auf einen hohen Grad für den aufmerksamen Geist vermehrt wird. Man ahnet im Dunkeln die Entstehung und das Leben dieser seltsamen Gestalten. Es mag geschehen sein wie und wann es woll, so haben sich diese Massen, nach der Schwere und Ähnlichkeit ihrer Teile, groß und einfach zusammen gesetzt. Was für Revolutionen sie nachher bewegt, getrennt, gespalten haben, so sind auch diese doch nur einzelne Erschütterungen gewesen und selbst der Gedanke einer so ungeheuren Bewegung gibt ein hohes Gefühl von ewiger Festigkeit. Die Zeit hat auch, gebunden an die ewigen Gesetze, bald mehr bald weniger auf sie gewirkt.*

*Sie scheinen innerlich von gelblicher Farbe zu sein; allein das Wetter und die Luft verändern die Oberfläche in Graublau, daß nur hier und da in*

---

[13]   WA I. 19, 225₁₅–226₁₈

*Streifen und in frischen Spalten die erste Farbe sichtbar ist. Langsam ver-*
*wittert der Stein selbst und rundet sich an den Ecken ab, weichere Flecken*
*werden weggezehrt, und so gibt´s gar zierlich ausgeschweifte Höhlen und*
*Löcher, die, wann sie mit scharfen Kanten und Spitzen zusammen treffen,*
*sich seltsam zeichnen. Die Vegetation behauptet ihr Recht; auf jedem Vor-*
*sprung, Fläche und Spalt fassen Fichten Wurzeln, Moos und Kräuter säu-*
*men die Felsen. Man fühlt tief, hier ist nichts Willkürliches, hier wirkt ein*
*alles langsam bewegendes ewiges Gesetz und nur von Menschenhand ist*
*der bequeme Weg, über den man durch diese seltsamen Gegenden durch-*
*schleicht.*

Über die Reiseroute in der Schweiz geben Goethes Briefe an Charlotte
von Stein (zum Teil zusammen mit den Tagebuchaufzeichnungen von Goethes Sekretär (1775–1785) Philipp Friedrich Seidel), an den Schweizer Theologen, Philosophen und Literaten JOHANN KASPAR LAVATER (1741–1801) sowie an seinen Freund JOHANN FRIEDRICH MERCK (1741-1791) und Goethes
Tagebuchnotizen nähere Auskunft:

Über Biel (5.10.) erreichte die Reisegruppe am 14. Oktober Thun, von
dort ging es nach Bern (15.10.). Am 17. Oktober schrieb Goethe aus Bern an
Merck[14]:

*Die Bibliothek, das Zeughaus, Sprünglin's Sammlung, höchst interes-*
*sant. bei Wyttenbachen war ich diesen Morgen drei Stunden, er ist sehr in-*
*structiv. Er hat von allen Bergen und Enden der Schweiz die Steinarten zu-*
*sammengelesen, ist ein recht artiger Mann.*

Dazu vermerkt O. Krätz [11]: „Diese Reise führte ihn in Höhlen wie in Na-
turalienkabinette wissenschaftlicher Sammler, so in Daniel Sprünglis
Sammlung von Kristallen, Versteinerungen und ausgestopften Vögeln. Auch
Pfarrer Wyttenbach[15], der Verfasser der 1776 erschienenen 'Merkwürdigen
Prospekte aus den Schwyzer Gebürgen ... ' wurde besucht ... "

Im Register der Weimarer Ausgabe von Goethes Werken wird Daniel
Sprüngli als „Sprünglin, Pfarrer und Ornithologe in Bern" aufgeführt, den
Goethe offensichtlich mehrmals besuchte: erstmals am 8. Oktober vor der
Weiterreise nach Thun, am 16. Oktober: *Naturalien Cabinet bei Sprünglein.*,
und am 17. Oktober (s.o.).[16]

---

[14]  WA IV. 4, 87$_{22-27}$
[15]  Jakob Samuel, in Bern, geb. 1748
[16]  WA IV. 7, 456

Die Reise dehnte sich bis in den November und Dezember aus. Am Abend des 4. November war Goethe in Chamonix und reiste weiter nach *Martinach* (Martigny) und St. Maurice. Auf dem Weg dorthin besuchte er den 65 m hohen Wasserfall *Pissevache* der *Salanfe*. Die heutige Hauptstraße Nr. 9 führt von St.-Maurice im Rhonetal aufwärts quer durch ein altes *Bergsturzgebiet*.

*Wir wußten, daß wir uns dem berühmten Wasserfall der Pisse vache näherten, und wünschten einen Sonnenblick, wozu uns die wechselnden Wolken einige Hoffnung machten. An dem Wege betrachteten wir die vielen Granit- und Gneißstücke, die bei ihrer Verschiedenheit doch alles Eines Ursprungs zu sein schienen. Endlich traten wir vor den Wasserfall, der seinen Ruhm vor vielen andern verdient. In ziemlicher Höhe schießt aus einer engen Felskluft ein starker Bach flammend herunter in ein Becken, wo er in Staub und Schaum sich weit und breit im Wind herumtreibt. Die Sonne trat hervor und machte den Anblick doppelt lebendig. Unten im Wasserstaube hat man einen Regenbogen hin und wieder, wie man geht, ganz nahe vor sich. Tritt man weiter hinauf, so sieht man noch eine schönere Erscheinung. Die lustigen schäumenden Wellen des obern Strahls, wenn sie gischend und flüchtig die Linien berühren, wo in unsern Augen der Regenbogen entstehet, färben sich flammend, ohne daß die aneinanderhängende Gestalt des Bogens erschiene; und so ist an dem Platze immer eine wechselnde feurige Bewegung. Wir kletterten dran herum, setzten uns dabei nieder und wünschten ganze Tage und gute Stunden des Lebens dabei zubringen zu können.* [17]

Mit seiner Begeisterung für die Geologie der Schweizer Bergwelt und auch mit seinen Theorien über deren Entstehung und Veränderung konnte Goethe offensichtlich auch seine Reisegefährten beeinflussen – so hinterließ der Herzog Carl August in seinem eigenen Reisetagebuch auch eine Betrachtung Goethes „über die Entstehung der breiten Täler durch die auswaschende Wirkung des Regens auf die Berge [11]." Auch wurden zahlreiche Gesteine und Mineralien gesammelt, die das Gepäck, welches meist von Mauleseln transportiert wurde, recht schwer werden ließen. „Mit der Rückkehr nach Weimar am 12. oder 13. Januar 1780 begann Goethe, mit Sammlern zu tauschen und gezielt anzukaufen, … Goethe sollte schließlich eine riesige, 18000 Nummern umfassende, überaus wohlgeordnete Mineraliensammlung hinterlassen." [11]

---

[17]  WA I. 19, 259$_7$–260$_3$

Der Harz kann als ein Fremdling im niedersächsischen Bergland bezeichnet werden [12] – auch als ein geologisches Fenster, denn „inmitten jüngerer Gesteine ragt ein tiefes Stockwerk der Erdkruste mit sehr alten Gesteinen (Silur, Devon, Carbon, Perm) auf". Wie auch das Rheinische Schiefergebirge ist der Harz ein altes variskisches, auch herzynisch genanntes, d.h. ein durch Auffaltung in der Steinkohlenzeit entstandenes Gebirge.

Das heutige Gebiet des Harzes war vor etwa 400 Millionen Jahren (im Silur und Devon) – nach einer allgemeinen Absenkung der Erdkruste in Mitteleuropa – vom Meer überflutet. Aus den Ablagerungen der Flüsse bildeten sich mächtige Schichten aus Ton und Kalk, die sich unter dem Gebirgsdruck in Tonschiefer und Kalkstein umwandelten. Vor etwa 300 Millionen Jahren (im Karbon) wurden die ursprünglich waagerecht abgelagerten Schichten durch innere Erdkräfte zusammengeschoben und emporgehoben: Es erfolgte die sogenannte variskische Faltung (benannt nach dem germanischen Volksstamm der Varisker aus der Gegend des Fichtelgebirges), die geologischen Schichten wurden quer zur Längsrichtung zusammen- und übereinandergeschoben.

„Nach der Faltung quoll im Harz eine glutflüssige Gesteinsschmelze empor. Dieser ungefähr 1000°C heiße Brei (Magma) drang aber nicht zur Erdoberfläche durch, sondern er blieb (als Pluton; so genannt nach dem griechischen Gotte der Unterwelt) in etwa zwei Kilometer Tiefe stecken, erkaltete sehr langsam und hatte viel Zeit, Kristalle zu bilden, vor allen Dingen weißen und rötlichen Feldspat (mit spiegelnden Spaltflächen), glasigen Quarz und blättchenhaften schwarzen Glimmer.

Das Gestein, zu dem diese Kristalle in regellos körnigem Gefüge zusammengewachsen sind, ist der nach dem lateinischen Wort für Korn (granum) benannte Granit. Er ist 'sauer', weil er viel reine 'Kieselsäure' in Form von Quarz aufweist, aber keineswegs das älteste Gestein, wie z.B. Goethe noch meinte ." [13]

In seiner „Einführung in die Geologie des Westharzes" schreibt Lothar Meyer dazu weiterhin [13]:

„In der 1784 (im Jahr seiner dritten Harzreise) verfaßten Schrift 'Über den Granit' nennt Goethe dieses Gestein den 'ältesten, festesten, tiefsten, unerschütterlichsten Sohn der Natur'. Granit bildet den 'Boden der Unterwelt', das 'Urgebirge'. Trotz dieses Irrtums ist die Schrift noch immer lesenswert, weil sie auf liebevoller Betrachtung beruht. Granit hat ein 'körniges Ansehen'. Es zeigt eine ‚wunderbare Abwechslung' des Kornes. Die Masse des Felsen ist 'von verworrenen Rissen durchschnitten" und hier und da 'in unförmlichen Klumpen wie übereinandergeworfen'."

Der Goethe-Text im Auszug lautet[18]:

*Über den Granit ... Jeder Weg in unbekannte Gebirge bestätigte die alte Erfahrung, daß das Höchste und das Tiefste Granit sei, daß diese Steinart, die man nun näher kennen und von andern unterscheiden lernte, die Grundveste unserer Erde sei, worauf sich alle übrigen mannigfaltigen Gebirge hinauf gebildet. In den innersten Eingeweiden der Erde ruht sie unerschüttert, ihre hohe Rücken steigen empor, deren Gipfel nie das alles umgebende Wasser erreichten. So viel wissen wir von diesem Gesteine und wenig mehr. Aus bekannten Bestandteilen, auf eine geheimnisreiche Weise zusammengesetzt, erlaubt es ebensowenig seinen Ursprung aus Feuer wie aus Wasser herzuleiten. Höchst mannigfaltig, in der größten Einfalt wechselt seine Mischung ins Unzählige ab. Die Lage und das Verhältnis seiner Teile, seine Dauer, seine Farbe ändert sich mit jedem Gebirge, und die Massen eines jeden Gebirges sind oft von Schritt zu Schritte wieder in sich unterschieden und im ganzen doch wieder immer einander gleich ...*

1783 reiste Goethe im September nach Halberstadt, wo er die Herzoginwitwe Anna Amalia von Sachsen-Weimar empfangen sollte, die sich auf der Rückreise von ihren Verwandten in Braunschweig befand. Vom Gut Langenstein bei Halberstadt aus, wo er auf die Ankunft der Herzogin wartete, unternahm er zusammen mit Fritz von Stein, dem ältesten Sohn der Charlotte von Stein, Ausflüge in den Harz. Er besuchte erneut die Baumannshöhle in Rübeland sowie die dortigen Marmorbrüche und die Marmormühle (12. September). Mit Fritz von Stein reiste er am 18. September über Goslar nach Zellerfeld und bestieg mit ihm und dem Vizeberghauptmann von Trebra am 21. September 1783 zum zweitenmal den Brocken. In seinen

---

[18]  WA II. 9, 172$_{8-27}$

Briefen an Charlotte von Stein wird Goethes zunehmendes Interesse an der Geologie des Harzes deutlich. Aus Clausthal schrieb er am 20. September[19]:

*Hier bin ich recht in meinem Elemente, und freue mich nur daß ich finde ich sey auf dem rechten Wege mit meinen Spekulationen über die alte Kruste der neuen Welt. Ich unterrichte mich so viel es die Geschwindigkeit erlaubt, sehe viel, das Urtheil giebt sich.*

1784 führte Goethe auch ein „geognostisches Tagebuch der Harzreise"[20]. In ihm berichtet er u.a. über die für den Harz charakteristische Grauwacke (ein Sediment- bzw. Trümmergestein), das Goethe „ein inneres Gemisch von Quarz und Schieferteilen" nannte und das den Untergrund der Clausthaler Hochfläche bildet. [13] Infolge Metamorphose wurde Grauwacke durch das heiße Magma in harten Grauwackenhornfels, Tonschiefer entsprechend in widerstandsfähigen Tonschieferhornfels umgewandelt. „Dieser liegt als Dach auf dem Wurmberg bei Braunlage, jener bildet die Kappe des Achtermanns und den Gipfel des Rehbergs und wurde schon von Goethe am Rehberger Grabenweg untersucht. Der geologisch interessierte Wanderer aus Weimar sah hier an der senkrechten Felswand 'gar deutlich den Abschnitt des schwarzen Gesteins auf dem blaßfleischroten Granit'." [13] Er schrieb über die Verhüttung des Eisensteins auf der Königshütte von Bad Lauterberg, die er zweimal auf seinen Harzreisen besuchte (s. Anm. 20):

*Auf der Königshütte schmelzen sie Eisenstein von Elbingerode, Lerbach und Andreasberg. der erste ist sehr dichte und mit hochrothen Puncten und Theilen einer Jaspisart gemischt. Der letzte kommt nur klein dahin.*

Damit spricht Goethe das Roteisenerz am heutigen Oberharzer Diabaszug an (Diabas: Basalt, grünes Ergußgestein, das sich aus dem Lavastrom, der durch die Erdrinde aufstieg – griech. diábasis = Durchgang – auf dem schlammigen Meeresgrund nach Erstarrung bildete). Goethes Schriften über den Granit sind ein Ergebnis seiner Beobachtungen während vor allem der 2. und 3. Harzreise.

---

[19] WA IV. 6,199₁₉₋₂₃
[20] WA II. 9, 155–168

## VON KARLSBAD ZUM BRENNER

Das auslösende Moment zum Aufbruch nach Italien am 8. September 1786 war ähnlich wie bei seiner ersten Harzreise im Winter 1777 die zunehmende Unzufriedenheit mit dem Leben am Hofe in Weimar – die Bürden des Amtes und die damit verbundenen Behinderungen bei der Ausführung seiner dichterischen Arbeiten. Goethes „Italienische Reise" entstand 1816/17 auf der Grundlage seines Reisetagebuches in Verbindung mit seinen Briefen an Charlotte von Stein und andere Freunde in Weimar. Sie vermittelt ein Gesamtbild des damaligen Italien – der Landschaft, von Kunst und Volkscharakter, Geschichte und Gegenwart in Verbindung mit menschlichen Beziehungen. Auch wenn die Kultur im Verlauf der Reise für Goethe immer mehr an Bedeutung gewann, so besitzen auch geologische Betrachtungen noch einen hohen Stellenwert.

Besonders beeindruckt hat Goethe der *Brenner*, den er von Innsbruck kommend am 8. September erreichte[21]:

*Von Innsbruck herauf wird es immer schöner, da hilft kein Beschreiben. Auf den gebahntesten Wegen steigt man eine Schlucht herauf, die das Wasser nach dem Inn zu sendet, eine Schlucht, die den Augen unzählige Abwechselungen bietet … Zu meiner Welterschaffung habe ich manches erobert, doch nicht ganz Neues und Unerwartetes. Auch habe ich viel geträumt von dem Modell, wovon ich so lange rede, woran ich so gern anschaulich machen möchte, was in meinem Innern herumzieht, und was ich nicht jedem in der Natur vor Augen stellen kann.*

Nach einer noch detaillierteren Beschreibung einer Regenwolke folgt dann Goethes Bekenntnis über die Gründe zu seiner Reise[22]:

*Wenn die Freunde über den ambulanten Wetterbeobachter und dessen seltsame Theorie gelächelt haben, so gebe ich ihnen vielleicht durch einige andere Betrachtungen Gelegenheit zum Lachen, den ich muß gestehen, da meine Reise eigentlich eine Flucht war, vor allen Unbilden, die ich unter dem ein und funfzigsten Grade erlitten, daß ich Hoffnung hatte, unter dem acht und vierzigsten ein wahres Gosen[23] zu betreten. Allein ich fand mich getäuscht, wie ich früher hätte wissen sollen; denn nicht die Polhöhe allein*

---

[21] WA I. 30, 17$_{11}$–18$_2$
[22] WA I. 30, 20$_{20}$–21$_4$
[23] Landschaft in Unterägypten

*macht Klima und Witterung, sondern die Bergreihen, besonders jene, die von Morgen nach Abend die Länder durchschneiden …*

Die weiteren Schilderungen des ersten Kapitels seiner „Italiänischen Reise" unter dem Titel „Karlsbad bis auf den Brenner" beziehen sich auch auf die Veränderungen in der Flora und kommen dann nochmals auf die Geologie der Alpen zurück[24]:

*Die Kalkalpen, welche ich bisher durchschnitten, haben eine graue Farbe und schöne, sonderbare, unregelmäßige Formen, ob sich gleich der Fels in Lager und Bänke teilt. Aber weil auch geschwungene Lager vorkommen, und der Fels überhaupt ungleich verwittert, so sehen die Wände und Gipfel seltsam aus. Diese Gebirgsart steigt den Brenner weit herauf. In der Gegend des oberen Sees fand ich eine Veränderung desselben. An dunkelgrünen und dunkelgrauen Glimmerschiefer, stark mit Quarz durchzogen, lehnte sich ein weißer dichter Kalkstein, der an der Ablösung glimmerig war und in großen, obgleich unendlich verklüfteten Massen anstand. Über demselben fand ich wieder Glimmerschiefer, der mir aber zarter als der vorige zu sein schien. Weiter hinauf zeigt sich eine besondere Art Gneis, oder vielmehr eine Granitart, die sich dem Gneis zubildet, wie in der Gegend von Elbogen[25]. Hier oben, gegen dem Hause über, ist der Fels Glimmerschiefer. Die Wasser, die aus dem Berge kommen, bringen nur diesen Stein und grauen Kalk mit.*

*Nicht fern muß der Granitstock sein, an den sich alles anlehnt. Die Karte zeigt, daß man sich an der Seite des eigentlichen großen Brenners befindet, von dem aus die Wasser sich ringsum ergießen.*

Der Glimmerschiefer ist ein metamorphes Tiefengestein. Es weist ein ausgeprägtes schiefriges Gefüge auf und besteht vorwiegend aus Quarz und Glimmern, Feldspat ist wenn überhaupt nur in geringen Anteilen enthalten. Der Brenner mit einer Scheitelhöhe des Passes von 1374 m bildet den niedrigsten Alpenübergang zwischen Österreich und Italien und zugleich die Wasserscheide zwischen Adria und Schwarzem Meer. Mit dem „oberen See" meint Goethe den Brennersee (1309 m) in der Nähe des Ortes Brenner, heute die letzte Bahnstation auf österreichischem Gebiet. Mit dem Haus – „gegen dem Hause über" – ist das damalige Posthaus bezeichnet.

---

[24] WA I. 30, $22_{25}$–$23_{17}$
[25] in Böhmen, bei Karlsbad

Der „Brockhaus" aus dem Jahre 1837, also noch aus der Goethe-zeit, erwähnt das Posthaus und beschreibt den Brenner wie folgt: „Brenner heißt einer der ansehnlichsten Berge der die Grafschaft Tirol von W. nach O. durchschneidenden Hauptbergkette, welcher besonders merkwürdig wegen der seit den Römerzeiten gangbaren, in einer Höhe von 4376 F. darüber aus Deutschland nach Italien führenden Handelsstraße ist. Der Brenner, dessen höchster Punkt sich 6380 F. erhebt, liegt zwischen Innsbruck und Sterzing und zwischen den Flüssen Inn, Eisack und Etsch; von Innsbruck her führt der Weg anfänglich durch anmuthige Umgebungen, die sich aber bald rauher gestalten und endlich in wilde Schluchten übergehen, durch die man auf den Gipfel zu dem (…) Posthause Brenner und dem gleichnamigen, von etwa 100 Menschen bewohnten Örtchen gelangt, bei dem der südl. Abhang des Passes beginnt, der an Naturschönheiten reicher als der nördl. ist. Eine schöne Aussicht gewährt übrigens die Höhe des Passes nicht, da er auch dort eine tiefe Schlucht bildet … "

Die Reise vom Brenner bis Verona dauerte vom 8. bis 14. September 1786. Bemerkenswert von dieser Teilstrecke, der Goethe ein eigenes Kapitel widmete, ist aus chemischer Sicht vor allem seine dort festgehaltene Beobachtung vom Abend des 11. September in der Nähe von Trient[26]:

*Wohl eine Meile weit fährt man zwischen Mauern, über welche sich Traubengeländer sehen lassen; andere Mauern, die nicht hoch genug sind, hat man mit Steinen, Dornen und sonst zu erhöhen gesucht, um das Abrupfen der Trauben den Vorbeigehenden zu wehren. Viele Besitzer bespritzen die vordersten Reihen mit Kalk, der die Trauben ungenießbar macht, dem Wein aber nichts schadet, weil die Gärung alles wieder austreibt.*

Das Goethe seinen Entschluß, keine Mineralien auf seiner Reise (s.o.) zusammeln, bereits hinter dem Brenner wieder aufgegeben hat, verrät folgende Textstelle am Ende dieses Kapitels[27]:

*Eine Viertelstunde vom Brenner ist ein Marmorbruch, an dem ich in der Dämmerung vorbei fuhr. Er mag und muß, wie der an der andern Seite, auf Glimmerschiefer aufliegen. Diesen fand ich bei Collmann, als es Tag*

---

[26] WA I. 30, 39₁₋₉
[27] WA I. 30, 54₂₋₁₃

WA I. 30, $39_{1-9}$

*ward; weiter hinab zeigten sich Porphyre an. Die Felsen waren so prächtig, und an der Chaussee die Haufen so gätlich zerschlagen, daß man gleich Voigtische Kabinettchen daraus hätte bilden und verpacken können. Auch kann ich ohne Beschwerde jeder Art ein Stück mitnehmen, wenn ich nur Augen und Begierde an ein kleineres Maß gewöhne ... .*

Das Wort „gätlich" ist mundartlich und hat die Bedeutung von passend, gut für seinen Zweck, eben recht, nicht zu groß und nicht zu klein. Das Grimmsche Wörterbuch von 1878 bezeichnet es als ein altes, in den Mundarten noch verbreitetes Wort, das jedoch aus der Schriftsprache bereits verbannt sei, obwohl es Goethe noch unentbehrlich gewesen sei – und zwar nicht nur in seinen Briefen. Mit Voigt meint Goethe offensichtlich den Mineralogen und Geognosten JOHANN KARL WILHELM VOIGT (1752– 1821), der 1783 Bergsekretär in Weimar und 1789 Bergrat in Ilmenau (s.u.) wurde. Er verfaßte das Werk „Mineralogische Reisen durch das Herzogthum Weimar und Eisenach".

Auf dem weiteren Weg nach Rom – über Bozen, Trient, Malcesine, Verona, Vicenza, Padua, Venedig, Ferrara, Cento – schrieb er am 20. Oktober abends in Bologna über den sogenannten Bologneser Schwerspat (s. auch in Kap. 3, Seebeck) – das Mineral Baryt, das verbreiteste und sehr formenreiche Bariummineral Bariumsulfat, das weiß, gelb oder rötlich, auch grau vorkommen kann, tafelige oder säulige, auch schalige Aggregate bilden kann – ein sogenanntes hydrothermales Gangmineral.

*Diesen heitern schönen Tag habe ich ganz unter freiem Himmel zugebracht ...*

*Ich ritt nach Paderno, wo der sogenannte Bologneser Schwerspath gefunden wird, woraus man die kleinen Kuchen bereitet, welche calciniert im Dunkeln leuchten, wenn sie vorher dem Lichte ausgesetzt gewesen, und die man hier kurz und gut Fosfori nennt.* [28]

Goethe spricht an dieser Stelle das Phänomen der Lumineszenz an, das ihn unter dem Stichwort „Leuchtsteine" noch ausführlich in seiner Farbenlehre (s. Kap. 5) beschäftigen wird. Goethe fährt in seinem Bericht fort:

*Auf dem Wege fand ich schon ganze Felsen Fraueneis zu Tage anstehend, nachdem ich ein sandiges Thongebirg hinter mir gelassen hatte.*

In Grimms Deutschen Wörterbuch finden wir unter *Fraueneis* oder Frauenglas (glacies Mariae) den Namen „selenite". Dazu folgenden Textauszug: „kalk saust und pfeist ein wenig im wasser, spat und fraueneis aber,

---

[28] WA I. 30, 171

welches fast ein art ist, der wird gar weich und leicht" aus dem Werk „von wassern" des gelernten Goldschmiedes aus Basel und späteren Leibarztes des Kurfürsten von Brandenburg THURNEISSER ZUM THURN (1530– 1596). Und aus einem Werk von 1721 wird bei Grimm wird folgender Vers zitiert: „welches man, wie viele meinen, / für den mondstein sonst geschätzt, / den man selenites nennet, / aber jetzo nicht mehr kennet, / dieser Stein ist überall / ganz durchsichtig wie crystall."

Die heutige Sicht ist folgende: Der Mondstein gehört zu den Feldspäten, in deren Gerüststruktur als Silikate bis zu 50 Prozent der $SiO_4$- durch $AlO_4$-Tetraeder ersetzt sind – womit also schon Thurneisser recht hatte. Der Ladungsausgleich erfolgt durch Kationen von Kalium, Natrium, Calcium aber auch Barium, Rubidium und Strontium. Er stellt eine Varietät des Orthoklas (Alkali-Feldspäte, monoklin und „geradspaltend"), speziell des Adular dar. Der Adular ist ein glasklarer, hydrothermal auf alpinen Klüften gebildeter Orthoklas. Als Mondstein wird dagegen ein milchig trüber Adular (auch Plagioklas = trikliner, „schießspaltender" Feldspat) mit bläulichem Schimmer bezeichnet, den man zu den Edelsteinen zählt. „Selenite" dagegen hatten damals die Bedeutung von Gips, das Dihydrat des Calciumsulfats trägt den Mineralnamen Selenit. Als Marienglas (daher der Name „glacies Mariae") werden die oft sehr großen, plastisch biegsamen und vollkommen spaltbaren Kristalle bezeichnet. Mondstein und Selenite (nicht mit Selen zu verwechseln, das erst 1816 entdeckt wurde) sind somit in ihrer Zusammensetzung deutlich zu unterscheiden.

DIE BESTEIGUNGEN DES VESUVS

Kurz vor Rom, das Goethe am 29. Oktober erreichte, wirft sein Interesse am Vulkanismus seine ersten Schatten voraus. In Citta Castellana schrieb er [29]:
*Sobald man über die Brücke hinüber ist, findet man sich im vulkanischen Terrain, es sei nun unter wirklichen Laven oder unter früherm Ge-*

---

[29] WA I. 30, 193$_{24}$–194$_{16}$

*stein, durch Röstung und Schmelzung verändert. Man steigt einen Berg herauf, den man für graue Lava ansprechen möchte. Sie enthält viele weiße, granatförmig gebildete Kristalle. Die Chaussee, die von der Höhe nach Citta Castellana geht, von eben diesem Stein, sehr schön glatt gefahren, die Stadt auf vulkanischen Tuff gebaut, in welchem ich Asche, Bimsstein und Lavastücke zu entdecken glaubte. Vom Schlosse ist die Aussicht sehr schön; der Berg Soracte steht einzeln gar malerisch da, wahrscheinlich ein zu den Apenninen gehöriger Kalkberg. Die vulkanisierenden Strecken sind viel niedriger als die Apenninen, und nur das durchreißende Wasser hat aus ihnen Berge und Felsen gebildet, da denn herrlich malerische Gegenstände, überhangende Klippen und sonstige landschaftliche Zufälligkeiten gebildet werden.*

Nach einem längeren Aufenthalt in Rom von Oktober 1786 bis nach dem Karneval im Februar 1787 reiste Goethe weiter in Begleitung des Malers Tischbein in den Süden Italiens, wo er am 25. Februar Neapel erreichte. Im März bestieg er dreimal den Vesuv (2., 6. und 20. März)
Bereits in Rom beschäftigte ihn das Thema „Vesuv". Unter dem 24. November schrieb er [30]:

*Und so sollte ich denn, um auch Schatten in meine Gemälde zu bringen, von Verbrechen und Unheil, Erdbeben und Wasserflut einiges melden, doch setzt das gegenwärtige Ausbrechen des Feuers des Vesuvs die meisten Fremden hier in Bewegung, und man muß sich Gewalt antun, um nicht mit fortgerissen zu werden. Diese Naturerscheinung hat wirklich etwas Klapperschlangenartiges und zieht die Menschen unwiderstehlich an. Es ist in dem Augenblick, als wenn alle Kunstschätze Roms zunichte würden; die sämtlichen Fremden durchbrechen den Lauf ihrer Betrachtungen und eilen nach Neapel. Ich aber will ausharren in Hoffnung, daß der Berg noch etwas für mich aufheben wird.*

Am 19. Februar 1787 vermerkte Goethe, immer noch in Rom, über den Vesuv [31]:

*Der Vesuv wirft Steine und Asche aus, und bei Nacht sieht man den Gipfel glühen. Gebe uns die wirkende Natur einen Lavafluß. Nun kann ich kaum erwarten, bis auch diese großen Gegenstände mir eigen werden.*

---

[30]  WA I. 30, 227$_{5-18}$
[31]  WA I. 30, 276$_{10-14}$

Am 2. März 1787 war es dann so weit[32]:

*Den 2. März bestieg ich den Vesuv, obgleich bei trübem Wetter und umwölktem Gipfel. Fahrend gelangte ich nach Resina, sodann auf einem Maultiere den Berg zwischen Weingärten hinauf; nun zu Fuß über die Lava vom Jahre Ein und Siebzig, die schon feines aber festes Moos auf sich erzeugt hatte; dann an der Seite der Lava her. Die Hütte des Einsiedlers blieb mir links auf der Höhe. Ferner den Aschenberg hinauf, welches eine saure Arbeit ist. Zwei Dritteile dieses Gipfels waren mit Wolken bedeckt. Endlich erreichten wir den alten nun ausgefüllten Krater, fanden die neuen Laven von zwei Monaten vierzehn Tagen, ja eine schwache von fünf Tagen schon erkaltet. Wir stiegen über sie an einem erst aufgeworfenen vulkanischen Hügel hinauf, er dampfte aus allen Enden. Der Rauch zog von uns weg, und ich wollte nach dem Krater gehn. Wir waren ungefähr fünfzig Schritte in den Dampf hinein, als er so stark wurde, daß ich kaum meine Schuhe sehen konnte. Das Schnupftuch vorgehalten half nichts, der Führer war mir auch verschwunden, die Tritte auf den ausgeworfenen Lavabröckchen unsicher, ich fand für gut umzukehren und mir den gewünschten Anblick auf einen heitern Tag und verminderten Rauch zu sparen. Indes weiß ich doch auch, wie schlecht es sich in solcher Atmosphäre Atem holt.*

*Übrigens war der Berg ganz still. Weder Flamme, noch Brausen, noch Steinwurf, wie er doch die ganze Zeit her trieb. Ich habe ihn nun rekognosziert, um ihn förmlich, sobald das Wetter gut werden will, zu belagern.*

*Die Laven, die ich fand, waren mir meist bekannte Gegenstände. Ein Phänomen hab' ich aber entdeckt, das mir sehr merkwürdig schien und das ich näher untersuchen, nach welchem ich mich bei Kennern und Sammlern erkundigen will. Es ist eine tropfsteinförmige Bekleidung einer vulkanischen Esse, die ehemals zugewölbt war, jetzt aber aufgeschlagen ist und aus dem alten nun ausgefüllten Krater herausragt. Dieses feste, gräuliche, tropfsteinförmige Gestein scheint mir durch Sublimation der allerfeinsten vulkanischen Ausdünstungen, ohne Mitwirkung von Feuchtigkeit und ohne Schmelzung gebildet worden zu sein; es gibt zu weiteren Gedanken Gelegenheit.*

Am 6. März erfolgte die zweite Besteigung des Vesuvs. Begleitet wurde Goethe von Tischbein, der zwar ungern aber doch aus treuer Geselligkeit folgte. Diese Besteigung wurde zu einem nicht ganz ungefährlichen Abenteuer[33].

---

[32]  WA I. 31, 21$_{11}$–22$_{28}$
[33]  WA I. 31, 28–32

Bevor Goethe zum dritten Mal den Vesuv bestieg, deuten immer wieder kurze Bemerkungen und Notizen auf die intensive Beschäftigung mit dem Vulkanismus hin. Am 20. März 1787 bestieg er erneut den Vesuv und schilderte diese Besteigung ausführlich[34]:

*Die Kunde einer so eben ausbrechenden Lava, die für Neapel unsichtbar nach Ottajano hinunter fließt, reizte mich, zum drittenmal den Vesuv zu besuchen. Kaum war ich am Fuße desselben aus meinem zweirädrigen einpferdigen Fuhrwerk gesprungen, so zeigten sich schon jene beiden Führer, die uns früher hinauf begleitet hatten. Ich wollte keine missen und nahm den einen aus Gewohnheit und Dankbarkeit, den anderen aus Vertrauen, beide der mehreren Bequemlichkeit wegen mit mir.*

*Auf die Höhe gelangt, blieb der eine bei den Mänteln und Viktualien, der jüngere folgte mir, und wir gingen mutig auf einen ungeheuren Dampf los, der unterhalb des Kegelschlundes aus dem Berge brach; sodann schritten wir an dessen Seite her gelind hinabwärts, bis wir endlich unter klarem Himmel aus dem wilden Dampfgewölke die Lava hervorquellen sahen.*

*Man habe auch tausendmal von einem Gegenstande gehört, das Eigentümliche desselben spricht nur zu uns aus dem unmittelbaren Anschauen. Die Lava war schmal, vielleicht nicht breiter als zehn Fuß, allein die Art, wie sie eine sanfte, ziemlich ebene Fläche hinabfloß, war auffallend genug: denn indem sie während des Fortfließens an den Seiten und an der Oberfläche verkühlt, so bildet sich ein Kanal, der sich immer erhöht, weil das geschmolzene Material auch unterhalb des Feuerstroms erstarrt, welcher die auf der Oberfläche schwimmenden Schlacken rechts und links gleichförmig hinunter wirft, wodurch sie denn nach und nach ein Damm erhöht, auf welchem der Glutstrom ruhig fortfließt wie ein Mühlbach. Wir gingen neben dem ansehnlich erhöhten Damme her, die Schlacken rollten regelmäßig an den Seiten herunter bis zu unsern Füßen. Durch einige Lücken des Kanals konnten wir den Glutstrom von unten sehen und, wie er weiter hinabfloß, ihn von oben beobachten.*

*Durch die hellste Sonne erschien die Glut verdüstert, nur ein mäßiger Rauch stieg in die reine Luft. Ich hatte Verlangen mich dem Punkte zu nähern, wo sie aus dem Berge bricht; dort sollte sie, wie mein Führer versicherte, sogleich Gewölb´ und Dach über sich her bilden, auf welchem er öfters gestanden habe. Auch dieses zu sehen und zu erfahren stiegen wir den*

---

[34]  WA I. 31, 64–67

Berg wieder hinauf, um jenem Punkte von hinten her beizukommen. *Glücklicherweise fanden wir die Stelle durch einen lebhaften Windzug ent-blößt, freilich nicht ganz, denn ringsum qualmte der Dampf aus tausend Ritzen, und nun standen wir wirklich auf der breiartig-gewundenen, er-starrten Decke, die sich aber so weit vorwärts erstreckte, daß wir die Lava nicht konnten herausquellen sehen.*

*Wir versuchten noch ein par Dutzend Schritte, aber der Boden ward im-mer glühender; sonneverfinsternd und erstickend wirbelte ein unüber-windlicher Qualm. Der vorausgegangene Führer kehrte bald um, ergriff mich, und wir entwanden uns diesem Höllenbrudel.*

*Nachdem wir die Augen an der Aussicht, Gaumen und Brust aber am Weine gelabt, gingen wir umher, noch andere Zufälligkeiten dieses mitten im Paradies aufgetürmten Höllengipfels zu beobachten. Einige Schlünde, die als vulkanische Essen keinen Rauch, aber eine glühende Luft fort-während gewaltsam ausstoßen, betrachtete ich wieder mit Aufmerksam-keit. Ich sah sie durchaus mit einem tropfsteinartigen Material tapeziert, welches zitzen- und zapfenartig die Schlünde bis oben bekleidete. Bei der Ungleichheit der Essen fanden sich mehrere dieser herabhängenden Dunst-produkte ziemlich zur Hand, so daß wir sie mit unsern Stäben und einigen hakenartigen Vorrichtungen gar wohl gewinnen konnten. Bei dem La-vahändler hatte ich schon dergleichen Exemplare unter der Rubrik der wirklichen Laven gefunden, und ich freute mich entdeckt zu haben, daß es vulkanischer Ruß sei, abgesetzt aus den heißen Schwaden, die darin ent-haltenen verflüchtigten mineralischen Teile offenbarend.*

Als Goethe im Februar 1787 nach Neapel kam, lernte er auch den dort le-benden Maler JAKOB PHILIPP HACKERT (1737– 1807) kennen. Er malte den „Ausbruch des Vesuvs im Jahre 1774". Das Ölgemälde auf Leinwand im For-mat 71,5 x 92 cm befindet sich heute in der Neuen Galerie der Staatlichen Kunstsammlungen in Kassel. Drei Farben beherrschen dieses Ölgemälde: Rot – Braun – Blau. Menschen in sicherem Abstand und auch direkt an den Ausbruchsstellen in der Mitte des Vesuvs beleben das Bild. Als Diagonale halbiert der eine Bergrücken das Gemälde in den blauen (Himmel) und braun-schwarzen (Berg) Bereich. Die Kunstgeschichte benennt Hackert als einen Vertreter der Deutschrömer. Als Deutschrömer wurden Künstler be-zeichnet, die Anfang des 19. Jahrhunderts in Rom malten und zeichneten und sich in dem bekannten Casino (Villa) Massimo trafen – wie die Land-schaftsmaler FRIEDRICH OVERBECK (1789– 1869), Schöpfer des Tassozimmers (1871–1827) in der Villa Massimo, und PETER VON CORNELIUS (1783–1867), bekannt durch seine Federzeichnungen zu Goethes Faust 1808. Die Villa Massimo, seit 1956 kulturelle Einrichtung der Bundesrepublik Deutschland (in der Stiftung Preußischer Kulturbesitz), beherbergt heute jährlich zwölf Maler, Bildhauer, Architekten, Schriftsteller und Komponisten zu einem künstlerischen Arbeitsaufenthalt. Philipp Hackert widmete Goethe eine eigene Schrift[35], die aus Hackerts biographischen Aufzeichnungen nach dessen Tod 1807 vorwiegend in der Zeit von November 1810 bis April 1811 entstand.

Der Museumsführer der Neuen Galerie in Kassel schreibt zu Hackerts Vesuvausbruch: „Hackert beschritt eine spezfische Aufgabe der Landschaftsmalerei im späten 18. Jahrhundert. War damals gerade topographische Genauigkeit gefragt, so diente die Darstellung des 'Vesuvausbruches' naturwissenschaftlichen Studien und übertraf durch detaillierte Angaben das allgemeine touristische Interesse an diesem Ergebnis. Hackert steht hier in der Tradition einer auch geologisch orientierten Landschaftsdarstellung mit dokumentarischem Charakter und wissenschaftlichem Anspruch."

Der Vesuv erhebt sich 1281 m über den Meeresspiegel. Sein Ausbruch zerstörte am 24. August 79 n. Chr. die Städte Pompeji, Herculaneum und Stabiae. Er erhielt seine heutige Gestalt durch mehr als 70 Ausbrüche. Der römische Schriftsteller PLINIUS DER ÄLTERE (lebte 23 bis 79 n. Chr.), der den Vesuvausbruch 79 n. Chr. von einem Schiff aus beobachtete, kam dabei um. Sein Neffe PLINIUS DER JÜNGERE (61–113) war Augenzeuge dieses Vesuvausbruches in Misenum etwa 30 km vom Krater entfernt und berichtete in zwei Briefen an den Geschichtsschreiber Tacitus. Als Goethe in Sizilien weilte, war der letzte große Ausbruch von 1779 erst acht Jahre her, 1794 erfolgte der nächste, bei dem der Gipfel wesentlich zusammensank und das Städtchen Torre del Greco fast vollständig zerstört wurde. Der heutige Kegel des Vesuvs bildete sich erst 1944. Der Vesuv gehört zu den am besten erforschten Vulkane der Welt. Der Altkrater, die Caldera Somma, ist das Relikt des katastrophalen Ausbruchs im Jahre 79. Die Lava, der Begriff stammt

[35] WA I.46, 103–322

aus dem Italienischen und geht auf das lateinische Verb lavare = waschen zurück und bezeichnet ursprünglich eine „Flut" von Wasser und Schlamm, war ein Schlammstrom. Nach heutiger Definition stellt die Lava die 1000 bis 1400 °C heiße Silikatschmelze dar, die bei Vulkanausbrüchen unter Entgasung (der im Inneren entstandenen Magma) ausfließ und schließlich zu einem glas- und blasenreichen Ergußgestein (ebenfalls Lava genannt) erstarrt. Auch heute noch strömen 200 bis 800 °C heiße Gase aus Wasserdampf, Wasserstoff, Stickstoff, Fluor-, Chlor-, Bor- und Schwefelverbindungen – Fumarole genannt – in die Umwelt am Golf von Neapel.

Verfolgt man die Geschichte dieses Vulkans [14, 15], so sind folgende Ereignisse auch im Zusammenhang mit Goethes Reise nach Italien von Interesse:

Der Vesuv erlebte nach 79 in mehr oder weniger großen Abständen fast in jedem Jahrhundert mehrere Eruptionen. Infolge einer Explosion wie 79 n.Chr. auch im Jahre 472 waren starke Ascheauswürfe aufgetreten, die bis nach Konstantinopel getrieben worden sein sollen. Lavaaustritte sind erstmals 1036 sicher belegt worden. Ab 1500 bis etwa 1600 herrschte eine Ruhezustand, danach wird über eine geringe Fumarolentätigkeit aus dem Gipfelbereich berichtet, die sogar als Schwitzbäder zur Heilbehandlung verwendet wurden. Die Vegetation am Vesuv konnte sich infolge einer langen Ruhezeit bis 1631 wieder bis zum Gipfel entwickeln. Starke Erdbeben kündigten 1631 einen erneuten Ausbruch an. Am 16. Dezember 1631 erfolgte ein explosiver Initialausbruch, der Gipfel des Vulkans wurde in die Luft gesprengt, mächtige Gesteinblöcke mehrere hundert Meter emporgeschleudert. Schlammströme verwüsteten mehrere Dörfer und ergossen sich bis in das Meer. Die Lavaströme brachen aus zwei Radialspalten aus, flossen mit einer Geschwindigkeit von 3 km/h den Hang hinab und gelangten z.B. bei Torre del Gerco auf fast 400 m in das Meer. Über Neapel ging am 17. Dezember ein nasser Ascheregen nieder. Insgesamt wurden 4000 Menschen und 6000 Stück Vieh getötet, sechs Ortschaften von den Lavaströmen überflutet und acht weitere unter Tephramassen begraben. Als Tephrit wird das basaltische Ergußgestein bezeichnet. Der Brockhaus von 1841 nennt neben den Ausbrüchen von 79 weitere in den Jahren 203, 472, 512, 685, 993, 1036, 1306, 1631, 1730, bei welchen der Gipfel an Höhe bedeutend zunahm – und weitere von 1766, 1779, 1794, wo der Gipfel wieder an Höhe verlor. Von 1872 bis 1906 war der Vulkan besonders aktiv. Bereits 1845 wurde am Vesuv am Westhang in 608 m Höhe ein Vulkan-Obervatorium eingerichtet. Der Magmaherd des heute über 200 m tiefen und 400 bis 600 m breiten Kraters mit nur geringer Fumarolentätigkeit befindet sich in einer Tiefe von 4 bis 5 km.

## GEOLOGISCH-CHEMISCHES AUF SIZILIEN

Die Besteigungen des Vesuvs stellten sicher den „geochemischen" Höhepunkt Goethes italienischer Reise dar. Aber auch auf Sizilien, das er von Neapel nach einer zum Teil stürmischen Seefahrt vom 29. März bis 2. April 1787 um drei Uhr am Nachmittag in Palermo betrat, beschäftigte ihn das Geologische. Am 4. April unternahm er in Begleitung des Malers und Zeichners (Landschaften, Porträts und Illustrationen für naturwissenschaftliche Werke) CHRISTOPH HEINRICH KNIEP[36] einen Ausflug in die Umgebung von Palermo. Hier hatte eine bedeutende Schlacht Hannibals stattgefunden, wofür sich Goethe trotz ausführlicher Informationen durch seinen Begleitter nicht sehr interessierte. Ihn beschäftigte jedoch mehr die Geologie dieses Ortes[37]:

*Er verwunderte sich sehr, daß ich das klassische Andenken an so einer Stelle verschmähte, und ich konnte ihm freilich nicht deutlich machen, wie mir bei einer solchen Vermischung des Vergangenen und des Gegenwärtigen zu Mute war.*

*Noch wunderlicher erschien ich diesem Begleiter, als ich auf allen seichten Stellen, deren der Fluß gar viele trocken läßt, nach Steinchen suchte und die verschiedenen Arten derselben mit mir forttrug. Ich konnte ihm abermals nicht erklären, daß man sich von einer gebirgigen Gegend nicht schneller einen Begriff machen kann, als wenn man die Gesteinsarten untersucht, die in den Bächen herabgeschoben werden, und daß hier auch die Aufgabe sei, durch Trümmer sich eine Vorstellung von jenen ewig klassischen Höhen des Erdaltertums zu verschaffen.*

---

[36] *Hildesheim 29. Juli 1755, + 11. Juli 1825 Neapel
[37] WA I. 31, $94_{22}$-$95_{21}$

*Auch war meine Ausbeute aus diesem Flusse reich genug, ich brachte beinahe vierzig Stücke zusammen, welche sich freilich in wenige Rubriken unterordnen ließen. Das meiste war eine Gebirgsart, die man bald für Jaspis oder Hornstein, bald für Tonschiefer ansprechen konnte. Ich fand sie teils in abgerundeten, teils unförmigen Geschieben, teils rhombisch gestaltet, von vielerlei Farben. Ferner kamen viele Abänderungen des älteren Kalkes vor, nicht weniger Breccien, deren Bindemittel Kalk, die verbundenen Steine aber bald Jaspis, bald Kalk waren. Auch fehlte es nicht an Geschieben von Muschelkalk.*

Am 19. April begann Goethe eine Reise in das Innere von Sizilien. Vom 1. bis 5. Mai hielt er sich in Catania auf, von wo er auch den Monte Rosso bestieg. Die heutige italienische Provinzhauptstadt (370 000 Einwohner) an der sizilianischen Ostküste wurde 729 v. Chr. als Katane von den Griechen gegründet, war ab 263 v. Chr. römisch (Catina) und wurde im 9. Jahrhundert von den Arabern, 1061 von den Normannen erobert. Vulkanausbrüche des Ätna bzw. Erdbeben zerstörten die Stadt 123 v. Chr., 1169 und 1693. Goethe berichtet darüber mit folgenden Worten[38]:

*Wir fuhren die Straßen hinaufwärts, wo die Lava, welche 1669 einen großen Teil dieser Stadt zerstörte, noch bis auf unsere Tage sichtbar blieb. Der starre Feuerstrom ward bearbeitet wie ein anderer Fels, selbst auf ihm waren Straßen vorgezeichnet und teilweise gebaut. Ich schlug ein unbezweifeltes Stück des Geschmolzenen herunter, bedenkend, daß vor meiner Abreise aus Deutschland schon der Streit über die Vulkanität der Basalte sich entzündet hatte. Und so tat ich's an mehreren Stellen, um zu mancherlei Abänderungen zu kommen.*

*Wären jedoch Einheimische nicht selbst Freunde ihrer Gegend, nicht selbst bemüht, entweder eines Vorteils oder der Wissenschaft willen, das, was in ihrem Revier merkwürdig ist, zusammen zu stellen, so müßte der Reisende sich lang vergebens quälen. Schon in Neapel hatte mich der Lavenhändler sehr gefördert, hier, in einem weit höheren Sinne, der Ritter Gioeni.[39] Ich fand in seiner reichen, sehr galant aufgestellten Sammlung die Laven des Ätna, die Basalte am Fuß desselben, verändertes Gestein, mehr oder weniger zu erkennen; alles wurde freundlichst vorgezeigt. Am meisten hatte ich Zeolithe zu bewundern, aus den schroffen, im Meere stehenden Felsen unter Jaci.*

---

[38] WA I. 31, 190$_{22}$–191$_{20}$

[39] Guiseppe Gioeni, Malteserritter, Professor für Natuwissenschaften an der Universität Catania, gest. 1822

Der Ritter Goenie berichtet Goethe auch Einzelheiten über Versuche in letzter Zeit, den Ätna zu bezwingen und gibt ihm gute Ratschläge[40]:

*„ … Brydone[41], der zuerst durch seine Beschreibung die Lust nach diesem Feuergipfel entzündet, ist gar nicht hinauf gekommen; Graf Borch[42] läßt den Leser in Ungewißheit, aber auch er ist nur bis auf eine gewisse Höhe gelangt, und so könnte ich von mehrern sagen. Für jetzt erstreckt sich der Schnee noch allzuweit herunter und breitet unüberwindliche Hindernisse entgegen. Wenn Sie meinen Rathe folgen mögen, so reiten Sie morgen, bei guter Zeit, bis an den Fuß des Monte Rosso, besteigen Sie diese Höhe; Sie werden von da des herrlichsten Anblicks genießen und zugleich die alte Lava bemerken, welche dort, 1669 entsprungen, unglücklicherweise sich nach der Stadt hereinwälzte. Die Aussicht ist herrlich und deutlich; man thut besser, sich das Übrige erzählen zu lassen. "*

Am 5. Mai machte Goethe sich auf einem Maultier in Begleitung des Zeichners Kniep auf den Weg zum Gipfel des Ätna[43]:

*Folgsam dem guten Rate machten wir uns zeitig auf den Weg und erreichten, auf unsern Maultieren immer rückwärts schauend, die Region der durch die Zeit noch ungebändigten Laven. Zackige Klumpen und Tafeln starrten uns entgegen, durch welche nur ein zufälliger Pfad von den Tieren gefunden wurde. Auf der ersten bedeutenden Höhe hielten wir still. Kniep zeichnete mit großer Präzision was hinaufwärts vor uns lag: die Lavenmassen im Vorgrunde, den Doppelgipfel des Monto Rosso links, gerade über uns die Wälder von Nicolosi, aus denen der beschneite, wenig rauchende Gipfel hervorstieg. Wir rückten dem roten Berge näher, ich stieg hinauf: er ist ganz aus rotem vulkanischem Grus[44], Asche und Steinen zusammengehäuft. Um die Mündung hätte sich bequem herumgehen lassen, hätte nicht ein gewaltsam stürmender Morgenwind jeden Schritt unsicher gemacht; wollte ich nur einigermaßen fortkommen, so mußte ich den Mantel ablegen, nun aber war der Hut jeden Augenblick in Gefahr in den Krater getrieben zu werden und ich hinterdrein. Deshalb setzte ich mich nieder, um mich zu fassen und die Gegend zu überschauen; aber auch diese Lage half mir nichts; der Sturm kam gerade von Osten her, über das herrliche*

---

[40] WA I. 31, 192$_{2-17}$
[41] Patrick Brydone (1741–1818), englischer Naturforscher und Reiseschriftsteller
[42] Michel Jean Graf v. Borch (1753–1810), polnischer Naturforscher und Reisender
[43] WA I. 31, 192$_{19}$–193$_{25}$
[44] eckiges Verwitterungsgestein von körnigen Festgesteinen in Sand- bis Feinkiesgröße

*Land, das nah und fern bis an's Meer unten mir lag. Den ausgedehnten*
*Strand von Messina bis Syrakus, mit seinen Krümmungen und Buchten sah*
*ich vor Augen, entweder ganz frei oder durch Felsen des Ufers nur wenig*
*bedeckt. Als ich ganz getäubt wieder herunter kam, hatte Kniep im Schauer*
*seine Zeit gut angewendet und mit zarten Linien auf dem Papier gesichert,*
*was der wilde Sturm mich kaum sehen, viel weniger festhalten ließ.*

Der Ätna ist mit 3 340 m der höchste Vulkan Europas. Er stellt einen sogenannten Schichtvulkan mit aufgesetztem Stratovulkan
dar. Aufgrund von Flankenausbrüchen ist der Ätna mit kleinen
Nebenvulkanen übersät. Bis auf eine Höhe von 1400 m können die
Hangfußgebiete landwirtschaftlich genutzt werden; eine Straße
führt in eine Höhe von 1880 m. Der Ätna gehört im Unterschied
zum Vesuv, dessen Aktivität in historischer Zeit erst mit dem Ausbruch von 79 n. Chr. bekannt wurde, zu den fast ständig aktiven
Vulkanen, von dem mindestens 200 Eruptionen, im manchen Jahren zwei bis drei, bekannt sind. Dem Hauptkrater entströmen
auch heute noch und fast ständig Dämpfe und Gase, die häufig von
kleineren Ascheauswürfen unterbrochen werden. Die genannten
Spalten an den Hängen entstehen infolge des Drucks im Inneren
durch nachdrängende Lavamassen aus den tieferen Bereichen
und der sich daraus befreienden Gase. Als die dramatischste der
historischen Eruptionen wird der Ausbruch von 1669 bezeichnet,
bei dem etwa 2000 Menschenleben zu beklagen waren. In der
Nacht vom 10. auf den 11. März riß eine vom Gipfel des Ätna bis
zum Ort Nicolosi reichende Spalte auf, auf der sich zahlreiche aktive Krater bildeten. In der Nähe von Nicolosi wurden die beiden
Parasitärkegel des Monto Rossi aufgeschüttet, von wo aus Goethe
seine Beobachtungen machte. Es begannen gewaltige Lavamassen
auszufließen, welche am 12. März das Städtchen Malpasso zerstörten und die am 15. April auch die Mauern von Catania erreichten. Die Bewohner hatten durch den Bau von Schutzmauern,
Dämmen oder Wällen versucht, die vom Ätna andrängende Lava
abzulenken. Sie konnten jedoch nicht verhindern, daß eine 50 m
breite Bresche in die Mauern geschlagen wurde, durch die der Lavastrom durch die Stadt bis zum Meer floß. Dieser Ausbruch hatte auch zur Folge, daß der Gipfel des Ätna einstürzte, wodurch der

Berg etwa 300 m an Höhe verlor. Der Ätna ist bis heute ein sehr aktiver Vulkan, geradezu ein Schulbeispiel für eine gemischt explosiv-effusive Tätigkeit. Der dramatische Ausbruch im Jahre 1983 dauerte vier Monate: Damals ergoß sich ein gigantischer 200 m breiter und 10 m mächtiger Glutstrom über Obst- und Weingärten, Olivenhaine und Straßen, Hotels und Wohnhäuser auf die Orte Nicolosi, Belpasso und Regalna. Am Ende war trotz aller Gegenmaßnahmen mit Bulldozern und Sprengungen, wodurch ein Graben zur Ablenkung des Lavastromes ausgehoben werden sollte, eine etwa 6 Quadratkilometer große Fläche von Kultur- und Siedlungsland von der Lava bedeckt.

## RÜCKKEHR NACH NEAPEL UND DIE FLAMMEN DES VESUVS

Goethe kehrte wiederum bei heftigem Sturm mit dem Schiff am 17. Mai nach Neapel zurück und konnte hier am 2. Juni aus dem Schloß der HERZOGIN VON GIOVANE (geb. Freiin von Mudersbach, Hofdame bei der Königin Maria Carolina von Neapel, 1766– 1805) die Aktivität des Vesuvs beobachten. Diesem Besuch verdanken wir eine der literarisch schönsten Schilderungen zum Vulkanismus. Bereits am Tage hatte er *sehnsuchtsvoll (…) nach dem Dampfe (geblickt), der den Berg herab langsam nach dem Meer ziehend, den Weg bezeichnete, welchen die Lava stündlich nahm …* [45]

Dann schildert uns Goethe seine Beobachtungen vom Schloß des Herzogs von Giovane: [46]

*Die Dämmerung war schon hereingebrochen, und man hatte noch keine Kerzen gebracht. Wir gingen im Zimmer auf und ab, und sie[47], einer durch Läden verschlossenen Fensterseite sich nähernd, stieß einen Laden auf, und ich erblickte, was man in seinem Leben nur einmal sieht. Tat sie es absichtlich mich zu überraschen, so erreichte sie ihren Zweck vollkommen. Wir standen an einem Fenster des oberen Geschosses, der Vesuv gerade vor uns; die herabfließende Lava, deren Flamme bei längst niedergegangener Sonne schon deutlich glühte und ihren begleitenden Rauch schon zu ver-*

---

[45] WA I. 31, 273$_{15-18}$
[46] WA I. 31, 274$_{15}$–275$_{20}$
[47] die Herzogin Giuliana Giovane di Girasole (1766—1805),

*golden anfing; der Berg gewaltsam tobend, über ihm eine ungeheure fest-*
*stehende Dampfwolke, ihre verschiedenen Massen bei jedem Auswurf blitz-*
*artig gesondert und körperhaft erleuchtet. Von da herab bis gegen das Meer*
*ein Streif von Gluten und glühenden Dünsten; übrigens Meer und Erde,*
*Fels und Wachstum deutlich in der Abenddämmerung, klar friedlich, in ei-*
*ner zauberhaften Ruhe. Dies alles mit einem Blick zu übersehen und den*
*hinter dem Bergrücken hervortretenden Vollmond als die Erfüllung des*
*wunderbarsten Bildes zu schauen, mußte wohl Erstaunen erregen.*

*Dies alles konnte von diesem Standpunkt das Auge mit einmal fassen,*
*und wenn aus auch die einzelnen Gegenstände zu mustern nicht im Stande*
*war, so verlor es doch niemals den Eindruck des großen Ganzen. War unser*
*Gespräch durch dieses Schauspiel unterbrochen, so nahm es eine desto*
*gemütlichere Wendung. Wir hatten einen Text vor uns, welchen Jahrtau-*
*sende zu kommentieren nicht hinreichen. Je mehr die Nacht wuchs, desto*
*mehr schien die Gegend an Klarheit zu gewinnen; der Mond leuchtete wie*
*eine zweite Sonne; die Säulen des Rauchs, dessen Streifen und Massen*
*durchleuchtet bis ins Einzelne deutlich, ja man glaubte mit halbwegs be-*
*waffnetem Auge die glühend aufgeworfenen Felsklumpen auch der Nacht*
*des Kegelberges zu unterscheiden …*

Am 5. Juni 1787 verließ Goethe Neapel und war am 7. Juni wieder in Rom, wo er sich bis zum 23. April 1788 aufhielt. Als er am 18. Juni 1788 schließlich nach einer Abwesenheit von fast zwei Jahren wieder in Weimar eintraf, hatte er über tausend Blätter gezeichnet, ein umfangreiches Tagebuch geführt, aus dem später seine „Italiänische Reise" hervorging und neben den hier beschriebenen geologisch-geochemischen Interessen auch botanische Studien verfolgt – und – wie er in einem Brief vom 17. März an seinen Herzog Carl August schrieb – sich in dieser eineinhalbjährigen Einsamkeit wiedergefunden; aber als was? – als Künstler.


GOETHE UND DER ILMENAUER BERGBAU

Der Bergbau in Ilmenau reicht bis in die Zeit um 1200 zurück – in Freiberg war bereits 1168 Silbererz entdeckt worden. In Ilmenau förderte man neben Silber Kupferschiefer und sogenannte Sanderze. Über die Entstehung der Ilmenauer Erzlagerstätten aus der Sicht der Geologie unserer Zeit schreibt O. Wagenbreth [16] in „Goethe und der Ilmenauer Bergbau":

„Um die Besonderheiten der Ilmenauer Erzlagerstätten und damit der Bergbaugeschichte zu verstehen, muß man die Entstehung und die spätere Verformung und chemische Veränderung der dortigen Gesteine unterscheiden. Im Bergrevier von Ilmenau handelt es sich fast aussschließlich um einst horizontal abgelagerte Schichtgesteine verschiedener Mächtigkeit, die ihre Eigenschaften vor allem dem Landschaftsbild vor etwa 280– 220 Millionen Jahren verdanken … . Das *Rotliegende* ist im Bereich der Gruben von Ilmenau und Roda der rote, grobkörnige, flache abgelagerte Verwitterungsschutt eines einstigen Gebirges, der *Zechstein* die darüber abgelagerte, in einem Meer wechselnden Salzgehaltes sedimentierte Schichtfolge. In der ersten Phase dieser Meeresbedeckung wurde eine etwa 20– 50 cm mächtige tonig-kalkige Schicht durch in schlecht durchlüftetem Wasser unvollständig zersetzte Reste von Organismen schwarz gefärbt. Anreicherungen von Kupfersalzen und Verbindungen anderer Metalle aus dem Verwitterungsschutt wanderten in gelöster Form in diese Schicht ein, imprägnierten sie mit Erzen von Kupfer, Blei, Zink und Silber und bildeten auch in den sandigen Schichten unter dem so entstandenen >*Kupferschiefern*< eine Vererzung, das >*Sanderz*<. Kupferschiefer und Sanderz erstreckten sich in dem Meer der Zechsteinzeit über Hunderte von Kilometern, allerdings mit unterschiedlichem Erzgehalt."

Im Gegensatz zum Mansfelder Kupferschiefer mit 2– 5 % an Kupfer war das Ilmenauer Vorkommen jedoch primär erzarm. Daß trotzdem abbauwürdige Vorkommen bei Ilmenau entstanden, ist erst aus der späteren Erdgeschichte zu erklären, als vor etwa 100– 30 Millionen Jahren der Thüringer Wald keilförmig herausgehoben wurde – bei Ilmenau um 1000 Meter. Der Zechstein wurde schräg bzw. steil aufgestellt, diese Schichten wiesen danach eine höhere Klüftigkeit und Porosität auf. Thermalwässer mit Temperaturen bis zu 300°C, in denen Metallsalze gelöst waren, drangen in dieses Gestein ein und schieden sich dort ab: Es bildete sich so ein Metalllagerstätte mit begrenzter Ausdehnung. Goethe waren diese Zusammenhänge zu seiner Zeit natürlich noch nicht bekannt, so daß ein auf seinen Rat 1784 vorgetriebener Schacht in den Kupferschiefer mit flacher Lagerung eine unerwartete und unangenehme Überraschung brachte: Das Gestein war hier im Unterschied zum steil gelagerter Gebirge erzarm.

1661 war die Stadt an das Herzogtum Sachsen-Weimar gekommen. Bereits 1752 liefen die Schächte mit Wasser voll und 1752 brachte ein Großbrand die Stadt an den Rand des Ruins. 1768 erhob sich die notleidende Bevölkerung in der sogenannten Ilmenauer Empörung gegen die Regierung des Herzogtums (im November 1775 kam Goethe an den Hof von Weimar). Goethes erster Besuch in Ilmenau fand am 4. Mai 1776 statt, als gerade wieder einmal ein Feuer entstanden war.

Goethe hat Ilmenau bis 1831 – er feierte hier am 28. August seinen 82. Geburtstag – insgesamt 28 Besuche abgestattet und sich 220 Tage in der Stadt aufgehalten [17] – nicht nur in amtlicher Funktion. Als Anlaß für seine erste Harzreise hat Goethe in seinen späten Lebensjahren die Aufgabe genannt, in Ilmenau den Bergbau wieder in Betrieb zu nehmen (s.o.). Gegenüber dem Kanzler von Müller äußerte sich Goethe im Alter von 74 Jahren über seine Tätigkeiten in Ilmenau mit den Worten:

*Ilmenau hat mir viel Zeit, Mühe und Geld gekostet, dafür habe ich aber auch etwas dabei gelernt und mir eine Anschauung der Natur erworben, die ich um keinen Preis vertauschen möchte.*

1777 erhielt Goethe den Vorsitz der Bergwerkskommission, am 24. Februar 1784 wurde das Bergwerk wieder eröffnet, nachdem sich Goethe im Harz und auch im Erzgebirge kundig gemacht hatte. Goethe hält die Einweihungsrede, in der er u.a. ausführt[48]:

*… Wer die Übel kennt, welche den ehemaligen Bergbau zu grunde gerichtet; wer von den Hindernissen nur einigen Begriff hat, die sich dessen Wiederaufnahme entgegensetzten, sich gleichsam als ein neuer Berg auf unser edles Flöz häuften und, wenn ich so sagen darf, es in eine noch größere Tiefe drückten: der wird sich nicht wundern, daß wir nach so vielen eifrigen Bemühungen, nach so manchem Aufwande erst heute zu einer Handlung schreiten, die zum Wohle dieser Stadt und dieser Gegend nicht früh genug hätte geschehen können …*

*… Doch Glück auf! Wir eilen einem Platze zu, den unsere Vorfahren sich schon ausersehen hatten, um daselbst einen Schacht niederzubringen. Nicht weit von dem Orte, den sie erwählten, an einem Punkte, der durch die Sorgfalt unsres Herrn Geschworenen bestimmt ist, denken wir heute einzuschlagen und unsern neuen Johannisschacht zu eröffnen … Nunmehr aber, da wir jene ersoffne abgebaute Tiefen den Wassern und der Finsternis auf immer überlassen, soll er uns zu einem neuen frischen Felde führen, wo wir gewisse, unangetastete Reichtümer zu ernten hoffen können … .*

---

48  WA I. 36, 367–372 (Rede bei Eröffnung des neuen Bergbaues zu Ilmenau, den 24. Februar 1784)

*Dieser Schacht, den wir heute eröffnen, soll die Türe werden, durch die man zu den verborgenen Schätzen der Erde hinabsteigt, durch die jene tiefliegende Gaben der Natur an das Tageslicht gefördert werden sollen …*

*… Kommt dereinst der Bergbau in einen lebendigen Umtrieb, wird die Bewegung und Nahrung dadurch in diesen Gegenden stärker, erhebt sich die Stadt Ilmenau wieder zu ihrem alten Flor, so kann ein jeder, er sei, wer er wolle, er habe viel oder wenig getan, zu sich sagen: Auch ich bin nicht müßig geblieben, auch ich habe mich dieses Unternehmens, … , liebreich angenommen …*

*… Und nun wollen wir nicht länger verweilen, sondern uns einem Orte, auf den alle unsre Wünsche gegenwärtig gerichtet sind, nähern, vorher aber noch in dem Hause des Herrn einkehren, des Gottes, der die Berge gegründet, die Schätze in ihre Tiefe verborgen und dem Menschen den Verstand gegeben hat, sie an das Licht des Tages hervorzubringen..*

Am 3. September 1792 begann die Erzförderung, 1796 lebten in Ilmenau 2023 Einwohner. Im gleichen Jahr kündigte sich das Ende des Ilmenauer Bergbaus mit dem Einbruch des Martinröder Stollens an. Spätere Bemühungen, dem Bergbau wieder zu einer Blüte zu verhelfen, hatten keinen Erfolg. Jedoch entwickelte sich im 19. Jahrhundert eine Porzellan- und Glasindustrie, die ebenfalls von Goethe unterstützt wurde. Heute erinnern zahlreiche Stätten wie das ehemalige Amtshaus – heute mit Goethe-Gedenkstätte – an Goethes Wirken und Besuche. Von Ilmenau führt ein 18 km langer Goethe-Wanderweg (Kennzeichen „G") nach Stützerbach, an zahlreichen Goethe-Erinnerungsstätten vorbei, wo der Chemiker Otto Schott (1851– 1935) seine ersten Schmelzversuche mit Thermometer-Normalglas, erste Schritte zur Entwicklung des Jenaer Glases, durchführte. Auf dem Kickelhahn beim Jagdhaus Gabelbach dichtete Goethe „*Über allen Gipfeln ist Ruh' … "* – er schrieb die Verse 1780 an die Wand der kleinen Schutzhütte. Die Geschichte des Bergbaus und der Glashüttenindustrie zur Zeit Goethes sind in Ilmenau und auf der Strecke des Goethe-Wanderweges bis Stützerbach an vielen Stellen dokumentiert.

## NEPTUNISMUS VERSUS PLUTONISMUS

1776 hatte Goethe den damaligen Bergmeister in Marienberg (im mittleren Erzgebirge) FRIEDRICH WILHELM HEINRICH VON TREBRA (1740– 1819) in

Weimar und Ilmenau (s. weiter unten) kennengelernt. Die Weimarer Regierung hatte ihn als Gutachter für das Bergwerk in Ilmenau angefordert. Goethe und von Trebra verband eine lebenslange Freundschaft. Von Trebra wurde als Sohn eines herzoglich-weimarischen Hofbeamten geboren, besuchte die Klosterschule Roßleben und studierte danach Jura an der Universität Jena, wo ihn jedoch die Naturwissenschaften und Mathematik mehr interessierten. 1766 wurde er von dem damaligen sächsischen General-Bergkommisar von Heinitz, dem Gründer der Bergakademie Freiberg, als erster Student des Bergbaus gewonnen [3]. 1767 wurde er bereits Bergmeister in Marienberg, 1779 Vizeberghauptmann in Zellerfeld. Sein bedeutendstes Werk trägt den Titel „Erfahrungen vom Innern der Gebirge" (1785).

„Das Buch spiegelt den Kampf zwischen Neptunisten und Plutonisten. Als Schüler Werners und in Auswertung seiner Beobachtungen sah Trebra 'eine stetige Umwandlung in den Gebirgen im wesentlichen unter dem Einfluß des Wassers … Merkwürdig muß uns heute dabei anmuten, daß er von dem Dogma seiner Zeit, der Granit sei ein Urgestein, sich nicht loszulösen vermochte, obwohl er das reichhaltigste Beweismaterial dafür in der Hand hatte, daß der Granit ein Eruptivgestein ist' ."[3]

1781 begann an der Bergakademie Freiberg (1775 gegründet und damit die älteste der Welt) ABRAHAM GOTTLOB WERNER (1749– 1817) als Professor der Mineralogie und Bergbaukunde mit seinen Vorlesungen über *Geognosie* (als damalige Bezeichnung für die Geologie). Viele Wissenschaftshistoriker [18] lassen die Geschichte der Geologie daher 1781 beginnen. Werner, u.a. Lehrer von Alexander von Humboldt, gilt als Begründer und Hauptvertreter des sogenanten *Neptunismus: Diese Lehre führt alle Gesteine mit Ausnahme der von den tätigen Vulkanen gelieferten auf einen wässrigen Ursprung (daher der Name) zurück. Insbesondere sollte auch der Basalt, um den der Streit hauptsächlich ging, eine Ablagerung des Seewassers sein.*[49] Die Frage nach der Gesteinsbildung bildete vor 1800 die zentrale Frage der Geologie. Der Neptunismus beruht auf der Theorie der Erdbildung durch ein zurückströmendes Urmeer, aus dem sich die geologischen Schichten ausgeschieden haben sollen [19]. Die Gegner des Neptunismus führten die Entstehung von Basalt, Granit und anderer Massengesteine auf glutflüssige Schmelzen, wie sie aus den Vulkanen auftraten, zurück. Diese Richtung wurde daher *Plutonismus* nach Pluton, dem Beinamen des griechischen Unterweltgottes Hades, benannt. Nach 1800 setz-

---

[49]  s. in WA II. 9, 155–168

te sich allgemein die Erkenntnis durch, daß es sowohl Sediment- („neptunische") als auch Euptivgesteine („plutonische") gibt.

Goethe war nicht nur ein Verehrer von Werner sondern zugleich auch Anhänger des Neptunismus. Jedoch versuchte er auch auch eine Ausgleich zwischen beiden Theorierichtungen, so z.B. in *„Vergleichs-Vorschläge die Vulkanier und Neptunier über die Entstehung des Basalts zu vereinigen"*[50].

Basalte werden heute als dunkle, basische Vulkanite beschrieben, die aufgrund des unterschiedlichen Anteils weitere Minerale zahlreiche Varietäten aufweisen.

*Die Ähnlichkeit der Basalte und Laven sowohl in ihren Bestandteilen als ihrem äußern Ansehen, die Nähe beider Steinarten in den Gebirgen, die Übergänge beider in einander haben den Gedanken erregt und befestigt, daß die Basalte vulkanisch seien. Bei näherer Untersuchung fanden sich Schwierigkeiten; man konnte die Krater nicht entdecken, woraus isolierte Basaltfelsen, große Basaltstrecken im flüssigen Zustande hervorgequollen sein sollten, man fand eine große Verwandtschaft des Basalts mit andern unstreitigen Wasserprodukten, man fand, daß sie sich bald der Grundgebirgs- bald der Flözgebirgsart näherten, und wie man vor einiger Zeit zu viel dem Feuer zuschrieb, wollte man nun auch wieder dem Wasser alles vindizieren[51]. Die nahe Verwandtschaft der Basalte und Vulkane ist unleugbar, und die Neptunier, dadurch, daß sie die Laven für geschmolzene Basalte anerkennen wollen, erkennen sie dadurch nunmehr auch an. Waren also die Basalte nicht vulkanisch, so waren auch die Laven basaltisch, und wir schlagen auf diesem Punkte beiden Teilen die Vereinigung vor.*

*Hier ist unsere Hypothese. Das große, die Erde überdeckende Meer hatte aus seiner Masse schon die sogenannten Grundgebirge abgesetzt, als es in einen siedenden Zustand geriet, indem gewisse Teile der darin enthaltenen Materien auf einander freier und kräftiger als vorher wirkten; in dieser heißen Epoche setzten sich die Basalte nieder; und da sie im Allgemeinen vorüber war, hatte noch so viel erhitzbare Materie zugleich niedergeschlagen, daß in der Nähe des Meeres noch bis auf den heutigen Tag Vulkane fortbrennen können.*

*Basalte waren also Ausgeburten eines allgemeinen vulkanischen Meeres; her waren keine Krater nötig; hier kein Ausfluß, sondern ein großer,*

---

[50]   WA II. 9, 304–306
[51]   vindizieren = zuschreiben

*heißer, ausgebrannter Niederschlag. Die basaltische, noch nicht in den Mit-*
*telzustand versetzte Materie wirkte unter dem Wasser unaufhörlich fort;*
*erzeugte Krusten; die Kräfte wirkten in verschlossenen Höhlen; sie häuften*
*Decke auf Decke, zerrissen sie wieder, Schmelzungen geschahen im Innern*
*und Ausdehnungen; so stiegen die vulkanischen Inseln und Wogenberge in*
*die Höhe, so füllten sich ungeheure Meerbusen aus, so entstanden ganze*
*vulkanische Uferreihen.*
   *Hier liegt also die Verwandtschaft der Basalte und Vulkane ...*


### ERDBRÄNDE, NATURFEUER UND GLUTSPUREN IN BÖHMEN

Diese Begriffe sind in Titeln von Goethes Schriften zur Mineralogie und
Geologie enthalten, die Beiträge „Zur Kenntniß der böhmischen Gebirge"
darstellen. Mit dem Beginn seiner zahlreichen Kuraufenthalte ab 1806 bis
1823 in den böhmischen Bädern Karlsbad, Marienbad und Franzensbad hat
sich Goethe ausführlich mit der dortigen Geologie beschäftigt. Seit wenigen Jahren ist es auch für Touristen wieder empfehlenswert, auf seinen Spuren zu wandeln [20].
   *Wir haben uns so viele Jahre mit Karlsbad beschäftigt, und um die Ge-*
*birgserzeugnisse der dortigen Gegend gemüht und erreichen zuletzt den*
*schönen Zweck, das mühsam Erforschte und sorgfältige Geordnete auch*
*den Nachkommen zu erhalten. Ein Ähnliches wünschten wir für Marien-*
*bad, wo nicht zu leisten, doch vorzubereiten, und deshalb sei ohne weiteres*
*zum Werke geschritten.*[52]
   Besonders intensiven Kontakt hatte Goethe zum Polizeirat JOSEPH SEBA-
STIAN GRÜNER (1780– 1864) in Eger (Cheb), mit den er u.a. den nahe gelegenen „Kammerberg" (Kammerbühl)- vulkanischen Ursprungs – geologisch er-
kundete. In seinen Tag- und Jahresheften hat Goethe mehrmals Begegnungen
mit Grüner erwähnt – so 1822 und 1823, wo er auf dessen „mineralogische Pas-
sion" hinweist. In seinen Tagebüchern (WA III.7– 10) sind Hinweise auf zahlreiche Treffen mit enthalten und Sendungen an Grüner. Auf Goethes Anregung
wurde in den Kammerberg (Kammerbühl) ein Schacht gegraben, um dessen
vulkanische Herkunft zu erforschen. Goethe selbst berichtet darüber[53]:

---

[52]   „Marienbad überhaupt und besonders in Rücksicht auf Geologie", WA II. 9, 53$_{4-11}$
[53]   WA II. 9, 94$_{9-17}$

*Als ich am 26. April dieses Jahres [1820] auf meiner Reise nach Karlsbad durch Eger ging, erfuhr ich, von dem so unterrichteten als tätigen und gefälligen Herrn Polizeirat Grüner, daß man auf der Fläche des großen, zum Behuf der Chausseen ausgegrabenen Raumes des Kammerberger Vulkans mit einem Schacht niedergegangen, um zu sehen was in der Tiefe zu finden sein möchte, und ob man nicht vielleicht auf Steinkohlen treffen dürfte.*

In Karlsbad begleitete Goethe auf seinen geologischen Exkursionen häufig der böhmische Steinschleifer und Mineralienhändler JOSEPH MÜLLER (etwa 1727– 1817), über dessen mineralogische Sammlung er ausführlich berichtet. Diese Beiträge erschienen bereits zu Lebzeiten Goethes als Separatdruck ohne Jahreszahl bzw. in „Leonhards Taschenbuch für die gesamte Mineralogie" 1808. Goethe würdigt den offensichtlich sehr tüchtigen Steinschneider Joseph Müller in seinem Bericht über Karlsbad, in dem er auch über die Art und Weise seiner Beschäftigungen (u.a. als *gesellige Unterhaltung* – s.u.) mit der Geologie berichtet[54]:

*Hier am Orte fühlte ich nun zuerst, welche große Gabe auch der geselligen Unterhaltung, durch eine solche aufkeimende Wissenschaft, mit geprüften Freunden sowie mit Neubekannten gegeben sei. In freier Luft, bei jedem Spaziergang, er führe nun durchs ruhige Tal, oder zu schroffen wilden Klippen, war Stoff und Gelegenheit zu Beobachtung, Betrachtung, Urteil und Meinung; die Gegenstände blieben fest, die Ansichten bewegten sich aufs mannigfaltigste.*

*Nötigte ein widerwärtiges Wetter die Naturfreunde ins Zimmer, so hatten sich auch da so viele Musterstücke gehäuft, an denen man das Andenken der größten Gegenstände wieder beleben, und die, auch den kleinsten Teilen zu widmende Aufmerksamkeit prüfen und schärfen konnte. Hierzu war der Steinschneider Joseph Müller auf das treufleißigste behilflich; er hatte zuerst die Karlsbader Sprudelsteine, die sich vor allen Kalksintern der Welt vorteilhaft auszeichnen, in ihrer eigentümlichen Schönheit und Mannigfaltigkeit gesammelt, geschnitten, geschliffen und bekannt gemacht. Daneben versäumte derselbe nicht, auch auf andere geologische Denkwürdigkeiten seine Aufmerksamkeit gleichfalls zu richten; er verschaffte die merkwürdigen, aus dem verwitternden Granit sich ablösenden Zwillingskristalle und andere Musterstücke der an mannigfaltigen Erzeugnissen so reichen Gegend.*

---

[54]  WA II. 9, 100–103

Wie schon auf seiner Reise im Sommer 1771 durch das Elsaß nach Saarbrücken und Umgebung (s. Kap. 1) interessierten Goethe immer wieder *Produkte von Erdbränden* – so auch in Böhmen. Er beschreibt „Erdbrände" bei Schlackenwerth (heute Ostrov) in der Nähe von Karlsbad, von denen ausgehend *der lockere, gelbe, schiefrige Porzellanjapis ... bis unmittelbar unter die Oberfläche des gegenwärtigen Bodens [reicht], so daß die Vegetation ihre schwächeren und stärkeren Wurzeln darin versenkte; woraus denn auch wohl zu schließen wäre, daß diese Erdbrände zu der spätesten Epoche der Weltbildung gehören, wo die Wasser sich zurückgezogen hatten, die Hügel abgetrocknet dalagen und nach geendigtem Brande keine neue Überschwemmung sich ereignete.*

1822 und 1823 beobachtete Goethe in der Nähe von Eger in Richtung auf die bayerische Grenze zahlreiche Schlacken-Vorkommen, die sich an einer Stelle zu einem deutlich sichtbaren Kegel erhoben, den die Bewohner für einen verschütteten Brunnen hielten. In einem nahe gelegenen Bach fanden sich große Schlackenklumpen. Bewohner der Gegend brachten Goethe *kugel- und eiartig geformte Klumpen, wovon die kleineren durch Feuer angeschmolzene, mit ihrer Gebirgsrinde zusammengesinterte Hornblende-Kristallen[55] inwendig sehen ließen; die größeren aber eine bis zum Unkenntlichen durch's Feuer veränderte Grundsteinart genannt werden mußten.[56]*

## GEOCHEMISCHES ÜBER DIE „ZINNFORMATION"

Von Karlsbad aus unternahm Goethe Ausflüge auch in das Erzgebirge – so nach Zinnwald und Altenberg mit ihren Zinnvorkommen. Der Zinnbergbau in Altenberg im östlichen Erzgebirge wurde erst 1991 eingestellt. Ausführlich beschrieben wurde von ihm auch die Zinnformation bei Schlackenwalde (Schlaggenwald, heute Sklavkovsk' les /Nordwestböhmen, östlich von Eger), wobei chemische Gesichtspunkte im Vordergrund stehen. In seinen Betrachtungen geht er wieder einmal von seinem „Lieblingsgestein", dem Granit, aus.

Nach einer Einführung geht Goethe dann auf das spezielle Zinnvorkommen um „Schlackenwalde" näher ein[57]:

---

[55] Hornblende = Ca-Na-Mg-Silikatminerale
[56] WA II. 9, 119$_{22-28}$

*Um Schlackenwalde selbst zeigt sich nunmehr eine aus Glimmer- und Quarzgestein brockenweis gemischte Steinart, bei der es eben so schwer fällt zu denken, daß sie aus Trümmern zusammengesetzt sei, als daß sich ihre widersprechenden Teile aus einer Masse entwickelt haben. Dieses Gestein bildet den Bezirk, innerhalb welchem die große metallische Niederlage des Zinnes gefunden wird. Es ist jener Bergart eine andere nahe verwandt, in welcher, wie im Gneis der Glimmer, so der körnige Quarz die Oberhand behält und einer blättrigen Bildung durchaus widersteht. Des Glimmers ist wenig, Feldspat ist ganz ausgeschlossen.*

*Man glaubt an dieser hererzählten Reihe der Gebirgsarten vor Augen zu sehen, wie bei jener eintretenden großen Schwindungs-Epoche die einmal von der Natur hergebrachten Bestandteile mit einander gekämpft und, eben weil das frühere Gleichgewicht aufgehoben worden, sich einander wechselweis besiegt haben.*

*Gedachtes Gestein hat man Greisen[58] genannt, und zwar mit Glück, indem man durch die Umänderung eines Buchstabens die Verwandtschaft desselben mit dem Gneis auszudrücken gewußt; diese Bergart verdient alle unsere Aufmerksamkeit, sie ist der Zinnbildung innig verwandt, denn dieselbe ist von Zinnstein durchdrungen. Wenn auch nicht die ganze Masse derselben, doch teilweise wird sie edel gefunden. Vertikale Gänge durchschneiden sie, mit derbem Zinnstein ausgefüllt, die man wohl unter die Urgänge, solche die mit dem Gebirge selbst entstanden, rechnen darf. Dieser derbe Zinnstein ist bis in sein Innerstes kristallisiert, nach außen aber als Masse ungeformt; dagegen fehlt es auch nicht an solchen Kristallen, die sich in leeren freien Gängen und Räumen, in späterer Zeit gebildet haben und die unter dem Namen von Zinngraupen so bekannt als beliebt sind.*

Zinnstein ($SnO_2$) kommt als Cassiterit in tetragonaler Kristallstruktur und mit meist brauner bis braunschwarzer Farbe vor. Es bildet häufig Zwillingskristalle; in Säulengestalt werden sie als Zinngraupen bezeichnet. Unter dem Namen Graupen (heute Krupka), am Südfuß des Erzgebirges gelegen, ist auch eine Bergstadt durch ihre Zinnvorkommen bekannt geworden, die von Goethe

---

[57]  WA II. 10, $123_{21}$–$125_2$
[58]  körniges, graues, granitartiges aus Glimmer und Quarz zusammengesetztes Gestein

mehrmals besucht und beschrieben wurde. Im Mittelalter befand sich dort eines der größten Zinnbergwerke Europas. ▬▬▬▬▬

Wie weit Goethes chemische Kenntnisse und Interessen in der Geologie reichten, macht der folgende Abschnitt deutlich, der ebenfalls in dem handschriftlich überlieferten Text über die Zinnformation enthalten ist. Er schließt sich direkt an den zuvor zitierten Abschnitt über den „Greisen" an[59]:

*Blicken wir nunmehr auf den Granit zurück und sehen wir in dessen einfachem Zustande kaum etwas Eisen, wenig Talkerde[60] und nur in außerordentlichen Fällen andre Metalle und Mineralien gefunden worden; so bewundern wir die große Mannigfaltigkeit, die sich hier auf einmal hervortut. Das Eisen zeigt sich schon häufig und ist mit dem derben Zinnstein so innig verwebt, daß aus verschiedenen Gruben die Arbeiter, als ob sie Eisengänge bearbeiteten, aussehen. Wolfram und der ihm verwandte Tungstein[61] tritt mit Gewalt hervor, Molybdän zeigt sich. Es fehlt nicht an talkartigen Massen, und der Kalk ist in Flußspat und Apatit, dort flußsauer hier phosphorsauer gegenwärtig. Die ungleiche Austeilung des Zinnsteins durch die Masse des Greisen, die größere oder geringere Reichhaltigkeit derselben, so wie der in verschiedenen Richtungen sie durchschneidenden Gänge macht, daß große Räume abgebaut werden können und müssen, deswegen sich denn auch dieser Bergbau den Namen eines Stockwerks verdient hat.*

Die Zinnformation hat Goethe vor allem auch deshalb so sehr beschäftigt, da er gemeinsam mit den Zinnvorkommen zahlreiche andere Minerale fand:

*Wundersam genug tritt, zugleich mit diesem Metall, so manches andere Mineral hervor:..* Goethe zählt dann folgende Minerale auf: *Eisenglanz* (Hämatit, $\alpha$-$Fe_2O_3$, als grobkörniges Mineral), *Wolfram, das Scheel* (vom Mineralogen Werner zu Ehren Scheeles vorgeschlagener Name für Wolfram), *der Kalk, verschieden gesäuert, als Flußspath und Apatit,* Granit (allgemein als Tiefengestein) aus Feldspat (Silicate mit Gerüststruktur), Quarz (als trigonal-rhomboedrische Modifikation des Siliciumdioxids)

---

[59] WA II. 10, 125$_{3-22}$
[60] Talk = $Mg_3[(OH)_2|Si_4O_{10}]$ als Schichtsilikat
[61] Calciumwolframat

und Glimmer (mit der allgemeinen Zusammensetzung $K^IK^{II}[(OH)_2|$-$AlSi_3O_{10}]$ als Schichtsilicate; $K^I$ meist K, $K^{II}$ verschiedene Kationen), *Geis(ß)en* (aus Glimmer und Qaurz – s.o.), Gneis (metamorphes Gestein mit hohem Feldspatanteil). *Denke man nun, daß man, über Schlackenwalde bei Einsiedeln, Serpentin* (feinkristalline, mineralische Aggregate der Fomel $Mg_6[(OH)_8|Si_4O_{10}]$ *anstehend findet, daß Cölestin* (Strontiumsulfat, als Kluftmineral in Kalken) *sich in jener Gegend zeigt, daß die feinkörnigen Granite, so wie Gneis mit bedeutenden Almandinen* (roter Schmuckstein aus der Granatgruppe $Fe_3Al_2[SiO_4]_3$ in Gneisen und Glimmerschiefern vorkommend), *sich bei Marienbad und gegen die Quellen der Töpel finden, so wird man gern gestehen, daß hier eine wichtige geognostische Epoche zu studieren sei.*

*Dies alles möge hier im besondern gesagt sein, um das Interesse zu legitimiren welches ich an der Zinnformation genommen: denn wenn es bedeutend ist irgendwo festen Fuß zu fassen, so ist es noch bedeutender den ersten Schritt von da aus so zu tun, daß man auch wieder einen festen Fleck betrete, der abermals zum Grund- und Stützpunkt dienen könne. Deshalb habe die Zinnformation viele Jahre betrachtet*[62].

Goethe zu Ehren wurde das Nadeleisenerz $\alpha$-FeOOH als charakteristisches Verwitterungsprodukt fast aller Eisenminerale *Goethit* genannt. Diese Bezeichnung wurde durch den Mineralogen und Bergrat JOHANN GEORG LENZ (1748– 1832) 1806 in die wissenschaftliche Nomenklatur eingeführt. 1803 hatte Goethe als gewählter dritter Präsident die Leitung der 1796 gegründeten „Herzoglichen Sozietät für die gesamte Mineralogie in Jena" übernommen. Sie betreute u.a. auch die Mineraliensammlung der Universität. Angeregt hatte Goethe selbst zu der Gründung den Bergrat Lenz, der 1782 auch einen Lehrauftrag und später eine Professur für Mineralogie an der Universität erhalten hatte. Ferdinand von Wolff, Professor für Mineralogie und Petrographie an der Universität Halle, schrieb 1930 „Über den Goethit" [21]:

„Es ist ein guter Brauch, das Andenken großer Männer dadurch zu ehren, daß Naturobjekte nach ihnen benannt werden. So trägt auch ein Mineral den Namen unseres größten Dichters. Der Goethit ist das Eisenoxydmonhydrat: $Fe_2O_3 \cdot H_2O$, es gehört in die isomorphe Reihe des Manganits $Mn_2O_3 \cdot H_2O$ und des Diaspors $Al_2O_3 \cdot H_2O$. Alle drei Mineralien kristallisieren im rhombischen Kristallsystem. Der Name 'Goethit' taucht zum ersten-

---

[62]  WA II. 9, 127$_{2-18}$

mal im Jahre 1806 in den ‚Tabellen über das gesammte Mineralreich' von Johann Georg Lenz, Bergrat und Professor der Mineralogie an der Universität Jena, auf. Lenz schreibt Seite 46, Anmerkung 94: 'Göthit. Dieser dunkel-rubinrothen, und in zusammengehäufte dreiyseitige Tafeln crystallisierten Abänderung des Eisenglimmers, welche auf der Eisenzeche zu Siegen sehr sparsam bricht, hat man daselbst zu Ehren unseres verehrungswürdigsten Präsidenten, des Herrn Geheimenrath von Göthe obigen Namen beygelegt.'

Wenn Lenz auch vielleicht den Namen 'Goethit' nicht selber erdacht hat, so ist er es jedenfalls gewesen, der ihn für den längst bekannten Eisenglimmer oder Rubinglimmer in die wissenschaftliche Nomenklatur eingeführt hat. Diese Umtaufung eines altbekannten Minerals, des Rubinglimmers, auf Goethes Namen ist dem Lenz offenbach von seinen Fachgenossen verdacht worden. Im Jahre 1807 begann Bergrat v. Leonhardt seine Taschenbücher herauszugeben, die Vorläufer zum Neuen Jahrbuch f. Mineralogie. Er bespricht die Tabellen von Lenz, erwähnt aber den Goethit mit keinem Wort. Auch im nächsten Jahrgang, der Goethe besonders gewidmet wird, war die Name 'Goethit' nicht erwähnt, das ist sehr auffallend. Erst 1813 findet man bei Hausmann in seinem handbuch der Mineralogie eine kurze Fußnote S. 268, Ullmann´s Pyrosiderit, Göthit einiger Mineralogen.'"

Das von Goethe genannte *Scheel* = Wolfram kommt als Scheelit oder Tungstein $CaWO_4$ (1784 von dem schwedischen Apotheker Scheele entdeckt) – in dieser Form das wichtigste Wolframerz – und als Wolframit $(Fe, MnWO_4)$ vor.. Als Begleiter des Zinns ist Wolframit unerwünscht: Die Berg und Hüttenleute im Erzgebirge beobachteten bereits im Mittelalter, daß die Anwesenheit von Wolframit in Zinnerzen offensichtlich das Ausschmelzen des Zinns erschwerte. Agricola nannte das Wolframit „spuma lupi" (Schaum des Wolfes); man nahm die Anwesenheit von Wölfen im „Schaum" der Zinnschmelze an.

Böhmen insgesamt war für Goethe die wichtigste „geognostisch erforschte" Landschaft. Diese Bedeutung wird in seinem Beitrag „Zur Geologie, insbesondere der böhmischen" im Zusammenhang mit der Zinnformation ebenfalls deutlich:

*Da nun auf dem Thüringer Wald, wo ich meine Lehrjahre antrat, keine Spur davon zu finden ist, so begann ich von den Seifen [sekundäre Lagerstätten] auf dem Fichtelgebirge. In Schlackenwalde war ich mehrmals, Gey-*

---

[63] Ehrenfriedersdorf im Westerzgebirge mit Zinnerzbergbau seit dem 13. Jahrhundert bis 1990

*er und Ehrenfriedrichs-dorf⁶³ kannte ich durch Charpentier⁶⁴ und sonstige*
*genaue Beschreibung, die dort erzeugten Minern aufs genauste durch herr-*
*liche Stufen, die ich meinem verewigten Freunde Trebra verdanke. Von*
*Graupen konnte ich mir genaue Kenntnis verschaffen, von Zinnwalde und*
*Altenberge flüchtige Übersicht, und in Gedanken, bis ans Riesengebirge, wo*
*sich Spuren finden sollen, verfolgte ich die Vorkommenheit.*[65]

## GOETHES BEKENNTNISSE ZUR GEOGNOSIE –
## AUS DEM UNGESCHRIEBENEN ROMAN DER ERDE

Schon 1780, nach seiner zweiten Schweizreise, schrieb Goethe an seinen
Freund Merck in Darmstadt u.a. über seine Einstellung zur Mineralogie und
Geologie[66]:

*Nun muß ich dir noch von meinen mineralogischen Untersuchungen eini-*
*ge Nachricht geben. Ich habe mich diesen Wissenschaften, da mich mein Amt*
*dazu berechtigt, mit einer völligen Leidenschaft ergeben und habe, da du das*
*Anzügliche davon selbst kennst, eine sehr große Freude daran … Wie ein*
*Hirsch, der ohne Rücksicht des Territoriums sich äset, denk ich muß der Mine-*
*raloge auch sein. Und so habe ich vom Gipfel des Inselsberges, des höchsten*
*vom Thüringerwald, bis ins Würzburgische, Fuldische, Hessische, Kursächsi-*
*sche, bis über die Saale hinüber und wieder so weiter bis Saalfeld und Coburg*
*herum, meine schnellen Ausflüge und Ausschickungen getrieben. Habe die*
*meisten Stein- und Gebirgsarten von allen diesen Gegenden beisammen und*
*finde in meiner Art zu sehen, das bischen Metallische, das den mühseligen*
*Menschen in die Tiefen hineinlockt, immer das Geringste. Durch dieses alles*
*zusammen, und durch die Kramereien einiger Vorgänger bin ich im Stande,*
*einen kleinen Aufsatz zu liefern, der gewiß interessant sein soll … Dies Feld*
*ist, wie ich jetzt erst sehe, kurze Zeit her mit großem Fleiß bebaut worden, und*
*ich bin überzeugt, daß bei so viel Versuchen und Hilfsmitteln ein einziger*
*großer Mensch, der mit den Füßen oder dem Geist der Welt umlaufen könnte,*
*diesen seltsamen zusammen gebauten Ball ein vor allemal erkennen und uns*
*beschreiben könnte, was vielleicht schon Büffon im höchsten Sinne getan hat,*

---

[64] Geologe und Berghauptmann in Freiberg
[65] WA II. 9, 127₁₈–128₂
[66] WA IV. 4, 309₂₅–311₂₂

*weswegen auch Franzosen und Deutschfranzosen und Deutsche sagen, er ha-*
*be einen Roman geschrieben, welches sehr wohl gesagt ist, weil das ehrsame*
*Publikum alles außerordentliche nur durch den Roman kennt.*

Mit „Büffon" meint Goethe den französischen Naturforscher und
Schriftsteller GEORGES LOUIS LECLERC COMTE DE BUFFON (1707–1788), Direktor des Jardin des Plantes in Paris und Autor des berühmten 44bändigen
Werkes „Histoire naturelle générale et particulière" (erschienen 1750–1804).
Bereits als Student in Straßburg hatte Goethe am Mittagstisch der Mediziner (s. Kap. 1) den Namen des Autors und wohl auch Teile seines Werkes kennengelernt.

Einen Roman der Erde hat Goethe nie geschrieben, obwohl er seinen
Plan bereits ein Jahr nach dem Brief an Merck seiner Freundin Charlotte
von Stein in einem Brief vom 7. Dezember 1781 aus Erfurt mitteilte[67]:

*Meinen neuen Roman über das Weltall habe ich unterwegs noch*
*durchgedacht und gewünscht daß ich dir ihn dicktiren könnte es gäbe eine*
*Unterhaltung und das werck käme zu Papier.*

Über seine geognostischen Anfänge berichtete Goethe an den Herzog
Ernst II. von Gotha am 27. Dezember 1780 u. a.:

*Als ich den Einfall hatte, durch den Bergverständigen Voigt in Erman-*
*gelung praktischer Arbeit die thüringischen Gegenden untersuchen zu las-*
*sen, fingen wir bei dem Ettersberge als unserm nächsten Punkte an, be-*
*merkten sorgfältig die Oberfläche der Berge sowohl als die zu Tage*
*ausgedehnten Lagen an den Abhängen und breiteten uns auf diese Weise*
*weiter aus, wo wir in einer Gegend, deren Tiefen unerforscht sind, nur ge-*
*nau Acht haben konnten, wie in einer Folge vom Erdstriche ganz fremde*
*Lagen unter einander einschießen oder auf einander liegen. Das Ilm- und*
*Saaltal waren uns hier im Großen, was die Wasserrisse auf jedem Berge im*
*Kleinen sind.*[68]

In Goethes handschriftlichem Nachlaß befinden sich mehre Pläne für einen „Roman der Erde". Ein Folioblatt mit der Handschrift seiner Dieners
(1817–1824) Johann Karl Wilhelm Stadelmann enthält einen „Entwurf zu einem Gesammtbericht Goethes über seine mineralogischen und geologischen
Studien". Wichtige Kapitel dieser Darstellung sollten dem Thüringer Wald, der
ersten Harzreise, dem Ilmenauer Bergbau, der zweiten und dritten Harzreise,

---

[67]  WA IV. 5, 232₈₋₁₁ (Brief Nr. 1360)
[68]  WA IV. 5, 21₉₋₂₁

87

den Reisen in die Schweiz und auch nach Italien und Sizilien sowie seinen zahlreichen Besuchen in Karlsbad gewidmet sein. Bereits 1807 hielt Goethe in der Weimarer „Mittwochsgesellschaft für Damen" mehrere Vorträge, deren Inhalt „zwei zierlich geränderte Kleinoktavblätter und ein Oktavblatt" seines handschriftlichen Nachlasses enthalten.[69] Themen sind u.a. eine „Betrachtung der Erd und Wasser Massen", „Große Gebirge", „Bergbau Erfahrungen"

Zwei weitere Foliobögen mit der Aufschrift „Aufblühender Vulkanismus. Sept. 1819" enthalt „Eines verjährten Neptunisten Schlußbekenntniß. Abschied von der Geologie".

Ein populärwissenschaftlicher Autor unserer Zeit, Rudolf Thiel, hat diese Idee Goethes wieder aufgegriffen und veröffentlichte 1959 sein Buch „Der Roman der Erde" [22], in dem er zunächst auf die Theorien zu Beginn der Geologie als Wissenschaft eingeht und in einem Kapitel „Goethe mit dem Geologenhammer" darstellt. Er schreibt u.a.:

„Geologie war in ihren Anfängen, als sie nur einen einzigen Verkünder hatte, den Gesteinspapst Werner, eine abenteuerlich-romantische Angelegenheit. Man kann sich eine gute Vorstellung davon verschaffen, wenn man die geologischen Bemühungen Goethes kennenlernt … Da er alle Dinge handgreiflich vor Augen haben mußte, legte er sich eine Sammlung an und machte ausgedehnte Wanderungen. Er lernte den Hammer zu gebrauchen, lernte Mineralien zu bestimmen an Farbe, Glanz und Härte … Aber die geologischen Beobachtungen und das Steinesammeln befriedigten ihn nicht bloß um des Wissens, Namensgebens, Ordnens willen. *Er zog daraus Weltanschauung im unmittelbaren Sinne des Wortes …*

… Ihn begeisterte der Gedanke, daß Steine sich verwandeln könnten wie die Raupe in den Schmetterling. Die Idee der ‚Metamorphose', die seine Naturforschung beherrschen sollte, war ihm aufgegangen.

An Pflanzen und Tieren hat er sie großartig durchgeführt. Im Mineralreich ist es ihm nicht geglückt. Alle Gesteinsumwandlungen, die er gefunden zu haben glaubte, sind Verwitterungsprodukte gewesen. Nur zufällig fand sich ein Stück in seiner Sammlung, das eine wirkliche Metamorphose darstellt: ein Stück ‚vergreisten' Granit aus einem Zinnbergwerk … .

… Goethes Traum von der Metamorphose der Gesteine wurde von einem Zeitgenossen mitgeträumt, nur viel bescheidener und realistischer. Das war kein anderer als Hutton, das geologische Genie."

---

[69]  WA II. 13, 314 (Nachträge zu Band 10. 301)

Der Engländer JAMES HUTTON (1726–1797) war Arzt, hatte in Edinburg, Paris und Leiden studiert und veröffentlichte 1795 seine „Theorie der Erde mit Beweisen" („Theory of the Earth"). Goethe hat von diesem Werk keine Notiz genommen; zumindest ist in veröffentlichten Werken und Handschriften des Nachlasses in der Weimarer Ausgabe keinerlei Hinweis darauf zu finden. Huttons Grundgedanken führten zur Entwicklung des sogenannten Aktualismus, wonach geologische Veränderungen in früheren Zeiträumen auf den gleichen Kräften und Gesetzten beruhen würden wie diejenigen der Gegenwart. Er berücksichtigte Veränderungen sowohl durch die Kraft des Wassers (Neptunismus) als auch durch Schmelzvorgänge im Innern der Erde (Vulkanismus). Wegen der schweren Lesbarkeit dieses Werkes wurde es erst nach dem Erscheinen der „Illustrationen der Huttonschen Theorie" 1802 durch John Playfair bekannter und erhielt auch eine breitere Wirkung. Aber auch dann wurde es offensichtlich von Goethe nicht beachtet.

Auch wenn Goethes Leistungen zur Mineralogie und Geologie von Fachwissenschaftlern häufig nicht hoch eingeschätzt werden, so spielen seine „Forschungen" doch einen große Rolle in seinen naturwissenschaftlichen Betrachtungen insgesamt, die vor allem durch das Bemühen um eine „Gesamtschau" zu Beginn einer neuen Wissenschaft, der Geologie – mit deutlich chemischen Aspekten – charakterisiert sind. Auch in seinem dichterischen Werk spiegeln sie sich wieder – so z.B. zum Widerstand von Neptunismus und Plutonismus im Faust 2. Teil, in der *Classischen Walpurgisnacht*[70] – s. auch Kap. 7. Hier läßt Goethe in einer Szene neben Mephistopheles die griechischen Philosophen Anaxagoras und Thales auftreten, welche die beiden damaligen Theorien der Geologie vertreten sollen. Der vorsokratische Naturphilosoph ANAXAGORAS aus Klazomenai lebte zwischen etwa 500 oder 496 bis 428 vor Christus. 460 v. Chr. kam er nach Athen und begründete dort eine Schule der Naturphilosophie, deren materialistischer Ansatz den Götterglauben aus Naturerscheinungen verbannte: Sonnenfinsternisse, Überschwemmungen, Blitz und Donner hatten für ihn natürliche Ursachen; Sonne, Mond, Sterne und Meteoriten betrachtete er als glühende Steinhaufen. Er behauptete, die Sonne sei ein glühender Felsbrocken, weswegen ihn die Athener der Gottlosigkeit anklagten. In Athen lebte Anaxagoras als Gast im Hause des Staatsmannes PERIKLES (um 550–429 vor Christus), des bedeutendsten Redners seiner Zeit. Das Peri-

---

[70]  WA I. 15.1, Vers 7858–7872

kleische Zeitalter war als der Höhepunkt der klassischen griechischen Kultur angesehen. Der Philosoph und Mathematiker THALES VON MILET (lebte um 625 bis etwa 547 v. Chr.) ist der Begründer der ionischen Naturphilosophie. Er stellte sich die Erde als eine vom Ozean umschlossene Scheibe in Form einer kurzen Säule vor, die von einem kugelförmigen Himmel umgeben sei. Thales war wohl der erste Philosoph, der sich die Frage stellte, woraus das Universum bestehe, ohne die Götter oder übernatürliche Kräfte für eine Antwort zu bemühen. Um 558 v.Chr. bezeichnete er das Wasser als Grundlage aller Dinge, als wichtigstes *Element*, als den Urstoff der Erde.

LITERATUR ZU KAPITEL 2:

1.  F. Götting: Chronik von Goethes Leben. Insel Verlag, Leipzig 1953
2.  G. Schwedt: Historische Harzreise in Kupferstichen.
    Aus den Werken des Matthäus Merian. Piepersche Druckerei und Verlag GmbH, Clausthal-Zellerfeld 1993, S. 13
3.  R. Dennecke: Goethes Harzreisen. A.Lax, Hildesheim, 3. Aufl. 1991
4.  H. Spier: Historischer Rammelsberg. Verlag G. Pfeiffer, Wieda/Hornburg 1988
5.  G. Schwedt: Naturwissenschaftliche Werke von 1530 bis 1750 aus der Calvörschen Bibliothek, Clausthal 1991
6.  C. Koch: Der Rammelsberg, Goslar 1837 – Text über das Feuersetzen in 4.
7.  H. Gittner: Die Harzreisen des Johann Bartholomä Trommsdorff 1798 und 1805, Verlag Gebr. Storck, Oberhausen 1957
8.  G.E. Dann: Notizen zur Geschichte der Apotheken in Clausthal-Zellerfeld und der Apotheker der Familie Ilsemann. Zum 200jährigen Bestehen der Bergakademie (jetzigen Universität) Clausthal 1975. Deutsche Apotheker-Zeitung 114 (37 und 44), 1438–1443, 1769–1772 (1974)
9.  E. Stumpp: Zur Geschichte der Chemie an der TU Clausthal. Mitteilungsblatt des Vereins der Freunde der TU Clausthal, Heft 46 (1979), 14–21.
10. K.O. Conrady: Goethe. Leben und Werk, Athenäum: Frankfurt 1987, S. 382.
11. O. Krätz: Goethe und die Naturwissenschaften, Callwey: München 1992, S. 54
12. M.F. Wocke, H.Mann: Das Niedersächsische Bergland, Ferd. Dümmler Verlag, Bonn 1953, S. 7
13. L. Meyer: Einführung in die Geologie des Westharzes, Schriftenreihe Der Harz und Südniedersachsen, Serie Harz, Heft 9, S. 12, Piepersche Druckerei u. Verlag, Clausthal-Zellerfeld o.J.

14. M. A. König: Geologische Katastrophen. Vulkane, Erdbeben, Bergstürze und ihre Auswirkungen auf die Umwelt, Ott Verlag, Thun 1984

15. H. Rast: Vulkane und Vulkanismus, Enke, Stuttgart 3. Aufl. 1987

16. Otfried Wagenbreth: Goethe und der Ilmenauer Bergbau, Weimar 1983

17. Ingrid und Lothar Burghoff: Reisen zu Goethe. Wirkungs- und Gedenkstätten, Berlin und Leipzig 1982, S. 104–122

18. H.J.Störig: Kleine Weltgeschichte der Wissenschaft 1, Fischer, Frankfurt 1982, S. 413

19. M. Böhler (Hrsgb.), J.W.Goethe: Schriften zur Naturwissenschaft. Auswahl, Reclam, Stuttgart 1982, Anmerkungen zu den einzelnen Texten S. 267

20. G. Schwedt: Das Reiselexikon Goethe. Museen, Orte, Reiserouten. Callwey Verlag, München 1996

21. F.v. Wolff: Über den „Goethit", in: Goethe als Seher und Erforscher der Natur, Hrsgb. J. Walther, Halle 1930, S. 111–112

22. Rudolf Thiel: Der Roman der Erde, Paul Neff Verlag, Wien 1959

# 3 DIE „CHEMISCHEN ANFANGSGRÜNDE" IN WEIMAR

▨▨▨▨▨▨ In seinem „Naturwissenschaftlichen Entwicklungsgang" schrieb
Goethe[1]:

*Eigentliches Beginnen. In Weimar. Durch Buchholz. Charakter des-*
*selben. Eigentlich Gönner. Wohlhabend, ehrbegierig und thätig.*
*Sucht eine Ehre drin alles Neue zu zeigen. Hat geschickte Provi-*
*soren.*                                                              ▨▨▨▨▨▨

## DER HOFAPOTHEKER BUCHOLZ

WILHELM HEINRICH SEBASTIAN BUCHOLZ wurde am 23. Dezember 1734 in
dem Residenzstädtchen des anhaltinisches Fürstenhauses Bernburg an der
Saale geboren. Mit 14 Jahren kam er als Lehrling in eine Magdeburger Apo-
theke. Während seiner Wanderjahre war er in Homburg, Gießen und Hild-
burghausen tätig und kam von dort in die Hof-Apotheke des Dr. Jacobi.
Nach sieben Jahren begann er 1761 sein Medizinstudium an der Universität
Jena, wo er 1764 zum Dr. med. promovierte. Anschließend ließ er sich als
Arzt wieder in Weimar nieder und wurde 1777 zum Hof-Medikus und Amts-
arzt ernannt. Die Hof-Apotheke des Dr. Jacobi wurde 1767 von seiner ersten
Frau erworben, welche diese 1773 an ihn abtrat. 1782 wurde der Apotheker
und Arzt auch zum Bergrat ernannt. Sein Amt als Armenarzt im Herzogtum
Sachsen-Weimar legte er wegen einer Auseinandersetzung mit den Landständen 1788 nieder. Bereits 1769 wurde Bucholz in die Deutsche Akademie
der Naturforscher Leopoldina (1652 als älteste naturwissenschaftlich-medi-
zinische Gesellschaft gegründet) aufgenommen. Bucholz starb am 16. Dezember 1798 in Weimar; sein Grab befindet sich auf dem Jakobsfriedhof.
Bucholz ist vor allem als chemischer Berater Goethes bekannt geworden [1].

---

[1]   WA II. 11, 300₂₁₋₂₈

In seinen Tag- und Jahres-Heften erwähnt Goethe 1796 den Arzt und Apotheker Dr. Bucholz in folgendem Zusammenhang[2] :

*Eine Gesellschaft hochgebildeter Männer, welche sich jeden Freitag bei mir versammelten, bestätigte sich mehr und mehr ... Ein jedes Mitglied gab von seinen Geschäften, Arbeiten, Liebhabereien, beliebige Kenntnis, mit freimütigem Anteil aufgenommen.* DR. BUCHOLZ *fuhr fort die neuesten physisch-chemischen Erfahrungen mit Gewandtheit und Glück vorzulegen.*

Im Tagebuch wird der Apotheker Bucholz erstmals am 11. Januar 1777 erwähnt.

Auch in der Korrespondenz zwischen Goethe und Schiller werden die Vorlesungen in dieser „Freitagsgesellschaft" beschrieben. Goethe hat darüber hinaus „Noten" zum „Briefwechsel zwischen Schiller und Goethe" auf einem Foliobogen (datiert vom 30. Dezember 1824) blau-grauen Konzeptpapieres hinterlassen, die offensichtlich zum Druck bestimmt waren.[3] Darin erfahren wir auch Einzelheiten über die „Freitagsgesellschaft":

*... Es versammelten sich etwa zwölf Personen wöchentlich abends in meinem Hause, deren Namen schon von der Unterhaltungsweise genugsames Verständnis gibt.*

Goethe nennt u.a. Wieland, Herder, den Mediziner Hufeland und den Apotheker und Arzt Buchholz. Und Goethe fährt fort:

*... Männer vom verschiedensten Interesse, ein jeder in seinem Fach ernstlich beschäftigt, vorschreitend im Neuen, nachdenkend über das Alte; keiner der nicht in der Folge des Lebens sich bedeutend erwiesen hätte.*

*Als Gäste fanden sich ein verschiedene Lehrer von Jena, Voigt von Ilmenau[4] bei jedermaligem Hiersein, und so ward auch jeder bedeutende Fremdling eingeladen und wohl aufgenommen, so wie das, was er etwa mitzuteilen hatte. Die Anmut, so wie die Wirksamkeit einer solchen Unterhaltung wird sich jeder Denkende gern vergegenwärtigen.*

*Höchst bedeutend war hierbei, daß Durchl. Herzog öfters teilnahm und dabei mit besonderem Scharfsinn die Verdienste des Inhalts so wie des Vortrags beurteilend, jüngere Männer kennen lernte, die ihm sonst schwerlich von dieser Seite so nahe getreten wären. Weimar und Jena haben diesen Abenden manche wichtige Anstellung und Auszeichnung zu verdanken.*

---

[2]  WA I. 35, 68$_{14-23}$
[3]  WA I. 42.2, 454–456
[4]  s. in Kap. 2

So hatte z.B. der Arzt CHRISTOPH WILHELM HUFELAND (1762–1836) durch einen Vortrag in der Freitagsgesellschaft den Herzog und Goethe so beeindruckt, daß er als Professor an die Universität Jena berufen wurde.

Eine andere abendliche „chemische Stunde" ist Goethe jedoch offensichtlich schlecht bekommen. Am 10. Januar 1805 vermerkte er in seinem Tagebuch: *Abends Dr. Fries chemische Stücke. –* und am folgenden Tag: *... befand mich nicht wohl* (11.1.) *... blieb im Bette* (12.1.) *... bisher Krankheit und Reconvalescenz* (22.1.). Goethe hatte sich auf dem Rückweg von der chemischen Veranstaltung in einem stark geheizten Raum erkältet. Aus der anfänglichen Erkältung wurde eine Lungenentzündung. O. Krätz ordnet in diesem Zusammenhang dem Namen Dr. Fries einen nicht näher beschriebenen Chemiker zu, der sich in Weimar niedergelassen und dessen private Vorlesung Goethe besucht habe. Auch meint er, daß Goethe, wie sein Sekretär Riemer in einem Brief geschrieben habe, die „chemische Stunde" selbst schlecht bekommen sei [2]. In der Weimarer Ausgabe von Goethes Werken ist Fries jedoch mit dem Philosophen, Physiker und Mathematiker JAKOB FRIEDLIEB FRIES (1773–1843) identisch, der zunächst Universitätslehrer in Heidelberg und ab 1801 in Jena war. Er spielte später eine Rolle im Rahmen von Goethes Bemühungen um die Herstellung neuartiger Gläser (s. Kap. 5 zur angewandten Chemie).

Offensichtlich hat Bucholz (wie auch Fries) nicht nur über neue Ergebnisse aus der Welt des chemischen Wissens dieser Zeit berichtet, sondern auch Experimente vorgeführt. In einem Vortrag „Über die verschiedenen Zweige der hiesigen Thätigkeit"[5] - gehalten um 1795 – zieht Goethe ein erstes Fazit zur Beschäftigung mit der Chemie in Weimar:

*Was die Chemie betrifft, so dürfen wir uns derselben vorzüglich rühmen. Herr Bergrat Bucholz hat, von den frühesten Zeiten her, mit der Wissenschaft gleichen Schritt gehalten und die interessantesten Erfahrungen teils selbst gemacht, teils zuerst mitgeteilt und ausgebreitet.*

*Aus seiner Schule ist ein Göttling hervorgegangen und noch gegenwärtig steht ihm ein geschickter Mann bei seinen Arbeiten bei.*

*In der technologischen Chemie wird es interessant sein, die Versuche eines ausgewanderten Franzosen in Ilmenau, Eisen durch Reverberir-Feuer[6] zu schmelzen, näher kennen zu lernen; die ersten Versuche sind, man darf*

---

[5]   WA I. 53, 189$_{7-24}$
[6]   Feuer in einem Flammenofen, s. auch weiter unten

*sagen, zu gut geraten, indem nicht allein der Ofen sondern auch die Esse glühend wurden.*

*Unser nächstes Bleischmelzen in Ilmenau wird auch die Aufmerksamkeit in mehr als einem Sinne wert sein.*

In einem Nachtrag dazu („Paralipomenon" – veraltete Bezeichnung für Ausgelassenes, Ergänzung, Nachtrag zu einem literarischen Werk) heißt es[7]:

*Chemie*

*Buchholz Göttling Hofmann Scherer Moritz in Ilmenau Künftiges Bleyschmelzen*

Dem Mediziner und Apotheker Buchholz hat Goethe mehr als nur eine tiefere Einführung in die Chemie zu verdanken. In seiner an „Die Metamorphose der Pflanzen" angeschlossenen „Geschichte seiner botanischen Studien" würdigt Goethe in u.a. mit folgenden Sätzen[8]:

*… Dr. Buch(h)olz, Besitzer der damals einzigen Apotheke, wohlhabend und lebenslustig, richtete mit ruhmwürdiger Lernbegierde seine Tätigkeit auf Naturwissenschaften. Er suchte sich zu seinen unmittelbaren pharmazeutischen Zwecken die tüchtigsten chemischen Gehilfen, wie denn der treffliche Göttling aus dieser Officin als gebildeter Scheidekünstler hervorging. Jede neue, vom Aus- und Inland entdeckte, chemisch-physische Merkwürdigkeit ward unter des Prinzipals Leitung geprüft, und einer wißbegierigen Gesellschaft uneigennützig vorgetragen.*

Im weiteren Verlauf dieses Berichtes heißt es dann:

*Chemie und Botanik gingen damals vereint aus den ärztlichen Bedürfnissen hervor, und wie der gerühmte Dr. Bucholz von seinem Dispensatorium sich in die höhere Chemie wagte, so schritt er auch aus den engen Gewürzbeeten in die freiere Pflanzenwelt. In seinen Gärten hatte er nicht die officinellen Gewächse nur, sondern auch seltenere, neu bekannt gewordene Pflanzen für die Wissenschaft zu pflegen unternommen.*

## GOETHES CHEMISCHE BERATER SIEWER, V. EINSIEDEL UND BÜTTNER

Die wenigen Sätze machen deutlich, daß Goethe den Hofapotheker als Menschen und Wissenschaftler sehr geschätzt haben muß. Er war häufig zu

---

[7]    WA I. 53, 488₁₉₋₂₁

[8]    WA II. 6, 102₁₃₋₂₃ („Der Verfasser theilt die Geschichte seiner botanischen Studien mit.")

Gast sowohl in dessen großem Garten als auch im Apothekenlaboratorium. In der Umgebung von Weimar gab es zwei weitere Liebhaber der Chemie, die im benachbarten Oberweimar Laboratorien besaßen; in Goethes Briefen werden sie an einigen Stellen erwähnt – der Arzt DR. SIEWER und der Bergrat AUGUST V. EINSIEDEL. Den dritten Sohn Fritz (1772–1844, ab 1810 preußischer Generallandschaftsrepräsentant in Breslau) seiner Freundin Charlotte von Stein, den Goethe am 25. Mai 1783 zur Erziehung in sein Haus aufgenommen hatte und der ihn auf seiner zweiten Harzreise im September/Oktober 1783 begleitete, nahm er gern zu den Besuchen mit, um ihn auch in die Chemie einzuführen. Am 26. Oktober 1784 schrieb Goethe über einen abendlichen Besuch bei Dr. Siewer an Charlotte v. Stein[9]:

*Fritz kam diesen Abend und bewog mich nach Oberweimar ins Laboratorium zu gehn, ich wäre sonst zu Hause geblieben, wir handelten allerlei mit dem alten Doktor ab und kamen etwas feucht doch sehr vergnügt zu Hause an. bei dieser Gelegenheit haben wir die chymischen Zeichen durchgegangen und Fritz hat sich eine Abschrift davon gemacht. Er leistet mir Gesellschaft und so gibst du mir durch ihn auch abwesend Leben und Unterhaltung.*

Im Jahre 1784 waren chemische Symbole geläufig, wie wir sie in den Büchern der Alchemisten finden – für Silber der Mond, für Gold die Sonne, für Feuer ein Dreieck.

Der zweite der beiden Chemiefreunde in Oberweimar war August von Einsiedel, „der Bruder des zu den Weimarer Schöngeister gehörigen und Goethe sehr befreundeten Kammerherrn Friedrich Hildebrand v. Einsiedel. Er hatte das Bergfach studiert, war in Freiberg Bergrat geworden und hatte sich später mit zwei Brüdern zusammen ein Laboratorium in Oberweimar eingerichtet. Dort mag er sich wohl hauptsächlich mit der Chemie der nützlichen Mineralien, besonders der Erze, beschäftigt haben, denn er plante seit langem eine Entdeckungsreise nach Afrika zu geologischen wie anderen Zwecken. Außer Goethe besuchten ihn besonders die Damen, denen er gern die Wunder der Chemie vorführte." [3]

Im Jahre 1785 wurde v. Einsiedel von der französischen Regierung zu bergbaulichen Untersuchungen nach Nordafrika geschickt. Bereits am 18. Oktober 1784 berichtete Goethe an seinen Herzog:

*Die Einsiedels[10], die nun abgegangen sind, um sich Afrika zu nähern, haben in Oberweimar ein gar wohl eingerichtetes Laboratorium zurück-*

⁹  WA IV. 6, 376₂₃-377₇ (Brief Nr. 1993)

*gelassen. Gefäße und Werkzeuge, Säuren, Salze, feste und flüssige Körper, was zu den vorzüglichsten chemischen Arbeiten nötig ist, findet sich darinnen neu, wohl zubereitet und in dem besten Stande. Unser Einsiedel hat es angenommen und will es verkaufen. Er hat mir von 170 rh. gesprochen, und er gibt es nicht wohlfeiler. Nun wäre mein Vorschlag, Sie kauften es als Fond zur künftigen Ausstattung Göttlinges; Büttner hat auch ein klein(es) Hauslaboratorium, das man in der Folge dazu schlagen könnte, was noch abgeht, schaffte man nach und nach an und es wäre zuletzt unmerklich beisammen. Ich würde es diesen Winter auch gebrauchen können, teils um die letzten Bewegungen der Sieverztischen Tätigkeit, die für sich nie zu einem Ziel kommt, zu nutzen, teils meine mineralogischen Ideen aufzuklären und mich zum Hüttenwesen vorzubereiten. Wenn es Göttling gesehen und geschätzt hat, will ich einstweilen, bis auf Ihre Ratifikation in Handel treten.* [11]

Am 24. Februar 1785 heißt es dann in einem weiteren Brief zu dieser offensichtlich noch nicht entschiedenen Angelegenheit an den Herzog[12]:

*Es hat nämlich der Bergrath von Einsiedel während seines Aufenthaltes allhier ein chymisches Laboratorium eingerichtet und solches bei seiner Abreise hinterlassen. Es findet sich in demselben sowohl eine Anzahl guter und brauchbarer Werkzeuge und Gerätschaften, als auch solche Präparate, welche zu den mannigfaltigen Untersuchungen dieser Kunst erforderlich und nötig sind, ingleichen einige gute Schriftsteller.*

*Alles ist nach einem mäßigen Anschlage 122 Thlr. gewürdet und Göttling der selbiges in Augenschein genommen glaubt, daß man um den Preis von 100 Thlr. eine sehr gute Akquisition machen werde.*

*Wollten Ew. Hochfürstl. Durchl. erlauben, daß man dafür die erwähnten Stücke erkaufe; so würde ich mir es zur Pflicht machen, zu sorgen, daß sie in gehörige Verwahrung gebracht, für die Zukunft aufbewahrt und dereinst mit dem kleinen Laboratorio, welches Hofrath Büttner in Jena angelegt an Göttling übergeben und zum weiteren nützlichen Gebrauch überlassen würden, worüber ich mir untertänigst Verhaltungs-Maße*[13] *erbitte... Mit* „Hofrath Büttner" ist der Natur- und Sprachforscher CHRISTIAN WILHELM BÜTTNER (1716–1801) gemeint: Dieser erlernte die „Apotheker-Kunst" bei

---

[10]   August und „zwei fernere Brüder"

[11]   WA IV. 6, 372$_{12}$-373$_5$ (Brief Nr. 1988)

[12]   WA IV. 7, 16$_{21}$-17$_{13}$ (Brief Nr. 2060)

[13]   Verhaltungsmaßnahmen

seinem Vater, dem Hofapotheker Johann Christian Büttner in Wolfenbüttel und begab sich 1729 auf Reisen – nach Leipzig, Breslau, durch Böhmen, Mähren, Ober-Ungarn und Polen und über Frankfurt/oder nach Kopenhagen (1735), von dort nach Lapland, Bergen in Norwegen und nach Edinburg, wo er die gälische Sprache erlernte. In Leiden studierte er bei Boerhaave, dessen Lehrbuch auch Goethe benutzt hatte. Ab 1758 lehrte er an der Universität Göttingen als Professor der Philosophie auch Naturgeschichte. Er war damit der erste in Göttingen und auch in Deutschland, der eigenständige Vorlesungen zur Naturgeschichte (als Lehre von der Entwicklung der Natur) hielt. Seine umfangreiche Sammlung an Naturalien und Münzen vermachte er 1773 gegen eine Leibrente der Universität Göttingen (Grundlage für das spätere akademische Museum der Universität), seine Bibliothek stiftete er – ebenfalls gegen eine Leibrente – 1783 dem Herzog von Weimar. Ab 1783 lebte Büttner als Hofrat privatisierend in Jena [1].

In seinen „Tag- und Jahres-Heften" hat Goethe anläßlich des Todes von Büttner 1802 eine sowohl Büttner als auch Goethe selbst charakterisierende Darstellung zur Person und Tätigkeit Büttners hinterlassen[14]:

*Der Tod des Hofraths Büttner, der sich in der Mitte des Winters ereignete, legte mir ein mühevolles und dem Geiste wenig fruchtendes Geschäft auf. Die Eigenheiten dieses wunderlichen Mannes lassen sich in wenige Worte fassen: unbegrenzte Neigung zum wissenschaftlichen Besitz, beschränkte Genauigkeitsliebe und völliger Mangel an allgemein überschauendem Ordnungsgeiste. Eine ansehnliche Bibliothek zu vermehren wendete er die Pension an, die man ihm jährlich für die schuldige Summe der Stammbibliothek darreichte. Mehrere Zimmer im Seitengebäude des Schlosses waren ihm zur Wohnung eingegeben, und diese sämtlich besetzt und belegt. In allen Auktionen bestellte er sich Bücher, und als der alte Schloßvoigt, sein Commissionär, ihm einstmals eröffnete: daß ein bedeutendes Buch schon zweimal vorhanden sei, hieß es dagegen: ein gutes Buch könne man nicht oft genug haben … .*

*Denke man sich andere Kammern mit brauchbarem und unbrauchbarem physikalisch-chemischem Apparat überstellt, und man wird die Verlegenheit mitfühlen, in der ich mich befand, als dieser Teil des Nachlasses, von dem seiner Erben gesondert, übernommen und aus dem Quartiere, das schon längst zu andern Zwecken bestimmt gewesen, tumultuarisch aus-*

---

[14]  WA I. 35, 130–131

*geräumt werden mußte. Darüber verlor ich meine Zeit, vieles kam zu Scha-*
*den, und mehrere Jahre reichten nicht hin die Verworrenheit zu lösen.*

Goethe fand somit in Weimar sehr rasch „chemische Berater", so daß er
den in Frankfurt begonnenen, in der Chemie sehr schwierigen Weg des
Selbststudiums zugunsten von lehrreichen Vorträgen und vor allem durch
die Vorführung von Experimenten durch kompetente Fachleute aus dem
Stand der Apotheker verlassen konnte. Eigene Experimente hätten natürlich
ein entsprechende Geräteausstattung bzw. ein geeignetes Laboratorium und
erheblich mehr Zeitaufwand erfordert. Die „Chymie" blieb jedoch, wie er
aus Straßburg dem Fräulein v. Klettenberg (s. Kap. 1) schrieb, seine „heimliche Geliebte". Seine Meinung über die Chemie – im Vergleich zur „Krystal-
lographie" faßte er u.a. in dem Satz zusammen [15]:

*Ganz das Entgegengesetzte ist von der Chemie zu sagen, welche von der*
*ausgebreitesten Anwendung und von dem grenzenlosesten Einfluß auf's*
*Leben sich erweis't.*

DIE CHEMIE DES 18. JAHRHUNDERT

Ein kurzer Exkurs in die Geschichte der Chemie – zum Stand der Wissenschaft vor 1800 – soll hier vor einer Erläuterung zu den Goethe-Zitaten die
Zusammenhänge deutlicher werden lassen:

> Im 17. Jahrhundert verlor die mystisch geprägte Alchemie an Be-
> deutung. Der irische Chemiker Robert Boyle veröffentlichte sein
> Buch „The sceptical chymist" (1661) – die Vorsilbe „al" ver-
> schwand aus dem Namen. Aus der spekulativen Alchemie, deren
> Adepten aber auch zahlreiche praktische Kenntnisse erworben
> hatten, wurde langsam eine experimentelle Wissenschaft. Im Hin-
> blick auf die Umwandlung von Metallen war jedoch auch Boyle
> noch dem Zeitalter der Alchemie verhaftet. Im 18. Jahrhundert
> wurden zahlreiche Elemente entdeckt – u.a. Natrium (1702 (durch
> G. E. Stahl im Kochsalz als besondes Alkali), Platin 1750, Nickel
> 1751 (durch A. F. Cronstedt im Erz einer schwedischen Cobaltmi-
> ne), Wasserstoff 1766 (durch H. Cavendish), Chlor 1769 (durch

---

[15]   WA II. 11, 123$_{1-4}$ („Naturwissenschaft im Allgemeinen")

C.W. Scheele aus Braunstein und Salzsäure), Sauerstoff 1771 (durch Scheele), Stickstoff 1772, Mangan 1774, Molybdän 1781 und Wolfram 1783 – sowie Tellur und Chrom. Die Chemie des 18. Jahrhunderts war ein Teil der Naturlehre; an den Universitäten wurde sie vorwiegend im Rahmen der Medizin und Pharmazie betrieben. Chemische Stoffe wurden aber nicht nur zur medizinischen bzw. pharmazeutischen Zwecken sondern auch immer mehr als gewerbliche Produkte entwickelt und gehandelt. Als erste wichtige Theorie entstand die Phlogistontheorie (s. weiter unten). Zu Beginn des 19. Jahrhunderts setzte sich an deren Stelle dann die Verbrennungstheorie (Oxidation) aufgrund der sich entwickelnden messenden Chemie der Gase durch (Lavoisier)[4–6]. An dieser Phase des Umbruchs hat Goethe regen geistigen Anteil genommen.

## PHLOGISTONTHEORIE UND ANTIPHLOGISTISCHE CHEMIE

Die folgende Darstellung über die Situation der Chemie im 18. Jahrhundert zwischen Phlogistontheorie und antiphlogistischer Chemie stammt aus dem Ausstellungskatalog des Autors „Chemie zwischen Magie und Wissenschaft – Ex Bilbiotheca Chymica 1500–1800" [7], in dem ein Querschnitt durch die historischen Chemiebestände der Herzog August Bibliothek Wolfenbüttel dargestellt wird:

„Das 18. Jahrhundert wird von Chemiehistorikern auch das Zeitalter zur ‚Grundlegung der klassischen Chemie' (*W.Strubbe*), als ‚, 2. und 3. Zeitalter der neueren Geschichte' (*J.F.Gmelin*) (Stahls 1690–1770 bzw. Lavoisiers Zeitalter) bezeichnet.

‚Fast alle Chemiker des 18. Jahrhunderts waren Phlogistiker, auch Lavoisier, der das Phlogiston entthronte, indem er nachwies, daß man zur Erklärung des Redoxprozesses keinen hypothetischen Stoff benötigte. Er unterschied sich von anderen Chemikern dadurch, daß er sich weniger an dem Begriff Phlogiston als an dem Reaktionsmechanismus orientierte. Dabei kam ihm zugute, daß er die Gewichtsverhältnisse als ein für die chemischen Vorgänge wichtiges Phänomen erkannte. Während andere durch Spekulationen den Widerspruch zu beseitigen suchten, daß trotz des Entweichens von Phlogiston Metallkalke schwerer waren als vorher die Metalle, schenk-

te Lavoisier diesem Problem volles Interesse und suchte nach einer lücken-
losen Beweisführung, für die zunächst nicht er, sondern andere Zeitgenossen (Priestley, Scheele, Cavendish) die experimentellen Befunde lieferten.'
(*W. Strube*)

,Nach griechischen Vorstellungen enthielten Stoffe, die brennen können,
in sich selbst das Element Feuer, das sich unter geeigneten Bedingungen frei
machte. Ähnlich waren die Ansichten der Alchimisten, nur daß sie glaubten, ein Brennstoff enthielte den Grundstoff *Schwefel* (wenngleich nicht un-
bedingt wirklichen Schwefel). Im Jahre 1669 versuchte der deutsche Chemiker JOHANN JOACHIM BECHER (1635–1682) diese Vorstellung weiter zu
vereinfachen, indem er einen neuen Namen einführte. Er nahm an, daß sich
die festen Stoffe aus drei Arten von *Erde* zusammensetzten. Eine davon
nannte er *terra pinguis* (*fette Erde*); er glaubte, daß diese der Grund für
die Brennbarkeit sei. Ein Anhänger von Bechers ziemlich verschwommener
Lehre war der deutsche Arzt und Chemiker GEORG ERNST STAHL
(1660–1734). Er schuf noch eine weitere Bezeichnung für die Ursache der
Brennbarkeit, indem er sie *Phlogiston* nannte, abgeleitet von einem aus dem
griechischen Wort mit der Bedeutung *in Brand setzen*. Er erfand ein Phlogiston enthaltendes Schema, das die Verbrennung erklären sollte.'
(*I. Asimov*)

,Die *Phlogistontheorie* stellt den ersten Versuch dar, eine Systematisie-
rung der Stoffe aufgrund ihres Verhaltens zum Feuer und zur Brennbarkeit
durchzuführen und die Ursache der Verbrennlichkeit einem Prinzip unter-
zuordnen. In gedanklicher Weiterentwicklung des Prinzips *Sulfur* von Paracelsus hatte J. J. Becher (1669) eine *terra ignescens in composito seu in-
flammabilis* als einen Bestandteil der metallischen Körper vorgeschlagen.
(Becher, 1635–1682, war zuerst Medizinprofessor in Mainz, hernach praktischer Chemiker, ideenreicher Plänemacher). Stahl verwandelte dieses abstrakte, terra ... ' in ein *brennliches Wesen* oder *Phlogiston* um (1697 folg.)
und lehrt, daß alle brennbaren oder der Verkalkung (Oxydation) unterlie-
genden mineralisch-anorganischen wie organischen Stoffe den gemeinsamen Bestandteil *Phlogiston* enthalten, und daß der Verbrennungsvorgang
von einem Entweichen des Phlogistons begleitet ist – dies kann jedoch dem
verbrannten Stoff, z.B. den Metallkalken, wiedergegeben werden durch Zu-
fügen phlogistonreicher Stoffe (z.B. Kohle, Öl usw.). Wir haben also folgende umkehrbare Reaktion:

$$\text{Metall} \quad \overset{\text{Verbrennen}}{\underset{\text{Zusatz von Kohle}}{\longleftrightarrow}} \quad \text{Metallkalk + Phlogiston,}$$

oder das Metall durch Dephlogistierung (d.h. Oxydation) gibt Metallkalk, und Metallkalk durch Phlogistierung (Reduktion) liefert Metall. Das uralte Verfahren der Hüttenleute wird erstmalig theoretisch beleuchtet. Die Phlogistontheorie hat für die chemische Systematik und Heuristik einen unbestreitbaren Wert gehabt, das Verbrennungsproblem trat in den Mittelpunkt der wissenschaftlichen Chemie. Die größten chemischen Entdeckungen des 18. Jahrhunderts wurden von den genialen Anhängern und Verfechtern der Phlogistontheorie gemacht, von Jos. Black, Cavendish und Priestley, von C. W. Scheele, C. Fr. Wenzel und Jerem. B. Richter. Und ein Kant als Philosoph zollte ihr seinen Beifall, als er in seiner *Kritik der reinen Vernunft* (1787) von Stahl schrieb, der *Metalle in Kalk und diesen wiederum in Metall verwandelte, indem er ihnen etwas entzog und wiedergab, so ging allen Naturforschern ein Licht auf.*

Daß trotz allem diese Theorie einen offenkundigen Widerspruch nicht behob und auch ein Kant ihn nicht wesentlich fand, berührt uns heute eigenartig, nämlich die bei der Verkalkung der Metalle nachgewiesene und auch Stahl bekannte Gewichtszunahme, und doch sollte das Phlogiston entweichen! Tatsächlich bedeutet dieser Widerspruch bei der damaligen unklaren und uneinheitlichen Auffassung von Materie und Gewicht nicht viel.' (*P. Walden*)

'Brennbare Objekte waren nach Stahls Meinung reich an Phlogiston, und der Verbrennungsvorgang bedeutet den Verlust von Phlogiston an die Luft. Der Verbrennungsrückstand war frei von Phlogiston und konnte daher nicht mehr brennen. Holz besaß somit Phlogiston, Asche jedoch nicht.

Stahl behauptete ferner, daß das Rosten von Metallen dem Brennen von Holz entspräche, und so glaubte er, daß ein Metall Phlogiston besäße, dessen Rost (oder *Metallkalk*) dagegen nicht. Das stellte eine wichtige Einsicht dar; sie ermöglichte eine angemessene Erklärung für die Umwandlung von erzhaltigem Gestein in Metalle – die erste große chemische Entdeckung der zivilisierten Menschen. Die Erklärung ist darin zu suchen: Ein erzhaltiges Gestein, arm an Phlogiston, wird mittels Holzkohle erhitzt, die sehr reich an Phlogiston ist. Das Phlogiston geht von der Holzkohle auf das Erz über, so daß sich die phlogistonreiche Holzkohle in phlogistonarme Asche verwandelt, während das phlogistonarme Erz zu phlogistonreichem Metall wird.

Nach Stahls Ansicht war die Luft selbst nur indirekt für die Verbrennung von Nutzen, denn sie diente nur als Träger für das Phlogiston, wenn es Holz oder Metall verließ, um auf sonst irgend etwas überzugehen (wenn sonst irgend etwas verfügbar war).

Stahls Phlogiston-Theorie stieß anfangs auf Widerspruch. Besonders der holländische Arzt HERMANN BOERHAAVE (1668–1738) wandte ein, daß eine gewöhnliche Verbrennung und das Rosten nicht verschiedene Lesarten desselben Phänomens sein könnten.

Gewiß, da ist in dem einen Fall eine Flamme zu beobachten und in dem anderen nicht, aber für Stahl lag die Erklärung hierfür darin, daß bei der Verbrennung von Substanzen wie Holz das Phlogiston diese so schnell verließe, daß dadurch ihre Umgebung erhitzt und als Flamme sichtbar würde. Beim Verrosten ginge der Verlust von Phlogiston langsamer vor sich, so daß keine Flamme erschiene.

Trotz Boerhaavens Widerspruch gewann dann die Phlogiston-Theorie während des achtzehnten Jahrhunderts an Popularität. Um das Jahr 1780 war sie dann von nahezu allen Chemikern übernommen worden, da sie vieles so treffend zu erklären schien.' (*I. Asimov*)

Erst durch die Entdeckung des Sauerstoffs (durch Scheele 1771 und unabhängig davon durch Priestley 1774) wurde eine *kopernikanische Wende* in der Chemie eingeläutet. Lavoisier in Paris hatte durch eine persönliche Mitteilung von der Entdeckung Priestleys erfahren: Beim Erhitzen von Quecksilberoxid mit einem Brennglas hat dieser dieses Gas entdeckt. Lavoisier erkannte sehr schnell die Bedeutung dieser Entdeckung: Sauerstoff als ein Teil der Luft, der mit brennenden und metallischen Stoffen eine Verbindung eingeht. Er gab der *dephlogistierten Luft*, der Feuerluft, den Namen Sauerstoff.

,Lavoisier ließ die Beobachtung keine Ruhe, daß beim Verbrennen von Phosphor und Schwefel ebenso wie beim Verkalken (Oxydieren) der Metalle eine Erhöhung des Gewichts eintrat. daraus wagte er die Generalisierung, daß bei allen Verbrennungen Gewichtserhöhungen eintreten, ein kühner Schluß, der zunächst auch nur als Hypothese gedacht war …

Im Herbst 1774 erlöst ihn John Priestley aus seinen Irrungen, der ihm mitteilen konntem daß er durch Reduktion von Quecksilberkalk mittels eines Brennspiegels eine neue Luftart (dephlogistierte Luft = Sauerstoff) erzeugt habe. Scheele hatte diese Entdeckung kurze Zeit früher gemacht, sie war aber durch die schleppende Veröffentlichung im Druck noch nicht allgemein bekannt gemacht worden. Priestley wie Scheele deuteten ihre Entdeckung auf der Grundlage der Phlogistontheorie ebenso wie alle ihre mit Sauerstoff gemachten Versuche. Lavoisier lieferte dagegen die Entdeckung des Sauerstoffs das erste Hauptargument gegen die Phlogistontheorie.

Im Frühjahr 1775 war Lavoisier soweit, Priestleys Experiment nachzumachen. Aber er wollte nicht nur den Sauerstoff gewinnen, sondern er wollte sehen, ob diese jene Luftart war, die das Verkalken bzw. Verbrennung besorgte. er isolierte also nicht nur den Sauerstoff vom Quecksilberkalk, sondern er vereinigte Quecksilber und Sauerstoff zu Quecksilberkalk. Und gleichzeitig untersuchte er, wie sich die Gewichte der beteiligten Substanzen verhielten. So gelang ihm der Beweis, daß die an der Reduktion und Oxydation beteiligten Stoffe ohne Gewichtsveränderungen geblieben waren.' (*W. Strube*)

Mit diesen Ergebnissen beginnt das Zeitalter der wissenschaftlichen Chemie."

## GÖTTLING IN WEIMAR – DER SPÄTERE ERSTE CHEMIEPROFESSOR IN JENA

Nach Bucholz nennt Goethe *Göttling* als dessen Schüler: JOHANN FRIEDRICH AUGUST GÖTTLING, der 1789 als Professor für Chemie, Pharmazie und Technologie an die Philosophische Fakultät der Universität Jena berufen werden sollte, wurde am 5. Juni 1755 als Sohn eines Predigers in Derenburg bei Halberstadt geboren. 1769 trat er bei dem bedeutenden Apotheker JOHANN CHRISTIAN WIEGLEB (1732–1800) in Langensalza seine Lehre an, wo im damaligen Apothekenlaboratorium eine zentrale Ausbildungsstätte für Apotheker und Chemiker entstand. Wiegleb gehörte zu den Phlogistikern (s.o.). Nach der fünfjährigen Lehre arbeitete Göttling zunächst beim Apotheker Reisig (ebenfalls in Langensalza) und dann in einer Apotheke in Neustadt an der Orla. 1774 trat Göttling in die Hof-Apotheke des Dr. Bucholz in Weimar als Gehilfe (Provisor) ein. Bereits 1778 verfaßte Göttling als Provisor sein erstes Buch mit dem Titel „Einleitung in die pharmaceutische Chemie für Lernende". Durch die Herausgabe des Periodikums „Almanach oder Taschenbuch für Scheidekünstler und Apotheker" ab 1780 – bis 1802 als alleiniger Herausgeber -, der ersten größeren Periodikums für Apotheker, und durch seine wissenschaftlichen Arbeiten zusammen mit Bucholz wurden Goethe und Herzog Carl August auf ihn aufmerksam. Auf diesen „geschickten Provisor" weist Goethe in seinem „Naturwissenschaftlichen

Entwicklungsgang" hin. Goethe ließ von Göttling zahlreiche Mineralien analysieren, und er nahm einen so regen Anteil an dessen chemischen Untersuchungen, daß Göttling auf Vorschlag Goethes vom Herzog Carl August 1785 ein Stipendium für zwei Jahre an der Universität Göttingen erhielt. Schon vorher hatte Göttling weitere Schriften über „Chemische Versuche über eine verbesserte Methode, den Salmiak zu bereiten" (Weimar 1782), „Praktische Vortheile und Verbesserungen verschiedener pharmaceutisch-chemischer Operationen für Apotheker" (Weimar 1783, 3.Aufl. 1797), eine „Tabelle über die Lehre von Salzen" (Weimar 1784) und eine „Beschreibung verschiedener Blasemaschinen zum Loethen, Glasblasen u. dergl." (Erfurt 1784) veröffentlicht. Ab April 1785 hielt sich Göttling für drei Semester an der Universität Göttingen auf, wo JOHANN FRIEDRICH GMELIN (1748–1804) gerade erst (1783) ein „chemisches Laboratorium mit Professorenwohnung" erhalten hatte, das noch heute als Fachwerkhaus in der Hospitalstraße 7 erhalten ist. Göttling hörte in Göttingen Vorlesungen in Chemie, Naturgeschichte, Botanik, Technologie und Physik. Zwischen Göttling und dem Physiker und Philosophen GEORG LICHTENBERG (1742–1799) entwickelte sich eine Freundschaft (s. auch Kap. 8 Biographien). 1786 erschien Göttlings „Technologisches Taschenbuch für Künstler, Fabrikanten und Metallurgen" in Göttingen. 1787 erhielt Göttling ein Reisestipendium zum Besuch der Niederlande und Englands, wo er das Apothekenwesen und Fabriken mit chemischer Technologie in der ersten Phase der Industriellen Revolution (seit etwa 1770) studieren konnte. Er lernte auf dieser Reise auf dem Weg über Hamburg auch führende Naturwissenschaftler wie den Engländer J. PRIESTLEY (1733–1804) kennen. Diese Förderungen durch den Weimarer Herzog waren mit dem Ziel erfolgt, ihn auf eine Professur an der Universität Jena vorzubereiten. Ohne die Anfertigung einer lateinischen Dissertation wurde Göttling nach seiner Rückkehr nach Weimar zum Dr.phil. promoviert und danach zum Professor an der philosophischen Fakultät der Universität Jena ernannt. Bereits im Sommersemester 1789 hielt er Vorlesungen in Chemie, Pharmazie und Technologie (s. im Kapitel 4) [8,9] .In seinem „Almanach oder Taschenbuch für Scheidekünstler und Apotheker" veröffentlichte Göttling 1789 einen Aufsatz zu „Lavoisier's Theorie über Verbrennung, das Atemholen der Tiere, Entstehung der Säuren und Verkalkung der Metalle". Er schließt unmittelbar daran einen aufschlußreichen eigenen Bericht über seine Erfahrungen in England unter dem Titel „Einige Bemerkungen über Chemie und Pharmacie in England" an, die hier im Auszug zur Charakterisierung der Situation der Chemie zitiert werden sollen – nach [6]:

„Bei meinem Aufenthalt in England vom September 1787 bis Februar 1788 hatte ich Gelegenheit, verschiedene der jetzigen berühmtesten Naturforscher daselbst persönlich kennen zu lernen, als z. B. D. Lyster (Lister), Higgins, Pearson, Crawford,[16] welche alle chemische Vorlesungen geben. D. Higgins hat vorzüglich ein gutes Laboratorium und einen guten deutlichen Vortrag und liest gewöhnlich zur Winterszeit abends von 7 bis 9, nur ist allzuwenig Zeit zu diesen Vorlesungen bestimmt, denn er beendigt den ganzen Cursum in zwei Monaten. Sein Auditiorium und Laboratorium macht ein einziges Zimmer aus, und alles ist so bequem eingerichtet, daß die Zuhörer, wenn die Zahl auch ansehnlich ist, sehr gut beobachten können …

Von den Naturforschern, so im Lande leben, lernte ich … in Birmingham D. Priestley, Weithering und Keir kennen. D. Priestley lebt … ganz einsam zwei englische Meilen von Birmingham auf einem Landhause. Er hat ein sehr gutes wohl eingerichtetes Laboratorium und vorzüglich einen sehr guten Apparat zu den Luftarten. Es war mir eine Herzensfreude hier verschiedene von seinen Apparaten selbst zu sehen, die ich vorher schon aus seinen Schriften kannte … .

D. Keir … hat nahe bei Birmingham einige Fabrikanstalten, und er arbeitet jetzt an einer ganz umgearbeiteten Ausgabe von Macquers chemischem Wörterbuche. In Birmingham ist alle vier Wochen eine gelehrte Zusammenkunft … . Die Gütigkeit des Herrn D. Priestley und Boulton veranlaßte, daß ich selbst hier zugegen sein konnte. Herzlich bedaurte ich, daß ich Herrn Watt nicht in Birmingham fand, weil er eben nach Schottland verreist war.

Wir wissen schon aus verschiedenen Reisebeschreibungen über England, daß man daselbst die vielen reichen Kaufmannsläden … abends schön erleuchtet findet, aber unter diesen zeichnen sich die vielen Läden der Dro(g)gisten und Chemisten besonders aus. Vor den Fenster dieser Läden stehen … mehr oder weniger große schöne Gläser mit eingeriebenen Stöpseln, welche mit rot, grün, blau und gelben Flüssigkeiten angefüllt sind. Hin-

---

[16]  J. C. Poggendorffs biograph.-hist. Handwörterbuch bis 1857: *Crawford* (1749–1795), Arzt am St. Thomas-Hospital in London, Prof. f. Chemie an der Militärakademie zu Woolwich; *Higgins*, William, Prof. für Chemie und Mineralogie der Dublin-Society; *Pearson*, George (1751–1828), Dr.med.

ter jedem solchen Glase ist eine Argand's Lampe befindlich, welche alle Abend angezündet wird. An jedem Glase ist auch ein großes chemisches Zeichen angemahlt, welches den Vorübergehenden … anzeigt, daß hier chemische Präparate und Arzneien verkauft werden …"

Im weiteren Verlauf seines Berichtes geht Göttling dann noch ausführlich auf den Zustand des Apothekenwesens ein, und er unterscheidet die Drogisten und Chemisten (Materialienhändler) von den eigentlichen Apothekern, die „sehr oft die ganze pharmaceutische Anstalt mit einem Arzte in Gesellschaft" betreiben. Die Chemisten bezeichnet er als der Chemie meist unkundig, die nur handwerksmäßig nach dem englischen Apothekerbuche Zubereitungen herstellen würden. Aber er hat auch positive Beispiele erlebt:

„Doch habe ich unter diesen Chemisten einige ganz gute praktische Arbeiter gefunden, wovon ich nur einen namens Thomas Willis nennen will. Bei letztern findet man fast alle Bergmännischen [d.h. von Bergman angegebenen] Reagentien zur Untersuchung der Mineralwässer in ziemlich guter Reinigkeit. Außerdem bereitet er um sehr wohlfeilen Preis eine große Menge Phosphorus aus Knochen … Auch findet man bei ihm verschiedene Arten von sympathetischen Dinten und dergleichen chemische Präparate mehr…"

Auch Goethe interessierte sich u. a. für die Bereitung sympathetischer Tinten (= Geheimtinten), und er kannte die Werke des Schweden Bergman, die in seinen „Wahlverwandtschaften" (s. Kap. 7) eine Rolle spielen sollten.

Die Argand-Lampe verdient es, näher vorgestellt zu werden. Sie steht auch im Zusammenhang mit den Ballonaufstiegen der Brüder Montgolfier (s. Kap. 5). Der als Projektemacher und Chemiker bezeichnete FRANCOIS AMI ARGAND, geboren 1750 in Genf, hatte 1783 in Paris eine neue Konstruktion eines Dochtes vorgestellt, die eine „direkte praktische Anwendung der Lavoirsierschen Erkenntnisse dar(stellte) … Dieser war nicht mehr massiv, sondern hohl, d.h. er wurde im Grunde durch einen Band- oder Flachdocht gebildet, welcher zu einer kleiner Röhre geformt war. Die Flamme, die entsprechend röhrenförmig brannte, erhielt auf diese Weise eine doppelte Luftzufuhr, Luft von ihrer Außen- wie von der Innenseite. Die Folge war eine erhöhte Verbrennungstemperatur und damit eine restlose Verbrennung der Kohlenstoffpartikel, die im traditionellen massiven Docht zum großen Teil unverbrannt als Ruß in die Luft gegangen waren und die Leuchtkraft der Flamme beeinträchtigt hatten. Einen Eindruck davon, wie diese neuartige zy-linderförmige Flamme auf die damalige Lichtwahrnehmung wirk-te, vermittelt der Bericht des Chemikers und Mitglieds der Acadé-mie des Sciences, Pierre Joseph Macquer (1783): >Die Wirkung dieser Lampe ist besonders schön. Ihr außerordentlich helles, leb-haftes und beinahe blendes Licht übertrifft das aller gebräuchli-chen Lampen, und sie entwickelt keinerlei Rauch. Für längere Zeit hielt ich über die Flamme ein weißes Blatt Papier, das von einer rußenden Flamme schnell geschwärzt worden wäre. Aber dieses Blatt blieb vollkommen weiß. Außerdem konnte ich im Umkreis der Flamme nicht den geringsten Geruch wahrnehmen <." [10] Argand studerte in Genf Chemie, wurde an Lavoisier in Paris empfohlen und leitete im Languedoc einige Branntwein-Fabri-ken. Er war ein Freund und Mitarbeiter der Brüder Montgolfier. Als er in Frankreich mit seiner Lampe keinen kommerziellen Er-folg erzielen konnten, ging er nach England, um dort auch mit Watt & Boulton zu verhandeln. Wie Göttlings Bericht zeigt, hatte er hier offensichtlich mehr Erfolg.

## DER HOFAPOTHEKER HOFFMANN

Nach Bucholz und Göttling führte Goethe unter dem Stichwort Chemie in den Nachträgen den Namen *Hofmann* auf. Da dieser Name in Goethes Schriften für verschiedene Personen auftaucht, ist die Zuordnung nicht ganz sicher: Wahrscheinlich jedoch ist, daß es sich in diesem Zusammen-hang um den Hofapotheker CARL AUGUST HOFFMANN (Chemnitz 24. Fe-bruar 1756 bis 15. März 1833 Weimar) in Weimar handelt. Hoffmann erlern-te den Beruf des Apothekers in der Rats-Apotheke zu Erfurt, wo ein Onkel des Weimarer Wilhelm Heinrich Sebastian Bucholz (s.o.), CHRISTIAN FRIE-DRICH BUCHOLZ (1770–1818) sein Lehrmeister war. Der Erfurter Bucholz wird in der Pharmaziegeschichte als einer der gelehrtesten Apotheker und einer der besten pharmazeutischen Fachschriftsteller und „gediegensten Chemiker seiner Zeit" bezeichnet, „dessen chemische Beiträge seinerzeit von maßgebender Bedeutung für die Begründung der analytischen Chemie waren" [1]. 1810 erhielt er an der Universität Erfurt eine Professur für Che-mie. C.A. Hoffmann war von 1771 bis 1776 in Erfurt und dann als Gehilfe in

Kassel tätig. 1786 kam er nach Weimar und wurde als Gehilfe Nachfolger von J.F.A. Göttling (s.o.). Aufgrund seiner Leistungen verkaufte ihm W.H.S. Bucholz testamentarisch seine Apotheke, die er nach dem Tod von Bucholz im Dezember 1798 übernahm und als Hof-Apotheker bis zu seinem Tod führte. Sie sollte bis in die Mitte des 20. Jahrhunderts auch im Besitz der Familie bleiben. Ebenso wie zuvor Bucholz und Göttling wurde auch er einer der „chemischen bzw. pharmazeutischen Berater" Goethes. Hoffmann zeichnete sich offensichtlich durch eine „glückliche" Verbindung von wissenschaftlichen Neigungen mit den praktischen Anforderungen seines Berufes aus – einer Grundeinstellung in Goethes gesamten naturwissenschaftlichen Interessen bzw. Tätigkeiten. Er gehörte zu den Mitarbeitern an Göttlings „Almanach für Scheidekünstler und Apotheker", für den er auch einen Teil der Redaktion übernahm. Schwerpunkte seiner Arbeiten waren Analysen von Drogen und Naturprodukten – so z.B. eine mit W.H.S. Bucholz gemeinsam publizierte Analyse des Blütensaftes der Agave americana - und Untersuchungen von Mineralwässern. 1815 erschien von ihm eine „systematische Übersicht der Resultate von 242 chemischen Untersuchungen von Mineralwässern … ." [1] Vom Großherzog Carl August (Großherzog seit 1815) erhielt er den Professorentitel verliehen. Goethe erwähnt den Weimarer Hofapotheker und Professor in seinen Tagebüchern mehrmals: Am 19. März 1824 schrieb Goethe u.a.: … *Professor Hoffmann beantwortet die Fragen des geronnen Opodeldocs* … Hinter dem Namen Opodeldok verbirgt sich das offizinelle Balsamum Opodeldoc (= Limimentum saponato-camphoratum), ein Produkt aus dem Sal ammoniacum (Ammoniumchlorid) ätherischen Ölen des Kampfer (sapo: Seife, Liniment: Einreibemittel, emulsions- oder gallertartig  dicker als Öl, dünner als Salbe), welches auf englische Pharmakopöen um 1750 zurückgeht und vor allem im 18. und 19. Jahrhundert in Deutschland (bis 1926 im Deutschen Arzneibuch DAB 6) verwendet wurde. Ursprünglich bezeichnet man nach Paracelsus mit Opodeldok ein Pflaster. [11] - Weitere Notizen Goethes verzeichnen dann jedoch nur noch „Geldsendungen", d.h. Zahlungen für Medikamente.


DER PHYSIKER SEEBECK


Der studierte Mediziner, später als Physiker und Chemiker tätige THOMAS JOHANNES SEEBECK (1770–1831) (Biographie s. Kap. 8) kam im November 1802 nach Jena. Er stand mit Goethe in häufigem und engem Kontakt besonders im Zusammenhang mit dem physikalischen Teil der Farbenlehre. Aber auch die Chemie, die Goethe in enger Verbindung zur Physik sah, wurde in Gesprächen und Experimenten immer wieder gemeinsam behandelt. Seebeck gehörte zu den langjährigen und engsten wissenschaftlichen Beratern Goethes. Von Goethe sind über fünfzig Briefe aus den Jahren 1806 bis 1823 an Seebeck überliefert. Auch zu der großen Familie Seebecks bestanden enge Verbindungen. So berichtete der Sohn CARL JULIUS MORITZ SEEBECK (1805–1884), Lehrer am Joachimsthalschen Gymnasium in Berlin (zuletzt Kurator der Universität Jena), Goethe in einem Brief vom 20. Dezember 1831 über den Tod seines Vaters am 10. Dezember 1831, den Goethe bereits am 3. Januar 1832 beantwortete.[17] Seebeck erklärte sich zunächst für Goethes Farbenlehre, äußerte sich jedoch später kritisch dazu. Der persönliche und briefliche Kontakt war seit 1823 abgebrochen.[18] Zwei herausragende chemischen Themen waren Gegenstand ihres gemeinsamen Interesses – die Gewinnung von Alkaliamalgamen und die Herstellung und Eigenschaften von Leuchtsteinen, die Goethe bereits auf seiner Reise nach Italien kennengelernt hatte.

In seinen Tag- und Jahresheften schrieb Goethe 1806 über ihn[19]:

*Dr. Seebeck brachte das ganze Jahr in Jena zu und förderte nicht wenig unsere Einsicht in die Physik überhaupt, und besonders in die Farbenlehre. Wenn er zu jenen Zwecken sich um den Galvanismus bemühte, so waren seine übrigen versuche auf Oxydation und Desoxydation, auf Erwärmen und Erkulten, Entzünden und Auslöschen für mich im chromatischen Sinne von der größten Bedeutung.*

Seebeck besuchte Goethe auch oft in Weimar. 1807 war es dem Engländer HUMPHRY DAVY (1778–1829) gelungen, mit Hilfe einer Voltaschen Säule auf elektrolytischem Wege das Alkalimetall Kalium zu gewinnen. Bisher hatte man die Alkalioxide selbst für Elemente gehalten. Engels und Nowak berichten in ihrer Geschichte der Elemententdeckungen „Auf der Spur der Elemente"[20] ausführlich über diese Entdeckung, die auch Goethe faszinierte:

„Da die reinen Alkalien im festen Zustand Nichtleiter sind, 'überlistete' sie *Davy*. Er nahm ein kleines Stück 'Kali' und setzte es der feuchten At-

---

[17]  Briefe an Goethe. Hamburger Ausgabe. Band 2, S. 595 (Brief Nr. 693)
[18]  s. S. WA IV. 53, 634, München 1990
[19]  WA I. 35, 254$_{27}$–255$_6$
[20]  S. Engels, A. Nowak, Auf der Spur der Elemente, S. 108–109, 3. Aufl., Leipzig 1983

mosphäre aus. Dadurch wurde es oberflächlich leitend. Dann legte er es auf eine isolierte Platinscheibe, die mit dem negativen Pol einer 250 Plattenpaare enthaltenden Batterie verbunden war. Mit einem Platindraht, der am positiven Batteriepol angeschlossen war, berührte *Davy* die Oberfläche des 'Kalis'. Was dann geschah, lassen wir uns von *Davy* selber sagen (…):

'Das Kali begann an beiden Punkten, wo es elektrisirt wurde, zu schmelzen. An der oberen Oberfläche sah man heftiges Aufbrausen; an der unteren oder der negativen war kein Entbinden einer elastischen Flüssigkeit wahrzunehmen; ich entdeckte aber kleine Kügelchen, die einen sehr lebhaften Metallglanz hatten und völlig wie Quecksilber aussahen. Einige verbrannten in dem Augenblick, in welchem sie gebildet wurden, mit Explosion und lebhafter Flamme; andere blieben bestehen, liefen aber an und bedeckten sich zuletzt mit einer weißen Rinde, die sich an ihrer Oberfläche bildete. Eine Menge von Versuchen bewies mir bald, daß diese Kügelchen die Substanz waren, nach der ich suchte: ein verbrennlicher Körper eigentümlicher Art und die Basis des Kali.'"

Am 19. November 1807 berichtete vor der Royal Society in London über seine Entdeckungen und Anfang 1808 erfolgte auch eine Veröffentlichung in den „Transactions". Bereits im Februar 1808 muß Thomas Seebeck diese Experimente Davys mit Erfolg wiederholt haben. In einem Brief vom 25. Februar an ihn schrieb Goethe[21]:

*… danke recht sehr für die übersendete Nachricht des glücklichen Successes Ihrer Versuche. Herr Frommann hatte mich schon darauf aufmerksam gemacht. Ich hoffe davon bald ein Augenzeuge zu sein und wünsche weiteren guten Fortgang.*

*Schon mündlich erwähnte ich einmal, daß auch ein paar ältere kleinere galvanische Säulen bei mir liegen. Wollte man den Zink umgießen lassen und das Kupfer gegen größere Platten vertauschen, so könnten Sie zu dem Apparat, dessen Sie sich schon gegenwärtig bedienen, vielleicht noch ein Dutzend hinzufügen …*

Bereits am 7. März kündigt Goethe eine Sendung von Kupfer- und Zinkplatten, die er aus München bezogen hat, in einem weiteren Brief an. Am 12. März führt Goethe dann die Einzelheiten auf:[22]

*Durch Herrn v. Knebel sende ich heute endlich den versprochenen Apparat. Er besteht in folgendem:*

---

[21] WA IV. 51, 229 (Brief 5500 a)
[22] WA IV. 51, 230–231

*69 große Kupferplatten*

*69.–71. Zinkplatten*

*9 Paar große Platten zusammen verbunden*

*48 Paar kleine Platten*

*2 Schlußplatten*

*5. Gläser*

*Ich wünsche, daß Sie dadurch einigermaßen gefördert werden möchten …*

Goethes Tagebuchaufzeichnungen vermerken am 20. März 1808: *Versuche bei Dr. Seebeck,* am 21. März[23]: *über Seebecks galvanische Versuche.*

Die Ergebnisse müssen ihn sehr beeindruckt haben. So schreibt er bereits am 24. Februar an CAROLINE V. WOLZOGEN[24]:

*… Dagegen kann ich Ihnen vielleicht bald jene famosen Versuche von Davy mit Augen sehen lassen. Dr. Seebeck in Jena hat sie glücklich nachexperimentiert. Er ist weiter gegangen, nicht allein Kali und Natron, sondern auch die eigentlichen Erden hat er der Aktion der Säure ausgesetzt, und diese, wenig angefeuchtet, verpuffen alle; …*

Am 29. März bittet Goethe dann Thomas Seebeck, seine Experimente auch in Weimar vorzuführen und schlägt ihm vor, wie er die dazu notwendige Voltasche Säule am besten nach Weimar transportieren könne[25]:

*Indem ich alles übrige bei Seite setze, so sage ich Ew. Wohlgebornen nur kürzlich, daß meine Erzählungen von den in Jena gelungenen physikalischen Versuchen viel Verlangen hier erregt haben, das alles mit eigenen Augen zu sehen. Es wäre mir daher sehr angenehm, wenn Sie sich einrichten könnten herüber zu kommen, wozu ich folgende Vorschläge tue. Sie packten Ihren Apparat aufs Beste zusammen, so daß er etwa auf einem Schubkarren, wie ich schon mehreres herüber transportiert habe, und auf welche Weise die geringste Erschütterung ist, könnte hierher gebracht werden. Sie können Mondtags den 4ᵗ April zu uns herüber, brächten Ihre liebe Gattin und ein paar Töchter mit, die ein angenehmes Schauspiel mit ansehen, und wenn Sie wollten, Nachts zurückkehren könnten. Dienstags bauten wir die Säulen auf und könnten alsdann Mittwochs, Donnerstags und Freitags den Wissens- und Schaulustigen dienen. Sonnabends käme ein*

---

[23]  WA III. 3, 323

[24]  lebte 1763 bis 1847, geb. v. Lengefeld, geschied. v. Beulwitz, Schriftstellerin, Ehefrau des Oberhofmeister in Weimar, Schwester von Schillers Ehefrau, Biographin Schillers

[25]  WA IV. 51, 231–232 (Brief Nr. 5510 a)

*Wagen von Jena, um Sie wieder abzuholen. Die Gäste, die er mitbrächte, sollten uns willkommen sein und man würde nach einer guten Schauvorstellung wieder nach Hause kehren können. Es versteht sich, daß ich mir vorbehalten alle und jede Kosten zu ersetzen ...*

Aus Goethes Tagebucheintragungen geht hervor, daß diese Experimente durch Seebeck dann auch tatsächlich am 6., 7. und 8. April 1808 in Weimar stattgefunden haben[26]. Auch Seebecks Frau und drei der Kinder waren am 9. April wie eingeladen in Weimar.

In seiner Farbenlehre greift Goethe ein zweites physikalisch-chemisches Thema auf, mit dem sich Seebeck offensichtlich intensiv beschäftigt hat – die Herstellung und die Eigenschaften von *Leuchtsteinen*. Goethe fügte dem historischen Teil seiner Farbenlehre (s. Kap. 6) eine Darstellung über die *Wirkung farbiger Beleuchtung auf verschiedene Arten von Leuchtsteinen* an. Zu Beginn dieses Beitrages[27] bezieht er sich auf den *Herrn Doctor Seebeck zu Jena*, welcher diesen ausführlichen Aufsatz verfaßt habe, *der von dem scharfen und treuen Beobachtungsgeiste des Verfassers so wie von dessen unvergleichlicher Gabe zu experimentieren ein schönes Zeugnis ablegt, und bei Freunden der Wissenschaft den Wunsch erregen wird, der Verfasser möge sich immer in dem Falle befinden, seinem natürlichen und beurkundeten Forscher-Berufe zu folgen.*

Leuchtsteine werden heute unter dem Begriff „anorganische Leuchtstoffe" als synthetisch gewonnene, anorganische, kristallisierte Verbindungen definiert, die in der Lage sind, nach der Absorption von Energie (Ultraviolett-, Röntgen-, Korpuskularstrahlung oder auch Tageslicht) zu leuchten. Entsprechende in der Natur vorkommende Stoffe werden als „leuchtende Mineralien" bezeichnet.[28]

Dem Schuhmacher und Alchemisten Vincentius *Casciorola* in Bologna soll 1603 die erste, wenn auch unbeabsichtigte Synthese eines Leuchtstoffes (-steines) geglückt sein: Er glühte einen Stein aus den Bergen um Bologna mit Kohle und erhielt danach einen „Leuchtstein", der die Energie des Tageslichtes im Dunkeln wieder abgegeben konnte. Es handelte sich um Bariumsulfat, das zum Bariumsulfid reduziert worden war und dessen Verun-

---

[26] WA III. 3, 327
[27] WA II. 4, 322–325
[28] Hans Ruffler, Leuchtstoffe, anorganische – in: Ullmann, Handbuch der technischen Chemie, Band 16, S. 179ff

reinigungen es zur Lumineszenz aktivierten. Um 1640 erhielt dieser *Bologneser Leuchtstein* den Namen *Litheophosphorus.* Andere „nachleuchtende" Stoffe wurden ebenfalls zufällig erst 1866 durch Th. *Sidot* – Zinksulfid als Sidot-Blende – und 1877 durch H. W. *Balmain* – Cadmiumsulfid als Balmain-Leuchtfarbe – gefunden. Erst der französische Physiker E. *Becquerel* begann um 1900 mit systematischen Untersuchungen über dieses Phänomen.

Heute ist bekannt, daß die Leuchtfähigkeit einer anorganischen Substanz erst durch eine *Aktivierung,* d.h. durch den Einbau kristallgitterfremder Ionen, den Aktivatoren, in das Wirtsgitter möglich wird. Goethe selbst hat bereits einige der grundlegenden Eigenschaften der Materialien im Hinblick auf das Leuchten beschrieben[29]. Er ließ sich die *Phosphore* von Thomas Seebeck für seine eigenen Versuche herstellen.

*Wirkung farbiger Beleuchtung auf verschiedene Arten von Leuchtsteinen.*

*Zu diesen Versuchen bediene ich mich folgender künstlicher Leuchtsteine oder Phosphoren.*

*1. Barytphosphoren, nach Marggrafs bekannter Angabe bereitet. Die vollkommensten von diesen leuchten, nachdem sie dem Sonnen- oder auch bloß dem Tageslichte ausgesetzt worden, gelbrot, wie schwach glühende Kohlen.*

*2. Phosphoren aus künstlichem schwefelsauren Strontian, ganz auf dieselbe Weise, wie die vorigen, mit Gummi Traganth im freien Feuer des Windofens präpariert. Diese leuchten meergrün, einige Stücke schwach bläulich.*

*3. Nach Cantons[30] Vorschrift aus gebrannten Austernschalen zubereitete Kalkphosphoren, welche größtenteils hellgelb leuchten. Einige von diesen gaben reines Rosenrot, andere ein blasses Violett.*

*Der Glanz und die Lebhaftigkeit der Farbe der Phosphoren steht mit der Intensität des excitirenden Lichtes in direktem Verhältnis; je schwächer dieses ist, desto schwächer und blässer phosphoreszieren jene im Dunkeln, ja in sehr schwachem Lichte, z. B. im Mondlichte, werden sie fast ganz farblos, weißlich leuchtend …*

Damit hat Goethe auch den gesetzmäßigen Zusammenhang zwischen der Intensität und der anregenden Strahlung der Intensität des emittierten

---

[29] s. Anm. 27

[30] JOHN CANTON (1718—1772), Physiker, Vorsteher einer Privatschule in London, Mitglied der Royal Society

Lichtes, das Grundgesetz der Lumineszenz beschrieben. Im weiteren Verlauf des Textes beschäftigt sich Goethe dann mit Experimenten, in denen die genannten Phosphore verschiedenen prismatischen Farben ausgesetzt werden.

## ALEXANDER SCHERER IN WEIMAR

Mit der Einrichtung einer chemischen Professur für Göttling an der Universität Jena, und seit Schiller als Professor ebenfalls in Jena wirkte (Antrittsvorlesung am 26. Mai 1789), fanden Goethes „Begegnungen mit der Chemie" vor allem in Jena statt (s. folgendes Kapitel). Als Student und Assistent von Göttling war ALEXANDER NIKOLAEVICH SCHERER (St. Petersburg 1771 bis 1824 St. Petersburg) von 1789 bis 1795 in Jena und lebte danach einige Zeit in Weimar. Über den von Goethe in den Nachträgen im Zusammenhang mit der Chemie genannten *Moritz* (in Ilmenau) sind aus Goethes Werken der Weimarer Ausgabe keine näheren Informationen zu erhalten: Er wird in den Registern nur zweimal als *Emigrant, in Ilmenau thätig* aufgeführt. In einem Brief an C.G. Voigt (s. in Kap. 2) vom 13. Mai 1795 schrieb Goethe: *Eine Registratur wegen Moriz setzt auf.* Die zweite Namensnennung erfolgte in den zitierten Nachträgen mit dem Titel „Schema der hiesigen Thätigkeit in Künsten, Wissenschaften und andern Anstalten" (um 1795). In Goethes Bericht selbst wird er als ein „ausgewanderter Franzose" bezeichnet, der „Eisen durch Reverberir-Feuer" (Feuer in einem Flammenofen, in dem die Wärme vom Gewölbe des Ofens reflektiert wird, wodurch die Wirkung der heißen Flamme noch gesteigert wird) zu schmelzen versuchte.

Der in St. Petersburg geborene Alexander Nikolaus Scherer lebte in der Zeit, als Goethe in seiner Freitagsgesellschaft auch Vorträge zur Chemie halten ließ, ebenfalls in Weimar. Aus einer Arbeit von Dorothea Kuhn (als Vortrag gehalten am 19. Oktober 1972 vor der Fachgruppe „Geschichte der Chemie" der Gesellschaft Deutscher Chemiker in Frankfurt am Main und am 5. Dezember 1972 im Zentralinstitut für Mikrobiologie und experimentelle Therapie in Jena) erfahren wir darüber einige Einzelheiten:

Nach seiner Rückkehr aus Italien Mitte 1788 schrieb Goethe in seinem Tagebuch, daß er die Chemie (in Abkehr von der frühen Beschäftigung mit der Alchemie) nun als Handwerk studieren wolle. Sein Verhältnis zur Chemie wird stets an Personen gebunden sein, denn chemische Experimente hat Goethe nach seiner Zeit im Frankfurter Elternhaus nicht mehr selbst durchgeführt[31]. In Weimar gab es bereits eine chemisch-alchemistische Tradition, wie auch D. Kuhn berichtet: Der Großvater des Herzogs Carl August habe eine Alchemistenküche in einem Häuschen in der Nachbarschaft von Goethes Gartenhaus im Ilmepark unterhalten. Auch im herzoglichen Jagdschloß Belvedere soll es Laboreinrichtungen gegeben haben. Über die chemischen Vorlesungen von Scherer existiert ein zeitgenössischer Bericht von Joseph Rückert (möglicherweise der Vater des Dichters Johann Michael Friedrich Rückert (1788–1866), den Goethe in seinen Tagebüchern mehrmals erwähnt) aus dem Jahre 1799, den D. Kuhn in ihrem Vortrag übermittelt:

'Herr Scherer, der seit mehreren Jahren unter dem Titel eines Bergrats von dem Herzoge ein ansehnliches Gehalt zog, erhielt bald nach seiner Rückkehr aus England, wohin er vor einigen Jahren eine gelehrte Reise angestellt hatte[32], den Befehl, wöchentlich, sonnabends von vier bis fünf Uhr, chemische Vorlesungen für alle Stände zu halten. Der Plan war zweckmäßig und ein rühmlicher Beweis von dem Patriotismus des Fürsten. Jedermann, der es bedarf, sollte hier das Brauchbarste und Nötigste aus dieser Wissenschaft zur Aufklärung in seinen Geschäften erlernen. Die Neugierde und das Interesse des ganzen Publikums waren auf die angekündigten Vorlesungen gerichtet. Der Saal füllte sich mit einer großen Menge Zuhörer, worunter sich auch Damen aus beiden Ständen befanden. Der Herzog selbst mit seinem Prinzen erschien öfters in den unterhaltenden Stunden. Herr Scherer ließ ein chemisches Handbuch drucken und teilte es bogenweise unter sein Publikum aus. Nah am Parke wurde ihm für seine Präparate und Experimente die untere Hälfte eines großen, schönen Gebäudes eingeräumt, und der Herr Bergrat übte sich so stark und belagerungsmäßig, daß die Bewohnerin des oberen Teil des Hauses eine Bittschrift für die Erhaltung ihres Lebens bei dem Regenten einzureichen für gut befand, weil sie jeden Augenblick in die Luft gesprengt zu werden fürchtete. Umsonst! Der patriotische Plan mußte durchgesetzt werden. Man sprach jetzt in Weimar von nichts als von Gas, Oxigna, brennbaren Stoffen, leicht- und strengflüssigen Dingen. Alle Weimarer und Weimararinnen schienen Chemiker und Weimar ein großer Schmelzofen werden zu wollen.' Jedoch war der Vortrag

---

[31] Dieser Meinung von D. Kuhn kann sich der Autor nicht anschließen – s. Kap.6.
[32] s. Reisebericht von Göttling weiter vorne

Scherers nicht anziehend genug, wie der Berichterstatter meint, und schaden mußte ihm eine 'gewisse widrige und affektierte Polemik gegen die Kantianer, über die er zuweilen von seinem Katheder herab ex abrupto herfiel und bei jeder Gelegenheit ein weinig Bitterkeit aus seinem Gläschen ausgoß - sein schlechtestes Experiment. Und endlich liefen einige seiner Versuche so übel ab, daß ein großer Teil der Umstehenden mit verbrannten Gesichtern und Kleidern nach Haus zu gehn, den Verdruß hatten.' Die klagende Dame im oberen Stockwerk war übrigens Frau von Stein, die sich beschwerte, vom Rauch des Windofens belästigt zu werden, und die sich in ständiger Feuersgefahr glaubte."

„Alexander Nikolaus (v.) Scherer, Chemiker, Univ.-Lehrer, 1794–1798 in Jena" wird von Goethe in seinen Tagebüchern häufig erwähnt. Seine Bekanntschaft hatte Goethe bereits 1794 gemacht, wie aus einem Brief an den Botaniker Batsch in Jena vom 14. Februar 1794 hervorgeht. Er wurde später Professor für Physik in Halle, dann der Chemie und Pharmazie in Dorpat und in St. Petersburg. Aus einem Brief an den Herzog Carl August aus Jena vom 14. März 1797 lesen wir [33]:

*Ihr letztes Hiersein, wofür wir noch alle zu danken haben, hat eine sehr gute Wirkung hinterlassen und unsere kleine Akademie ist aus's neue tätig und lebhaft geworden. Wir hoffen sie bald in Weimar fortzusetzen, denn der Bergrath von Humboldt denkt wenn es Ihnen gelegen ist zu Ende dieses Monats aufzuwarten und Doktor Scherern mitzubringen.*

Ein „Untertänigstes pro Memoria" in demselben Brief lautet:

*Über die Anstellung des Doktor Scherers, welche Ew. Durchl. beabsichtigen, habe ich mit ihm selbst und dem Bergrath von Humboldt gesprochen, wonach ich folgendes zu referieren und unmaßgeblich vorzuschlagen habe.*

*Doctor Scherer hat gegenwärtig keine andere Verbindung als daß er wegen einiger Werke, besonders wegen eines über die Geschichte der Gas Arten, mit einem Buchhändler contrahirt hat, zu deren Ausarbeitung aber eine längere Zeit erfordert wird. Er würde seine hiesigen Vorlesungen gleichfalls aufgeben können, und so ganz zu Befehle stehn.*

*Seine chemischen Kenntnisse sind nicht allein in Deutschland sondern auch außerhalb anerkannt, und er könnte nicht in diesen verzügliche Schritte gemacht haben, wenn er nicht in den verwandten Wissenschaften, als der Naturgeschichte, Physik und Technik, gleichfalls bewandert wäre, er*

---

[33]  WA IV. 12, $67_{18}$–$70_{18}$ (Brief Nr. 3506)

*wird sich daher nach Ew. Durchl. Absicht in diesen Fächern noch besonders*
*qualifizieren können.*

*Was die Zeit betrifft, in welcher nunmehr das nötigste vorzunehmen*
*wäre, gehen unsere Vorschläge dahin: Zu Ende dieses Monats gedenkt der*
*Ober-Bergrath von Humboldt Ew. Durchlaucht aufzuwarten und gedachten*
*Doctor Scherer gleichfalls vorzustellen, der sich die Erlaubnis erbitten wird,*
*einige Experimente vortragen zu dürfen.*

*Da ein kleines Laboratorium eines der ersten Erfordernissen zu seinen*
*künftigen Arbeiten ist, so wäre vielleicht solches, so wie auch seine Woh-*
*nung dabei am schicklichsten in Belvedere einzurichten, um so mehr als er*
*in dem Falle wenn das Mouniersche Institut noch zu Stande käme, sich an*
*dasselbe anschließen könnte. Er besitzt schon einen schönen Glasapparat*
*zu Bereitung der Luftarten, so wie auch eine chemische Bibliothek, und es*
*würde alles das was noch nötig wäre nach und nach ohne große Kosten an-*
*geschafft werden können, da wenig Instrumente in der Hand eines tätigen*
*Mannes mehr wirken als große Sammlungen die nur zur Schau dastehen.*
*Zu der Einrichtung eines Laboratorii würden also der Bergrath von Hum-*
*boldt in Weimar beirätig sein. Nach unserm Vorschlag würde sodann Doc-*
*tor Scherer nach Ostern nach Freyberg gehen, und daselbst sowohl im Geo-*
*gnostischen als Technischen sich umsehen. Von da würde er seine Reise*
*nach Reichenhall in Ober-Bayern richten, woselbst er auf den Salinen sich*
*sowohl überhaupt mit den Einrichtungen, als besonders mit den Vorteilen*
*der Feuerung bekannt zu machen hätte, welche dort auf einen vollkomme*
*nen Grad eingerichtet ist. Er würde alsdann durch das Bayreuthische*
*zurückkehren und daselbst sowohl eine große Gebirgsreihe als auch man-*
*ches technische kennen lernen. Er könnte sodann den Thüringer Wald, von*
*dem ihm schon ein Teil bekannt ist, bereisen und sich besonders im Ei-*
*senachischen umsehen und Ew. Durchl. würden Ihre Absichten überhaupt*
*näher erklären, worauf er sowohl außerhalb als innerhalb Ihres Landes*
*sein Augenmerk zu richten hätte. Diese Reise würde in 5 bis 6 Monaten mit*
*Nutzen zu vollbringen sein, und er würde die sämtlichen Data in dieser*
*Zeit zusammenbringen, welche er künftigen Winter durchzuarbeiten Zeit*
*und Gelegenheit haben würde, wohin besonders auch Vorschläge zu einer*
*vollständigen Benutzung aller Salinen-Produkte gehören.*

*Wir sind überzeugt daß Ew. Durchl. bei dieser Akquisition sowohl für*
*Sich und Ihren Kreis sehr viel Gutes zu erwarten haben als Sich auch um*
*die Wissenschaft überhaupt abermals ein neues Verdienst machen werden.*

Der Text vermittelt sehr deutlich Goethes Einstellung zur Chemie: So betont er die Wichtigkeit, die Chemie im Zusammenhang mit Physik und Technik zu studieren und zu betreiben. Er macht deutlich, daß wenige Instrumente in der Hand eines „tätigen Mannes" wichtiger seien als eine „große Sammlung, die nur der Schau diene". Der Bezug zwischen Wissenschaft und Praxis steht dabei immer im Vordergrund seiner Betrachtungen.

Die Bekanntschaft mit Alexander von Humboldt hatte Goethe bereits im Frühling 1795 in Jena gemacht. Der erste Brief Goethes an ihn nach der Lektüre von dessen „Aphorismen aus der chemischen Physiologie der Pflanzen" datiert vom 18. Juni 1795. ALEXANDER VON HUMBOLDT (1769–1859) hatte 1791 an der Bergakademie in Freiberg/Sachsen studiert und war 1794 Bergrat und später Oberbergrat des preußischen Bergdienstes. 1799 begann er seine Reise durch die spanischen Kolonien in Südamerika, die bis 1804 dauern sollte.

Unter den Namen JEAN JOSEPH MOUNIER (1758–1806) weisen die Register der Weimarer Goetheausgabe den französischen Politiker und Präsidenten der Nationalversammlung als Emigranten und Leiter einer Unterrichtsanstalt im Belvedere bei Weimar, zuletzt Staatsrat in Frankreich, aus. Erstmals erwähnt wird der Name Mounier von Goethe in seiner „Campagne in Frankreich 1792". In Goethes Tagebücher findet sich eine Eintragung zu Mounier erstmals am 17. Februar 1796: *Waren Dümanoir, Mounier, Chanorier bey mir zu Tische.* - alle drei waren französische Emigranten, von denen sich Graf Dumanoir und Chanorier nach der Niederschlagung des Parises Aufstandes 1796 nur zeitweilig in Weimar bzw. auch Eisenach aufhielten.

In Goethes Tagebücher aus der Zeit vom Januar 1797 bis Dezember 1799 wird Scherer im Zusammenhang mit Besuchen Humboldts häufig genannt. Am 13. Januar 1797 traf Goethe *beim jüngeren Humboldt Doctor Scherer*, am 16. März lautet die Eintragung *... mit Scherer viel über Chemie ...* , am 20. März *Am Gedicht corrigirt ... Sodann D. Scherer der die Phosphoren brachte.*, am 27. März *Früh Chemisches, dann mit v. Humboldt und Scherer die optischen Versuche ...* Am 24. April lesen wir in Goethes Tagebuch: *Früh mit Humb. und Scherer in Belvedere, nachher mit dem Herzog, Humbold und Scherer spazieren ... Nach Tafel Versuche ...*

Am 3. Juni 1797 nahm Scherer Abschied von Goethe, um erst am 12. Mai 1798 von seinen Reisen (s.o.) wieder nach Weimar zurückzukehren. Am 6. Juni 1797 berichtete Goethe an seinen Herzog, daß sich Dr. Scherer in der Brauerei in Weimar umgesehen habe, *er findet denn freilich schon für den ersten Anblick manches das noch künftiger Verbesserung bedarf. Er ist von allen Seiten mit Adressen und Empfehlungen ausgestattet worden und hat, insofern es die Zeit erlaubte, sich aufs beste vorzubereiten gesucht. Heute reist er ab und ich wünsche daß er recht ausgebildet und brauchbar wiederkommen möge.* Nach der Rückkehr Scherers heißt es u.a. in einem Brief an seinen Freund von Knebel vom 15. Mai 1798: *Bergrath Scherer ist am Sonnabend zurück und wir haben also auch ein Chemisches Orakel in der Nähe, welches um so wünschenswerter ist als diese Wissenschaft nicht allein vorschreitet, sondern auch hin und wieder schwankt, so daß ihr nur derjenige folgen kann dessen eigentliches Geschäft sie geworden ist.* Danach hat Scherer offensichtlich eine weitere Reise nach England unternommen, denn in einem Brief vom 16. Juli 1798 an Wilhelm von Humboldt heißt es: *Scherer, der aus England zurück ist, etablirt sich in Belvedere, er wird wohl Rittern als Mitarbeiter zu sich nehmen, und Schelling kommt als Professor nach Jena.* Am 1. Dezember 1799 hatte Scherer Weimar offensichtlich endgültig verlassen, nachdem er zuvor nach eine Reise nach England unternommen hatte. Die Eintragung im Tagebuch vom 1.12.1799 lautet: *An Hrn. Prof. Tromsdorf Erfurt, wegen der erledigten Stelle des Hrn. Bergrath Scherer in Weimar.*

Scherer gründete 1798 die Zeitschrift „Allgemeines Journal der Chemie", die 1834 in das „Journal für praktische Chemie" aufging.

## REDAKTION EINES CHEMISCHEN JOURNALS IM SCHLOSS BELVEDERE

Die Keimzelle dieses chemischen Journals befand sich im Schloß Belvedere bei Weimar auf dem Höhenrücken Eichenleite. Die barocke Schloßanlage, die durch die Belvederer Allee mit der Stadt verbunden ist, ließ Herzog Ernst August ab 1724 von dem Architekten Johann Rudolf Richter (1682–1768) als Sommerresidenz erbauen. Goethe und Herzog Carl August sorgten für einen Verbesserung und Verschönerung dieser Anlage mit einem großen Park [12,13].

Das erste deutschsprachige chemische Journal wurden von Lorenz Crell (Biographie S. 350) 1778 bis 1781 „für die Freunde der Naturlehre, Arzneygelahrtheit, Haushaltungskunst und Manufacturen" in Lemgo im Verlag der Meyerschen Buchhandlung herausgegeben. Es folgten, ebenfalls von Crell ediert, „Die neuesten Ent-

deckungen in der Chemie" (1781 bis 1782), „Chemisches Archiv D.
Lorenz Crells …" 1783 und „Chemische Annalen für die Freunde
der Naturlehre, Arzneygelahrtheit, Haushaltungskunst und Manufacturen" 1784. Spätestens zu diesem Zeit punkt interessierte
sich auch Goethe für die chemischen Journale. Er wird als „D. W.
v. Göthe, Fürstl. S. W. Geh. R. in Weimar" im Pränumeranten-Ver-
zeichnis nach Achard (Berlin), Beireis (Helmstedt), Bergmann
(Upsala), Buchhändler Dietrich (Göttingen), Gmelin (Göttingen)
und den Hofapothekern Gmelin in Stuttgart und Tübingen genannt. 1785 wurden die „Chemischen Annalen … " durch die
„Beyträge zu den chemischen Annalen" fortgesetzt.

Scherer studierte in Jena ab 1789 zunächst Theologie, wandte sich jedoch
der Chemie zu und wurde nach der Promotion zum Dr. phil. 1794 Assistent
bei Johann August Göttling. Bereits 1793 hatte Scherer das Amt des Sekretärs
der „Naturforschenden Gesellschaft" erhalten, die der Botaniker und Mediziner AUGUST JOHANN GEORG CARL BATSCH (1761–1802) mit Unterstützung
durch Goethe und zusammen mit Scherer gegründet hatte. Die Tätigkeiten
Scherers in Jena und Weimar wurden von Goethe sehr gefördert. 1798 erhielt
Scherer ein Reisestipendium des Herzogs, durch welches es ihm möglich
wurde, chemische und technische Einrichtungen in England und Schottland
zu besuchen. Nach seiner Rückkehr blieb er jedoch nicht mehr lange in Weimar. 1800 wurde er als Professor für Chemie an die Universität Halle, 1803 in
seine Heimat zunächst an die Universität in Dorpat, dann 1804 an die Universität in St. Petersburg berufen, wo er als Professor für Chemie und Pharmazie wirkte. Scherer war ein Verfechter der von ihm selbst als „neuere Chemie" bezeichneten „französischen Chemie", d.h. der Lehren Lavoisiers,
dessen „antiphlogistischen" Systems, der Oxidationstheorie auf der Grundlage der Umsetzungen mit Sauerstoff. 1795 erschien seine Schrift „Grundzüge der neurn chemischen Theorie" und im selben Jahr auch das seinem För-
derer Goethe gewidmete Werk „Versuch einer populären Chemie".
Scherers „Allgemeines Journal der Chemie" erschien erstmals in Leipzig 1798. Am Ende von Scherers Darlegungen zum „Plan dieses Journals"
finden wir die Angabe „Belvedere bey Weimar, im Juni 1798". In seinem
„Plan" teilt Scherer mit, daß er die periodische Schrift, die in Heften erscheinen wird, in die Rubriken „I. rationelle Chemie – Uebersicht aller
Bemühungen, deren Zweck es ist, die Chemie in wissenschaftliche Form zu

bringen; II. theoretische Chemie – Mittheilung aller das System der Chemie betreffenden theoretischen Untersuchungen; III. practische Chemie – Zusammenstellung aller Resultate chemischer Versuche aus allen einzelnen Fächern, als Pharmacie, Docimasie u. s. w. … " einteilen werde.

Anhand der Hinweise aus Goethes Werken ergibt sich folgendes Bild der Tätigkeit Scherers in Weimar: Unter Beratung durch Alexander v. Humboldt wurde im Schloß Belvedere eine Wohnung für den Chemiker Scherer eingerichtet und ein Laboratorium geplant, über deren Inbetriebnahme jedoch keine Einzelheiten genannt werden. In den Kavaliershäusern des Lustschlosses richtete 1795 der französische Emigrant und Politiker (Präsident der Nationalversammlung) JEAN JOSEPH MOUNIER (1758–1806) das französische Institut, eine Unterrichtsanstalt für Adelige ein, die 1802 geschlossen wurde. Hier lebte zeitweise auch Alexander v. Humboldt. JOHANN WILHELM RITTER (1776–1810) hatte nach einer Apothekerlehre 1796 bis 1798 Medizin in Jena studiert und wirkte danach als Privatgelehrter auf dem Gebiet der Elektrochemie, zu der er durch seine Arbeiten den Grundstein legte. 1804 wurde er an die Münchener Akademie der Wissenschaften berufen.

Durch die Wechsel von Herausgebern und Verlegern änderte sich der Name dieses Journals bis zur Umbenennung in „Journal für praktische Chemie" 1834 noch mehrmals: 1803 „Neues allgemeines Journal der Chemie", 1806 „Journal für Chemie und Physik".


JOHANN SCHWEIGGER UND SEIN JOURNAL

1811 wurde ein weiterer „wissenschaftlicher Berater" Goethes, der Professor für Physik und Chemie JOHANN SALOMO CHRISTOPH SCHWEIGGER (geb. 1779 in Erlangen, gest. 1857 in Halle) Herausgeber dieser Zeitschrift, die zunächst in „Neues Journal für Chemie und Physik" umbenannt wurde. Nach einem Studium in seiner Geburtsstadt wurde Schweigger 1803 Lehrer am Bayreuther Gymnasium und ab 1811 an der Höheren Realschule in Nürnberg. Von 1817 bis 1819 lehrte er an der Universität Erlangen, dann an der Universität Halle. Dort gründete er 1829 ein pharmazeutisch-chemisches Lehrinstitut. In „Schweiggers Journal" veröffentlichten berühmte Chemiker der Goethezeit wie Berzelius, Hermbstädt, Crell, Gmelin, Klaproth und später auch Liebig und Wöhler. Auch von Goethe selbst sind einige Arbeiten zur Farbenlehre dort erschienen (s. Kap. 6). Aus Goethes Tagebuchaufzeichnungen läßt sich entnehmen, daß Schweigger ihn im Oktober 1816 in Weimar, zur Kur im August 1818 in Karlsbad und nochmals im Oktober 1825 in Weimar besucht hat. Goethe hatte jedoch schon zuvor brieflichen Kontakt zu ihm. Aus einem Brief Goethes an Schweigger vom 25. April 1814 geht hervor, daß der Kontakt offensichtlich durch den Physiker Seebeck zustande gekommen ist. Auszüge daraus verdeutlichen Goethes Bezug zu dieser bedeutenden wissenschaftlichen Zeitschrift – und geben auch einige allgemein formulierte Ansichten Goethes zu den Naturwissenschaften, zum Publikationswesen und über den eigenen Umgang mit der Fachliteratur wieder:

*Ew. Wohlgeboren*

*geben mir durch Ihren freundlichen Brief die erwünschte Gelegenheit, auch einmal unmittelbar, für die fortgesetzte Sendung Ihrer unterrichtenden Zeitschrift meinen besten Dank abzustatten, worum ich Herrn Dr. Seebeck schon einigemal gebeten. Dieses interessante Werk ist, vom Anfange an, komplett in meinen Händen, nur fehlt mir das zwölfte Stück des vorigen Jahres, welches, wegen des darinnen befindlichen Registers, um so wünschenswerter ist. Durch dieses Register haben Sie sich besonders um die Liebhaber verdient gemacht, die nicht immer im Falle sind, der Wissenschaft Schritt vor Schritt zu folgen, noch weniger, die in so manchen Aufsätzen enthaltenen Wahrheiten zu sammeln und zu ordnen. Ich habe diese Register, besonders auf Reisen, zu leichter Rekapitulation der neusten Bemerkungen und Entdeckungen, jederzeit mit mir geführt.*

*...*

*Sehr gerne würde ich zu Ihrem wichtigen Journal etwas beitragen, ja ich rechnete mir es zur Ehre irgend etwas von mir darinnen aufgenommen zu sehen; aber was ich mitzuteilen habe, scheint mir bald zu eng, bald zu weit, und nimmt sich außer dem Zusammenhange, in welchem es sich bei mir entwickelt, meist gar wunderlich aus, doch hoffe ich durch die Herren Seebeck und Döbereiner mich näher an Sie anschließen zu können.*

*Mit den besten Wünschen und aufrichtiger Hochachtung!*

*Weimar, den 25. April 1814.        Goethe.*

In Goethes Bibliothek finden sich nach den Anmerkungen in [14] die Bände 1 bis 51 des „Journals für Chemie und Physik" von 1811 bis 1827. Bereits in einem Brief vom 26. November 1812 an den Physiker Seebeck schrieb Goethe:

*Grüßen Sie Herrn Schweigger vielmals ... Döbereiner wird ihm einen kleinen Aufsatz schicken, den wir in Jena zusammengestellt haben; eine merkwürdige Ver- und Entgiftungsgeschichte aus dem Alterthum, die den Chemiker, den Arzt und den Juristen interesiren kann. Wenn ich länger in Jena verweilte, so könnte es noch manche dergleichen Mittheilungen geben.*

*Da ich die mitlebenden Naturforscher etwas näher möchte kennen lernen, so haben wir eine kleine Notizen-Sammlung angefangen und zwar folgendermaßen. 1) Vor- und Zunahme. 2) Geburtsjahr. 3) Geburts-Ort. 4) Erste Studien. 5) Fernere Studien. 6) Lehre zu welcher derselbe geneigt. 7) Schriften. 8) Schicksale. 9) Gegenwärtiger Aufenthalt und Beruf. 10) Äußere Gestalt. 11) Sittlicher Charakter.*

*Wollten Sie mit Beyhülfe des Herrn Schweiggers nur die Männer, die auf dem Titel des Journals für Physik genannt sind, bekannt machen, so thäten Sie mir einen großen Gefallen. Man könnte es ja ganz kurz und tabellarisch behandeln ...* [34]

In der Studie „Goethes chemische Berater und Freunde" von Julius Schiff [3] erfahren wir, um welche „chemische Fragestellung" es sich gehandelt hat. Schiff schreibt im Zusammenhang mit den Beziehungen Döbereiners zu Goethe darüber folgendes: „In manchen Fällen wuchsen sich seine Antworten zu bedeutsamen Abhandlungen aus. So erklärt es sich beispielsweise, wenn wir in einer rein naturwissenschaftlichen Zeitschrift [35] eine Untersuchung über ein lateinischen Epigramm des antiken Dichters Ausonius [36] finden, in der Döbereiner eine „Vergiftungs- und Entgiftungsgeschichte" des Altertums, die gewiß nicht nur Goethe, sondern ebenso den Philologen dunkel gewesen ist, in geistreicher Weise aufhellt. Das Gift ist Sublimat, das Gegengift, das die Vergiftung verstärken sollte, aber tatsächlich aufhob, Quecksilber."

In seiner Geschichte der entoptischen Farben (Interferenzfarben an polarisiertem Licht) berichtet Goethe auch über einige eigene Arbeiten, die Seebeck im „Schweiggerschen Journal für Chemie und Physik" in den Jahren 1813 und 1814 veröffentlicht hat.

---

[34] WA IV. 23, 181–182 (Brief Nr. 6437)

[35] gemeint ist hier „Schweiggers Journal"

[36] Decimus Magnus A., lebte um 310 bis nach 393, bekannt durch sein Werk „Mosella", die poetische Beschreibung einer Rhein- und Moselfahrt

LITERATUR ZU KAPITEL 3:

1. W.-H. Hein, H.-D. Schwarz (Hrgsb.): Deutsche Apotheker-Biographie, Stuttgart 1975
2. O. Krätz: Goethe und die Naturwissenschaften, München 1992
3. Julius Schiff: Goethes chemische Berater und Freunde, Deutsche Rundschau CLI, 450–466 (1912)
4. Wilhelm Strube: Der historische Weg der Chemie, Köln 1989
5. Günther Kerstein: Entschleierung der Materie. Vom Werden unserer chemischen Erkenntnis, Stuttgart 1962
6. Eberhard Schmauderer (Hrgsb.): Der Chemiker im Wandel der Zeiten, Weinheim 1973
7. G. Schwedt: Chemie zwischen Magie und Wissenschaft. Ex Bilbiotheca Chymica 1500 1800, Herzog August Bibliothek Wolgenbüttel, Weinheim 1991
8. G. Schwedt: Goethes Wirken für die Chemie, CLB Chemie für Labor und Betrieb 39, 240 243 (1988)
9. G. Schwedt: 200 Jahre „Chemisches Probir-Kabinett" des J. F. A. Göttling zu Jena, Labor 2000, 210 216 (1991) und G. Schwedt: Chemie vor 200 Jahren. Apotheker Göttling und sein chemisches Probir-Cabinet, Deutsche Apotheker-Zeitung 130, 2781 2783 (1990)
10. W. Schievelbusch: Lichtblicke. Zur Geschichte der künstlichen Helligkeit im 19. Jahrhundert, Frankfurt am Main 1986
11. Wolfgang Schneider: Wörterbuch der Pharmazie. Band 4. Geschichte der Pharmazie, Stuttgart 1985
11. Dorothea Kuhn: Goethe und die Chemie, Medizinhistorisches Journal 7 (1972) 264–278
12. I. Kaminierz, H. Lucke: Goethes Weimar, Hamburg 1991
13. Paul Raabe: Spaziergänge durch Goethes Weimar, Zürich 1990
14. Johann Wolfgang von Goethe, Briefe Hamburger Ausgabe, Band 3 (1805–1821), Nr. 1002, S. 267–268, München 1988

# 4 DIE CHEMIE AN DER UNIVERSITÄT JENA

Das im 1. Kapitel begonnene und zu Beginn des 3. Kapitels wieder aufgenommene Zitat von Goethes naturwissenschaftlichem Entwicklungsgang setzt sich wie folgt fort:

*Göttling. Dessen Reise nach England. Er wird Professor in Jena.*
*Ich hatte mich zu Hagens Chemie gehalten. Brief und dessen Luftarten. 1780.*
*Das Analoge war mir früher schon aus Helmont bekannt.*
*Französische Chemie. Göttling erklärt sich dafür. Seine Schüler schreiten ein.*
*Großer Vorteil des sukzessiven Erkennens.*
*Die verschiedenen Ausgaben Erxlebens zu Wittenberg, ein entscheidender Vorteil.* [1]

1989 feierte die Friedrich-Schiller-Universität Jena zwei Jubiläen, welche die Chemie betrafen: Es jährte sich die erstmalige Einrichtung eines größeren chemischen Laboratoriums durch den Mediziner, Botaniker und Chymisten WERNER ROLFINCK (1599 1673) zum 350. Mal und die Ernennung des Pharmazeuten und Chemisten Johann Friedrich Göttling, der den ersten offiziellen Lehrauftrag für Chemie erhielt, lag 200 Jahre zurück. Mit Göttlings Berufung wurde die Chemie ein eigenständiges Fach an der Universität.

Die Gründung der Universität Jena geht auf das zunächst akademische Gymnasium zurück, das bereits 1548 eingerichtet worden war, nachdem die Linie der sächsischen Ernestiner aus dem Hause Wettin im Schmalkaldischen Krieg nicht nur die Kurwürde und die Kurlande sondern auch ihre Landesuniversität Wittenberg 1547 verloren hatte. Die ersten Professoren für Theologie und Philologie waren Melanchthon-Schüler. Bald danach lehrten auch Juristen und Mediziner in Jena. 1557 wurde das akademische Gymnasium durch FERDINAND I. (1503–1564), römisch-deutscher Kaiser seit 1558 als Nachfolger Karl V., der Jena das Universitätsprivileg zunächst

---

[1]  WA II. 11, 300–301

versagt hatte, zur Universität erhoben. Am 2. Februar 1558 zogen die ersten Studenten zur Eröffnung der neuen Universität in Jena ein. Dynastische Teilungen seit 1572 (insgesamt acht) brachten einerseits Probleme bei der Finanzierung und Berufung von Professoren mit sich, andererseits nutzte die Universität die Teilungen auch zu seinerzeit ungewöhnlichen Freiheiten gegenüber den uneinigen Landesherren [1].

Im Jahrzehnt 1710–1720 gehörte die Universität Jena – *die Salana* - zu den meistbesuchten deutschen Universitäten. Nach einem langsamen Rückgang ließ die Herzogin Anna Amalia 1767 eine große Visitation durchführen. Als Folge erhöhte Weimar, d.h. das Herzogtum Sachsen-Weimar-Eisenach, die Zuschüsse und vergrößerte damit seinen Einfluß gegenüber den an der Universität beteiligten Herzögen von Gotha, Coburg und Meiningen.

Eine besondere Anziehungskraft erlangte die Universität in der „klassischen Zeit" von Goethe und Schiller durch bedeutende Gelehrte wie Schiller, Fichte, Schelling und Hegel. Jena wurde zum wichtigsten Zentrum der klassischen deutschen Philologie. Der für die Universität zuständige Minister Goethe (ab 1776) sorgte aber auch dafür, daß die Medizin und die Naturwissenschaften ihren hohen Stellenwert bekamen. Trotz geringer Mittel gelang es Goethe, begabte junge Gelehrte für die Universität zu gewinnen, die jedoch meist nach wenigen Jahren Jena wieder verließen. Jena entwickelte sich zu einem akademischen Zentrum, in dem sich die Kantische Philosophie durchsetzen konnte. Durch das fast gleichzeitige Wirken von Fichte (1794–1799), Schelling (1798–1803) und Hegel (1801–1807) wurde Jena zur Geburtsstätte des deutschen Idealismus. Die Lehrtätigkeit der Brüder Schlegel und die Anwesenheit der Dichter Novalis, Tieck und Brentano ließ Jena zum Zentrum der deutschen Frühromantik werden [1]. Nach 1806 (Schlacht bei Jena am 14. Oktober) führten sowohl die politischen Zeitumstände der Napoleonischen Herrschaft als auch die finanziellen Schwierigkeiten des kleines Herzogtums zu einem Ende dieser bedeutenden Epoche. Trotzdem gelang es Goethe, vor allem die Naturwissenschaften zu fördern durch Wissenschaftler wie den Naturforscher und Philosophen LORENZ OKEN (eigtl. Ockenfuß, 1779–1851, als Professor der Medizin 1807–1819 in Jena, dann in München und Zürich) und den Chemiker J.W. DÖBEREINER (1810–1849 in Jena). In Goethes Zeit wurde auch ein neuer Botanischer Garten geschaffen.

Die ersten Dozenten bzw. Professoren, die an der Universität Jena „chemische Vorlesungen" hielten, hatten eine Professur für Medizin oder sogar Philosophie – so auch der Autor des ersten chemischen Lehrbuches „Alchemie" ANDREAS LIBAVIUS (1550–1616). Er studierte nach seiner Schulzeit in Halle von 1577 bis 1581 Medizin, Philosophie und Geschichte an der Universität Jena. Nachdem er zunächst als Lehrer in Ilmenau und 1586 als Rektor der Stadt- und Ratsschule in Coburg tätig gewesen war, lehrte er 1588 bis 1591 als Professor für Geschichte und Poesie in Jena – und hielt auch Vorlesungen zur Chemie, d.h. zu Themen, die sich mit der Anwendung chemischer Stoffe in der Medizin befaßten. Libavius wurde 1591 Stadtphysikus in Rothenburg ob der Tauber und war ab 1607 Direktor des neugegründeten Gymnasiums Casimirianum in Coburg.

In der Folgezeit wurden Kollegien zur Chemie von den Medizinern ZACHARIAS BRENDEL sen. (1533–1629) und jun. (1592–1638) in Jena durchgeführt. Brendel sen. lehrte zunächst von 1581–1612 als Professor für Philosophie und wechselte dann zur medizinischen Fakultät. Im Sommersemester 1612 hielt er erstmals Vorlesungen unter dem Titel „disputatioria, anatomica, botanica et chemica exercitia". Sein Sohn wirkte ab 1627 in Jena als Professor für Medizin. Er führte 1629 Disputierübungen zu chemischen Problemstellungen ein, die wir heute als Seminare bezeichnen würden. Bereits ab 1615 wurden an der Universität Jena für Medizinstudenten iatrochemische Übungen durchgeführt. [2] Der aus Halle stammende Mediziner Wolfgang Rathmann erhielt dafür einen ersten, wenn auch bescheidenen „Lehrauftrag" [1], der mit der Ernennung zum „Director Collegii Chimici" verbunden war. Nachfolger wurde 1621 der Sohn des Inhabers der Jenaer Rats-Apotheke, der Mediziner VALERIUS THEODORUS CLEMENS (1591–1637), der als späterer Besitzer der Apotheke (1618–1623) wahrscheinlich dort auch chemische Versuche für Interessierte durchgeführt hat.

Ab 1638 wurde die Iatrochemie von dem Mediziner und Botaniker WERNER ROLFINCK (1599–1673) weitergeführt. Als Sohn des Hamburger Rektors

---

[2]    Die *Iatrochemie* beschäftigte sich mit der Anwendung chemischer Stoffe in der Heilkunde. Als *Chemiatrie* wird die Praxis der Arzneimittelherstellung bezeichnet, die von Paracelsus ihren Ausgang genommen hat. Der erste Lehrstuhl für Chemiatrie wurde 1609 an der Universität Marburg eingerichtet.

vom Johanneum studierte er in Wittenberg Philosophie und Medizin (1616–1618) und setzte seine Studien an den Universitäten von Leiden, Oxford, Paris und Padua fort, wo er 1625 zum Dr. phil. et med. promovierte. Ab 1629 lehrte er „44 Jahre an der Universität Jena auf medizinischem, pharmakologisch-pharmazeutischem, chemischem und botanischem Gebiet (…), hatte sechsmal das Amt des Rektors inne, wurde 1641 zum ersten Professor der Iatrochemie berufen und erwarb sich besondere Verdienste um die Modernisierung und naturwissenschaftliche Fundierung der Medizin [2].“ Rolfinck führte in seinem Wohnhaus, Goethe-Allee 7 (heute Fürstengraben), chemische Experimente, als „kleine operationes“ bezeichnet, durch, worunter metallurgisch wichtige Nachweisreaktionen von Metallen und auch iatrochemische Experimente zu verstehen sind. Nach Rolfincks Tod führte sein Schüler GEORG WOLFGANG WEDEL (1645–1721), Mediziner, Pharmazeut und Chemiker, die Iatrochemie fort. Neben der Iatrochemie, die als Vorläuferin der physiologischen Chemie gesehen werden kann, entwickelte sich die *Chemiatrie*, welche wiederum als einer Vorläuferin der pharmazeutischen Chemie angesehen werden kann.

Als Goethe 1788 von seiner italienischen Reise zurückkehrte, war der in Jena geborene GEORG FRIEDRICH CHRISTIAN FUCHS (1750–1813) seit 1783 außerordentlicher Professor (Habilitation 1776) an der Medizinischen Fakultät, der von 1781–1786 Vorlesungen über „Experimentalchemie“ und 1784–1796 über „pharmazeutische Chemie“ hielt. „Wie die meisten Naturforscher seiner Zeit stand FUCHS zunächst auf dem Boden der Phlogistontheorie [3], wobei er sich bei seinen chemischen Vorlesungen vor allem auf die Schriften des in Straßburg wirkenden Phlogistikers JACOB REINHOLD SPIELMANN (1722–1783), eines Schülers des Berliner Chemikers JOHANN HEINRICH POTT (1692–1777) und ANDREAS SIGISMUND MARGGRAF (1709–1782) stützte. Jedoch mit der gegen Ende des 18. Jh. einsetzenden Anerkennung des französischen antiphlogistischen Systems (…) vollzog FUCHS als einer der ersten deutschen Naturforscher den Bruch mit der tradierten Phlogistonlehre und bekannte sich in seinen chemischen Vorlesungen zu den neuen Anschauungen. Ab 1797 unterrichtete FUCHS ausschließlich nach dem mehrbändigen Werk des bedeutenden Berliner Chemikers SIGISMUND FRIEDRICH HERMBSTAEDT (1760–1833) „Systematischer Grundriß der allgemeinen Experimentalchemie“ (1791–1793) … Mit der Besetzung

---

[3]  s. Kap. 3

der ersten selbständigen chemischen Lehrstuhls in Jena durch JOHANN FRIEDRICH AUGUST GÖTTLING im Jahre 1798 mußte sich FUCHS (widerstrebend) auf Vorlesungen über pharmazeutisch ökonomische Probleme sowie auf experimentelle pharmazeutische Unterweisungen beschränken [2]."

## GÖTTLING ALS CHEMIEPROFESSOR IN JENA (1789–1809)

In Goethes Werken ist der Name von Georg Friedrich Christian Fuchs nicht zu finden. Dagegen weisen Goethes Tagebücher, seine Briefe und die naturwissenschaftlichen Werke zahlreiche Nennungen des Chemikers Göttling auf. So schrieb Goethe 1794 in seinen Tag- und Jahres-Heften:

*Professor GÖTTLING, der nach einer freisinnigen Bildung durch wissenschaftliche Reisen unter die allerersten zu zählen ist, die den allerdings hohen Begriff der neuern französischen Chemie in sich aufnahmen, trat mit der Entdeckung hervor, daß Phosphor auch in Stickluft brenne. Die deshalb entstehenden Hin- und Widerversuche beschäftigten uns eine Zeit lang.*[4]

Mit Stickluft ist das Kohlenstoffdioxid gemeint. Nach Engels und Nowack [3] hatte bereits Libavius dieses Gas bewußt und erstmalig in Mineralwässern beobachtet. Näher untersucht wurde es jedoch wohl erst von JAN BAPTIST VAN HELMONT (1577–1644) [Biographie Kap. 8], der erkannte, daß dieses farb- und geruchlose Gas sowohl bei der Gärung als vor allem auch bei der Verbrennung von Kohle entsteht.

Die „wissenschaftlichen Reisen" Göttlings wurden bereits im vorigen Kapitel erwähnt, nachweislich hat er Hamburg, London, Oxford, Birmingham, Chester, Hollywell und Anglesey besucht, wo er außer JOSEPH PRIESTLEY (1733–1804) auch MATTHEW BOULTON (1728–1809) kennenlernte, den Fabrikanten aus Soho bei Birmingham, der zusammen mit Watt die erste Dampfmaschinenfabrik der Welt gründete.

Ohne die Anfertigung einer lateinischen Dissertation wurde Göttling nach seiner Rückkehr nach Weimar am 24. Januar 1789 zum Dr. phil. promoviert und danach zum Professor für Philosophie mit Lehrauftrag für Chemie (an der philosophischen Fakultät) der Universität Jena ernannt. Be-

---

[4] WA I.35, 32$_{9-15}$

reits im Sommersemester 1789 hielt er Vorlesungen in Chemie, Pharmazie und Technologie. Goethe ließ ihm ein Zimmer als Laboratorium einrichten, das zum Mittelpunkt seines Unterrichts wurde. Ein Streit zwischen Göttling und der medizinischen Fakultät wegen seiner Vorlesung über pharmazeutische Chemie wurde durch die Vermittlung Goethes beigelegt. 1794 eröffnete Göttling eine Lehranstalt zur Ausbildung von Apothekern; erst 1809 – in seinem Todesjahr – wurde er zum Ordinarius ernannt. Sein Professorengehalt blieb immer gering, so daß er den Herzog um Unterstützung bitten mußte, die ihm z.B. in Form von Naturalien (auf sein Bittgesuch vom 30.8.1805 in Form von jährlich 10 Scheffel Korn, 16 Scheffel Gerste und 3 Klaftern Holz) gewährt wurde. Göttling starb am 1. August 1809. Leider ist von ihm kein Porträt erhalten geblieben. Daher wurde auch zum Jubiläum „200 Jahre Lehrstuhl Chemie" an der Universität Jena auf der Gedenkmedaille eine frei gestaltete stilisierte Zeichnung verwendet [4].

Ein Jahr nach Göttlings Tod, 1810, wurde in einer öffentlichen Sitzung der Herzoglichen Societät für die gesamte Mineralogie in Jena über Göttling festgestellt:

„Er erfreute sich … einer Anzahl von Zuhörern, wie sie noch kein Professor der Chemie gehabt; und sein lebhafter Vortrag, seine Geschicklichkeit im Experimentieren, und die klare Ansicht, die er selbst von allem hatte, was zu seinem Fach gehörte, und die er so leicht mitzuteilen wußte, machten ihn dieses Beifalls würdig." [2]

Eine kurze Würdigung von Göttlings Wirken hat Christa Habrich [5] vorgenommen:

„G. lieferte eine große Zahl praktischer und experimenteller Ergebnisse und vernachlässigte dabei weder die Erforschung der theoretischen Grundlagen noch didaktische Probleme. Er verbesserte den Weigelschen Kühler durch Anbringung eines Ablaufrohres und arbeitete u.a. über verschiedene Gasarten, Phosphor-, Stickstoff-, Arsen- und Schwefelverbindungen sowie über ätherische Öle, Harze und Äther. Die Kosten seines Labors versuchte G. durch den Handel mit selbstfabriziertem Bleiweiß, mit Reagenzien und chemischen Geräten zu senken. Er griff ferner die Marggrafsche Entdeckung auf und stellte in Thüringen als erster Rübenzucker dar; die Entwicklung einer Großproduktion, wie sie Achard ab 1801 in Berlin aufnahm, scheiterte jedoch an den finanziellen Mitteln. Für die Entwicklung der Pharmazie waren die analytisch-chem. Bemühungen von G., das pharmaz. Labor und sein „Almanach", den er ab 1799 als erstes größeres Periodicum für Apt. herausbrachte, von entscheidender Bedeutung. G. erkannte die Wichtigkeit des Experimentierens und vertrat die fortschrittliche Auffassung, die Chemie als Bildungsgegenstand bereits in den Jugendunterricht einzubeziehen. Seine mit sorgfältigen Anleitungen versehenen „Probircabinette" sollten einen großen Kreis interessierter Laien ansprechen. Sie trugen wesentlich zur Popularisierung der Chemie bei und verfolgten das gleiche Ziel, das später erst Liebig in vollem Umfang durch die „Chemischen Briefe" erreichte, einer breiten Bevölkerungsschicht komplizierte wissenschaftliche Fakten und Vorgänge in verständlicher Form nahezubringen. Der Einfluß von G.s Gedanken ist in Goethes „Wahlverwandtschaften" nachweisbar und auch bei der Abfassung von dessen „Farbenlehre" feststellbar. Obwohl u.a. bei Wiegleb ausgebildet, löst sich G. bald von der Phlogistontheorie und war in Deutschland neben Klaproth einer der ersten, der sich für die Auffassungen Lavoisiers einsetzte und zwischen den Phlogistikern und der neuen chemischen Theorie zu vermitteln suchte."

Goethe hat sich persönlich um die Einrichtung eines chemischen Laboratoriums für Göttling bemüht, als dieser noch als Apotheker in Weimar bzw. auf Reisen war (s. Kapitel 3). Er hat dafür gesorgt, daß sein Herzog das Laboratorium der Brüder Einsiedel in Oberweimar und auch ein kleines „Hauslaboratorium" des Natur- und Sprachforschers CHRISTIAN WILHELM BÜTTNER (1716–1801, ehemals Professor in Göttingen), der in Jena als Hofrat privatisierte, aufkaufte (Brief an den Herzog vom 18. Oktober 1784 – s. Kap. 3). Ein weiterer Brief Goethes dokumentiert, daß er sich auch nach der Ernennung Göttlings in Jena für dessen Laboratorium einsetzte. An den Geheimen Rat[5] CHRISTIAN FRIEDRICH SCHMAUSS (1722–1797) schrieb er am 15. März 1789 in einem Brief, in dem es um den Ankauf der Hinterlassenschaft des Physikers und Astronomen, Professor für Philosophie in

---

[5] seit 1743 Kabinettsekretär des Herzogs Ernst August und ab 1779 Geheimer Rat des Herzogs Carl August

Erlangen und Jena, JOHANN ERNST BASILIUS WIEDEBURG (1733–1789) geht[6]:

*... Wollten Sereniss. für alles weg 150 bis 160 Thlr. geben; so wäre es eine Gnade für die armen Kinder und es würde denn doch manches accquirirt, was teils Prof. Göttlingen in seinen Lehrstunden nützlich sein, teils auch in dem Museo seinen Platz finden könnte. Allenfalls könnte man den Handel durch Professor Göttling schließen, er behielte was er benutzen kann und gäbe das Übrige, nebst einer Quittung über die Stücke, die bei ihm verblieben an das Museum, so daß bei seinem dereinstigen Abgang die Sachen wieder vindicirt[7] werden können. Eben so könnte es mit dem kleinen Laboratorio gehalten werden, welches bisher in meiner Verwahrung stand und welches ich an denselben nunmehr abgegeben habe.*

Goethe pflegte mit Göttling intensiven Kontakt: Seine Tagebuchaufzeichnungen weisen für die Zeit zwischen 1796 und 1809 zahlreiche Besuche auf. Von April bis November 1799 spielt das Thema der Zuckergewinnung aus Runkelrüben eine zentrale Rolle. Es gab aber auch gesellige Zusammenkünfte, die bei Goethe als „Kränzchen" bezeichnet werden und zu denen außer Göttling häufig Persönlichkeiten wie der Philosoph Hegel, der Naturforscher Oken, Goethes Freund v. Knebel oder der Jenaer Buchhändler Frommann geladen waren. In einem Brief vom 1. Juli 1791 an seinen Herzog schreibt Goethe über Göttling:[8]

*Von meinen Zuständen hätte ich längst einige Nachricht geben und mich Ihrem Andenken empfehlen sollen, hier ist also endlich eine bunte Depesche: Bittschriften, Anschläge Zettel und besonders ein Versuch von Göttling mit der dephlogistirten Salzsäure. Er hat gedrucktes Papier von dem ein Blatt beiliegt wieder zu Brei gemacht, mit seinem Wasser alle Schwärze herausgezogen und wieder Papier daraus machen lassen wie es beiliegt, das fast weiser als das erste ist. Welch ein Trost für die lebende Welt der Autoren und welch ein drohendes Gericht für die abgegangenen, Es ist eine sehr schöne Entdeckung und kann viel Einfluß haben ...*

Damit hat Göttling 1791 die Chlorbleiche (Erzeugung von Chlorwasser durch Oxidation von Salzsäure z.B. mit Braunstein) angewendet – zur „angewandten Chemie" s. Kap. 5 –, die in der Papierherstellung bis in unsere Zeit

---

[6]  WA IV.9, 96 (Brief Nr. 2737)
[7]  vindizieren: die Herausgabe einer Sache verlangen
[8]  WA IV.9, 274$_{4-16}$

eine wichtige Rolle spielen sollte. Das Chlorgas war bereits 1769 durch den schwedischen Apotheker und Chemiker C.W. Scheele bei der Umsetzung von Braunstein mit „muriatischer" Säure, der Salzsäure, als „dephlogistierte" Salzsäure (= Chlor) beobachtet worden. 1774 veröffentlichte er diese Beobachtung. Auf diese Entdeckung geht die Erfindung der Lumpen- und Papierbleiche durch den französischen Grafen CLAUDE LOUIS COMTE BERTHOLLET (1748–1822) im Jahr 1789 zurück.[9] Im Rahmen seiner amtlichen Tätigkeiten studierte er das bisher angewendete Bleichverfahren, eine langwierige Behandlung mit Sonnenlicht und Alkalien, und gründet bereits 1789 eine Bleicherei am Quai de Javelle in Paris, die als erste chemische Bleicherei auf dem Kontinent das von Scheele entdeckte Chlor verwendete. In Form einer Kaliumhypochlorit-Lösung, die „Eau de Javelle" genannt wurde, konnte das Verfahren 1792 in die Praxis eingeführt werden und verbreitete sich schnell [6]. Berthellots Verdienst ist die Entwicklung von Geräten für einen Großbetrieb zum Bleichen von Lumpen. Zur Herstellung des Chlors wurde in den Papierwerkstätten in abgetrennten Gebäuden das klassische Laborverfahren mit Braunstein, Kochsalz und Schwefelsäure angewendet. 1799 wurde dem französischen Bleichereibesitzer Charles Tennant ein Patent für die Bindung des Chlors an trockenes Kalkhydrat – zum festen und transportablen Chlorkalk – erteilt, wodurch ein wesentlicher Fortschritt auch im Hinblick auf die gesundheitlichen Schädigungen durch Chlor erzielt wurde [7].

In Goethes Werken sind auch zwei Briefe an Göttling selbst erhalten geblieben.

In seinem Brief vom 28. April 1794[10] nimmt Goethe Bezug auf das in Weimar erschienene Buch Göttlings mit dem Titel „Beitrag zur Berichtigung der antiphlogistischen Chemie", dessen erster Teil 1794 und zweiter Teil 1798 in Weimar erschien. Der Text verrät viel über Goethes grundsätzliche Einstellung zur Chemie bzw. zu den Naturwissenschaften insgesamt und geht speziell auf die Lumineszenzerscheinungen beim Phosphor ein:

*Ew. Wohlgebohrn haben mir mit übersendetem Buche ein sehr angenehmes Geschenk gemacht. So aufmerksam ich schon lange auf die neue französische Chemie auch war, so litten es doch meine Umstände nicht,*

---

[9]  *Berthollet* studierte Medizin (Turin) und Chemie (Paris) und wurde 1768 zunächst Leibarzt des Herzogs von Orléans mit einem eigenen chemischen Laboratorium. 1784 wurde er staatlicher Inspektor der Färbereien und Direktor der Gobelin-Fabrik in Paris.

[10]  WA IV.10, 154–156 (Brief Nr. 3053)

*daß ich ihr anders als nur gleichsam von weitem hätte folgen können. Eine
neue Theorie kann dem nur eigentlich recht interessant sein, dem alle Phänomene gegenwärtig sind, welche sie zusammen zu fassen und besser als
vorher geschehen zu erklären verspricht. Wer nicht in dem Fall ist, tut besser daß er abwartet, was Männer die mit der Wissenschaft vertraut sind,
auf dem neuen Wege wirken und entdecken. Wie angenehm mir in diesem
Betracht Ew. Wohlgeb. Arbeit sei werden Sie mir nach dieser Äußerung
selbst ermessen. Ich finde darin sehr zarte und dabei sehr einfache Versuche mit vielem Scharfsinn angestellt und zu Erklärung sehr merkwürdiger
Phänomene benutzt. Das Leuchten des Phosphors in Stickstoff ist eine sehr
merkwürdige Erscheinung, und die Art wie Sie die verschiedenen Grade
der Temperatur bei den Versuchen benutzt empfiehlt sich vorzüglich. da
man mit feinen Wesen zu tun hat, so ist nichts nötiger als auch auf eine
zarte Weise zu Werke zu gehen, und weder in Versuchen noch im Raisonnement[11] allzuderb zuzugreifen.*

*Alles was uns von dem Lichtstoff und seinen Verwandtschaften zu an-
dern Körper nähern Unterricht gibt, muß mir doppelt interessant sein, da
ich immer fortfahre die Erscheinungen zu studieren, welche wir diesem
zarten Körper unter so mancherlei Umständen abgewinnen können, und
wie erwünscht würde es sein, mich mit Ew. Wohlgeb. bald auf einerlei Weg
zu treffen. Ich hoffe das Vergnügen zu haben, Sie bald wiederzusehen, und
wünsche indessen recht wohl zu leben.*

Als Kommentar dazu zitiere ich den Text aus der *Chymia Jenensis* [2]:

Göttling begründete „1794 in seiner Arbeit „Beitrag zur Berichtung der
antiphlogistischen Chemie auf Versuche gegründet" aus Verbrennungsver-
suchen eine eigene antiphlogistische Theorie. Dazu bediente er sich nicht
mehr des tradierten Brenn- oder Feuerstoffs, sondern baute, wie auch andere seiner Zeitgenossen, in das französische System den sog. „Lichtstoff"
ein. Zur experimentellen Stützung seiner Ansichten führte GÖTTLING in einer selbstkonstruierten Apparatur Verbrennungsversuche in reinem Sauerstoff bei unterschiedlichen Temperaturen durch. Aus diesen Experimenten abstrahierte er fünf Hauptsätze, mit deren Hilfe er
– das völlige Verschwinden der reinen „Sauerstoffluft" beim Verbrennen,
– das Nichtleuchten des Phosphors in der reinen „Sauerstoffluft" bei niedrigen Temperaturen,

---

[11] vernünftige Beurteilung, Überlegung, Erwägung, Vernunftschluß

– das Leuchten des Phosphors in der mit „Stickluft" versetzten „Sauerstoffluft" und in der atmosphärischen Luft,

– das Leuchten des Phosphors in der reinen „Stickluft" und die dabei zu beobachtende Verminderung der „Stickluft" sowie

– die Verminderung der Qualität der „Sauerstoffluft" unter Lichteinfluß zu erklären und zu einem eigenen theoretischen Konzept auszudifferenzieren versuchte."

Trotz einiger Fehleinschätzungen, die ihm auch die Kritik der französischen Fachkollegen einbrachte, trugen Göttlings Verbrennungsversuche zu der Verbreitung und Anerkennung des antiphlogistischen Systems in Deutschland bei. Goethe hatte eine sehr hohe Meinung von Göttling. In seinem naturwissenschaftlichen Entwicklungsgang vom 11. April 1821 schreibt er (s. zu Beginn dieses Kapitels):

*Göttling. Dessen Reise nach England. Er wird Professor in Jena. Ich hatte mich zu Hagens Chemie gehalten. Brief und dessen Luftarten. 1780. Das Analoge war mir früher schon aus Helmont bekannt. Französische Chemie. Göttling erklärt sich dafür. Seine Schüler schreiten ein. Großer Vorteil des sukzessiven Erkennens. Die verschiedenen Ausgaben Erxlebens zu Wittenberg, ein entscheidender Vorteil.*

Mit *Hagens Chemie* ist das Werk „Grundriß der Experimentalchemie" von KARL GOTTFRIED HAGEN (1749–1829) - erschienen erstmals 1786, 2. Aufl. 1790, 3. Aufl. 1796 (als „Grundsätze der Chemie durch Versuche erläutert", 4. Aufl. 1815) gemeint. Der Apothekersohn und gelernte Apotheker studierte in seinem Geburtsort Königsberg und promovierte zum Dr. med. und Dr. phil., wonach er die dortige Hofapotheke übernahm. Er wurde zunächst Professur für Medizin an der Universität Königsberg und 1807 auch Professor für Chemie, Physik und Naturgeschichte. Mit den Stichwörtern *Luftarten* und *Helmont* bezieht sich Goethe auf den aus Brüssel von adeligen Eltern stammenden JOHANN BAPTIST HELMONT (1577–1644), einen Anhänger des Paracelsus, der die Grundlagen für die Iatrochemie entwickelte und Goethe schon in seiner Jugend interessiert hatte. Er unterschied bereits zwischen Gas und Dampf. Luftförmige Stoffe bezeichnete er als erster Naturforscher als Gase, und er entdeckte als Verbrennungsprodukt von Holz das „Gas sylvestris" (Holzgas), das Kohlenstoffdioxid, das er durch die Einwirkung von Salzsäure als Kalkstein und auch als Gärungsprodukt herstellte. Er beobachtete auch, daß eine Kerzenflamme in einem verschlossenen Raum langsam erlosch und darüber hinaus, daß der Wasserspiegel im Inneren als Sperrflüsigkeit gegen die Umgebungsluft in diesem Raum allmählich anstieg. - Worauf sich die Anmerkung *Brief* und das Jahr *1780* beziehen wird nicht ersichtlich.

Mit der *französischen Chemie* meint Goethe die „neue" Chemie von LAVOISIER (s. unter „Chemie im 18. Jahrhundert" – voriges Kapitel).

Und schließlich spricht Goethe noch die Werke des JOHANN CHRISTIAN POLYCARP ERXLEBEN (1744–1777) an, der in Quedlinburg als Sohn eines Pfarrers und der ersten deutschen Ärztin Dorothea Erxlebens geboren, ab 1771 als Professor für Physik an der Universität Göttingen gelehrt hatte. Von ihm erschienen 1767 die „Anfangsgründe der Naturgeschichte", 1768 die „Anfangsgründe der Naturlehre" und 1775 die „Anfangsgründe der Chemie" (Naturgeschichte als Beschreibung der Natur und Naturreiche und ihre Veränderungen in Raum und Zeit: Geologie, Botanik, Zoologie, Anatomie; Naturlehre: Physik als mechanische Naturlehre – und auch chemische Naturlehre = Chemie). Nach dem frühen Tod Erxlebens wurden seine „Anfangsgründe der Chemie" in der 2. (1784) und 3. Auflage (1793) von dem Apotheker J. C. WIEGLEB (1732–1800) in Langensalza mit einem Laboratorium zur Ausbildung von Pharmazeuten und Chemikern herausgegeben [8].

Goethes Ansichten zur Chemie als selbständiges Lehrgebiet an der Universität erfahren wir aus seinen „Zeugnissen amtlicher Tätigkeit – Museen zu Jena. Übersicht des Bisherigen und Gegenwärtigen, nebst Vorschlägen für die nächste Zeit. Michael 1817."[12], die auch unter allgemeinen hochschulpolitischen Gesichtspunkten von Interesse sind:

*Um die gegenwärtige Lage irgend eines Geschäftes vollkommen einzusehen, auch dessen fernere Behandlung richtig einzuleiten, wird erfordert, daß man seinen Ursprung und bisherigen Gang wohl erkenne; eine Forderung welche besonders bei denen in Jena gestifteten unmittelbaren Anstalten sich hervortut. Denn sie sind nicht allein ihrer Natur nach äußerst verschieden und mannigfaltig, sondern sie haben sich auch, von kleinen Anfängen, durch viele Jahre hindurch bedeutend erweitert, so daß sie nunmehr sich selbst nicht mehr ähnlich sehen. Ferner sind sie noch immer auf dem Wege des Fortschreitens, so daß die verschiedenen Teile mit jedem Augenblick eine neue Gestalt gewinnen und einer abgeänderten Behandlung bedürfen.*

Danach geht Goethe auf die Sammlung an Fossilien des Hofrates WALCH (1725–1778, Philologe und Naturforscher, Sammler, Professor in Jena) ein,

---

[12]  WA I.53, 291ff

die zusammen mit den „Weimarischen Natur- und Kunstseltenheiten vereinigt, im Jenaischen Schlosse aufgestellt" wurde. Er fährt dann fort:

*Eine andere Nötigung jedoch fand sich bald, da sich bemerken ließ,*
*daß, bei dem frühern beschränkteren Zustand der Naturwissenschaften,*
*solche bloß in Bezug auf die ausübende Arzneikunst betrachten wurden.*
*Botanik und Chemie waren als Dienerinnen des Apothekers angesehen*
*und daher beide Professuren in diesem Sinne vereinigt; ja man hatte es*
*früher einem Professor der Botanik zum Vorwurf gemacht, daß er manche*
*der Heilkunst nicht unmittelbar nützende Pflanzen im eignen oder akade-*
*mischen Garten auferzogen.*

*Weil nun aber in jener Zeit nur Männer, die sich diesen Wissenschaften*
*gewidmet, zu solchen Lehrstühlen befördert wurden, so war es der Sache*
*ganz gemäß, daß jeder sich von seiner Professur benannte; da aber in der*
*Folge solche Stellen auch Rang und Vorteile mit sich brachten, so wurden*
*sie gelegentlich der Anciennität nach besetzt und es entstanden daraus die*
*sogenannten Nominal-Professuren, welche dem Besitzer keineswegs die*
*Pflicht auflegen, dasjenige zu verstehen oder zu lehren, was er im Titel*
*führt.*

Wenn man diese Ausführungen genau liest, so wird deutlich, daß es auch heute noch an unsere Universitäten zahlreiche Fälle dieser Art gibt. Goethe fährt fort:

*Da nun an diesen Verhältnissen nichts zu ändern war und eine neue*
*Lebensepoche der Akademie heraufzurufen man doch keineswegs aufge-*
*ben wollte, so blieb nichts übrig, als nach jungen, hoffnungsvollen, tätigen*
*Männern umherzuschauen, die sich zu künftiger Besetzung solcher Stellen*
*qualifizieren möchten.*

Sie fand Goethe in dem Mineralogen JOHANN GEORG LENZ (1748–1832), dem Botaniker August Johann GEORG KARL BATSCH (1761–1802) – und dem Chemiker Göttling.

▬▬▬▬▬ Auch in der Geschichte der Chemie spielt Batsch eine nicht unwesentliche Rolle: Er war ein Sohn des aus Riga stammenden weimarischen Lehnsekretärs Georg Laurentius Batsch und hielt nach dem Studium der Naturgeschichte und Medizin in Jena (Promotion 1781) dort auch botanische und zoologische Vorlesungen und war von 1784 bis 1786 Verwalter der Gräflichen Reus-Plauischen Naturaliensammlung in Köstritz. Auf Goethes Initiative kehrte Batsch 1878 nach Jena zurück, promovierte zum Dr. med. und wurde zum Professor für Medizin und Botanik ernannt. Batsch gehörte zusammen mit Alexander Nicolaus Scherer, einem Schüler Göttlings (s. Kap. 3) zu den Begründern der Naturforschenden Gesellschaft zu Jena und war deren ersten Präsident. Die Gesellschaft hatte sich die Aufgabe gestellt, die „planmäßige Erweiterung und Erzeugung der Naturwissenschaften überhaupt durch alle und vollendete Naturbeschreibungen von Jena" zu betreiben, den wissenschaftlichen Nachwuchs zu fördern und den akademischen Unterricht zu unterstützen [2]. Er fand große Unterstützung durch Goethe und leitete ab 1794 den Botanischen Garten. In der Zeit von 1786 bis 1792 führte Batsch auch regelmäßig chemische Vorlesungen durch. Er beschäftigte sich insbesondere mit der chemischen Zusammensetzung von Pflanzensäften und deren Wirkungen im Organismus – heute die Aufgabe der Pflanzenphysiologie. 1789 erschien von ihm das Werk „Erste Gründe der systematischen Chemie zum Unterricht für Anfänger und leichterer Übersicht, tabellarisch vorgetragen". In der Geschichte deutschsprachiger Chemielehrbücher hat auch dieses Buch seinen Stellenwert.

Die Kurzcharakteristik von Betinna Haupt dazu lautet [8]:

„Interessant und außergewöhnlich ist die im Lehrbuch konsequente Verwendung chemischer Abkürzungssymbole anstelle ausführlicher Bezeichnungen. Die im Titel angekündigte tabellarische Darstellung entspricht einer sehr schematischen Besprechung der einzelnen vorgestellten Stoffe; bei sehr bekannten Verbindungen oder Elementen sind bis zu 20 numerierte Charakteristika aufgeführt: Zusammensetzung, Aussehen der Kristalle, Geschmack, Herkunft, Verhalten gegen verschiedene Stoffe, Anwendung u.a. Keine Literaturangaben. Kein ausführliches Lehrbuch, sondern eine gedrängte Übersicht über die wichtigsten Daten der Stoffe."

Nach Göttlings Tod bemühte sich Goethe selbst, einen würdigen Nachfolger zu finden. So lautet ein Hinweis darauf in Goethes Tagebuch bereits 12 Tage nach Göttling Tod:

*13. September 1809 … Auf das Museum. Dr. Seebeck: über Chemiker, die allenfalls zur Besetzung der Göttlingschen Stelle taugten …*

THOMAS JOHANN SEEBECK (1770–1831) lehrte als Physiker in Jena, später in Bayreuth, Nürnberg und Berlin (s, Kap. 3). In seinen Tag- und Jahresheften schreibt Goethe 1806:

*Dr. Seebeck brachte das ganze Jahr in Jena zu und förderte nicht wenig unsere Einsicht in die Physik überhaupt, und besonders in die Farbenlehre. Wenn er zu jenen Zwecken sich um den Galvanismus bemühte, so waren seine übrigen Versuche auf Oxydation und Desoxydation, auf Erwärmen und Erkalten, Entzünden und Auslöschen für mich im chromatischen Sinne von der größten Bedeutung.*[13]

Am 26. September schrieb er an den Oberkammerpräsidenten (seit 1807) und späteren Präsidenten des Weimarischen Staatsministeriums (ab 1815) CHRISTIAN GOTTLOB VON VOIGT (1743–1819) - ein Lehrstück der „Berufungspolitik" in der damaligen Zeit:[14]

*Die Göttlingische Stelle wird, wie wir schon sahen, und noch mehr erfahren werden, von vielen ambirt und gewiß noch von mehreren. Unser Spiel dabei ist, ruhig zu sein und die Anträge abzuwarten. Ich lege einige Blättchen bei, und wir werden bald ein alphabetisches Verzeichnis der Competenten aus den Akten ausziehen können, die Ew. Excellenz über diese Sache führen werden. Wir können Kästner in Heidelberg auch ganz getrost darunter schreiben.*

*Trommsdorf mit seinem Verdienst, Namen, Institut, und was alles daran hängt, nach Jena zu ziehen, wäre nach meiner Ansicht ebenfalls das wünschenswerteste. Wie wir aber zu wünschen scheinen und auch nur einen Schritt tun; so wird man uns große Forderungen machen, die wir weder erfüllen mögen noch können. Ich habe mich deswegen in der Positur gehalten, als wenn das recht schön sei, ohne weiter ein großes Gewicht darauf zu legen. Mein Rat wäre, noch wenigstens 14 Tage bis 3 Wochen Briefe,*

---

[13]   WA I.35, 254$_{27}$–255$_6$

[14]   WA IV. 21, 84$_{11}$–85$_9$ (Brief Nr. 5821)

*Anträge und manche sich neu hervortuende abzuwarten, und dann Trommsdorfen einige Jalousie zu geben, als ob man sich auf diese oder jene Seite neige, damit er selbst mit Anträgen hervorträte; denn ich gestehe gern, was bis jetzt verlautet, ist immer noch so, daß wir in der Desavantage[15] wären, wenn wir schienen zuzugreifen. Verzeihen sie, wenn ich gar zu klug scheinen will …*

Zunächst war der chemische Lehrstuhl in Jena unbesetzt, die Vorlesungen zur Experimentalchemie wurden im Sommersemester 1810 von Professoren der medizinischen Fakultät abgehalten. Herzog Carl Augusts Wunsch jedoch war es, einen Nachfolger für Göttling zu finden, der „Genialität in den Naturwissenschaften mit praktischer Tendenz" zu verbinden vermochte [2]. Mit *Kästner in Heidelberg* meint Goethe sicher den von 1805 bis 1812 in Heidelberg lehrenden Professor der Chemie KARL WILHELM KASTNER (1783–1857). Kastner hatte in Swinemünde das Apothekerhandwerk erlernt und danach in Jena studiert, wo er 1805 zum Dr.phil. promovierte. Ab 1812 lehrte er in Halle, ab 1818 in Bonn und schließlich ab 1821 als Professor für Chemie und Physik in Erlangen, wo Justus Liebig sein später berühmtester Schüler wurde. 1807 war sein „Grundriss der Chemie" in Heidelberg erschienen.

JOHANN BARTHOLOMÄUS TROMMSDORF (1770–1837), in Erfurt als Sohn eines Arztes geboren, ging in Weimar in die Apothekerlehre und übernahm 1792 in Erfurt die Apotheke seiner Mutter. 1795 eröffnete er als Professor für Chemie und Pharmazie das erste pharmazeutisch-chemische Institut in Deutschland. In ihm – als „Chemisch-Physikalisch-Pharmazeutische Pensionsanstalt" bezeichnet – wurden bis 1828 etwa 300 Apotheker ausgebildet. Persönliche Kontakte zu Goethe scheinen jedoch nicht bestanden zu haben. In seinen Werken ist ein Brief an Trommsdorff – vom 1. Dezember 1799 (*An Hrn. Prof. Trommsdorf Erfurt, wegen der erledigten Stelle des Hrn. Bergrath Scherers in Weimar.*) - im Konzept erhalten geblieben (Brief Nr. 4148). Auf einem Umwege über den Sohn eines Jenaer Professors für Jurisprudenz, den Chemiker Ludwig Schnaubert, erfährt Goethe etwas über das Trommdorffsche Institut. In einem Brief an den Grafen Severin Potock (Kurator der Akademie zu Charkow) vom 27. November 1803, in dem es um Vorschläge zur Besetzung einiger Stellen geht, schreibt Goethe in einem *Promemoria*:[16]

---

[15] im Nachteil
[16] WA IV. 16, 360–363

*Was die Chemie betrifft findet sich ein empfehlenswürdiges Subjekt,
Herr Ludwig Schnaubert, Sohn des hiesigen verdienten Hofrath Schnau-
berts, ohngefähr 24 Jahr alt. Er hat sich früh auf der hiesigen Universität
mit den Naturwissenschaften bekannt gemacht, ist sodann nach Erfurt, in
das chemisch-pharmazeutische Institut des Herrn Trommsdorf aufgenommen worden und hat daselbst die praktische Chemie, die Apothekerkunst
und die dabei erforderliche Warenkunde studiert, auch in der Officin
förmlich zur Lehre gestanden und ist als ein gelernter Apotheker entlassen
worden.*

*Hierauf kehrte derselbe nach Jena zurück und ergab sich fleißig dem
Studium der neuesten zahlreichen chemischen Schriften, lieferte verschiedene Abhandlungen in chemische Journale, deren Verzeichnis die Beilage
enthält, nahm den Doktorgrad an, und ist im Begriff auf Ostern seine Vorlesungen anzufangen.*

*Ob nun gleich auch dieser junge Mann keine Ursache hat sich von Jena
wegzusehen; so schien ihm doch der Antrag auf eine von einem so großen
Monarchen[17] beschützte Akademie, als einem tätigen ein ganzes Leben vor
sich sehenden Manne, höchst anziehend. Von seinen besonderen Wünschen werde ich mir die Freiheit nehmen unten etwas weiteres zu erwähnen ...*

*... Nächstdem bittet der Chemikus Doktor Schnaubert um Erlaubnis
zur Errichtung eines chemisch-pharmaceutischen Institut junge Apotheker
zu bilden, weshalb ihm denn die Direktion der Universitätsapotheke wünschenswert wäre. Er offeriert sich zu Anlegung eines Kabinetts der pharmazeutischen Warenkunde und würde bei allen technischen Anstalten, Fabriken und Manufakturen, die sich nach den Umständen des Lokals
schicklich anlegen ließen, seine Tätigkeit gern erproben.*

*Welches alles man des Herrn Kurators Exzellenz weiser Beurteilung
hiermit gebührend anheim stellen will.*

Dieser Brief steht nicht nur im Zusammenhang mit Trommsdorf, sondern er ist ein weiteres Beispiel für Goethes Engagement in der Chemie.
Schnaubert hat in Jena offensichtlich keine Vorlesungen mehr gehalten [2]
- in der „Deutschen Apotheker-Biographie" [5] ist er nicht aufgeführt. Aus
Goethes Brief an Georg Carl v. Richter in Dresden vom 5. April 1804 erfahren wir, das seine Vermittlung erfolgreich war - *Die beiden Doktoren J.B.*

---

[17]  Zar Alexander I. von Rußland (1801–1825)

*Schad und Heinrich Schnaubert, gegenwärtig zu Jena, sind auf die russische Akademie Charkov vocirt und denselben auch schon das Reisegeld übermacht worden; ...* [18]

Goethe bitte v. Richter, sich bei den *Russisch und Römisch Kayserlichen Gesandtschaften* um Pässe für die beiden zu bemühen.

Um die Nachfolge Göttlings zu regeln, wurde schließlich der Hinweis des Münchner Chemikers ADOLPH FERDINAND GEHLEN (1755–1815) aufgegriffen, der Goethe den chemischen Autodidakten Johann Wolfgang *Döbereiner* vorschlägt, der ihm durch kleinere chemischen Arbeiten aufgefallen sei.[2] Gehlen war zunächst Apotheker in Königsberg. Er darauf folgendes Studium schloß er mit dem Dr. med. ab. 1806 wurde er in Halle Privatdozent für Zoochemie. Bereits 1807 berief ihn die Bayerische Akademie der Wissenschaften als „akademischen Chemiker", in welcher Funktion er Berg- und Hüttenwerke, Glas- und Porzellanmanufakturen besuchte.

Über die Rolle des Großherzogs Carl August in diesem Berufungsverfahren erfahren wir einige interessante Einzelheiten aus dem Vortrag von Alexander Gutbier [19] vom 19. Juni 1926, ordentlicher öffentlicher (o.ö.) Professor der Chemie und zu dieser Zeit auch Rektor der thüringischen Landesuniversität (veröffentlicht in den „Jenaer Akademischen Reden" Heft 2) – hier zitiert ohne die Anmerkungen der Originalveröffentlichung [9]:

„Die Professur war kaum verweist, da schrieb, schon am 3. September 1809, Carl August: 'Wen an Göttlings Stelle? Doch einen sehr bedeutenden?' Aber Goethe beeilte sich mit der Antwort nicht. Er hoffte, Johann Bartholomäus Trommsdorff, der auch bei Buchholtz gelernt hatte und seit 1796 das pharmazeutische Institut der Universität Erfurt mit anerkannt großem Erfolg leitete, auf irgendeine Weise zur Bewerbung veranlassen zu können, und wies C. G. von Voigt am 26. September 1809 von Jena aus an: 'Unser Spiel dabei ist, ruhig zu sein und die Anträge abzuwarten.' [s.o.]

Das Winterhalbjahr verstrich, – für das Sommer-Semester 1810 wurde der außerordentliche Professor in der medizinischen Fakultät, Georg Friedrich Christian Fuchs, beauftragt, gegen eine Entschädigung von 40 Talern Vorlesungen über Experimentalchemie zu halten, – der Herr Minister spielte weiter sein Spiel und wartete ruhig die Anträge ab, sein Fürst aber wurde

---

[18]  WA IV. 17, 116

[19]  21.3.1876–4.10.1926, Tod durch Selbstmord – Forschungen vor allem auf dem Gebiet der Metalloide, ab 1922 in Jena, zuvor TH Stuttgart

unruhig. In einem die Jenaer Universitätsverhältnisse ziemlich scharf kritisierenden Schreiben ermahnte er am 7. Mai 1810 Goethe: 'Unser Probe Chymiker ist abmarschiert, diese Stelle also ganz unbesetzt ... Die Professur der Chymie kann nicht länger unbesetzt bleiben und muß einen würdigen Lehrer bekommen; mehrere sind in Vorschlag, einer oder zwei haben sich angeboten.' Auch das fruchtete nichts. Da riß dem Herzog die Geduld. Kurz entschlossen wandte er sich persönlich an Adolph Ferdinand Gehlen und wünschte für den Jenaer Lehrstuhl 'einen Mann vorgeschlagen zu haben, der zugleich Vertreter der praktischen Chemie sein könne' und 'Genialität in den Naturwissenschaften mit praktischer Tendenz' vereine. Und der Münchener Professor der Chemie empfahl warm, allerdings ohne viel Hoffnung auf Erfolg, einen stellungslosen Chemiker, der zwar keine Schule, keine Universität besucht hatte, aber ein Mann der Praxis, ein Mann guter Ideen war. Selten ist einem Fürsten besserer Rat erteilt worden. In felsenfestem Vertrauen auf Gehlen griff der Herzog ohne Zögern zu: So ist Johann Wolfgang Döbereiner nach Jena gekommen." (Biographie s. Kap.8, [2,5,6])

Goethes erster Brief an Döbereiner ist auf den 6. November 1810 datiert[20]: in ihm lädt Goethe Döbereiner im Auftrag des *Serenissimo* zu einem Besuch nach Weimar ein *'um in den nächsten Tagen den hiesigen Vorrat eines chemischen Apparats anzusehen, und zugleich auch, was etwa von den Göttlingischen zu akquirieren sein möchte, zu überlegen; wie sich denn bei dieser Gelegenheit noch manches andere wird besprechen lassen.'*

Bereits am 8. November findet dieser Besuch statt. In Goethes Tagebuch finden wir den Hinweis: *Nach Tische Professor Döbereiner und Bergrath Voigt.* Am nächsten Tag lauten die Eintragungen: *Expeditionen wegen Döbereiner, nachdem ich bei Durchlaucht dem Herzoge gewesen und deshalb nachgefragt. Mittags Professor Döbereiner und Bergrath Voigt zu Tische. Über Chemie, Physik, Botanik ...*

Am 10. November schon geht der nächste Brief Goethes an Döbereiner[21]:

*Ew. Wohlgeboren erhalten, nach unsrer gestrigen Verabredung, die nötigen Papiere. Haben Sie die Gefälligkeit darnach das andere zu besorgen. Ordnen Sie den Apparat, wie er nach und nach ankommt, und revidieren ihn nach dem Verzeichnis, welches ich nächstens übersende. Sollte etwas fehlen, so bemerken Sie es, und was drüber ist, verzeichnen Sie. Was*

---

[20]  WA IV. 21, 412 (Brief Nr. 6052)
[21]  WA IV. 21, 413 (Brief Nr. 6053)

*sonst von hier aus, besonders von Herzoglicher Bibliothek, nützlich sein möchte zu Ihren Zwecken, ziehen Sie mir aus, und ich will das weitere gern besorgen. Mich bestens empfehlend Weimar den 10. November 1810. Goethe.*

Und damit beginnt ein intensiver Kontakt zwischen Goethe und Döbereiner, der sich zu in langen Jahren zu einer persönlichen Freundschaft entwickelt.

In den „Zeugnissen amtlicher Tätigkeit" von 1817 schrieb Goethe[22]:

*Nach Göttlings Tod acquiriten Serenissmus seinen Nachlaß an Apparaten und Büchern, solcher wurde in Döbereiners Hände gegeben, auch mit französischen Glaswaren und andern von der neueren Chemie geforderten Werkzeugen ansehnlich vermehrt. Ein Laboratorium ward errichtet, ein Haus und Garten zu geräumiger Wohnung und freierer Behandlung gefährlicher Gegenstände angekauft.*

Goethe lud Döbereiner häufig an seine Tafel, unternahm mit ihm und anderen Gästen Spazierfahrten nach dem Essen und besuchte ihn in Jena. Folgen wir nun den Tagebucheintragungen Goethes, in denen Döbereiner genannt wird, so verfolgen wir damit auch ein Stück Entwicklungsgeschichte sowohl der Chemie in Jena und als auch der chemischen (Fort)Bildung Goethes.

Am 27. April 1811 heißt es in Goethes Tagebuch[23]:

*Der Abend ward mit allerlei Versuchen und wissenschaftlichen Unterhaltungen zugebracht, indem der Bergrath Voigt und Professor Döbereiner gegenwärtig waren.*

Bereits zwei Tage später folgt eines ausführlichere Eintragung[24]:

*Versuche mit dem mineralischen Chamäleon ... Zu Tafel Hofrath Voigt und Sohn, Hofrath Fuchs und Professor Döbereiner. Nach Tafel mancherlei Versuche fortgesetzt. Abends das indianische Weißfeuer auf dem Schloßdache anzünden lassen. Darauf zu Abend gespeist und somit verschiedene Unterhaltungen, besonders physikalische und chemische Diskurse.*

Beim *indianischen Weißfeuer* handelt es sich um ein blendendweißes Licht, das beim Abbrennen eines Gemisches aus Salpeter (Kaliumnitrat), Schwefel und Realgar (Arsensulfid) entsteht. Nach der 9. Auflage des Römpp Chemie Lexikon wird dieses Weißfeuer als „griechisches" Weißfeuer bezeichnet (im Chemisch-technischen Lexikon von J. Bersch aus dem vorigen

---

[22] WA I. 53, 296$_{3-9}$
[23] WA III. 4, 200$_{13-17}$
[24] WA III. 4, 200$_{27}$–201$_{7}$

Jahrhundert jedoch „indisches" Weißfeuer genannt), wobei die genannten Bestandteile im Verhältnis 24 zu 7 zu 2 (in beiden Lexika übereinstimmend) gemischt werden. Als Leuchtsätze waren solche Gemische schon den arabischen Chemikern, den Alchemisten, im Mittelalter bekannt.

Vom 13. bis 21. Januar 1812 hielt Goethe sich in Jena auf. In seinem Tagebuch nehmen die Begegnungen mit Döbereiner und Seebeck ein breiten Raum ein. Bereits vor seiner Abreise aus Weimar bespricht er mit Seebeck am 11. Januar *physische und chemische Angelegenheiten*, nimmt am 12. Januar eine *Registratur der chemisch physischen Bedürfnisse* vor und fährt dann am 13. Januar *mit Dr. Seebeck nach Jena*. Am 14. Januar heißt es: *Vorbereitung und Schema des Geschäfts Um 9 Uhr Sitzung mit Dr. Seebeck, Prof. Döbereiner, Körner, Pflug ...*

JOHANN CHRISTIAN FRIEDRICH KÖRNER (1778–1847) war Hof- und Universitätsmechanikus in Jena, Christian Gottlob *Pflug* war Kupferschmied.

Bei seinen „Amtsgeschäften" geht es – die Chemie betreffend – vor allem um „Apparate" (15. Januar: *Session mit Seebeck und Döbereiner, die Apparate betr.*) Goethe läßt sich *Galvanisch elektrische Versuche* zeigen und nimmt am folgenden Tag eine *nochmalige Bearbeitung der Phis. chem. Gegenstände* vor. Am 17. Januar gilt die erste Tagebucheintragung einem *französischen Destillier Apparat*. Am 18. Januar heißt es: *Destillier Apparat nochmals durchgegangen. Chemika besprochen.*

Im April 1812 hielt sich Goethe wieder für einige Tage in Jena auf (20. bis 30. April), bevor er von dort zur jährlichen Kur nach Karlsbad abreiste. Bereits in Weimar hatte er am 12. April *Über die Verwandlung der Stärke in Zucker* beim Mittagstisch gesprochen, an dem auch Professor Lavès, und Hofrat Meyer anwesend waren.

Am 22. April suchte Goethe in Jena Döbereiner in dessen Laboratorium auf. Seine Tagebucheintragung lautete[25]:

*Zu Döbereiner in dessen Laboratorium. Mehrere Metalloxide, das gereinigte Silber. Gespräch über die dynamischen Ansichten der neueren Zeit. Professor Münchow. Mittags für uns. nach Tische Bergrath Voigt und Döbereiner. Pflanzenchimie. Symbolische Ausdrücke von höherer Organisation bei der niedern gebraucht. Es wird so weit kommen, daß die mechanische und atomistische Vorstellungsart in guten Köpfen ganz verdrängt*

---

[25]  WA III. 4, 270$_{25}$–271$_9$

*und alle Phänomene als dynamisch und chemisch erscheinen und so das
göttliche Leben der Natur immer mehr betätigen werden …*

Auch bei seinem Kur- und Badeaufenthalt in Karlsbad stellen sich bei
Goethe „chemische (oder genauer kristallchemische) Gedanken" ein. So
schreibt er am 12. Mai in sein Tagebuch[26]:

*Mit Döbereiner zu überlegen, ob man nicht auf anderem Weg als durch
Erwärmung mehrere Kristalle zur Turmalinität disponieren könne. Versuche mit den Carlsbader Zwillingskrystallen vorzuschlagen.*

Den häufigen Badegast Goethe – ob in den böhmischen Bädern Karls-
bad, Marienbad, Franzensbad und Teplitz oder in Wiesbaden, Pyrmont,
Lauchstädt oder Berka – interessierten auch die Mineralwässer (s. auch
Kap. 5). So kam Goethe am 30. Oktober 1812 nach Berka, um dort die
Schwefelquelle näher in Augenschein zu nehmen. Am 2. November traf er
mit Bergrath Voigt und Professor Döbereiner in Jena zusammen – das
Thema: *Berkaische Schwefelquellen, ingleichen Kali enthaltende Minerali-
en.* Auch die folgenden Tage beschäftigte ihn dieses Thema besonders:
Am 6. November heißt es in seinem Tagebuch: *… An meine Frau wegen
ihres Herüberkommens. Gesundbrunnen und Bäder Deutschlands …* , am
7. *Schemata zum Museumsbericht und zum Aufsatz über die Berkaischen
Schwefelwasser.* und am 8. u.a. *Nach Tische Professor Döbereiner, Berkaische Badeanstalt, Niello, Novissima der Chemie. Ursachen der Unzulänglichkeit früherer Analysen. Die Frauenzimmer in Zwätzen …*

Am 10. November 1812 hielt er sich *mit Döbereiner in dessen Laboratori-
um* auf, um *über die nächsten Bedürfnisse* mit ihm zu sprechen. Auch am 18.
November beriet er sich *mit Döbereiner über künftige Diarien* und über die
*Untersuchung des Zahnpulvers.*

Zum Ende des Jahres – am 9. Dezember – erhielt Goethe „Döbereiners
Bericht über seine wissenschaftliche Tätigkeit im vorigen Jahr", worauf er
ihm am nächsten Tag einen Brief schrieb, der erhalten geblieben ist. Er verdeutlicht nicht nur das enge Verhältnis zu Döbereiner und seinen Arbeiten
sondern auch Goethes Anteilnahme an der Chemie:[27]

*Ew. Wohlgeboren haben mir durch die übersendete gründliche und
geistreiche Darstellung Ihrer diesjährigen Tätigkeit ein großes Vergnügen
gemacht, indem ich dadurch sowohl in den Stand gesetzt bin, das was Sie*

---

[26]   WA III. 4, 283$_{25}$–284$_1$
[27]   WA IV. 23, 194–195 (Brief Nr. 6443)

*geleistet haben, entschiedener zu schätzen, als auch angereizt werde, an Ihrer herrlichen Wissenschaft innigeren Anteil zu nehmen.*

*Möge die Heiterkeit, mit der Sie selbst wirken und an dem Wirken anderer Teil nehmen, Sie immerfort begleiten. Der Frohsinn ist so wie im Leben, also auch in Kunst und Wissenschaft der beste Schutz- und Hülfspatron.*

*Ihre gehaltreichen Blätter habe ich Durchl. dem Herzog überreicht und wünsche, daß sie zu angenehmen und lehrreichen Abend-Unterhaltungen Gelegenheit geben mögen.*

*Das Beste wünschend*

*Goethe*

*Weimar, den 10. Dezember 1812.*

Am 19. Dezember berichtete Goethe in seinem Tagebuch über die *Entdeckung Döbereiners von Verwandlung des Gypswassers in Schwefelwasser.*

Trotz des auch in Weimar spürbaren Krieges gegen Napoleons, der mit der „Völkerschlacht bei Leipzig" vom 16. bis 19. Oktober 1813 seinen Höhepunkt erreicht und den Sturz Napoleons einleitet, beschäftigt sich Goethe auch in dieser unruhigen Zeit, mit gepackten Koffern zur Flucht bereit, mit der Chemie. Am 31. September begibt er sich mit *Voigt und Doeb. aufs Bergamt. Chemische Gefäße aufzusuchen. Porzellanfabr. Bestellung des Stufengefäßes.*

Erst im Dezember 1814 erfahren wir wieder Einzelheiten zur Döbereiner und der Chemie. Am 6 Dezember heißt es in Goethes Tagebuch: *Döbereiner: Chemisches: Proportionallehre, Aufsieden, leichtere Flüssigkeit über einer schwerern; Kontakt der Luft* ... Am 15. Dezember unterhält sich Goethe mit Döbereiner beim Frühstück über *Metalloide.* Am 21. November 1815 lautet die erste Tagebucheintragung: *Döbereiner Stöchiometrie.*


OSANN – EIN BEDEUTENDER SCHÜLER DÖBEREINES

GOTTFRIED WILHELM OSANN (1796–1866), Sohn eines Regierungsrates aus Weimar, studierte in Jena ab 1817 Chemie und Physik, ab 1819 bereits als Privatdozent in Erlangen und in der Zeit von 1821 bis 1823 als Assistent Döbereines wieder in Jena tätig. Er wurde dann als Professor für Chemie und Pharmazie an die Universität Dorpat berufen und wirkte ab 1828 bis zu seinem Tod an der Universität Würzburg als o. Prof. für Physik und Chemie. Er gehörte der Burschenschaftsbewegung in Jena an und nahm 1817 auch am Wartburgfest in Eisenach teil. Bekannt wurde er durch seine weit verbreitete Schrift „Über die Meßkunst der chemischen Elemente" (1825) und sein „Handbuch der theoretischen Chemie" (1827) [2,6]. Er war der vierte Sohn des genannten Regierungsrates FRIEDRICH HEINRICH GOTTHELF OSANN (1753–1803), mit dem Goethe in den Jahren 1797 bis 1800 gesellschaftlichen Kontakt pflegte. Der Sohn hielt sich auch für kurze Zeit bei dem schwedischen Chemiker Berzelius (über das Zusammentreffen mit Goethe s. weiter unten), auf – darüber schreibt L. Dunsch in seiner Berzelius-Biographie [10]:

„Gottfried Wilhelm Osann, von Wöhler als der „dicke Osann" bezeichnet, weilte nur kurze Zeit bei Berzelius. Der aus Weimar gebürtige Osann war durch Goethe zum Studium der Naturwissenschaften bestimmt."

Am 4. Oktober 1818 vermerkte Goethe in seinem Tagebuch: *Empfehlungsschreiben für den jungen Osann an Schweigger in Erlangen.* Am 29. Oktober 1821 heißt es in Goethes Tagebuch: *Dr. Osann seine Dissertation bringend. Damit meist den ganzen Tag beschäftigt.* Und am 3. Juli 1824 kam Osann wieder ins seiner Vaterstadt und besuchte Goethe: *Professor Osann, Chemicus aus Dorpat, brachte verschiedenes.* 1826 weilte Osann wiederum zu Besuch in Weimar. *Professor Osann von Dorpat, von dortigen Verhältnissen erzählend, auch seine Versuche farbige Phosphore hervorzubringen mitteilend.* (25. Februar) *Osann teilte verschiedene Phosphore mit, nebst einem Aufsatze.* (4. März – zu den Phosphoren s. auch Kap. 3) Am 14. März verabschiedete sich Osann von Goethe. In seiner Bücher-Vermehrungsliste hat Goethe nicht nur G. W. Osanns Dissertation „De natura difinitatis Chemicae" und dessen „Beiträge zur Chemie und Physik. 1. Beitr. Jena, 1822", die er im Mai (10.5.) 1824 auch gelesen hat, sondern auch den des ältesten Bruder Emil (1787–1842), Mediziner und Professor in Berlin, über die „Mineralquellen bey Kayser Franzensbad. Berlin 1822" verzeichnet[28].

DAS CHEMISCHE LABORATORIUM

Der bereits zitierte Alexander Gutbier, Chemie-Professor und Rektor der Universität Jena 1926, berichtet in seiner akademischen Rede mit dem Titel „Goethe, Großherzog Carl August und die Chemie in Jena" auch über die

---

[28]  WA III. 8, 315 bzw. 323

Entwicklung der chemischen Laboratoriums von Beginn der Tätigkeit Döbereiners an [9]:

„Noch im September 1810 – sagten wir – war der neue Professor in Jena eingetroffen. Man übergab ihm [Döbereiner] Göttlings kleines, zweckentsprechend eingerichtetes Forschungslaboratorium und berichtete, daß ein Teil des Inventars und namentlich die stattliche Bibliothek von 1200 Bänden Privateigentum der Göttlingschen Erben sei. Man räumte ihm das Mitbenutzungsrecht an einem Auditorium im Schloß ein und betonte, daß die anderen Vortragenden schuldige Rücksichtnahme erwarteten. Und man erzählte ihm auch, daß sein Vorgänger die Vorlesungsexperimente im Laboratorium vorbereitet, Tische und Apparate während der Pause schnell zusammengetragen, alles sogleich nach Beendigung des Unterrichts wieder fortgeschafft und, um die Chemie bei den Kollegen nicht gar zu unbeliebt zu machen, den Hörsaal zu lüften niemals verabsäumt habe.

Wenn man geglaubt hatte, mit solch einem freundlichen Empfang irgendwie imponierend zu wirken, so hatte man sich gründlich getäuscht.

In aller Bescheidenheit zwar, aber mit herzerfrischender Offenheit doch erklärte Döbereiner: er sei als Chemiker berufen, - ein Chemiker brauche ein geräumiges Laboratorium, eine reichhaltige Apparatur, eine gute Bücherei, einen eigenen Hörsaal mit geeignetem Experimentiertisch und könne, wenn überhaupt er Experimentalchemie vortragen solle, in bezug auf das Auditorium unmöglich von anderen Kollegen abhängig sein, – außerdem müsse und werde er an der Universität eine Anstalt zur Ausbildung praktischer Chemiker einrichten. Er bat, man möge die Güte haben, ihm zu sagen, auf welche Weise er sicher, und sei es auch nur nach und nach, die Räume, die Apparate, die Bücher, die Chemikalien und die nötigen Hilfskräfte erhalten könne. Man sah keinen anderen Ausweg, als nach Weimar zu berichten.

Wiederum war es Carl August, der die Initiative ergriff. Er veranlaßte, daß Döbereiner durch Goethe nach Weimar eingeladen wurde, ‚um in den nächsten Tagen den hiesigen Vorrat eines chemischen Apparats anzusehen, und zugleich auch, was etwa von dem Göttlingischen zu acquiren sein möchte, zu überlegen.‘

Am 8. November 1810 reichte der Weimarer Staatsminister dem Jenaer Professor zum ersten Mal die Hand. Und als Döbereiner in zweitägigen Verhandlungen die dringlichsten Wünsche formuliert und seine Ansichten über die Neugestaltung des chemischen Unterrichts klargelegt, und als

Goethe in ernsten Gesprächen über 'Chemie, Physik, Botanik' des neuen Chemikers hohen Wert schnell erkannt hatte, da war, zum Glück für die Chemie in Jena, der Bund der beiden Männer besiegelt.

Jetzt ging alles gut voran. Am 9. November bereits wurde der 'Schloßvogt Färber in Jena' in gehörige Bewegung gesetzt, der Hofapotheker Schwarz in Jena um Quecksilber gebeten, der Meister Pflug mit Aufträgen beehrt, der Hofrat Vogt um Instrumente angeborgt, und am 28. November schon war, dank dem Entgegenkommen von Frau Sophie Göttling, das Geschäft mit den Erben des Amtsvorgängers geschlossen: Göttlings chemisches Inventar war im ganzen für 160 Taler erworben, die Bücherei war, band für Band um 6 gute Groschen, angekauft, und alles war in Jena eingetroffen. Hoffnungsfreudig konnte Goethe an Döbereiner schreiben: '*Alles zusammen wird gewiß ein hübsches Ganze machen, wenn wir nur erst ein Lokal, das bequem genug ist, vor uns haben, und die sämtlichen Gerätschaften restauriert und in Ordnung sind*', und beglückt konnte Döbereiner – der Brief ist von uns in den Akten des Staats-Archivs zu Weimar gefunden und wird hier zum ersten Mal veröffentlicht – danken:

*Hochwohlgeborner Herr, Hochgeneigter Herr Geheimer Rath,*

*Ew. Exzellenz haben mir in Hochdero gnädigem Schreiben vom 5. d. die Übernahme des chemischen Apparats und der Bibliothek des seel. Göttlings aufgetragen. Diese ist heute in Gegenwart des Herrn Kammerassessors von Göthe [Goethes Sohn] erfolgt, und ich werde nun so bald wie möglich über alles, was mir Ew. Exzellenz von Weimar und hier aus gnädigst anvertraut haben, ein Verzeichnis einsenden.*

*Der Lehrstuhl der Chemie der hiesigen Universität ist nun mit allem ausgestattet, was nur zu wünschen und zu glänzenden Versuchen erforderlich ist, wofür Ew. Exzellenz ich den Dank meines Herzens auszudrücken nicht Worte genug habe. Ich werde Gelegenheit haben, der Welt zu sagen, was Hochdieselben für mich und die chemische Wissenschaft taten, und mich glücklich preisen, wenn mir durch Tätigkeit und Fleiß es gelingen wird, das Vertrauen eines Chefs zu gewinnen, für den mein Herz mit so viel Ehrfurcht schlägt.*

*Mit aller Ehrerbietung beharrend Ew. Exzellenz untertänigster Diener*
*Joh. Wolfgang Döbereiner.*
*Jena d. 7. Dec. 1810*

Die zu Untersuchungen und Unterricht unumgänglich notwendigen Apparate und Bücher waren zu Ende des Jahres 1810 beschafft. Noch aber fehlte das 'Lokal, das bequem genug' war, um das Inventar zu beherbergen und dem Professor Gelegenheit zu eigener experimenteller Arbeit und zur praktischen Ausbildung der Studierenden zu bieten, - noch fehlte das Auditorium, das der Chemiker für sich allein beanspruchte, - noch fehlten die Hilfskräfte, ohne die Vorlesungen und Übungen erfolgreich nicht gestaltet werden konnten. Goethe wußte in zweierlei Hinsicht Rat, wußte, daß das Schloß zu Jena noch erweiterungsfähig war, und wußte, wie man am billigsten baute. So berichten denn die Chroniken, daß schon 1811 im obersten Stockwerk des Herzoglichen Schlosses ein neues chemisches Laboratorium mit einer 'nicht unansehnlichen Präparatensammlung' und 'mit einem zu chemischen Versuchen trefflich geeigneten Hörsaal' im Betrieb stand … "

1816 beginnen die Planungen zu Döbereiners neuem Haus mit Laboratorium, das „Hellfeldsche Haus" (heute Neugasse 23), das neben dem 1833 neu erbauten Chemischen Laboratorium erhalten geblieben ist. Die Eintragung in Goethes Tagebuch am 8. April 1816 lautet: *Vortrag an Serinissimum wegen Döbereiners Wohnung in dem Hellfeldischen Hause.* Am 10. April folgt: *Brief an Döbereiner wegen seiner neuen Wohnung.*, der jedoch nicht erhalten geblieben ist. Ein Brief vom 5. April an den Präsidenten des Staatsministeriums Christian Gottlob von *Voigt* (1743–1819) stellt die Zusammenhänge, die für die Geschichte der Chemie in Jena von besonderer Bedeutung sind, dar [29]:

*Aus beiliegenden Akten geruhen Ew. Exzellenz sich gefällig die Lage bekannt zu machen, in welcher sich die Angelegenheit des Ankaufs des Hellfeldischen Hauses und dessen künftiger Benutzung befindet. Da ich denn nur zu dem Fol. 33 eingehefteten letzten Gutachten des Architekt Steiners meine Bemerkungen hinzufügen will.*

*Nach meiner von Knebelschen Zeiten her genauen Kenntnis der inneren Einrichtung des großscheinenden Gebäudes, welches nur zur Not zwei stille schwache Familien beherbergen kann, sah ich voraus, daß Döbereiner mit sechs Kindern, chemischer Bibliothek und Apparat, ein Auditorium bedürfen pp., und Körner mit seinen Werkstätten keinen Raum darin finden würden. So hat es sich denn auch bei genauerer Betrachtung ergeben, wie der Steinersche Aufsatz bezeugt.*

*Hierbei ist aber nichts verloren, denn wir haben das Haus noch wohlfeil genug und es würde sich für unsere Zwecke kein schicklichers gefunden haben. Wenn wir also Döbereinern den Fol. 5 rot angelegten Raum und al-*

[29]  WA IV. 26, 328–332 (Brief Nr. 7366)

*so das Fol. 10 in seinen drei Etagen aufgeführte Haus übergeben; so hat der-*
*selbe vollkommen und für ewige Zeiten Raum und wir haben keine Klagen*
*und Reklamationen, wie sie bei gemeinschaftlichen Wohnenden niemals*
*zu fehlen pflegen, zu befürchten und zu beseitigen. Was jedoch den übrig*
*bleibenden Raum betrifft, welcher Fol. 5 mit No. 3 bezeichnet worden, so*
*würde wünschen, daß man sich mit Veräußerung desselben nicht übereile.*
*Es war vielleicht die klügste Handlung des Hellfeldischen Lebens, daß er*
*diese nachbarlichen Grundstücke acquirirte, wodurch das seinige einen viel*
*höhern Wert bekam, welches sich wohl erwiesen haben würde, wär er nicht*
*genötigt gewesen im gegenwärtigen Augenblicke loszuschlagen. Die Eile,*
*womit diese Angelegenheit behandelt werden mußte, nötigt nun im Fort-*
*gange zu immerwährender Überlegung.*

Alexander Gutbier berichtete in seiner bereits erwähnten Rede als Rektor in Jena 1926 wie folgt über die Entstehung dieses „Chemischen Institu-
tes" (Zitat ohne Fußnoten des Originals) [9]:

„Schließlich wurde ein für die Familie Döbereiner geeignetes Haus gesucht und 1816 in der Villa Hellfeld 'am Neuthor, am Ende der südlichen Vorstadt von Jena, rechter Hand beim Hinausgehen', gefunden. Goethe konnte
berichten, 'daß Serenissimus den Kauf des Hellfeldische Hauses genehmigt'
habe, und daß die Absicht bestünde, Döbereiner 'und dem Mechanicus Körner darin Quartier zu geben und in denen anstoßenden schönen freien Gar-
tenräumen, was sich auf Chemie und chemische Vorbereitung zu mechani-
schen Arbeiten bezieht, durch zweckliche Baulichkeiten zu begünstigen …'

Döbereiners sehnlichste Wünsche waren erfüllt. Das Haus, heute [1926]
unsere Pharmakologische Anstalt, war räumig genug, um der Familie zur
Wohnung zu dienen, um nebenbei die chemische Bibliothek und Präparatensammlung aufzunehmen, und um außerdem noch der chemischen Anstalt einen großen, zum Experimentieren bestimmten Saal zu liefern, in den
Lehrer und Schüler alsbald, noch im Jahre 1816, übersiedelten. Nur für ein Auditorium war Platz nicht vorhanden; die Vorlesungen mußten nach wie vor
in dem alten Hörsaal im Schloß abgehalten werden. Das war zwar unbequem,
ließ sich aber nicht ändern und wurde ohne Murren ertragen, denn alles andere war ja jetzt so schön. Die Kinder durften im Garten Kartoffeln und
Gemüse anpflanzen, und der Herr des Hauses durfte, das war die Hauptsache und der Hauptvorteil, allein oder mit seinen Studierenden ungestört experimentieren, wann es ihm beliebte, unbehelligt vom Schloßvogt, der zur
festgesetzten Zeit auch die Professoren zum Schluß der Arbeit zwang.

Wenn nur nicht der ewige Mangel an Geld gewesen wäre! Die Kasse der Anstalt war ständig genau so leer, wie der Geldbeutel des vierteljährlich mit baren 7 Talern bezahlten Laboratoriumsdieners oder des Professors selbst. Und dabei sollte doch das 'chemisch-praktische Collegium' immer weiter verbessert werden, denn die Studierenden waren 'außerordentlich fleißig' und die 'Unterhaltung mit so wißbegierigen und denkenden jungen Männern' gabe 'Freude und Hoffnung'. Der Normalzustand der chemischen Kasse ließ keine Anschaffung zu. Überzeugt, 'daß für die liebe Jugend große Vorteile gewonnen werden', ging Goethe wieder alle Stellen an, bei denen er Geld und Verständnis vermutete, und konnte bald mit geringen Summen wieder einmal vorübergehend helfen, bis eine von Döbereiner selbst bei Maria Paulowna[30] erbetene Spende von 200 Talern 'zur Förderung des Studiums der Chemie' eintraf. Allmählich gestaltete sich das Praktikum, stieg die Zahl der Chemiestudierenden an. Freudestrahlend konnte Döbereiner berichten, daß sich für die 'chemischen Analysier-Übungen' 20 Teilnehmer eingeschrieben hätten, und dankbar konnte er am Weihnachtsabend 1828 melden: 'Das chemische Laboratorium ist nun neu und zweckmäßig eingerichtet und mit den meisten Bedürfnissen des experimentierenden und dozierenden Chemikers ausgestattet.' Goethe hatte das Versprechen, 'der Chemie eine gute Stätte in Jena zu verschaffen', erfüllt."

In seinen Tag- und Jahresheften berichtete Goethe 1816 auch selbst über seine Aktivitäten in Jena[31]:

*Die Jenaischen unmittelbaren Anstalten der Naturlehre im Allgemeinen, der Naturgeschichte im Besondern gewidmet, erfreuten sich der aufmerksamsten Behandlung. Fast in allen Abteilungen war die innere Tätigkeit so herangewachsen, daß man sie zwar durch gute Haushaltung sämtlich bestreiten konnte, aber doch an einen neuen erhöhten Museumsetat notwendig denken und einen neuen Maßstab feststellen mußte. Döbereiners Wohnhaus ward ausgebaut, ein Gartenstück bei der Sternwarte angekauft und zu diesem Besitz hinzugeschlagen …*

In Goethes Bericht über die Museen in Jena 1817 als „Zeugnisse amtlicher Tätigkeit" heißt es[32]:

---

[30]   die russische Zarentochter, Schwiegertochter des Herzogs Carl August
[31]   WA I. 36, 109$_{11-21}$
[32]   WA I. 53, 296$_{3-10}$

*Nach Göttlings Tode akquirierten Serenissmus seinen Nachlaß an Apparaten und Büchern, solcher wurde in Döbereiners Hände gegeben, auch mit französischen Glaswaren und andern von der neueren Chemie geforderten Werkzeugen ansehnlich vermehrt. Ein Laboratorium ward errichtet, ein Haus und Garten zu geräumiger Wohnung und freierer Behandlung gefährlicher Gegenstände angekauft.*

Im selben Bericht einige Seiten weiter[33] heißt es im Anschluß an das „mineralogische Museum":

*Das chemische Laboratorium, mit Instrumenten und Gerätschaften, kann seiner Natur nach gleichfalls nur von Einem benutzt werden, und dies ist gegenwärtig Bergrath Döbereiner, der davon den tätigten Gebrauch macht.*

Aus seinem Tagebuch erfahren wir Einzelheiten über den Fortgang der *Angelegenheit chemisches Laboratorium*: So hielt Goethe AM 8. APRIL 1816 beim Herzog *wegen Döbereiners Wohnung in dem Hellfeldischen Hause.* AM 13. MAI suchte Goethe zusammen mit dem Rentamtmann Kühn in Jena Döbereiners Haus auf. Am 14. MAI lautete die Tagebucheintragung: *Döbereiner richtet die Galvanische Säule ein. Versuche mit Waid. Serenissimus besuchten das Krankenhaus. Wedels Garten. Sternwarte. Döbereiners Haus ...* AM 16. MAI: *... Galvanische Farbenversuche. Chromatischer Apparat in Ordnung. Mit Döbereiner ins neue Haus zu Knebel ...* AM 20. MAI: *... Die Arbeit an Döbereiners Haus besehen.* AM 23. MAI: *... Mit Döbereiner Plan des Laboratoriums ...* , AM 26. MAI *... Einleitung der Döbereinerischen Hausreparatur ... .Mit Döbereiner über chemische Angelegenheiten ...* und AM 29. MAI kurz vor seiner Rückreise von seinem 18tägige Aufenthalt in Jena (11.-29. MAI) nach Weimar:

*Alles eingepackt und zur Abreise vorbereitet. Bergrath Voigt. Döbereiner. Voigt Experiment: die Iris Germanica mit Säure und Alkali behandelt ...*

Auch im Jahr 1817 kam Goethe häufig mit Döbereiner zusammen. Er hielt sich vom 21. MÄRZ mit nur kurzen Unterbrechungen bis zum 7. AUGUST in Jena auf. Goethes Tagebuchnotizen verdeutlichen die Breite der Themen, der mit ihm besprach. Die wichtigsten waren:

*... Bergrath Döbereiner fuhr mit mir bis Winzerle. Gespräch über die neuesten Chemica. Angewandte Chemie, entoptische Farben ...* (23. MÄRZ)

*... Professor Döbereiner, Versuche mit der Glaserhitzung. Spazieren ...* (4. APRIL)

---

[33]  WA I. 53, 302$_{12-15}$

*... Mit Bergrath Döbereiner spazieren gefahren nach Winzerla. Schnee-gestöber. Discours über entoptische Farben und über Geologie, besonders wie dieser letzten durch Stöchiometrie möchte beizukommen sein? ...* (10. APRIL)

*... Nach Tische Badeinspektor Schütz von Berka, Professor Döbereiner mit geglühten Glasplatten ...* (11. APRIL)

*... Mit Professor Döbereiner spazieren gefahren. Über epoptische und entoptische Farben. Stöchiometrie. Zerlegung der Körper, ja der Metalle in Elemente ...* (27. APRIL)

*... Bei Döbereiner im Laboratorium. Versuche mit dem Stahlspiegel ...* (25. MAI)

*... Um 11 Uhr zum Herrn von Münchow.*[Astronom] *Betrachtung der Instrumente, des Lokals und der Gegend. Sodann zu Prof. Döbereiner. Verschiedene chemische Präparate. Elektrisches Perpetuum mobile. Flüssige Extrakte durch Pressung, und zwar durch Quecksilbergewicht. Gärung des Johannisbeersaftes pp ...* (3. AUGUST)

Im September 1817 unternahm Döbereiner eine Reise nach England, um sich dort über chemisch-technische Fortschritte zu informieren:

Goethe in seinem Tagebuch: *... Kam Döbereiner, um Abschied zu nehmen vor seiner Reise nach England. Von englischen Verhältnissen gesprochen ...* (6. SEPTEMBER) Am 22. Oktober ist Döbereiner wieder in Weimar: *... Döbereiner von seiner Reise erzählend, Chromeisen aus dem Rheinland bringend ...* Und am 7. NOVEMBER: *Prof. Döbereiner, die untersuchten Mineralien, chemische Resultate daher ...* Und weitere Eintragungen in Goethes Tagebuch, der sich vom 6. bis 15. und vom 21. bis ENDE DEZEMBER wieder in Jena aufhielt: *... Bergrath Döbereiner über Stöchiometrie und die Steigerung derselben ...* (11. NOVEMBER) *... Zu Döbereiner, über die neusten Chemica ...* (23. NOVEMBER) *... Bergrath Döbereiner, der sich mit seinen Auditoren durch Chlorin vergiftet hatte ... Um 6 Uhr Bergrath Döbereiner, Hofrath Voigt. Unterhaltung über Chemie, Steinkohlenformation, Elementarzahlenverhältnisse und sonst ...* (23. NOVEMBER) *... Professor Döbereiner, über atmosphärische Erscheinungen ...* (1. DEZEMBER) *... Prof. Döbereiner wegen der blaufärbenden Kartoffeln ...* (3. DEZEMBER) *... Abends Prof. Döbereiner, über Silicium und anderes. Bergrath Voigt, mancherlei Anekdoten von jenaischen Handwerkern.* (15. DEZEMBER) 1819 besuchte Goethe Döbereiner am 15. MAI: *... Zu Prof. Döbereiner, entoptische Farbenversuche, verschiedene Metalle und andere Körper, Entsäuerung des späthigen Eisensteins durch*

*Hitze. Neue Ausgabe seiner Chemie* … In diesem Jahr wird Döbereiner zum o. Prof. für Chemie ernannt. In Goethes Tagebuch heißt es unter dem 22. AU-GUST: … *Verordnung wegen Döbereiners Besoldung* …

Bis Juni 1820 finden sich in Goethes Tagebuch zwar mehrmals Hinweise auf Besuche Döbereiners, jedoch keine konkreten Themen, die er mit ihm besprochen hat. In den Jahren 1821 und 1822 trafen sich Döbereiner und Goethe ebenfalls häufig.

Am 7. UND 8. OKTOBER 1827 hielt sich Goethe zusammen mit Eckermann in Jena zu Inspektion der verschiedenen Einrichtungen auf – und natürlich besuchte er auch Döbereiner: … *Zu Hofrath Döbereiner, welcher wie die übrigen uns gar freundlich empfing. Einige schöne Experimente, zeigte besonders die Wirkung der Platina in metallischem und oxydiertem Zustande* … (8. OKTOBER)

Am 11. APRIL 1828 kam Döbereiner wieder einmal zum Besuch Goethes nach Weimar:

… *Her Hofrath Döbereiner, welcher einige sehr anmutige und bedeutende chemische Experimente vortrug* …

AM 19. APRIL: … *Döbereiner zeigte nach Tische die Davysche Sicherheitslampe vor und machte einige chemische Experimente* …

AM 1. JULI: … *Herr Hofrath Döbereiner überbrachte einige chromatische Platina-Versuche, referierte, was von mannigfaltigen Versuchen und Unternehmungen, die Gärung betreffend, im Werke sei* …

UND AM 12. JULI: … *Gegen Abend Hofrath Döbereiner und Inspektor Goetze. Ersterer machte den Versuch durch kohlensaures Natron und Zucker den sauren Saalwein in heftig musierenden süßen Champagner zu verwandeln* …

An Goethes 79. Geburtstag 1828 am 28. August besuchte ihn auch Döbereiner:

… *Speiste mit mir Dr. Stichling, Weller und Schuchardt*[34]. *Kam Hofrath Döbereiner dazu, da denn das Gespräch sehr interessant wurde. Er brachte mir das salpetersaure Cölestin* …

Auch 1829 hatte Döbereiner Goethe öfter besucht – so z. B. AM 6. JUNI:

---

[34] KARL WILHELM CONSTANTIN STICHLING (1767–1836), Jurist, Verwaltungsbeamter, zuletzt Kammerpräsident in Weimar; CHRISTIAN ERNST FRIEDRICH WELLER (1790–1854), Beamter der Univ.-Bibliothek in Jena; JOHANN CHRISTIAN SCHUCHARDT (1799–1870), seit 1825 Regsitrator bei der Oberaufsicht der Unmittelbaren Anstalten für Wissenschaft und Kunst und als Schreiber Goethes tätig

*... Nach Tische Hofrath Döbereiner, sehr schöne Muster seiner letzten Glasschmelzung ...*

Die letzten Tagebucheintragungen über Döbereiner sind auf den 20. JANUAR 1830 bzw. 2. FEBRUAR 1830 datiert: Am 20. JANUAR schickte Goethe Döbereiner *einen silbernen Löffel mit oberflächlicher Vergoldung -* vom 2. Februar stammt die letzte Eintragung eines Besuchs: *... Dr. Weller ... Professor Göttling*[35] *... Hofrath Döbereiner. Wurden sämtlich zu Tische gebeten ...*

In einer neueren Publikation „Goethe und die Wissenschaften" der Friedrich-Schiller-Universität von 1984 faßt D. Linke von der Humboldt-Universität in Berlin die „Zusammenarbeit zwischen dem „Dozenten" und dem „Minister"" wie folgt zusammen [11]:

„Oft ging es bei diesem Prozeß gegenseitigen Gebens und Nehmens um Möglichkeiten zur wirtschaftlichen Entwicklung des Herzogtums, z.B. um Gaserzeugung aus Kohle, Glasherstellung, Stickstoffdüngung, Zuckergewinnung, Indigo-Herstellung aus Färberwaid, Mineralwasser-Erkundung und -Analyse und um Stahlerzeugung. In einigen dieser Fälle waren auch schon unter Göttling Versuche begonnen worden. Neben diesen 'amtlichen' Wünschen ersuchte Goethe auch um Zuarbeiten zu eigenen naturwissenschaftlichen Vorhaben, er ließ sich neue Entdeckungen demonstrieren oder fragte einfach nach Dingen, die ihm im Alltag aufgefallen waren."

## DÖBEREINERS STÖCHIOMETRIE

Otto Krätz [12] ist der Meinung, daß es Goethe offenbar Schwierigkeiten bereitet hätte, den großen Auseinandersetzungen der damaligen theoretischen Chemie zu folgen. Er schreibt:

„Im April 1794 übersandte Göttling seine Hauptveröffentlichung, die ihn dank seines Eintretens gegen die Phlogiston-Theorie in die Chemiegeschichte eingehen lassen sollte: 'Beytrag zur Berichtigung der antiphlogistischen Chemie auf Versuche gegründet.' Goethes Dankschreiben signalisiert eine gewisse Hilflosigkeit: Sie ' ... haben mir mit übersendetem Buche ein sehr angenehmes Geschenk gemacht. So aufmerksam ich schon lange auf die neue französische Chemie auch war, so litten es doch meine Umstände nicht,

---

[35] Sohn des Vorgängers von Döbereiner

daß ich ihr anders als nur gleichsam von weitem hätte folgen können … ' …
Mit der Lückenhaftigkeit seiner Kenntnisse der klassischen Chemie sah sich
Goethe wohl öfter konfrontiert. Schon im August 1786 hatte er an Charlotte
von Stein geschrieben: ' … In der Mineralogie kann ich ohne Chemie nicht
einen Schritt weiter, das weiß ich lange und habe sie darum beiseite gelegt,
werde aber immer wieder hineingezogen und gerissen … '

Diese „gewisse Hilflosigkeit" mag für diese Zeit richtig gesehen sein.
Auch in einem Brief an Thomas Johann Seebeck vom 29. April 1812 ist eine
Äußerung in dieser Richtung enthalten[36]:

*… Die neue Chemie wird dem Liebhaber immer unzugänglicher, indem
das Gedächtnis die unendliche Nomenklatur nicht mehr fassen, die Einbildungskraft so viel vorübergehenden Verwandlungen nicht verfolgen, und
das Urteil mit dem unzähligen Gegebenen nicht mehr spielen und gebah-
ren kann. Mit ist es indessen sehr merkwürdig, daß die Wissenschaft, die, in
ihrem eingehüllten Ursprunge, erst ein Geheimnis ist, wieder, in ihrer unendlichen Entfaltung, zum Geheimnis werden muß.*

Später jedoch, als er engen Kontakt mit Döbereiner pflegt, und in seinen
Tagebuchaufzeichnungen und Briefen zahlreiche Hinweise auf *Döbereiners
Stöchiometrie* zu finden sind, die er an manchen Tagen vor allem des Jahres
1811 offensichtlich mehrmals – und sogar in der Nacht – zur Hand genommen hat, gilt diese Vermutung keinesfalls mehr.

In einem Brief an Döbereiner vom 26. Dezember 1812 schrieb Goethe[37]:
*Ew. Wohlgeboren sind in Ihren beiden letzten Briefen meinen Wün-
schen zuvor gekommen. Die Erklärungsweise, wodurch Sie uns über den
Ursprung der Berkaischen Schwefelwasser verständigen, kommt mit den
Überzeugungen überein, die ich von solchen Dingen, freilich nur im Allgemeinen, hegen kann. Die großen Fortschritte der Chemie rechne ich unter
die glücklichen Ereignisse, die mir begegnen können.*

*In diesen Tagen habe ich wieder manche Stunde Ihrem vortrefflichen
Handbuche gewidmet, um mich mit der Sprache, den Ausdrücken, der Terminologie, der Symbolik immer mehr bekannt zu machen. Nicht allein muß
man sie wissen, um den Chemiker zu verstehn, sondern sich auch angewöh-
ne, damit selbst zu gebaren. Verläßt man nie den herrlichen elektro-chemi-
schen geistigen Leitfaden, so kann uns das Übrige auch nicht entgehn …*

---

[36]  WA IV. 22, 379–380 (Brief Nr. 6326)
[37]  WA IV. 23, 209$_{14}$-210$_9$ (Brief Nr. 6458)

Und vier Jahre später äußerte sich Goethe an Döbereiner nochmals zu dessen Lehrbuch[38]:

*… Die gedrängte Darstellung Ihres Lehrbuchs hat meinen ganzen Beifall. Jetzt da alle Wissenschaften so sehr in´s Breite gehen, ist es höchst verdienstlich, die Elemente derselben in´s Enge zu bringen und dem mündlichen Vortrag viel zu überlassen. Bei nachfolgenden Ausgaben, welche, da das Buch den verdienten Beifall erhält, bald gefordert werden müssen, versäumen Sie gewiß nicht es vollkommner zu machen. Das Beste wünschend und an allen Ihren Fortschritten teilnehmend*

*Weimar den 5. Dezember 1816.*

*Goethe.*

Drei weitere Notizen Goethes in seinen Tagebüchern sollen die intensive Beschäftigung auch mit den damaligen Theorien der Chemie belegen:

6. DEZEMBER 1814: *Döbereiner: Chemisches: Proportionallehre …*

27. APRIL 1819: *Döbereiners Grundriß der allgemeinen Chemie … Döbereiners Chymie fortgesetzt.*

15. MAI 1819: *Nacht die neue Döbereinsche Chemie gelesen.*

Döbereiners „Lehrbuch der allgemeinen Chemie, zum Gebrauche seiner Vorlesungen entworfen" (3 Bände) erschien in zwei Bänden 1811/12 und ist Herzog Carl August gewidmet. 1814 veröffentlichte er das Werk „Elemente der pharmazeutischen Chemie … " und 1816 das „Handbuch der pharmazeutischen Chemie", 1821 bis 1825 wurden von ihm fünf Bände mit dem Titel „Zur pneumatischen Chemie" herausgegeben und 1836 auch eine „Chemie für das praktische Leben".

Der von Goethe mehrmals angesprochene „Grundriß der allgemeinen Chemie … " erlebte mehrere Auflagen. *Bettina Haupt* [8] hat in der Reihe „Quellen und Studien zur Geschichte der Pharmazie" Band 35 „Deutschsprachige Chemielehrbücher (1775–1850)" eingehend charakterisiert. Daraus ist zu entnehmen, daß Döbereiners erstem Lehrbuch von 1811/12 bereits 1816 ein neuer „Grundriß der allgemeinen Chemie zum Gebrauche bei seinen Vorlesungen" mit 279 Seiten folgte mit weiteren Auflagen: 2. Aufl. 1819 (erschien auch unter dem Titel: Anfangsgründe der Chemie und Stöchiometrie); 3. Aufl. 1826.

B. Haupt gibt jeweils den *Aufbau der 1. und 2. Auflage* an, die vollständig

---

[38]  WA IV. 27, 254$_{11-21}$ (Brief Nr. 7570)

umgearbeitet wurde, beschreibt beide in Form von Kurzcharakteriska wie folgt:

▬▬▬▬▬ Auflage von 1816:

„*Aufbau:* Inhaltsverzeichnis: Einleitung; insgesamt vier größere Abschnitte; der erste handelt von den chemischen Grundkräften und Gesetzen (hier auch Imponderabilien); der zweite behandelt die Elemente und ihre chemischen Verhältnisse, d.h. ihre Verbindungen untereinander, getrennt in elektronegative und elektropositive Elemente und in Metalle als eigene Gruppe der elektronegativen Elemente, im dritten Abschnitt kommen die Salze als Verbindungen der Säuren mit Basen zur Sprache. Der vierte Abschnitt behandelt unter dem Titel: 'Verbindungen des oxydirten Carbons und des Wassers mit Kohlenhydrogen und Kohlenazot' die organischen Stoffe (neue Definition der organischen Chemie). *Kurzcharakteristik:* Die Konzeption sieht eine Trennung der Elemente nach ihrem elektrochemischen Verhalten vor, der Dualismus ist hier entscheidendes Kriterium. Interessant ist die Behandlung der organischen Chemie, die hier nicht direkt von der anorganischen Chemie getrennt wird, sondern als Chemie der Verbindungen des Kohlendioxids und Wassers mit Wasserstoff und Stickstoff integriert wird. Organische Säuren werden im dritten Abschnitt behandelt, sofern es ihre Salze betrifft."

2. Auflage 1819:
„*Aufbau:* Vorwort; Inhaltsverzeichnis; Einleitung ('Gegenstand dieser Schrift'); der Stoff ist in insgesamt fünf größere, in Abteilungen weiter gegliederte Abschnitte unterteilt mit folgenden Themen: Kräfte und allgemeine Gesetze (Affinität); ätherische Materien (Imponderabilien); irdische Elemente, diese getrennt in Elemente des Wassers (O, H), Elemente der Luft und der organischen Substanzen (N, C), Elemente der Salze (acide Elemente: Cl, J, P, S, Se, Te, B und F; basische Elemente: Li, Na, K, Mg, Ca, Sr, Ba), Elemente der Erden und Steine (Si, Ta, Al, Be, Y, Zr und Th), Elemente der metallischen Erze (übrige Substanzen, diese getrennt in Verbindungen von Kohlenstoff und Sauerstoff (hier auch Kohlensäure), Verbindungen von Kohlenstoff mit Sauerstoff und Was-

serstoff (hier weiter gegliedert in saure, basische und amphotere CHO-Substanzen), Verbindungen von Kohlenstoff mit Wasserstoff, Verbindungen des Kohlenstoffs mit Wasserstoff und Stickstoff und von Kohlenstoff mit O, H, N, das sind tierische Substanzen. Anhang mit Beschreibung der Kupfertafeln und Tafeln mit Darstellung verschiedener Geräte, hauptsächlich zur Analyse. *Kurzcharakteristik:* Übersichtlich gestaltetes Werk mit teilweise verallgemeinernden Schemata zur Darlegung chemischer Beziehungen (Stöchiometrie), viele Zwischentitel und Verwendung von chemischen Zeichen nach Berzelius. Hinsichtlich der Gruppierung der Elemente versucht Döbereiner einen neuen Weg (z.B. 'Elemente der Luft und der organischen Substanzen'), Grundlage hierbei ist das elektrochemische Verhalten."

Die meisten Andeutungen Goethes in den zitierten Tagebuch- und Briefauszügen werden mit diesen Angaben von B. Haupt erklärt. Das gesamt Werk ist in Paragraphen eingeteilt. In § 1 ist in der 3. Auflage zu lesen:

„Die wichtigsten Erscheinungen, welche sich dem Naturforscher bei aufmerksamer Betrachtung der Aussenwelt darstellen, sind dass die meisten Dinge, welche unserem Planeten angehören, sich beständig in ihren in die Sinne fallenden (materiellen) Eigenschaften verändern, dass gleichsam eine beständige Umwandelung (Metamorphose) der Materie, und mit dieser eine fortdauernde Umänderung der Form Statt findet."

Und in § 4 heißt es:

„Chemie ist chemische Experimentalphilosophie und kann als solche nur auf dem Wege der Erfahrung, d.h. durch Beobachtungen, Versuche und Analogien, gefördert werden."


DIE PHARMAZEUTEN UND CHEMIKER GOEBEL UND WACKENRODER

Döbereiner starb 17 Jahre nach Goethe am 24. März 1849 und war bis dahin fast 40 Jahre als Professor an der Universität Jena tätig gewesen. Sein Nachfolger wurde HEINRICH WILHELM FERDINAND WACKENRODER (* 8. März 1798 Burgdorf bei Hannover, † 4. September 1854 in Jena), der bereits 1828 als a.o. Professor für Chemie und Pharmazie an das Pharmazeutische Institut der Universität Jena gekommen war. Er überlebte Döbereiner aber nur um fünf Jahre. Am 16. November 1828 machte Heinrich *Wackenroder* seinen Antrittsbesuch bei Goethe:

*... Der an Goebels Stelle in Jena getretene Professor Wackenroder ...* – so lautet die Eintragung in Goethes Tagebuch.

FRIEDEMANN GÖBEL (* 21. Februar 1794 in Niederroßla, * 27 Mai 1851 in Dorpat) ging in Eisenach von 1809 bis 1813 in die Apothekenlehre. Danach ermöglichte ihm Goethe mit Hilfe eines Stipendiums des Großherzogs Carl August das Studium der Naturwissenschaften in Jena. 1818 pachtete er die Universitäts-Apotheke in Jena und promovierte sowie habilitierte sich im gleichen Jahr für das Fach Pharmazie (pharmazeutische Chemie). 1824 wurde er zum Apotheken-Revisor des Großherzogtums Sachsen-Weimar-Eisenach ernannt und ein Jahr danach zum Professor für Pharmazie an der Universität Jena. 1828 folgte er einem Ruf als o. Prof. für Chemie und Pharmazie an die Universität von Dorpat [5].

Goethes erste Tagebucheintragung über Göbel stammt vom 16. JULI 1816:

*... Erlaß an Bergrath Döbereiner wegen den 50 rh für den Studiosus Goebel, Erlaß an Kühn wegen Auszahlung derselben – durch Färbern besorgt.*

Bereits am 21. JULI folgt die Eintragung: *... Famulus Goebel von Jena sich bedankend ...* Im folgenden Jahr besuchte Göbel mehrmals Goethe u.a. am 15. JULI 1817 *... mit angelaufenen eisernen Glockenspeisplatten.* Am 1. MAI 1828 kam Göbel zu Goethe nach Weimar *... seinen Ruf nach Dorpat meldend.* In Goethes „Bücher-Vermehrungsliste" finden sich auch einige Werke Göbels:

Unter dem 11. JUNI 1821: *Goebel, Grundlinien der pharmaceutischen Chemie pp. ... Vom Verfasser.* und am 22. NOVEMBER verzeichnete Goethe in seinem Tagebuch: *... Göbels pharmaceutische Waarenkunde 1. Heft.* sowie nach dem Weggang Göbels am 4. MÄRZ 1830: *... Professor Zenker* [Naturforscher] *kam von Jena, das neuste Hefte der Waarenkunde bringend, da er diese Arbeit Göbels fortsetzt.*

AM 12. JULI 1829 besuchte Göbel Goethe nochmals: *Besuch von Herrn Professor Göbel aus Dorpat, welcher mit seinen dortigen Verhältnissen sehr wohl zufrieden zu sein sich aussprach.*

Göbels Lehrbuch „Grundlinien der pharmazeutischen Chemie und Stöchiometrie" erschien 1821 in Jena in der ersten Auflage, 1827 in Eisenach als 2. vermehrte und verbesserte Auflage unter dem Titel „Handbuch der pharmazeutischen Chemie und Stöchiometrie" und 1840 in einer 3. Auflage. Die von Goethe genannte „Pharmazeutische Warenkunde" wurde von

Göbel 1827 begonnen und erschien bis 1834 in Jena und Eisenach in ingsesamt 2 Bänden.

Göbels Nachfolger *Wackenroder* wird als der eigentliche Begründer der Pharmazie in Jena angesehen. Er stammte aus eine Ärzte- und Apothekerfamilie, absolvierte eine Lehre in der Hofapotheke zu Celle und war danach in der Apotheke seines Vaters in Burgdorf beschäftigt. 1825 begann er ein Studium der Chemie, Pharmazie und Medizin in Göttingen. Nach einem Brand in der Apotheke seines Vaters, als sein weiteres Studium gefährdet schien, erhielt er bei dem Göttinger Professor für Medizin und Chemie FRIEDRICH STROHMEYER (1776–1835) eine Assistentenstelle. 1827 konnte er in Erlangen über Lipochrome zum Dr. phil. promovieren, 1828 erfolgte die Habilitation in Göttingen. Kurz danach wurde er als a.o. Professor und Nachfolger Göbels nach Jena berufen, 1838 erhielt er eine o. Professur und nach Döbereiners Tod 1848 auch die Professur für Chemie. Bis heute bekannt ist die nach ihm benannte „Wackenrodersche Flüssigkeit", eine Lösung sauerstoffhaltiger Säuren des Schwefels. [5]

In Goethes Tagebuch finden sich in den Jahren 1829 bis 1831 immer wieder Eintragungen über Besuche Wackenroders – jedoch seltener mit Angaben zu einem wissenschaftlichen Thema.

AM 16. AUGUST 1829 notierte Goethe:

*… Professor Wackenroder von seinem Institut erzählend, und über den niedersächsischen Apotheker-Verein, nicht wenige über den guten Zustand der hannöverschen Apotheken …* Eine der letzten Eintragungen – am 4. MAI 1831 - lautet: *Brief von Wackenroder mit chymischer Sendung.*

Aus dem Briefwechsel Goethes mit Wackenroder, der meist geologisch-mineralogische und botanische Themen zum Inhalt hat, ist ein Abschnitt aus dem letzten Brief vom 21. JANUAR 1832, zwei Monate vor Goethes Tod, besonders charakteristisch. Er enthält Goethes Gedanken zur *Pflanzen-Chemie*[39]:

*Ew. Wohlgeboren*

*bin ich für verschiedene Sendungen und Mittheilungen einen aufrichtigen Dank schuldig geblieben, welchen ich nicht länger, und wäre es auch nur einigermaßen, auszudrücken zaudern darf.*

*Lassen Sie mich daher bei dem Letztern verweilen und bei der Pflanzen-Chemie mich aufhalten. Es interessiert mich höchlich, inwiefern es*

---

[39]  WA IV. 49, 209–211 (Brief Nr. 154)

möglich sei, der organisch-chemischen Operation des Lebens beizukommen, durch welche die Metamorphose der Pflanzen nach einem und demselben Gesetz auf die mannigfaltigste Weise bewirkt wird ... .

... Ich habe mich in meiner Darstellung der Metamorphose mich nur des Ausdrucks eines immer verfein(er)ten Saftes bedient, als wenn hier nur von einem Mehr oder Weniger die Rede sein könnte; allein mir scheint offenbar, daß die durch die Wurzel aufgesogenen Feuchtigkeit schon durch sie verändert wird und, wie die Pflanze sich gegen das Licht erhebt, sich die Differenz immer mehr ausweisen muß.

Da wir nun in Unterscheidung der greif- und wägbaren Elemente, so wie der gasartigen, durch die Chemiker immer weiter vorrücken, so bin ich geneigt zu glauben, es müsse sich eine Succession von Entwicklungen und Aneignungen noch bestimmter anzeigen lassen. Daher kam der Wunsch, dem Sie so freundlich entgegenarbeiteten, die Luftart, wodurch die Schoten der Colutea arborescens[40] sich aufblähen, näher bestimmt zu sehen ... .

... Fahren Sie fort, mit allem dem was Sie interessiert mich bekannt zu machen, es schließt sich irgendwo an meine Betrachtungen an, und ich finde mich im hohen Alter sehr glücklich, daß ich das Neueste in den Wissenschaften nicht zu bestreiten nötig habe, sondern durchaus mich erfreuen kann, im Wissen eine Lücke ausgefüllt und zugleich den lebendigen Ramifikationen[41] der Wissenschaft sich anastomosieren zu sehen.

Goethes Briefwechsel mit Wackenroder von 1830 bis 1832 weist insgesamt 11 Briefe Wackenroders auf. [42]

---

[40] Blasenstrauch
[41] Ramifikationen: Verästelungen, Verzweigungen; anastomosieren: sich vereinen (Hamburger Ausgabe der Briefe, Band 4, S. 669)
[42] nach Kurt Brauer: Goethes Briefwechsel mit Wackenroder, in: Studien zur Geschichte der Chemie, Festgabe Edmund O. v. Lippmann, Hrgsb. Julius Ruska, Berlin 1927, S. 157–175

LITERATUR ZU KAPITEL 4

1.  L. Boehm, R. A. Müller (Hrgs.): Hermes Handlexikon Universitäten und Hochschulen in Deutschland, Österreich und der Schweiz. Eine Universitätsgeschichte in Einzeldarstellungen. Düsseldorf 1983, S. 211–215

2.  R. Stolz (Bearb.): Chymia Jenensis. Chymisten, Chemisten und Chemiker in Jena, Alma Mater Jenensis, Studien zur Hochschul- und Wissenschaftsgeschichte Heft 6, Friedrich-Schiller-Universität Jena 1989

3.  S. Engels, A. Nowak: Auf der Spur der Elemente, 3. Aufl., Leipzig 1983, S. 69

4.  G. Schwedt: 200 Jahre „Chemisches Probir-Cabinet" des J. F. A, Göttling zu Jena, Labor 2000 (1991), S. 210–216

5.  H.-W. Hein, H.-D. Schwarz (Hrgs.): Deutsche Apotheker-Biographie, Stuttgart 1975

6.  W. R. Pötsch, A. Fischer, W. Müller (Hrgs.): Lexikon bedeutender Chemiker, Thun/Frankfurt am Main 1989

7.  W. Sandermann: Papier. Eine spannnende Kulturgeschichte, Berlin/Heidelberg, 2. Aufl. 1992, S. 134

8.  B. Haupt: Deutschsprachige Chemielehrbücher (1775–1850), Stuttgart 1987

9.  A. Gutbier: Goethe, Großherzog Carl August und die Chemie in Jena, Jenaer akademische Reden Heft 2, Jena 1926

10. L. Dunsch: Jöns Jacob Berzelius: Biographien hervorragender Naturwissenschaftler, Techniker und Mediziner Band 85, Leipzig 1986, S. 111

11. D. Linke: Goethe und die Chemie – von der „heimlich Geliebten" bis zur „Revolution auf akademischem Boden"; in: Goethe und die Wissenschaften, Wissenschaftliche Beiträge der Friedrich-Schiller-Universität Jena 1984, S. 78–94

12. O. Krätz: Goethe und die Naturwissenschaften, München 1992, S. 142

# 5 CHEMIKERBESUCHE
## UND GOETHES ANGEWANDTE CHEMIE

In zu Goethes Lebzeiten nicht veröffentlichten, jedoch handschriftlich überlieferten und in der Weimarer Ausgabe seiner Werke erstmals gedruckten Anmerkungen zur *Naturwissenschaft im Allgemeinen* (um 1828) vergleicht er die Kristallographie mit der Chemie:

*Von praktischer Lebenseinwirkung ist sie nicht: denn die köstlichen Erzeugnisse ihres Gebiets, die kristallinischen Edelsteine, müssen erst zugeschliffen werden, ehe wir unsere Frauen damit schmücken können.*

*Ganz das Entgegengesetzte ist von der Chemie zu sagen, welche von der ausgebreitesten Anwendung und von dem grenzenlosesten Einfluß auf's Leben sich erweis't.* [1]

Goethes Kontakte zu Chemikern seiner Zeit sowohl in Weimar als auch in Jena wurden bereits ausführlich behandelt. Hier sollen weitere zeitgenössische Chemiker vorgestellt werden, die Goethe in Weimar (Ferdinand Friedlieb Runge), in Eger (Berzelius und Mitscherlich), in Göttingen (Gmelin und Lichtenberg), in Tübingen (Gmelin) getroffen hat bzw. die er in seinen Schriften besonders erwähnt hat.

### BEI GOETHE ZU BESUCH: BERZELIUS UND SEINE SCHÜLER

Der schwedische Chemiker JÖNS JACOB BARON BERZELIUS (1779–1848), der zunächst Medizin an der Universität Uppsala studiert hatte, war seit 1807 Professor an der Chirurgischen Schule in Stockholm. Er unternahm ausgedehnte Reisen nach England, Frankreich, Deutschland und 1822 auch nach Böhmen, wo er am 30. Juli in Eger mit Goethe zusammentraf. Goethe hielt sich seit dem 19. Juni in Marienbad auf und war von dort am

---

[1] WA II. 11, 122$_{21}$–123$_4$

24. Juli nach Eger gereist. In Goethes Tagebuch ist folgende Eintragung zu lesen[2]:

*Graf Sternberg. Prof. Pohl und Berzelius. Manches mitgebracht, besprochen. [...] Berzelius, von einförmiger Kristall-Gestalt, bei gleicher quantitativer Verbindung verschiedner Salze mit Wasser. Zu Tische mit Grüner. Nachher auf den Kammerbühl. Relation von Auvergne. Jene beiden nach Franzenbrunn; ...*

KASPAR MARIA GRAF VON STERNBERG (1761–1838) war Theologe und Naturforscher. Goethe hatte häufig Kontakt mit ihm und interessierte sich für dessen Veröffentlichungen zu den Themen „Über das Vaterland der Erdäpfel und ihre Verbreitung in Europa", „Über die Benützung der Steinkohlen, besonders in Böhmen" und für den „Versuch einer geognostisch-botanischen Darstellung der Flora der Vorwelt". Er war der „Sproß eines alten reichsunmittelbaren böhmisch-mährischen Geschlechts, war zunächst für die geistliche Laufbahn bestimmte, hatte in Rom am Collegium Germanicum studiert und trat nach Abschluß seines Theologiestudiums als Kammerherr in den Dienst des Fürstprimas von Regensburg, Karl Theodor v. Dalberg. 1810 kehrte er nach Böhmen zurück und widmete sich der Verwaltung der Familiengüter und seinen ausgebreiteten naturwissenschaftlichen Studien auf den Gebieten der Botanik und der Paläontologie."[3]

Mit Prof. Pohl ist der Mediziner und Botaniker JOHANN BAPTIST EMANUEL POHL (1782–1834) aus Prag gemeint, mit dem Goethe ebenfalls regen Kontakt pflegte. Offensichtlich hat Berzelius mit Goethe über das Phänomen der Isomorphie gesprochen, das 1818 erstmals von Berzelius' Schüler Eilhardt Mitscherlich (1794–1863) an den Salzen $KH_2PO_4$, $KH_2AsO_4$ und $NH_4H_2PO_4$ beobachtet und 1819 auf die chemischen Ähnlichkeit zurückgeführt hatte. Aus Goethes Tagebuchaufzeichnungen entnehmen wir auch, daß er gemeinsam mit Berzelius und dem Polizeirat Grüner aus Eger (s. Kap. 2) den Kammerberg besucht hat. Er vergleicht ihn mit der Landschaft der Auvergne in Mittel-Frankreich mit dem Zentrum Clermont-Ferrand. Berzelius und Grüner begaben sich danach nach Franzensbad, von Goethe als Franzenbrunn bezeichnet.

---

[2] WA III. 8, 221$_{4-12}$
[3] Johann Wolfgang von Goethe. Briefe. Hamburger Ausgabe. Band 4. 1821–1832, 612, München 1988

Am 31. Juli schrieb Goethe in sein Tagebuch [4]:

*Der Graf nach Franzenbrunn; mit jenen beiden sodann zum Egeran. Ich diktierte Briefe und richtete alles ein. Sie kamen gegen Eins. Ward gespeist zu fünfen. Nachher Lötrohr Versuche durch Berzelius. Er fuhr nach Carlsbad. Der Graf, Pohl und Grüner zur großen Eiche. Abends mit dem Grafen. Viele Verhältnisse durchgesprochen, auch das Neueste Chemische. Der Graf und Pohl fuhren um neun Uhr, bei hellem Mondschein ab. Grüner blieb bis spät.*

Goethe war von Berzelius offensichtlich sehr angeregt worden. Dieser hatte bis dahin u.a. neue Elemente entdeckt – 1803 in einem schwedischen Mineral des Cäsium (zusammen mit Hisinger) und 1818 das Selen –, von 1807 bis 1812 eine Tabelle von Atom- und Verbindungsmassen aufgestellt und 1813 eine neue Zeichensprache entwickelt. Berzelius beherrschte die Kunst des Lötrohrblasens zur Analyse vor allem von Mineralien. Das Lötrohr war auch ein Bestandteil des chemischen Probierkabinetts von Göttling (s. auch Kap. 7) und anderer früher Taschenlaboratorien, die z.B. von Berzelius' Landsmann GUSTAV VON ENGESTRÖM (1738–1831) nach der Einführung durch den ebenfalls schwedischen Mineralogen AXEL FREDERIK BARON CRONSTEDT (1722–1765), Entdecker des Nickels und Autor eines Systems der Mineralogie entwickelt worden war [1]. Die Lötrohranalyse, noch in den sechziger Jahren Bestandteil der Grundausbildung eines jeden Chemikers, ist auf JOHANN KUNCKEL (1630–1703), Ritter von Löwenstern, Hofglasmacher des KURFÜRSTEN VON BRANDENBURG (1677–1688) mit einem Laboratorium auf der Pfaueninsel in Berlin und Erfinder des Rubinglases (s. Kap. 6). Er beschrieb im Jahre 1688 Lötrohr-Reaktionen von Metallverbindungen auf Holzkohle. Die Reaktionen mit Hilfe der Flamme in einer Vertiefung eines Holzkohlestückchens ergeben je nach Metall kleine Kügelchen (Regulus), Metallflitter oder bei unedlen Metallen wie Zink oder Cadmium Oxidbeschläge.

Goethe kannte Berzelius bereits aus früheren Arbeiten, vor allem aus dem Bereich der Mineralogie. So vermerkte er in seinem Tagebuch am 19. März 1816: *Berzelius über die verschiedenen Mineral Systeme.* Und wenige Monate nach dem Besuch in Eger las Goethe am 24. Dezember 1822 *Berzelius neues System der Mineralogie.*

Welchen Eindruck der Besuch Berzelius' in Eger auf Goethe gemacht hat, läßt sich aus der Erwähnung in mehreren Briefen Goethes entnehmen.

---

[4] WA III. 8, 221$_{15-24}$

In einem ausführlichen Brief an seinen Herzog (inzwischen zum Großherzog von Napoleons Gnaden erhoben) und dessen Frau der Großherzogin Louise aus Eger am 1. August 1822 heißt es über den Besuch von Berzelius [5]:

*Noch vor Absendung dieses Blattes kam Graf Sternberg mit Dr. Pohl und Berzelius, einem namhaften schwedischen Chemiker, bei mir an; die Unterhaltung war so lebhaft als lehrreich. Aus den fernsten Weltgegenden so wie aus den wichtigsten Regionen der Naturwissenschaft ergaben sich Mittheilungen aller Art.*

An seinen Sohn August schrieb Goethe am folgenden Tag aus Eger [6]:

*Graf Sternberg kam den 30ten gegen Mittag, begleitet von Dr. Pohl dem Brasilianischen Reisenden und dem berühmten schwedischen Chemiker Dr. Berzelius. Die Unterhaltung war lebhaft und lehrreich, letzterer lies die schönsten Versuche mit dem Lötrohr sehen. Wir besuchten zusammen die Gegend; ich habe in jedem Sinne viel gewonnen. Wenn sich nur alles im Gedächtnis fixieren wollte!*

In einem Brief an den Dozenten der Philosophie in Berlin, LEOPOLD DOROTHEUS VON HENNING (1791–1866) [7], der an der Universität bis 1835 jährlich im Sommersemester Vorlesungen über Goethes Farbenlehre hält, wofür ihm die Akademie der Wissenschaften einen Raum zur Verfügung gestellt hatte, heißt es nach Ausführungen zur Farbenlehre – u.a. über getrübte Scheiben – am 11. August 1822 aus Eger [8]:

*… Herrn Grafen Kaspar Sternberg, welcher durch Nürnberg gereis't, habe gebeten, bei den Antiquaren nach solchen Glasscherben, auch Purpur und andern sich umzusehen. Bei der königlichen Porzellanfabrik muß der Fall öfters vorgekommen sein, daß man dasjenige wonach wir streben für einen verunglückten Versuch hielt.*

*Suchen Sie ja den Herrn Oberbergrath im Interesse zu erhalten, gewinnen auch etwa Herrn Mitscherlich, der mir von Herrn Berzelius als ein vorzüglicher junger Mann gerühmt worden. Wenn einmal ein geistreicher Chemiker gewahr wird, was ihm unsere Farbenlehre für Vorteile bringt, so erhält die Sache sogleich ein anderes Aussehen.*

---

[5] WA IV. 36, 104$_{19-22}$ (Brief Nr. 83)

[6] WA IV. 36, 105$_{16-23}$ (Brief Nr. 84)

[7] hielt an der Berliner Universität bis 1835 regelmäßig im Sommersemester Vorlesungen über Goethes Farbenlehre, wofür ihm die Akademie der Wissenschaften einen Raum zur Verfügung stellte

[8] WA IV. 36, 119$_{6-19}$ (Brief Nr. 92)

Hier gewinnt man den Eindruck, als ob Goethe seine Farbenlehre, die in der Kontroverse zur Newtonschen Theorie von Physikern seiner Zeit weitgehend abgelehnt wird (s. Kap. 6), nun den Chemiker anvertrauen möchte.

Auch seinem Freund in Weimar, Carl Ludwig von Knebel, machte Goethe am 23. August aus Eger Mitteilung über den Besuch von Berzelius. Zunächst berichtete er über des *Herrn Grafen Kaspar v. Sternberg längst gewünschte und immer verspätete persönliche Bekanntschaft.* Und dann erfahren wir etwas über die weitere Reise von Berzelius, über seinen Charakter und über die Stimmung, in welcher auch die wissenschaftlichen Gespräche stattfanden[9]:

*Wir lebten zwei Wochen beisammen in Marienbad, wo Tausendfältiges zur Sprache kam; dann ging ich nach Eger voraus, teils um mich zu sammeln, teils im naturhistorischen Fache manches vorzubereiten.*

*Am 30. Juli kam er nach Eger, auf seiner Durchreise nach München, mit Dr. Pohl, dem brasilianischen Reisenden, der ihn begleitet, mit Berzelius, dem tüchtigsten und heitersten Chemiker, der nach Carlsbad zurückging, und so schieden wir denn nicht ohne wechselseitigen bedeutenden Nutzen nach fröhlichem Beisammensein.*

Weitere Einzelheiten über das Zusammentreffen von Goethe und Berzelius lassen sich aus einem Brief vom 5. September an den Staatsrat CHRISTOPH LUDWIG FRIEDRICH SCHULTZ (1781–1834) in Berlin entnehmen, mit dem Goethe zahlreiche Briefe wechselte. Schultz war seit November 1819 Regierungsbevollmächtigter bei der Berliner Universität. Er wird als „gebildeter, umfassend orientierter Dilettant" bezeichnet, der „an naturwissenschaftlichen Problemen, Musik, Archäologie und Philologie interessiert" war, und dessen eigene „Farbstudien (…) mit Goethes Farbenlehre überein"(stimmten).[10]

*Mit Grafen Kaspar Sternberg nun habe ich vierzehn Tage in Marienbad zugebracht, alsdann sah ich ihn in Eger mit Berzelius, dem Schweden, und Pohl, dem brasilianischen Reisenden; der erste spielte uns die auffallendsten mikrochemischen Versuche mit bewundernswürdiger Geschicklichkeit, ganz eigentlich aus der Tasche vor;[11]*

---

[9]  WA IV. 36, 126$_{22}$-127$_7$ (Brief Nr. 99)
[10]  Johann Wolfgang von Goethe. Briefe. Hamburger Ausgabe. Band 3 (1805–1821), 644, München 1988
[11]  WA IV. 36, 145$_{19-25}$ (Brief Nr. 108)

Damit bezieht sich Goethe wiederum auf das als Kabinett, in einem Kasten untergebrachte Lötrohrbesteck seiner Zeit (s.o.).

Wie sehr Goethe die Experimente von Berzelius beeindruckt haben, erfahren wir nochmals in einem Brief vom 6. Januar 1823 aus Weimar an den Ritter CARL CÄSAR V. LEONHARD (1779–1862), Professor für Mineralogie und Geologie in Heidelberg, mit dem Goethe seit 1807 in wissenschaftlichem Briefwechsel stand.

*Die chemisch-oryktognostischen*[12] *Ansichten, die ich durch persönliche Bekanntschaft des Herrn Berzelius mir teilnehmender zu eigen machte, führen mich auch Ihrem Handbuche näher, welches als Nachweisung von Literatur, Synonymen, chemischen Bestandteilen, örtlichen Vorkommnissen immer zur Hand ist. Nehmen Sie also dafür meinen schönsten Dank.*

Am 6. Oktober 1822 schrieb Berzelius in französischer Sprache einen Brief an Goethe, auf den dieser am 4. Januar 1823 antwortete. Darin bedauert Berzelius, daß es ihm nicht gelungen sei, während seines Aufenthaltes in Töplitz die persönliche, nähere Bekanntschaft des Herzogs Carl August zu machen.

Berzelius selbst jedoch hat nach O. Krätz [2] „recht kritisch über die Begegnung" berichtet:

„' ... Dieser (das heißt Goethe) empfing mich mit einer Miene und Gebärde, als sei er von der neuen Bekanntschaft nicht gerade sehr entzückt ... Er lud uns zum Mittagessen ... Während desselben wurde beschlossen ... , einen Spaziergang nach dem Kammerbühl zu machen ... er hatte einige Jahre vorher eine kleine Broschüre über denselben herausgegeben, in der er darzutun versuchte, daß es sich um einen vulkanischen Ausbruch von Asche und Rapilli, aber ohne Krater- und Lavabildung, der unter Wasser stattgefunden hatte, handle ... suchte ich Goethe zu überzeugen, daß der Krater dicht unter der Spitze des kleinen Berges ... liegen müsse ... Der 70jährige Naturforscher hörte mir aufmerksam zu, doch bemerkte er, daß hier kein Mensch Lava finden würde. Ich antwortete, ... daß wir jetzt, da die Stelle festgestellt sei ... auch dort danach suchen müßten. Er rief nun seinen Diener, der auf den geologischen Exkursionen des alten Herrn stets einen großen Hammer und eine Hacke mitführen mußte. Dieser räumte Moos und die Grasnarbe weg und stieß dann auf Gestein, von dem ich ein Stück abschlagen ließ. An der Bruchfläche fand sich ein Olivin. Das war nun deutlich Lava. Goethe war über den Fund ganz entzückt ... ' "

---

[12] Oryktogenese: veraltete Bezeichnung für Gesteinsbildung

Drei Jahre später kamen *Drei Berliner Naturforscher, Rose, Mitscherlich und Magnus, nach dem Rheine reisend* zu Goethe nach Weimar. Und nochmals drei Jahre später besuchte Berzelius dann mit seinen Schülern Mitscherlich und Rose Goethe auf Schloß Dornburg bei Weimar. Herzog Carl August war auf der Rückreise von Berlin am 14. Juni 1828 in Graditz bei Torgau gestorben. Goethe hatte sich im Sommer auf Schloß Dornburg zurückgezogen: *Bei dem schmerzlichen Zustand des Innern mußte ich wenigstens meine äußern Sinne schonen.* Und dort trafen am 20. August die Chemiker Berzelius, Mitscherlich und Rose dann bei ihm ein.

In seinem Tagebuch vermerkte Goethe für diesen Tag, daß er auf den Terrassen von Schloß Dornburg bei verhältnishohem Barometerstande die *Wirkungen und Gegenwirkungen in der Atmosphäre* beobachtet habe. Dann habe er zwei Fremde, einen Pastor und einen Advokaten aus Leipzig in der Eschenlaube empfangen, *wohlgebildete und einsichtige Männer.* Er fährt fort: *Wollte etwas arbeiten, ward aber wieder unterbrochen, durch den Besuch der Herren Berzelius, Mitscherlich und Rose, welche vor der Berliner Zusammenkunft eine Reise an den Rhein zu machen gedenken.* Mehr erfahren wir von diesen Besuchen nicht – auch nicht aus Briefen wie bei der ersten Begegnung in Eger. Die Zeit, des Herzogs Tod, war für Goethe nicht danach; der erstere Besuch war vielleicht zu kurz.

Nach dem Register der Weimarer Goethe-Ausgabe handelte es sich um HEINRICH ROSE (1795–1864), der ebenso wie Mitscherlich, Wöhler (später Göttingen) und der Tübinger Christian Gottlob *Gmelin* Schüler von Berzelius gewesen sind. Er war es von den Brüdern Rose, der nach zunächst einer Apothekerausbildung 1819 zu Berzelius nach Stockholm ging, nachdem er zuvor in Paris Kontakt zu Berthellot und Gay-Lussac bekommen hatte. Er wurde 1822 Privatdozent in Berlin, wo er als erster in Preußen die Mineralanalyse in der praktischen Unterricht einführte. 1832 wurde er Professor für Chemie. Von Goethe wird er im Tagebuch am 5. August 1822 erwähnt, als er sich in Franzensbad aufhielt, und ein Besucher aus Berlin, Lieutenant Eichler (möglicherweise aus Teplitz stammend, wie die Register der Weimarer Goethe-Ausgabe vermuten lassen), ihm von Hegel, Henning (s.o.), Mitscherlich und den Brüdern Rose berichtet. GUSTAV ROSE (1798–1873) war Mineraloge und ein Bruder von

Heinrich. Er wurde zunächst Bergmann, studierte dann in Berlin und war 1821 bei Berzelius in Stockholm, wurde 1823 Privatdozent und schließlich 1826 Professor für Mineralogie in Berlin. HEINRICH GUSTAV MAGNUS (1802–1870), ebenfalls Berzelius-Schüler (1627 in Stockholm), wurde Professor für Technologie und Physik an der Berliner Universität. Seine chemischen Arbeiten beschäftigten sich u.a. mit pyrophorem Eisen, Kobalt und Nickel, und er entdeckte 1828 das nach ihm benannte Salz, das Tetrammin-platin(II)-tetrachloroplatinat.

Aus einer Biographie von Wilhelm Prandtl [3] erfahren wir weitere Einzelheiten über die Begegnungen Berzelius' mit Goethe im Zusammenhang mit seinen Reisen durch Deutschland:

„Im Sommer 1822 gebrauchte *Berzelius* die Brunnenkur in Karlsbad. Bei dieser Gelegenheit lernte er in Eger *Goethe* kennen. Er studierte mit ihm gemeinsam den nahegelegenen Kammerbühl, einen kleinen erloschenen Vulkan, und zeigte ihm die Anwendung des Lötrohres zur Untersuchung von Mineralien. Auf Wunsch des Dichters prüfte er eine Menge der von diesem gesammelten Mineralien vor allem auf Titan. Über Teplitz, Dresden und Leipzig, wo der Professor der Physik LUDWIG WILHELM GILBERT, der Herausgeber der bekannten Annalen der Physik, besucht wurde, reiste *Berzelius* nach Berlin und blieb hier drei Wochen bei seinem Schüler *Mitscherlich*, der sich eben als Nachfolger *Klaproths* einrichtete. Schließlich kehrte er wieder nach Schweden zurück …

Im Sommer 1828 unternahm *Berzelius* abermals eine Reise durch Deutschland, zunächst zusammen mit seinem aus Stockholm heimkehrenden deutschen Schüler *Gustav Magnus*, der fast ein Jahr bei ihm gearbeitet hatte, bis Berlin. Von dort begleiteten ihn seine Schüler *Mitscherlich* und *Heinrich Rose* zuerst nach Potsdam zu einem Besuch *Alexander von Humboldts*, dann nach Halle, wo *Schweigger* seit 1819 wirkte, und dann nach Jena zu *Johann Wolfgang Döbereiner*, dem Erfinder des Platinfeuerzeuges. Über Gotha und Eisenach, wo die Wartburg besichtigt wurde, ging die Reise nach Weimar, um *Goethe* einen Besuch abzustatten. Der greise Dichter schien sich nicht mehr an das Zusammentreffen mit *Berzelius* in Eger zu erinnern … "

Auch über einen zweiten Besuch eines Chemikers bei Goethe sind wir durch dessen eigenen Bericht genauestens unterrichtet. Es handelt sich um FERDINAND FRIEDLIEB RUNGE (1794–1864), einen Schüler Döbereiners. Goethe vermerkt darüber in seinen Tag- und Jahresheften von 1819 nur kurz[13]:

   *… Sodann lernte ich noch einen jungen Chemicus, Namens Runge, kennen, der mir auf gutem Wege zu sein schien.*

Goethe hatte in diesem Jahr seinen siebzigsten Geburtstag gefeiert. Mit seiner Farbenchemie (1834) kam Runge für Goethe zu spät. Der Besuch fand am 3. Oktober 1819 in Jena statt, wo sich Goethe 1819 nach seiner Kur in Karlsbad vom 28. September bis 24. Oktober aufhielt. Runge verabschiedete sich von Goethe am 7. Oktober: *Der Chemiker Runge von Hamburg, Abschied zu nehmen.* In seiner „Bücher-Vermehrungsliste" ist auch ein Werk Runges aufgeführt, das Goethe vom Verfasser im September 1821 erhalten hatte: „Phytochemische Entdeckungen v. Ferd. Runge. Berl. 21"[14] (Biographie s. Kap. 8)

Auf Runge selbst hat der Besuch bei Goethe, dem er die Wirkung des Atropins auf das Katzenauge (Thema seiner Doktorarbeit) demonstrierte, jedoch einen großen Eindruck gemacht und darüber in seinen „Hauswirthschaftlichen Briefen" [5] als 73jähriger ausführlich berichtet – zitiert nach [4]:

   „Mein Besuch bei Goethe im Jahre 1819.

   Schon oft bin ich gefragt worden, ob ich der *Runge* sei, von dem Goethe im zweiten Band seiner Schriften, Stuttgart bei Cotta 1837, S. 619 sagte: 'Sodann lernte ich noch einen jungen Chemikus, Namens *Runge*, kennen, der auf gutem Wege zu sein schien.'

   Allerdings bin ich dieser *Runge*, und ich gewähre gern die Bitte meiner Freunde und besonders meiner Freundinnen um genauere Auskunft über die für mich ewig denkwürdige Zusammenkunft mit dem großen Manne …

   … Ich kannte bis dahin von *Goethe's* Leistungen nur Weniges, aber seinen »Faust« wußte ich auswendig, und dieses war übergenug, den unschätzbaren Werth des Wunsches dieses Mannes zu würdigen, der sich herabließ, einem unbedeutenden Studenten, mit einer Katze unter'm Arm, Audienz zu geben.

---

[13]  WA I. 36, 152$_{20-21}$
[14]  WA III. 8, 314

Und so war es denn auch buchstäblich. Als ich Nachmittags im entliehenen Frack (damals eine Seltenheit in Jena), mit einem auf gleiche Weise angeschafften Philisterhut und meiner Katze unterm Arm über den Marktplatz schritt, wurde ein allgemeiner Aufstand. Die Burschen, die gruppenweise herumstanden, kehrten auf den Ruf: »Dr. Gift« sich plötzlich gegen mich und vertraten mir in meinem höchst abenteuerlichen Aufzuge den Weg. »Laßt mich zufrieden«, sagte ich mit einem Ernste, wie er mir in späteren Jahren nie wieder gelungen ist, zu zeigen, »ich habe einen wichtigen Gang, ich gehe zu *Goethe*!«

Man ließ mich gehen, ohne auch nur einen schlechten Witz mir nachzurufen. Ich verdankt dies theils der allgemeinen Beliebtheit, der mich als »lustiger Bursch« erfreute, theils aber auch dem Spitznamen »Dr. Gift«, weil man wußte, daß ich immer Giftpflanzen wühlte und eifrigst bestrebt war, etwas Nützliches zu leisten. Ein eifriges Streben wird, wenn es auch lächerliche Seiten darbietet, selten verhöhnt. Der Dr. *Gift* war also eigentlich kein Spitzname, sondern ein Ehrentitel für mich.

Zu meinem Glücke wußte ich gar nicht, daß *Goethe* Wirklicher Geheimer Staatsminister war, und hatte auch, obgleich man mir gesagt hatte, ich müsse ihn »Excellenz« nennen, gar keinen Begriff von dem, was man Hofzwang oder Etikette nennt. Ich trat also, nachdem ich mich dem Kammerdiener zu erkennen gegeben, mit größter Ungezwungenheit in's Empfangszimmer ein, in welchem bald darauf auch *Goethe* erschien.

Wie unser Willkommen gewesen, kann ich nicht sagen. Die schöne, hohe, mächtige Gestalt trat mir mit einem so überwältigenden Eindruck entgegen, daß ich ihm zitternd die Katze hinreichte, gleichsam, als wollte ich mich damit vertheidigen. »Ach so«, sagte er, »das ist also der künftige Schrecken der Giftmischer? Zeigen Sie doch!«

Ich bog nun den Katzenkopf so, daß die Tageslicht-Beleuchtung beide Augen gleichmäßig traf, und mit Erstaunen bemerkte *Goethe* den Unterschied an beiden Augen: neben der schmalen Spalte in dem einen Auge fiel das große runde Sehloch in dem andern um so mehr auf, da vermöge einer etwas starken Gabe fast die ganze Regenbogenhaut sich zurückgezogen hatte und unsichtbar war.

»Womit haben Sie diese Wirkung hervorgebracht?«, fragte *Goethe*. - »Mit Bilsenkraut, Excellenz! Ich habe den unvermischten Saft des zerstampften Krauts in's Auge gebracht, darum ist die Wirkung so stark.« - »*Döbereiner* hat mir gesagt«, bemerkte *Goethe*, »daß die Arten der Gattung Belladonna und

Datura[15] auf ganz gleiche Weise wirken, wie die von Hyoscyamus[16], und daß Sie gefunden haben, der das Auge so sehr verändernde Stoff befinde sich in allen Theilen der Pflanze, von der Wurzel bis zur Blüthe, Frucht und Samen. Wie verhält es sich mit anderen Pflanzen, besonders solchen, die eine verwandtschaftliche Gestalt haben?«- »Ein mir befreundeter Arzt, Dr. *Carl Heise*, hat, veranlaßt durch die auffallende Wirkung der genannten Pflanzen, eine sehr umfassende Arbeit unternommen und durchgeführt, und dadurch bewiesen, daß nur die Pflanzen der drei oben genannten Gattungen einen den Augenstern erweiternde Kraft besitzen. Alle anderen Pflanzen, deren er unzählige in ihrer Einwirkung auf's Katzenauge versuchte, zeigen sich völlig wirkungslos, ausgenommen einige, die aber das Gegentheil bewirken, nämlich eine Verengerung oder Verkleinerung des Sehlochs, z.B. Aconitum.«- »Ei«, sagte *Goethe*, »da könnte man ja auch auf diese Weise das echte Gegenmittel gegen die schädlichen Wirkungen der Tollkirsche u.s.w. entdecken. Versuchen Sie dies doch einmal und lassen Sie von den beiden entgegengesetzt wirkenden Pflanzen nacheinander oder gleichzeitig etwas auf's Katzenauge einwirken, und beobachten Sie den Erfolg. Die Sache hat ihre Schwierigkeiten, aber Sie werden sie schon überwinden … "

Auf das Ende der Audienz, das hier ausgespart bleibt, nimmt O.Krätz [2][17] besonderen Bezug: „Es sei noch das Ende dieser Audienz geschildert, da hier Goethe die ganz bemerkenswerte Eigenschaft zeigte, andere zu erfolgreichen Forschungen anzuspornen:' … Nachdem Goethe mir seine größte Zufriedenheit … ausgesprochen, übergab er mir noch eine Schachtel mit Kaffeebohnen, die ein Grieche ihm als etwas ganz Vorzügliches gesandt. »Auch dies können Sie zu Ihren Untersuchungen brauchen!« sagte Goethe. - Er hatte Recht, denn bald darauf entdeckte ich darin das wegen seines großen Stickstoffgehaltes so berühmt gewordene »Coffein« … '" - s. auch in [5].

„Nun entließ er mich. Ohne recht zu wissen, wie, war ich zur Thür hinaus und die Treppe hinunter, als *Goethe* mir noch nachrief: »Sie vergessen Ihren Famulus!«und der Diener mir den kleinen Kater in den Arm legte, der während unserer Unterredung ruhig auf dem Sopha gesessen hatte.

---

15  Stechapfel

16  Nachtschattengewächse mit dem Alkaloid Hyoscyamin, optisch aktive Form des Atropins

17  Kapitel „Vom Coffein zum 'Bildungstrieb der Stoffe'. Friedlieb Ferdinand Runge in Jena, S.154

So war ich also wirklich bei *Goethe* gewesen, hatte ein Glück genossen, dessen ganze umfangreiche Bedeutung mir erst klar wurde, als ich beim Nachhausegehen von Bekannten und Freunden mit unverkennbar neidischen Augen betrachtet und mit Fragen bestürmt wurde. Sonderbarer Weise fragte man mich nicht, was *Goethe* eigentlich von mir gewollt und was es mit der Katze für eine Bewandtnis habe, sondern nur, wie er mich empfangen, ob er freundlich oder ernst gewesen, ob er mir einen Stuhl angeboten und dergleichen mehr. Ich konnte über alles Dieses gar keine Rechenschaft geben. So vertieft, wie ich in meinen Gegenstand war, und so theilnehmend und aufmerksam *Goethe* mich anhörte, wie bleib mir da wohl Zeit zur Beobachtung unwesentlicher Nebendinge? Ich habe nichts Schroffes, Abstoßendes bemerkt, worüber so Viele klagen, und was sie sicher selbst verschuldeten. Bei Angaffungsbesuchen, der Plage berühmter Männer, über die sich schon *Voltaire* beschwerte, mag *Goethe* oft genug kalt und zurückhaltend gewesen sein. Die Leute brachten ihm Nichts, sie wollten nur empfangen. Ich aber spendete in vollen Händen und fesselte seinen tief eindringenden, naturforschenden Blick an Dinge, für ihn ganz neu, und deren Bedeutung ihm doch auf der Stelle klar war, *Goethe* war nicht nur ein Dichter, sondern auch ein sinniger Naturforscher! -" [4]

BEI DEN GMELINS IN TÜBINGEN UND GÖTTINGEN

Mitglieder der großen und berühmten schwäbischen Gelehrtenfamilie *Gmelin* lernte Goethe erstmals 1797 auf seiner dritten Reise in die Schweiz (s. auch Kap. 2) von Stuttgart aus kommend in Tübingen kennen. Er schildert unter dem Datum des 7. September zunächst seine Reise und vermerkt dann, über Waldenbuch und Dettenhausen sich Tübingen nähernd:

*Schöne Aussicht der nunmehr nähern Neckarberge; Blick ins mannigfaltige Neckartal. Lustenau, gemischte Kultur, Wiese Wald, Trift, Garten, Weinberg. Man sieht das Tübinger Schloß und Tübingen, eine anmutige Aue führt bis hinein. Bei Herrn Cotta eingekehrt. Bekanntschaft mit Herrn Apotheker Dr. Gmelin. Gegen Abend mit beiden ausspaziert, die Gegend zu sehen. Erst das Ammerthal, dann aus dem Garten des letzten auch zugleich das Neckarthal … Die Existenz der Stadt gründet sich auf die Akademie und die großen Stiftungen, der Boden umher liefert den geringsten Teil ihrer Bedürfnisse. Die Stadt an sich selbst hat drei verschiedene Charaktere; der Ab-*

hang nach der Morgenseite, gegen den Neckar zu, zeigt die großen Schul-, Kloster- und Seminariengebäude; die mittlere Stadt sieht einer alten, zufällig zusammengebauten Gewerbstadt ähnlich; der Abgang gegen Abend, nach der Ammer zu, so wie der untere flache Teil der Stadt wird von Gärtnern und Feldleuten bewohnt und ist äußerst schlecht und bloß notdürftig gebauet, und die Straßen sind von dem vielen Mist äußerst unsauber."[18]

Bei dem *Herrn Apotheker Dr. Gmelin* handelt es sich um CHRISTIAN GOTTLOB GMELIN (1749–1809), dessen Großvater JOHANN GEORG GMELIN (1674–1728) aus Münchingen nach Tübingen kam, sich dort 1708 als Apothekenbesitzer niederließ und dessen Sohn JOHANN KONRAD GMELIN (1707–1759), Vater des Christian Gottlob, ebenfalls ein in Tübingen hochgeschätzter Apotheker, Chemiker und Arzt wurde. (Biographie s. Kap. 8)

Johann Friedrich *Gmelin* hatte bei seinem Vater Philipp Friedrich Medizin und Naturwissenschaften studiert, 1769 den Dr. med. erhalten und wurde nach einer Studienreise durch Holland, England und Österreich bereits 1772 Professor der Medizin und Chemie in Tübingen. 1775 wurde er Professor für Philosophie und für Medizin an der Universität Göttingen und war dort ab 1778 Professor für Chemie, Botanik und Mineralogie.

Über Gmelins Tätigkeit in Göttingen und die Gründung des chemischen Laboratoriums berichtet Günter Beer [7]:

„Als der König-Kurfürst Georg III. sich nach den Bedingungen der Ausbildung junger Leute im Studium der Bergwerkswissenschaften auf seiner Universität als auch auf dem Harze erkundigt, wird ihm der Mangel an einem 'öffentlichen chemischen Laboratorium' berichtet. In einem solchen könnten 'Processe im großen' durchgeführt werden. Das Laboratorium mit Professorwohnung wird im Herbst 1783 fertiggestellt – das Fachwerkhaus Hospitalstraße 10/7. Hier arbeitet Gmelin mit seinem 'Amanuensis' Lampadius. Sein Nachfolger Stromeyer führt 1804/06 das Studentenpraktikum ein. Sein Schwergewicht liegt auf dem analytischen Sektor. Hier werden die Untersuchungen zur Entdeckung des Cadmium durchgeführt. Friedrich Wöhler schafft schließlich ein Institut von Weltruf."

In diesem bis heute erhalten gebliebenen Haus wohnte Johann Friedrich Gmelin und hier wurde sein Sohn Leopold (Göttingen 1788–1853 Heidelberg) geboren, dessen Namen das heutige Handbuch der anorganischen Chemie trägt. Goethe lernte Johann Friedrich Gmelin auf seiner Reise zur

---

[18] WA I. 34, 320–322

Kur in Bad Pyrmont im Sommer 1801 kennen. Aus einen Tagebuchaufzeichnungen erfahren wir jedoch keine Einzelheiten, auch nicht, ob er das chemische Laboratorium besucht hat – denn im benachbarten „Acouchierhaus", der neuen Geburtshilfeklinik, ist er gewesen:

„Baumeister Borheck errichtete es von 1784–1790 nicht nur zweckmäßig, sondern auch innenarchitektonisch so schön, daß der Treppenaufgang zu den wertvollsten Beispielen der damaligen Baukunst gehört. Im Jahre 1791 konnte das Haus bezogen werden ... " [8]

In seinen Tag- und Jahresheften schrieb Goethe: ... *so wußte ich die Bemühung des Professors Osiander zu schätzen, der mir die wichtige Anstalt des neu- und sonderbar erbauten Accouchirhauses, so wie die Behandlung des Geschäftes erklärend zeigte.* [19]

Goethe hatte Gmelin zweimal in größerer Gesellschaft getroffen – auf der Hinreise nach Pyrmont am Dienstag, den 9. Juni 1801 bei dem Theologen und Orientalisten JOHANN GOTTFRIED EICHHORN (1752–1827), der von 1775 bis 1788 in Jena wirkte, und auf der Rückreise von Pyrmont nach Weimar (über Kassel) am Sonntag, den 9. August abends bei dem Theologie-Professor KARL FRIEDRICH STÄUDLIN (1761–1826). Im Juni hatte Goethe am Tag nach der Gesellschaft bei Eichhorn wohl jeden Gast, also auch Gmelin, noch einmal persönlich in dessen Wohnung besucht. Gmelins Geschichte der Chemie [9] erwähnte Goethe im Zusammenhang mit seinen Studien zur Farbenlehre (s. auch Kap. 6). Am 23. September 1808 lautete die Tagebucheintragung: *Durchmarsch der Franzosen nach Erfurt wegen Ankunft des Kaisers. Bibliothek ... Gmelins Geschichte der Chemie ...* Am 2. Oktober fand in Erfurt das erste Treffen zwischen Napoleon und Goethe statt.

### GOETHE BEI LICHTENBERG IN GÖTTINGEN

Auf seiner zweiten Reise in den Harz, vom 6. September bis 6. Oktober 1783, traf Goethe zusammen mit Fritz von Stein, dem Sohn seiner Freundin Charlotte, am 27. September auf der Rückreise von Clausthal über Kassel in Göttingen ein. In einem Brief aus Göttingen vom 28. September an Charlotte von Stein finden wir nur die Bemerkung [20]:

---

[19] WA I. 35, 98$_{4-8}$
[20] WA IV. 6, 202$_{9-12}$ (Brief Nr. 1795)

*... Ich habe mir vorgenommen alle Professoren zu besuchen und du kannst denken was das zu laufen gibt. Um in ein Paar Tagen herumzukommen. – Es ist das schönste Wetter das du hoff ich auch geniessen wirst ...*

Über einen Besuch bei GEORG CHRISTOPH LICHTENBERG (1742–1799) erfahren wir direkt von Goethe nicht. Lichtenberg studierte ab 1763 in Göttingen Mathematik und Physik und war ab 1766 Studentenhofmeister. 1770 wurde er zum Extraodi narius, 1775 zum Ordinarius ernannt und lehrte an der Universität außer Experimentalphysik auch Mathematik und Astronomie. Im „Göttinger Vademecum" [10] wird sein Wirken weiterhin wie folgt charakterisiert:

„Gab in überarbeiteten Auflagen viermal das Physiklehrbuch seines früh verstorbenen Kollegen und Studienfreundes Erxleben[21] neu heraus, das etwa bis 1800 das Grundlehrbuch an allen deutschen Universitäten gewesen ist. Seine Satiren und Polemiken, die ihn unter Zeitgenossen berühmt machten, sind heute fast vergessen. Aber er schrieb etwa 6000 Briefe und nahezu drei Jahrzehnte lang Gelegenheitsnotizen in seine »Sudelbücher«(die, größtenteils überliefert, erst im 20. Jahrhundert vollständig veröffentlicht worden sind). Sie lassen ihn heute als einen der schärfsten Beobachter und originellen Denker seiner Zeit und als einen Meister der deutschen Sprache erscheinen."

Von 1775 bis 1799 wohnte Lichtenberg bei seinem Freund und Verleger Johann Christian Dieterich in der Gotmarstraße 1, ab 1777 im dritten Stock mit Blick zur Prinzenstraße – und hier hat Goethe ihn auch besucht.

„Goethe wohnte mit einigen anderen einem Vortrage bei, den Lichtenberg im Hause des Verlegers Dieterich hielt. An den Hannoverschen Kanzleisekretär Schernhagen, den Freund Lichtenbergs, hat dieser hierüber berichtet: 'Am Sonnabend Abend habe ich eine sehr illüstren Gesellschaft ein Collegium gelesen. Dem alten Grafen von Hardenberg[22] (der mir ein sehr kluger Kopf zu seyn schien) 2) seiner Gemahlin 3) seiner Tochter und ihrem Gemahl 4) der Gräfin Reventlau 5)[23] und 6) zween Grafen von Moltke, und den 7ten rathen Sie wohl nicht, dem berühmten Herrn Göthe, nunmehr Herrn Geheimden Rath von Göthe aus Weimar, der noch zwei junge Leute

---

[21] JOHANN CHRISTIAN POLYCARP ERXLEBEN (1744–1777), schrieb u.a. „Anfangsgründe der Naturlehre" 1768 – von Lichtenberg neu aufgelegt, „Anfangsgründe der Chemie" 1775
[22] von der Burg und dem Gut Hardenberg nördlich von Göttingen
[23] Reventlow?: altes holsteinisches Adelsgeschlecht

bey sich hatte. Ich konnte es nicht abschlagen, es kostet mich aber in der That etwas. Indessen macht die Sache Aufsehen, denn ich erkläre jedesmal alles nach dem Verstand der Gesellschaft, und ihren Fähigkeiten; daß ich der dephlogistisirten Lufft[24] nicht geschont habe werden. Ew. Wohlgebohren daraus sehen, daß ich 36 Quartier[25] verbraucht habe.' Es handelt sich bei der Vorführung um ein Experiment, bei dem eine Uhrfeder in Sauerstoff verbrannt wurde. Es scheint, daß dem großen Physiker [...] nach einem arbeitsreichen Tage ein Abendvortrag eine gewisse Überwindung gekostet hätte. Nur ungern scheint er das Experiment mit der Apparatur den Laien dargeboten zu haben, denn es verrät eine gewisse spöttische Einstellung, wenn er bemerkt, daß er der illustren Gesellschaft die hochwissenschaftlichen Gedanken so vorgetragen habe, daß sie verstehen konnten." [11]

Dephlogistierte Luft, der Sauerstoff, war 1771 von Scheele (s. Kap. 3), die Reaktion von dephlogistierter Luft mit „brennbarer Luft" (Wasserstoff) zu Wasser 1783 von Henry Cavendish (1731–1810), entdeckt worden, der auch der Entdecker des Wasserstoffs (Mitteilung von 1766) ist.

O. Krätz[26] merkt zu diesem abendlichen Experimentalvortrag an:

„Lichtenberg hat seinen Gästen offensichtlich Verbrennungs- bzw. Explosionserscheinungen mit Wasserstoff oder Knallgas vorgeführt. Er zeigte auch Oxidationsreaktionen mit Sauerstoff, wie aus dem Bericht eines Teilnehmers hervorgeht: » ... er (d.h. Goethe) ... sah eine Uhrfeder in reinem Sauerstoff brennen, wobei Blendungsnachbilder entstehen mußten...« Dieses prächtige Experiment war erst wenige Monate zuvor von dem niederländischen Naturforscher JAN INGENHOUSZ (1730–1799) (Biographie s. Kap. 8) entwickelt worden, der Eisendrähte in Sauerstoffatmosphäre brennen ließ. Lichtenberg hatte herausgefunden, daß die Leuchterscheinung noch wesentlich eindrucksvoller wird, wenn man statt des dünnen Drahtes eine breite stählerne Uhrfeder verwendet. Dieser Versuch ist bis heute ein Glanzpunkt jeder Experimentalvorlesung. Dieses Zitat belegt aber auch, daß Goethe von den optischen Nebenerscheinungen, d.h. der Blendung des Auges, noch mehr beeindruckt war als von dem Experiment selbst."

Über die Begegnung zwischen Goethe und Lichtenberg schreibt Domke weiterhin [11]:

„Daß er ihn 1783 in Göttingen besucht hat, hängt offenbar allein mit der

---

[24] Sauerstoff (s. Kap. 3)
[25] Quarter, engl. Maßeinheit mit etwa 290 ml; somit insgesamt rund 10 Liter
[26] [2], S. 74: „Der Luftballon und die Chemie der Gase"

damaligen bedeutenden Stellung zusammen, die Lichtenberg als Wissenschaftler einnahm."

Ein Briefwechsel zwischen Goethe und Lichtenberg hatte bereits 1792
stattgefunden, als Goethe am 11. Mai Lichtenberg seinen Beiträge zur Optik
zusandte. Auch Goethes Briefe nach dem Besuch in Göttingen behandeln
ausschließlich Themen seiner Farbenlehre. Lichtenberg jedoch vermied es
in seinen Briefen, auf Goethes Theorien näher einzugehen. Goethe lag offensichtlich viel an der Meinung Lichtenbergs und wollte den Briefverkehr
mit Lichtenberg nicht abbrechen lassen:

„Für jede Zusendung dankt er und gibt seine Bemühungen um den Göttinger Professor nicht auf. So schreibt er schon unter dem 9. Juni 1794 [27], um
das Gespräch nochmals auf die optischen Dinge zu bringen: »Wenn es Ihre
Zeit erlaubt, so haben Sie ja die Güte, mir mit Ihren Bemerkungen über meinen letzten Aufsatz [28] zu helfen. Seyn Sie nur versichert, daß ich jede Art von
Recktifikation und Widerspruch vertragen kann.«Eineinhalb Jahr läßt Lichtenberg diese Aufforderung Goethes unbeantwortet! In einem Brief vom 12.
Oktober 1795 behandelt Lichtenberg wiederum im wesentlichen belletristi-
sche Dinge, kündet eine physikalische Schrift von sich selbst an, vermeidet
es aber auf das entschiedenste, irgendwie auf Goethes Farbentheorie einzugehen, obwohl ihm ja ganz klar sein muß, daß Goethe allein um deswil-
len den Briefwechsel mit ihm aufgenommen hat. In dieser Meinung, daß
Lichtenberg geflissentlich fachwissenschaftliche Erörterungen mit ihm, dem
Dilettanten, vermeiden will, muß Goethe noch dadurch bestärkt worden
sein, daß Lichtenberg in der 1794 erschienenen sechsten Auflage des Kompendiums der Naturlehre von Erxleben Goethes Arbeiten überhaupt nicht
erwähnt. Das schmerzt Goethe doch empfindlich. So schreibt er kurz nach
Erhalt des vorerwähnten Briefes Lichtenbergs an Schiller unter dem 21. November 1795: »Was sagen Sie dazu, daß Lichtenberg, mit dem ich im Schrift-
wechsel über die bekannten optischen Dinge und übrigens in einem ganz
leidlichen Verhältnis stehe, in einer neuen Ausgabe von Erxlebens Kompendium meiner Versuche auch nicht einmal erwähnt, da man doch gerade
nur um des Neuesten willen ein Kompendium auflegt und die Herren in ihre durchschossenen Bücher dies alles sonst geschwind genug zu notieren
pflegen. Wieviel Arten gibt es nicht, so eine Schrift auch nur im Vorbeige-

[27] auf einen Brief Lichtenbergs vom 18. April
[28] über farbige Schatten

hen abzufertigen? Aber auf keine derselben konnte sich der witzige Kopf in diesem Augenblick besinnen.«

Die Nichterwähnung Goethes in der Neuauflage des Kompendiums ist aber anscheinend wirklich nur auf eine Gleichgültigkeit, wenn nicht gar auf eine bloße Vergeßlichkeit Lichtenbergs zurückzuführen. Es findet sich nämlich im unveröffentlichten Nachlaß Lichtenbergs in einer Aufzeichnung: »Bemerkungen zur 6. Auflage des Erxleben«der Vermerk: »Bei der Neuausgabe 1793 nicht zu vergessen: [nach einigen Zeilen als Notiz] Goethens Farben-Geschichte.«" [11] - s. dazu Kap. 6


ANGEWANDTE GASCHEMIE – GOETHE UND DIE LUFTBALLONE

Außer dem Experiment der Verbrennung einer Uhrfeder in reinem Sauerstoff hat Lichtenberg bei Goethes Besuch Ende September 1783 nach O. Krätz (s. Fußnote 26) wahrscheinlich auch ein weiteres Gasexperiment mit Wasserstoff durchgeführt:

„Man darf unterstellen, daß Lichtenberg zu dieser Vorlesung auch sein damals berühmtestes physikalisch-chemisches Experiment dargeboten hat, das Steigenlassen von mit Wasserstoff gefüllten Seifenblasen. Er hatte diesen Versuch bereits 1782, möglicherweise sogar vor dem Briten Joseph Black (1728–1799) und dem napoleonischen Privatgelehrten Tiberius Cavallo (1749–1809) entwickelt, es aber verabsäumt, den zugrundeliegenden Gedanken bis zu einer lasten- oder sogar menschentragenden 'Maschine' weiterzuentwickeln. So kamen ihm andere zuvor.» ... Wie werden einmal unsere Namen hinter den Erfindern des Fliegens ... vergessen werden ... «, vertraute er bald nach der verpaßten Gelegenheit seinem »sudelbuch« an."

*Die Geschichte der Luftballone* beginnt nicht mit den Brüder Montgolfier und deren heißluftgefüllten Montgolfieren und auch nicht mit den wasserstoffgefüllten Charlieren – sondern mit der Idee eines Jesuiten: Luftballone stellen die in die Realität umgesetzte Möglichkeit des Fluges mit Geräten dar, die leichter sind als Luft. In einer bereits 1670 veröffentlichten Schrift stellte der Jesuit Francesco de Lana aus Brescia in der Lombardei die Idee vor, mit Hilfe von luftleer gepumpten Metallkugeln – den Magdeburger Halbkugeln des Bürgermeister und Naturforschers OTTO VON

GUERICKE (1602–1686) von 1657 – ein Schiff in die Luft zu heben, denn die Kugeln seien ja leichter als die sie umgebende Atmosphäre. Die Idee ging jedoch von einer falschen Voraussetzung aus: Da die Kugeln aus dickem Metall bestehen mußten, um nicht zerdrückt zu werden, waren sie natürlich trotz Luftleere (spezifisch) schwerer als die sie umgebende Luft. Ein anderer Jesuit aus Portugal, Bartholomeu Lourenco de Gusmao, der aus Santos in Brasilien stammte, erbat am Lissaboner Hof 1709 vom König ein Patent für die Erfindung eines „Apparates für Luftreisen". Er erhielt das Patent, eine Professur an der Universität Coimbra, der ältesten portugiesischen Universität (gegründet 1290 in Lissabon, 1308 nach Coimbra am Mondego verlegt) und soll sein Luftschiff im August 1709 vor dem Hof in Lissabon vorgeführt haben. Es soll aus einer Gondel mit vierzehn kleinen Ballons aus luftdicht gemachter Seide bestanden haben, die aus Retorten in der Gondel mit heißer Luft versorgt wurden. Nach zeitgenössischen Berichten soll sich das Luftschiff einige Meter über den Erdboden erhoben haben, sei aber dann durch den Wind gegen einen Erker gedrückt worden und beschädigt wieder zu Boden gesunken. Sein Erbauer mußte vor die Inquisition, konnte jedoch vor einer Aburteilung als „Hexenmeister" nach Spanien fliehen, wo er 1724 starb. [12]

Erst 75 Jahre später experimentierten die Brüder DE MONTGOLFIER, MICHEL JOSEPH (1740–1810) und ETIENNE JACQUES (1745–1799) in der vom Vater ererbten Papierfabrik in Annonay bei Lyon mit rauchgefüllten Papiertüten. Sie hatten zuvor auch mit Wasserstoff, der „brennbaren Luft" des Chemikers Henry Cavendish experimentiert, welcher aber aus den verwendeten Papiertüten herausdiffundierte. Zudem war Wasserstoff ein gefährliches und auch nicht leicht zu erzeugendes Gas. Auf dem Marktplatz von Annobay ließen die Brüder Montgolfier am 5. Juni 1783 einen papiergefütterten Stoffballon öffentlich steigen. Bei einem Umfang von 33 m, von Knöpfen zusammengehalten und von einem Hanfseil umgeben, flog dieser Heißluftballon durch die erhitzte Luft aus einem Strohfeuer angetrieben fast zwei Kilometer hoch. Am 19. September 1783 führten sie auf Anregung des berühmten Chemikers Lavoisier ihren Heißluftballon in Versailles vor König Ludwig XIV. und seiner Gemahlin Marie Antoinette vor – mit einem

Schaf, einem Hahn und einer Ente im Hängekorb des farbenprächtigen Ballons. Der erste bemannte Flug den beiden adligen Freunde JEAN FRANCOIS PILÂTRE DE ROZIER (1754–1785), Verwalter des naturgeschichtlichen Kabinetts des Grafen der Provence, und Marquis d'Arlandes fand am 21. November 1783 statt. Der nach unten offene Ballon erhielt ständig aus einem darunter hängenden Feuerkorb heiße Luft, die beiden Passagiere hielten sich auf einer die Ballonhülle umgebenden Galerie auf und landeten 8 Kilometer vom Aufstiegsort Bois de Boulogne entfernt. Dieser Ballon hatte einen Durchmesser von 18 Metern und ein Volumen von 2200 Kubikmetern.

Bereits vor den Brüder Montgolfier, am 27. August 1783, stieg eine andere Art von Ballon vom Marsfeld in Paris auf: Der Physiker JACQUES ALEXANDER CÉSAR CHARLES (1746–1823), der noch vor Gay-Lussac das nach diesem benannte Gasgesetz entdeckte, ließ von den Parisern Instrumentenmachern Robert einen Ballon von drei Metern Durchmesser aus Seide herstellen und mit einer Gummilösung abdichten. Aus einem Faß mit Eisenspänen und verdünnter Schwefelsäure ließ er das Wasserstoffgas über ein Rohr langsam in den Ballon einleiten. Vier Tage dauerte dieser Füllvorgang, bei dem der Ballon auch mit Wasser gekühlt wurde. Mit Hilfe eines Holzrahmens wurde der Ballon dann in der Nacht zum Marsfeld transportiert – und nach dem Lösen der Halteseile erreicht er vor 300 000 Zuschauern, der Hälfte der damaligen Bevölkerung von Paris, eine Höhe von über 900 Metern, bevor er in einer Gewitterwolke verschwand. Nach 100 Minuten und einer Flugweite von 24 km riß die Hülle und der Ballon landete bei dem Dorf Gonesse. Etienne Montgolfier hatte den Aufstieg heimlich beobachtet, warnte jedoch vor der Gefährlichkeit des Wasserstoffs. Es bilden sich zwei Lager von Anhängern der „Montgolfieren" und der „Charlieren". Der dann am 19. September durchgeführte Aufstieg einer Montgolfiere erfolgte mit einem sechsmal so großen Ballon als dem der ersten Charliere. Die bemannte Luftfahrt begann am 7. Januar 1785, als ein Mechaniker aus Calais, JEAN PIERRE BLANCHARD (1750–1809), zusammen mit dem englischen Forscher Dr. Jeffries, mit Hilfe einer Charliere den Ärmelkanal überquerte.

Daß Goethe nicht nur mit großem Interesse die Nachrichten aus Paris aufgenommen hat, sondern selbst mit verschiedenen „Helfern" Versuche mit Luftballons unternommen hat und diesen Meilenstein in der Geschichte der Technik auch in seinem dichterischen Werk verarbeitet hat, verdeutlichen die folgenden Zitate aus seinen Werken.

In einem Brief vom 28. Dezember 1783 an seinen Freund von Knebel in Weimar nach seiner zweiten Harzreise und dem Besuch bei Lichtenberg in Göttingen schrieb Goethe u.a. [29]:

*… Buchholz [30] peinigt vergebens die Lüfte, die Kugeln wollen nicht steigen. Eine hat sich einmal gleichsam aus Bosheit bis an die Decke gehoben und nun nicht wieder.*

*Ich habe nun selbst in meinem Herzen beschlossen, stille anzugehen, und hoffe auf die Montgolfiers Art eine ungeheure Kugel gewiß in die Luft zu jagen.*

*Freilich sind viele Accidents* [Zufälle] *zu befürchten. Selbst von den 3 Versuchen Montgolf's ist keiner vollkommen reuissirt* [veraltet für gelungen] *…*

Bereits auf der Rückreise vom Harz über Göttingen (s.o.) hatte Goethe zusammen mit dem Naturforscher und Arzt SAMUEL THOMAS VON SÖMMERING (1755–1830; Biographie Kap. 8) am 13. November 1783 in Kassel versucht, „einen kleinen Ballon, offenbar mit Wasserstoff-Füllung – denn nur bei diesen sprach man von »Blasen«- zum Fliegen zu bringen. Doch der Versuch mißlang. Es' … war Goethe hier, und da hatte ich schon einen Kubus von 5/4 Ellen in der Arbeit. Der gute Mann (das heißt Goethe) half mir noch füllen, allein die Übereilung machte den Versuch nicht gelingen … ' [31]

Damals war es üblich, Wasserstoff durch die Reaktion von Eisenfeile und Schwefelsäure darzustellen, der dementsprechend von Säuretröpfchen gereinigt hätte werden müssen. Säurehaltiger Wasserstoff griff die Ballonhüllen an, wodurch Löcher entstanden. Erst am 20. November gelang es Lichtenberg, in seiner Wohnung und tags darauf in seiner Vorlesung » … eine außerordentliche Schweinsblase 14 Zoll hoch und 10 Zoll weit … «zum Steigen zu bringen." [2]

In einem Brief an seinen Freund Lavater in Zürich Ende Dezember 1783 schrieb Goethe [32]:

*Ergötzen dich nicht auch die Luftfahrer? Ich mag den Menschen gar zu gerne so etwas gönnen. Beiden den Erfindern und den Zuschauern.*

---

[29] WA IV. 6, 229₁₉₋₂₅ (Brief Nr. 1846)

[30] s. Kap. 3

[31] schreibt Sömmering in einem Brief an Goethes Freund Merck in Darmstadt – zitiert nach [2]

[32] WA IV. 6, 232₂₆₋₂₈ (Brief Nr. 1849)

Vom 19. Mai 1784 ist ein „Zettelchen" Goethes an Charlotte von Stein überliefert, aus dessen Inhalt wiederum seine Aktivitäten beim „Ballonsteigen" deutlich werden[33]:

*Da ich mit allerlei Kram meine Zeit hinbringe und meine liebe vor Tische nicht sehen kann, soll ihr dies Zettelgen einen Grus tragen und hören wie sie diesen Abend leben wird. Ich hoffe du bleibst meinem Garten wie mir getreu. Vielleicht versuchen wir den kleinen Ballon mit einem Feuerkorbe. Sage aber niemanden etwas damit es nicht zu weit herumgreife …*

Am 7. Juni 1784 verwendete Goethe den Begriff Luftballon in einem Brief an Charlotte von Stein aus Eisenach, wo er im Auftrage des Herzogs mit den Landständen verhandelte, im Zusammenhang mit Voltaires Werken auch als Metapher[34]:

*… Dies ist überhaupt der Charakter der Voltairischen Witz Produkte, der bei diesen Bogen recht auffällt. Kein menschlicher Blutstropfen, kein Funke Mitgefühl, und Honettetät. Dagegen eine Leichtigkeit, Höhe des Geistes, Sicherheit die entzücken. Ich sage Höhe des Geistes nicht Hoheit. Man kann ihn einem Luftballon vergleichen der sich durch eine eigne Luftart über alles weg schwingt und da Flächen unter sich sieht, wo wir Berge sehn.*

Am 9. Juni berichtete Goethe aus Eisenach auch an Sömmering von seinen eigenen Ballonversuchen. Mit ihm blieb Goethe seit dem Kennenlernen in Kassel in wissenschaftlichem Kontakt. Sömmering war seit 1778 Professor der Anatomie in Kassel. Von ihm stammen Werke zur Neuroanatomie mit teilweise ausgezeichneten Illustrationen, und er entdeckte als erster den gelben Fleck im Auge. 1784 ging er nach Mainz und 1798 nach Frankfurt am Main. Der Briefwechsel zwischen Goethe und Sömmering bestand bis 1827. Im genannten Brief ging Goethe zunächst auf den ihm von Sömmering übersandten Elefantenschädel ein – Goethe hatte in Jena am 27. März das *Os intermaxillare*, den menschlichen Zwischenkieferknochen entdeckt – und berichtete dann über die Experimente in Weimar[35]:

*… In Weimar haben wir einen Ballon auf Montgolfierische Art steigen lasse. 42 Fuß hoch und 20 im größten Durchschnitt. Es ist ein schöner Anblick, nur hält sich der Körper nicht lange in der Luft, weil wir nach wagen wollen, ihm Feuer mitzugeben. Das erstemal legte er eine Viertelstunde*

[33] WA IV. 6, 278$_{15-21}$ (Brief Nr. 1930)
[34] WA IV. 6, 289$_{13-21}$ (Brief Nr. 1942)
[35] WA IV. 6, 293$_{14-21}$ (Brief Nr. 1943)

*Wegs in ungefähr 4 Minuten zurück, das zweitemal blieb er nicht so lange.*
*Er wird ehestens hier steigen.*

Auch in einem ausführlichen Bericht an seinen Herzog am 18. Oktober 1784, der auch das chemische Laboratorium der Brüder Einsiedel in Oberweimar und dessen Ankauf für Göttling in Jena zum Thema hat (s. ausführlich in Kap. 3), erwähnte Goethe nochmals die Versuche mit den Luftballons[36]:

*Schlözer ist hier und bedauert sehr Ihnen nicht aufwarten zu können.*
*Buchholz hat ihm den Luftballon steigen lassen, ich hoffe der deutsche Aretin*
*wird von dieser Ätherischen Ehrenbezeugung sehr geschmeichelt sein ...*
(Biographie s. Kap. 8)

Und schließlich haben Goethe diese Versuche mit den gasgefüllten Ballons so sehr beschäftigt, daß er dieses Thema auch im Zusammenhang mit seiner Geschichte zu den botanischen Studien (Metamorphose der Pflanzen – entstand 1789/90) behandelte [13] – und zwar in Bezug auf die Tätigkeiten des Apothekers Bucholz (s. Kap. 3) und dessen damaligen Gehilfen Göttling, chemisch-physikalische Merkwürdigkeiten der Zeit zu prüfen und auch einer wißbegierigen Gesellschaft vorzutragen[38]:

*... Auch in der Folge, daß ich dieses zu seinen Ehren vorausnehme, als*
*die naturforschende Welt sich eifrig beschäftigte die verschiedenen Luftar-*
*ten zu erkennen, versäumte er nicht jederzeit das Neueste experimentierend*
*vor Augen zu bringen. So ließ er auch eine der ersten Montgolfieren von un-*
*sern Terrassen, zum Ergötzen der Unterrichteten, in die Höhe steigen, indes-*
*sen die Menge sich vor Erstaunen kaum zu fassen wußte, und in der Luft die*
*verschüchterten Tauben scharenweise hin und wieder flüchteten.*

Und Goethe fährt unmittelbar daran anschließend fort, eine Erklärung dafür zu geben, daß er in seinen Arbeiten zur Morphologie der Pflanzen auch auf dieses Thema eingehe:

*Hier aber habe ich vielleicht einem zu erwartenden Vorwurfe zu begeg-*
*nen, daß ich nämlich fremde Beziehungen in meinen Vortrag mit einmi-*
*sche. Sei mir darauf zu erwidern erlaubt, daß ich von meiner Bildung im*
*Zusammenhang nicht sprechen könnte, wenn ich nicht der frühen Vorzüge*

---

[36] WA IV. 6, 373 $_{20-24}$ (Brief Nr. 1988)
[37] s. Biographie Kap. 8
[38] WA II. 6, 102$_{24}$–103$_{16}$

*des Weimarischen für jene Zeiten hochgebildeten Kreises dankbar gedächte, wo Geschmack und Kenntnis, Wissen und Dichten gesellig zu wirken sich bestreben, erste gründliche Studien und frohe rasche Tätigkeit unablässig mit einander wetteiferten.*

In der zweiten Hälfte des 18. Jahrhunderts waren zahlreiche Gase entdeckt worden: 1766 der Wasserstoff (von H. Cavendish), 1771 Chlor und Sauerstoff durch C. W. Scheele, 1772 der Stickstoff durch D. Rutherford und 1774 erhielt Priestley bei seinen Untersuchungen zur Gaschemie reines Ammoniak-Gas und zwischen 1772 und 1776 wurden durch ihn Chlorwasserstoff, Distickstoffoxid (Lachgas) und Schwefeldioxid isoliert. 1776 stellte Scheele das Schwefelwasserstoffgas rein dar. Die erste genaue Luftanalyse stammt von Cavendish und wurde 1783 durchgeführt. Seine quantitativen Ergebnisse wiesen bereits daraufhin, daß außer Sauerstoff und Stickstoff (und neben dem Kohlenstoffdioxid) nach ein Gasrest übrigbleibe, den erst 1894 John William Rayleigh mit Hilfe der Spektralanalyse aus Edelgasen bestehend identifizieren konnte.

In seinem „Naturwissenschaftlichen Entwicklungsgang hat Goethe notiert:

*… Die Luftballone wurden entdeckt. Wie nah ich dieser Entdeckung gewesen. Einiger Verdruß es nicht selbst entdeckt zu haben. Baldige Tröstung …* [39]

Im Teil „Aphoristisches" zu seinen botanischen Studien zur Morphologie greift Goethe das Thema der Luftballone nochmals auf – nachdem er ein lesenswertes Bekenntnis zu seinen naturwissenschaftlichen Studien insgesamt abgelegt hat [40]:

*So ruhen meine Natur-Studien auf der reinen Basis des Erlebten; wer kann mir nehmen, daß ich 1749 geboren bin, daß ich, (um vieles zu überspringen) mich aus Erxlebens Naturlehre erster Ausgabe treulich unterrichtet, daß ich den Zuwachs der übrigen Editionen, die sich durch Lichtenbergs Aufmerksamkeit grenzenlos anhäuften, nicht etwa im Druck zuerst gesehen, sondern jede neue Entdeckung im Fortschreiten sogleich vernommen und erfahren; daß ich Schritt für Schritt folgend, die großen Entdeckungen der zweiten Hälfte des achtzehnten Jahrhunderts bis auf den heutigen Tag, wie einen Wunderstern nach dem andern vor mir aufgehen sehe. Wer kann mir die heimliche Freude nehmen, wenn ich mir bewußt*

---

[39] WA II.11, 301 $_{21-23}$
[40] WA II. 6, 218 $_{22}$-220 $_1$

*bin, durch fortwährendes aufmerksames Bestreben mancher großen welt-*
*überraschenden Entdeckung selbst so nahe gekommen zu sein, daß ihre Er-*
*scheinung gleichsam aus meinem eignen Innern hervorbrach, und ich nun*
*die wenigen Schritte klar vor mir liegen sah, welche zu wagen ich in düste-*
*rer Forschung versäumt hatte.*

*Wer die Entdeckung der Lufballone mit erlebt hat wird ein Zeugnis geben,*
*welche Weltbewegung daraus entstand, welche Sehnsucht in so viel tausend*
*Gemütern hervordrang an solchen längst vorausgesetzten, vorausgedachten,*
*immer geglaubten und immer unglaublichen, gefahrvollen Wanderungen Teil*
*zu nehmen: wie frisch und umständlich jeder einzelnen glückliche Versuch*
*die Zeitungen füllte, zu Tagesheften und Kupfern Anlaß gab; welchen zarten*
*Anteil man an den unglücklichen Opfern solcher Versuche genommen …*

## LEUCHT- UND WASSERGAS

Wassergas entsteht bekanntlich beim Überleiten von Wasserdampf und
Luft über glühende Kohle und besteht als gut brennbares Gemisch aus 50%
Wasserstoff, 40% Kohlenstoffmonoxid, 5% Stickstoff und 5% Kohlenstoffdioxid. Aus einem Brief Goethes an Döbereiner vom 5. Dezember 1816 erfahren wir dazu folgendes[41]:

*Ew. Wohlgeboren*
*haben in einem Schreiben an Serenissmum Folgendes gemeldet:*
*'Ich habe gefunden, daß Kohle und Wasser bei ihrer Wechselwirkung in*
*hoher Temperatur das wohlfeilste und reinste Feuergas geben, und hätte*
*ich Geld, um diese Entdeckung durch Versuche weiter fortsetzen und sie*
*zum Nutzen für das Leben ausarbeiten zu können, so würde ich vielleicht*
*im Stande sein, die Bereitung des Lichtgases wohlfeiler und einfacher aus-*
*zuführen, als dieses von den Engländern geschehen ist durch Benutzung*
*ihrer Steinkohlen.'*
*Ihre Königliche Hoheit wünschen über diesen Gegenstand vollkommen*
*unterrichtet zu werden und zu vernehmen, wie viel auf diese Versuche ver-*
*wendet werden müßte, um bedeutende Resultate herauszubringen. Viel-*
*leicht würden Höchstdieselben etwas dazu verwilligen.*

---

[41] WA IV. 27, 253 (Brief Nr. 7570)

*Zugleich mache ich mir ein Vergnügen anzeigen zu können, daß Sere-
nissimus Ew. Wohlgeboren die Summe von 100 rh. jährlich zu Experimenten zugestanden, wovon Sie vielleicht schon unterrichtet sind. Weihnachten
erhalten Sie den vierten Teil von dieser Summe zum erstenmal …*

*Leuchtgas,* überwiegend aus Kohlenstoffmonoxid, aber auch Wasserstoff und Methan bestehend, wurde als brennbar erstmals 1690
oder 1691 von dem Engländer John Clayton erkannt, der seine
Entdeckung Robert Boyle mitteilte. Es sammelte sich in den Koh-
lengruben und gefährdete das Leben der Bergleute. Clayton erhitzte Kohlestückchen und gewann infolge einer „trockenen Destillation" dabei ein Gasgemisch, das mit heller Flamme
verbrannte. Unabhängig von Clayton und auch früher erzeugte
der deutsche Chemiker JOHANN JOACHIM BECHER (1635–1682),
1663 Professor der Medizin in Mainz und ab 1680 in England in
den Hüttenwerken von Cornwall und Schottland, wo er auch
Leuchtgas aus Steinkohle gewann. Der Schotte William Murdoch,
der in der Dampfmaschinenfabrik von Boulton & Watt gearbeitet
hatte, soll als erster 1792 aus der „unvollkommenen Verbrennung"
von Steinkohle Leuchtgas in seinem Garten erzeugt und zur Beleuchtung seines Hauses verwendet haben. 1803 wurde bereits in
London das erste Gaslicht in Betrieb genommen. [14]

1816 vermerkte Goethe in seinen „Tag- und Jahres-Heften" den Satz[42]
*Zu sonstigen physikalischen Aufklärungen war der Versuch eines Gas-
beleuchtung in Jena veranstaltet; wie wir denn auch durch Döbereiner die
Art, durch Druck verschiedene Stoffe zu extrahieren, kennen lernten.*
Und zwei Jahre später lautete ein Brief an Döbereiner vom 12. April 1818,
geschrieben in Jena, zu diesem Thema[43]:
*Ihro Köngliche Hoheit werden morgen, Montag den 13ten, bei Ihnen
anfahren und wünschen die Operation des Übersteigens des Wasserstoff-
Gases über glühende Kohlen zu sehen, woraus das Gewisse Etwas entsteht.*

---

[42] WA I. 36, 111$_{12-16}$
[43] WA IV. 29, 141 (Brief Nr. 8051)

*Sagen Ew. Wohlgeboren mir durch Überbringer, inwiefern Sie hoffen et-was Erfreuliches zu leisten. Ich bin den ganzen Abend zu Hause, wenn Sie mit mir sich darüber zu besprechen wünschten.*

Zu einer praktischen Umsetzung dieser Entdeckung kam es damals je-doch nicht – wohl aus Gründen des Geldmangels im kleinen Herzogtum Sachsen-Weimar.


## ZU BESUCH IN DER CHEMISCHEN FABRIK FIKENTSCHER IN MARKTREDWITZ

Im Sommer 1822 hielt sich Goethe in seinem 73. Lebensjahr zur alljährlicher Kur wiederum in Marienbad und auch in Eger auf. Von Eger aus, wo er sei-nen Freund, den Polizeirat Grüner besucht und Berzelius getroffen hatte (s.o.), reiste er am 13. August über Waldsassen – zunächst auf der Straße nach Regensburg; *sodann rechts, durch Wald und Gebirge, immer auf sehr guter Chaussée*, nach Marktredwitz.

„Polizeirat Grüner hatte ihm am 10. August von der berühmten chemi-schen Fabrik und der Glashütte seines Freundes Wolfgang Caspar Fikent-scher in Redwitz erzählt und dabei eingeflochten, daß dieser es sich zur größten Freude machen würde, mit einem Besuch beehrt zu werden. Die-ser Vorschlag fand sofort Goethes Zustimmung, da er hoffen konnte, che-mische Präparate und Gläser für seine Versuche zur 'Farbenlehre' und für das Naturalienkabinett der Universität in Jena bestellen zu können. Schon drei Tage später rollte der Reisewagen gegen acht Uhr abends in Redwitz ein und hielt vor dem Fikentscher-Haus, dem jetzigen Neuen Rathaus. Der grei-se Dichter entstieg dem Wagen mit unerwarteter Rüstigkeit. Im 3. Band der 'Gespräche mit Goethe' von Eckermann lesen wir eine Beschreibung aus dem gleichen Jahr durch den Schweizer Soret: 'Seine Gestalt ist noch schön zu nennen, seine Stirn und Augen sind besonders majestätisch. Er ist groß und wohlgebaut und von so rüstigem Ansehen, daß man nicht wohl be-greift, wie er sich schon seit Jahren hat für zu alten erklären können, um noch in Gesellschaft und an Hof zu gehen.'" [15]

Der Schweizer Theologe und Naturforscher FRÉDÉRIC JEAN SORET (1795–1865) lebte von 1822 bis 1836 als Erzieher des Erbprinzen Karl Alex-ander in Weimar. Im Neuen Rathaus von Marktredwitz, das 1794 als Wohn-haus des Fabrikanten W. C. Fikentscher im klassizistischen Stil erbaut wurde, ist heute ein Goethe-Zimmer als Museum zur Erinnerung an Goethes Aufenthalt vom 13. bis 18. August 1822 eingerichtet. Der Besuch war Goethe so wichtig, daß er im Rahmen seines Tagebuches nicht nur kurze Notizen darüber sondern auch einen ausführlichen Text unter dem Titel „Notirtes und Gesammeltes auf der Reise vom 16. Jun. bis 29. August. 1822." verfaßt hat, aus dem folgenden Auszüge zur chemischen Fabrik und zur Glashütte stammen. [44]

*Um 8 Uhr kamen wir nach Redwitz. Wohlempfangen von Herrn Fikentscher und Familie. Abendgespräch erheitert durch Rath Grüners frühere Verhältnisse, denn Redwitz stand sonst unter österreichischer Hoheit und war gewissermaßen zu dem Egerlande gezählt, auch von der Stadt Eger bevormundet, nunmehr, als von Bayern völlig eingeschlossen, an dieses Königreich abgetreten; nicht ganz zum Vorteil der Einwohner, denen ihre Fabrikate nach Böhmen einzuführen versagt ist …*

„Der Fabrikant und Bürgermeister WOLFGANG CASPAR FIKENTSCHER, der Gründer der ersten chemischen Fabrik in Deutschland, die er am 24. Juni 1788 eröffnet hatte, und seine Frau Margarethe Barbara Grüner mit ihren fünf Töchtern und dem zweitältesten Sohn begrüßten ehrfurchtsvoll den hohen Gast. Müßige Straßenpassanten mögen eine Weile stehen geblieben sein, um sich an dem Schauspiel der Begrüßung zu ergötzen, die Frauen nach der damaligen Mode in langen Röcken, kurzer Taille, bauschigen Ärmeln, Falbelreihen [45] und Schutenhüten [46], die Männer in bürgerlicher Biedermeiertracht." [15]

*Unter dem wohleingerichteten Wohngebäude senkt sich ein Garten terrassenweis hinab, wovon ein Teil älteren und neuen Fabrikgebäuden aufgeopfert ist. Hier wird im Großen das schwefelsaure Quecksilber mit zugesetztem Kochsalz bereitet. (Muriate suroxigène de Mercure.) Das zurückbleibende Natron wird zur Glasfabrik verwendet. Auch krystallinische Weinsteinsäure wird auf das Reinlichste im Großen verfertigt. Die sämtliche Arbeit geht immer fort; das Ganze ist so eingerichtet, daß, nach han-*

---

[44] WA III 8, 281–300
[45] Falbel: Besatz von gefälteltem Stoff
[46] Schute: Frauenhut mit halbseitig gewölbtem Rand

*delsmännischen Bestellungen, die größten Partien in kurzer Zeit gefertigt*
*werden können. Das Quecksilber beziehen sie von Idria* [47] *und Mexiko, das*
*Vitriolöl aus Straßburg, das schon gereinigte Weinsteinsalz von Wien. An*
*dem neuen Anbau des Fabrikgebäudes, der so groß ist als der alte, kann*
*man ermessen, daß das Geschäft im raschen Gange einem sichern Zweck*
*entgegen gehe.*

Die *Geschichte der Chemischen Fabrik Marktredwitz AG*, die bis in unsere Zeit Pflanzenschutz- und Schädlingsbekämpfungsmittel, u.a. auch
Quecksilberpräparate, hergestellt hat, beginnt 1788. Der damals erst 18 Jahre alte WOLFGANG CASPAR FIKENTSCHER (1770–1837) hatte die Apotheker-
Kunst in der Paradies-Apotheke zu Nürnberg erlernt. Durch seinen Lehrmeister C. C. Merkel angeregt, gründete er unmittelbar nach dem
bestandenen Gehilfenexamen in Markt Redwitz eine kleine Fabrikations-
stätte für Chemikalien. Bereits sechs Jahre später wird sie zu einer größeren Fabrik ausgebaut. Fikentscher gründete zusammen mit mehreren Teil-
habern auch eine Glashütte in der Nähe von Markt Redwitz, die Goethe
ebenfalls besichtigte. In dieser Glashütte wurde erstmals Glaubersalz anstelle von Soda zur Glasherstellung eingesetzt. 1809 wurde Fikentscher Bürgermeister seiner Vaterstadt und 1825 auch bayerischer Landtagsabge-
ordneter.

Fikentscher gilt als einer der frühen Pioniere der chemischen Industrie
mit der ältesten chemischen Fabrik in Deutschland. Die wichtigsten Produkte zur Goethezeit waren Quecksilberpräparate, Salpeter-, Salz- und
Schwefelsäure und Glaubersalz – das im Rahmen der Quecksilbersalz-Pro-
duktion entstand (Umsetzung von Quecksilbersulfat mit Natriumchlorid).
[17] Das von Goethe beschriebene Wohnhaus der Familie Fikentscher wurde sechs Jahre nach der Gründung der Fabrik errichtet, als auch die Erweiterung der Fabrikation erfolgte.

„1837, im Todesjahr des Gründers Fikentscher hatte der Betrieb eine Produktion von rund 810.000 kg Chemikalien und Säuren. 1837 – in der Zeit,
als es kaum Straßen, keine Eisenbahnen, keinen elektrischen Strom oder
sonstige moderne Beförderungs- und Produktionsmittel gegeben hat … "
[16] – Über die weitere Geschichte dieser ältesten chemischen Fabrik
Deutschlands ist mit den Namen der Familie Tropitzsch, welche den Betrieb

---

[47]  Idrija, Stadt in Slowenien, bekannt durch den Abbau und die Aufbereitung von
     Zinnober-Erz

1890 übernahm, und des Geheimrats Professor Dr. Lorenz Hiltner von der Bayerischen Landesanstalt für Pflanzenbau und Pflanzenschutz in München verbunden, der 1912 die ersten modernen Saatgetreidebeizmittel unter dem Namen „Fusariol" auf der Basis des Quecksilbers produzieren ließ. Noch in der zweiten Hälfte der sechziger Jahre war diese Produktion ein Hauptzweig der Firma – mit einer Exportquote über 50% –, aber auch die klassischen Weinstein-Präparate sowie Brechweinstein wurden noch zur Herstellung von Tierarzneimitteln und zur Behandlung von Leder und für Färbereien hergestellt.

Goethe begab sich, wie für ihn immer an unbekannten Orten üblich, zu einem Erkundungsgang auch in die Stadt und beschreibt im Jahre 1822 diese wie folgt:

*Wir gingen außen an den Gärten und Wiesen hin, durch einen Teil der Vorstadt, alsdann in das Städtchen, über dessen Tor das Egerische und Redwitzische Wappen unter dem böhmischen Löwen den frühern Zustand deutlich bezeichnet. Ein sanfter Aufstieg führte bis zur katholischen Kirche, von Maria Theresia erbauet und begabt, gar wohl gelegen ziert sie die Hauptstraße, welche lang ist und nur eine Biegung am Rathause macht. Wäre das Pflaster besser und die Häuser hie und da ein wenig aufgefrischt, so hätte der Ort kein übles Ansehen.*

Auf einem Stadtrundgang läßt sich noch heute ein Eindruck über die Geschichte der Stadt gewinnen: Das Historische Rathaus wurde im 14. Jahrhundert erbaut und weist einen Renaissance-Erker aus dem Jahre 1592 auf. Das älteste Bauwerk der Stadt aus dem 13. Jahrhundert, das „Lug ins Land" erreicht man auf dem Weg unter dem Torbogen des Rathauses hindurch. Und die genannte St.-Theresien-Kirche im Stil des Rokoko stammt von 1776/77 als Stiftung der Kaiserin für die hier stationierte österreichische Garnison. Über den Markt und die Hirschmannstraße erreicht man dann auch das Neue Rathaus, das ehemalige Fikentscher-Wohnhaus.

Über die Familie Fikentscher und vor allem den Hausherrn, den Goethe als Pionier charakterisiert, erfahren wir folgende Einzelheiten:

*Den Haus- und Hofherrn Fikentscher bezeichne ich als einen Fünfziger, der, in Nordamerika, mit eigenen Kräften und Mitteln große Landstrecken urbar gemacht und beherrscht hätte, es aber freilich hier im kultiviertesten Lande, obgleich zwölfhundert Fuß über der Meeresfläche[48], viel besser hat.*

---

[48] Marktredwitz liegt im Fichtelgebirge auf einer Höhe von 727 m ü.d.M.

*Die häusliche Einrichtung gleicht aber jener über dem Weltmeer, wo man sich seine eigene Dienerschaft erzeugt. Mutter und zwei erwachsne, sehr hübsche Töchter, einfach aber elegant gekleidet, bedienen freundlich und anständig den Tisch, dazwischen sich niedersetzend und mitspeisend, zwei jüngere wachsen heran zu jener Anstelligkeit sich bereitend; von fünf Söhnen ist nur einer zu Hause; der älteste als Arzt zu Selb angestellt, die drei jüngern in Erlangen zur Schule und zur Apothekerkunst durch Martius, (Biographie s. Kap. 8) den Vater des brasilianischen Reisenden, angehalten; der nunmehr ältere, ein junger lieber Mann von 22 Jahren, hatte schon früher beim Vater, der zuerst Apotheker gewesen, sich in diesen Künsten unterrichtet, sodann aber bei Trommsdorff im Erfurtschen einen jährlichen Cursus durchlaufen, ist in der neuen Chemie ganz unterrichtet, indem das Haus auch den notwendigen Journal hält, um einer Wissenschaft in ihrem Gange zu folgen, die bei solchen Unternehmungen im Großen von der höchsten Wichtigkeit ist, wie man an den Operationen sieht, die mir freundlich und umständlich mitgeteilt worden ... .*

Am 15. August 1822, *an Napoleons Geburtstag, an welchem ich wieder ein eignes Feuerwerk erleben sollte,* begab sich Goethe mit dem Sohn FRIEDRICH CHRISTIAN FIKENTSCHER (1799–1864), mit dem er mehrere Jahre wegen der Fertigung von Gläsern im Briefwechsel stand, zur Glashütte, von deren Arbeit er eine beeindruckende Schilderung gibt:

*Um 8 Uhr mit dem Sohne weggefahren; zuerst den Bach Cossein zur Rechten, dann bei Brand über genanntes Wasser, den Berg hinauf einen schrecklichen Basaltweg, auf die Glashütte, wo siebzehn Menschen arbeiteten. Es werden große Fenstertafeln gefertigt; wir sahen die ganze Manipulation mit an, die wirklich furchtbar ist. Sie bliesen Walzen von 3 Fuß Höhe, in verhältnismäßigem Durchmesser. Diese ungeheurn Körper aufschwellen, glühend schwingen und wider in den Öfen schieben zu sehen, je drei und drei Mann ganz nah neben einander, macht einen ängstlichen Eindruck. Dann weiß man die Walze, die erst unten rundlich geschlossen ist, mit immer fortgesetzter Erhitzung zu öffnen, daß Glocken daraus entstehen, diesen wird die Mütze genommen, die Walze selbst durch ein glühend Eisen getrennt, damit sie sich auseinander gebe, welches im Kühlofen geschieht. Das alles geschieht mit der zerbrechlichsten, glühend biegsamsten Masse, so takt- und schrittmäßig, daß man sich bald wieder beruhigt ...*

*Die Glashütte ist gemeinschaftlich, diesmal arbeitete der Teilnehmer von Wunsiedel. Auf dem Zimmer, welches der junge Fikentscher bewohnt,*

*wann die Reihe an sein Haus kommt, fanden wir zufällig zurückgelegte,
schnell gekühlte, kleine Glaskolben, deren ausgeschnittener Boden die entoptische Erscheinung trefflich gab, wozu uns ein ganz reiner Himmel vollkommen begünstigte. Wir ließen sodann einen Glasstab schnell verkühlen
und fanden ihn seiner Gestalt gemäß höchst schön entoptisch* [49].

*… Mittags mit der Familie. Zustände früherer Zeiten, sowohl auf die
Stadt, als die Einzelnen bezüglich, wurden durchgesprochen. Sodann wendete man sich zu chemischen Versuchen. Das trübe Glas bei hellem Grund
gelb, bei dunklem Grund blau erscheinend, geriet fürtrefflich, mit aufgestri-
chener Salzsäure; das entoptische Täfelchen wollte nicht völlig gelingen.*

*Bedeutendes Gewitter von Westen nach Osten ziehend. Ich las in* Kunckels
Glasmacherkunst *und bewunderte den Gehalt dieses Werkes auf's neue …*

Und am 16. August:

*Ganz den pyrotechnischen Versuchen gewidmet … Ich las in Kunckels
Glasmacherkunst weiter und nahm mir vor eine Übersicht dieses Werks zu
geben …*


KUNCKELS GLASMACHERKUNST

In Goethes Werken findet sich tatsächlich ein Beitrag über den Chemiker
Kunckel (Biographie s. Kap. 8), der vom 22. bis 27. September desselben Jahres auch verfaßt worden ist [50]. Er soll an dieser Stelle und mit Erläuterungen
wiedergegeben werden:

*Johann Kunckel.*

*Geboren zu Schleswig 1630, wandte sich, ohne studiert zu haben, von
der Apothekerkunst zur Chemie, wo er denn, in einer noch alchymistisch
düstern Zeit, mit seltsamen Meinungen hervortrat, welche nicht eben günstig aufgenommen wurden, doch mußt' er, als ein praktisch gewandter
Mann, bei feuerlustigen, Geheimes forschenden Fürsten und Herren guten
Eingang finden. Zuerst am Lauenburgischen Hofe, dann zu Dresden, zu
Berlin und endlich in Schweden angestellt hinterließ er seine Erfahrungen
in dem Quartband: die vollkommene Glasmacherkunst, einem zwar vielfach wichtigen und nützlichen, aber doch schwer zugänglichen Buche. Ich*

---

[49]  entoptische Farben sind Interferenzfarben am polarisierten Licht
[50]  WA II. 12, 149–154

erinnere mich aus früherer Zeit bei flüchtiger Ansicht niemals klug daraus geworden zu sein; gegenwärtig neu angeregt habe ich es genauer betrachtet und denke durch Nachstehendes den Kunstfreunden einen freieren Eingang zu eröffnen.

1679 erschien die erste Auflage dieses Fachbuches der Glasherstellung mit dem Titel „Ars Vitraria Experimentalis“, das jedoch auf einer Übersetzung eines italienischen Werkes von P. Antonius Neri aus Florenz beruht, wie Kunckel, der sich später auch Kunckel von Löwenstern nannte, selbst im Titel angibt[51].

Dazu weiterhin Goethe:

*Kunckels Werk enthält von ihm selbst Weniges, aber an sich Bedeutendes und durch die Stellung noch bedeutender Erscheinendes.*

*Die Grundlage des Ganzen macht ein Traktat des Antonius Neri über gedachte Kunst. Dieser Mann, von Florenz gebürtig, war zu Anfang des siebzehnten Jahrhunderts in voller Tätigkeit und mochte zu Muran, wo schon seit zweihundert Jahren die Glaskunst blühte, den Grund seiner Kenntnisse und Fertigkeiten gelegt haben. Sodann hielt er sich in Antwerpen, ferner in Pisa und Florenz auf, zu einer Zeit, wo man überall mit den Venetianern zu wetteifern anfing. Von der Richtung seiner Studien und Beschäftigungen gibt uns das Büchlein genugsames Zeugnis. Aus dem Italienischen ward es zuerst in's Lateinische, dann in's Deutsche übersetzt und hierauf von Kunckel zum Grunde seiner eigenen Arbeiten und Bemerkungen gelegt; es besteht aus sieben Büchern, deren jedem eine Folge von Kunckels Anmerkungen hinzugefügt ist.*

*Das* erste *beschäftigt sich ordnungsgemäß mit den Ingredienzien des Glases, dem Kali, der Soda, dem Quarz, und zeigt wie man vollkommenes und gemeines Glas machen solle. Sodann werden mancherlei Arten angegeben wie man das Glas färben könne. Kunckels Anmerkungen bestätigen, berichtigen und erweitern den Text.*

*Das zweite Buch geht schon auf kompliziertere Glasfärbung und handelt deshalb von den Reagentien, womit die Metalle aufgelös't und verkalkt werden. Die kurzen Anmerkungen billigen teils das angerühmte Verfahren, teils deuten sie auf den kürzeren Weg.*

---

[51] Johannes Kunckel: Ars Vitaria Experimentalis Oder vollkommene Glasmacher = Kunst, Reprint der Ausgabe Frankfurt am Main und Leipzig 1689, Hildesheim 1972

*Das* dritte Buch *fährt fort sich mit Färbung des Glases zu beschäftigen; die Anmerkungen hadern mit dem Verfasser, daß seine Vorschriften irre führen, obgleich manches Gutes zugestanden wird.*

*Das* vierte Buch *handelt vom Bleiglas und den dadurch zu erzeugenden Farben, auch noch von einigen andern Färbungen und Bedingungen. Kunckel verwirft das Bleiglas als allzuweich und zeigt was bei dem übrigen zu bedenken sei.*

*Das* fünfte Buch *lehrt in Gefolg des vorigen, wie die natürlichen Edelsteine nachzuahmen, ja an Schönheit zu übertreffen, obgleich an Härte nicht zu erreichen. Kunckel ist hierüber sehr unzufrieden, weil die Paste zu schwer sei und doch keine rechte Politur annehme; dann fügt er einige Berichtigungen und Erleichterungen hinzu.*

*Das* sechste Buch *trägt nun die Bereitung des Schmelzwerkes, neuerlich Emaille genannt, deutlich vor, womit Kunckel so zufrieden ist, daß er um dieses Buches willen das ganze Werk eigentlich zu schätzen versichert; dabei gesteht er, mit Vergnügen sämtliche Versuche durchprobiert zu haben, wovon auch seine Anmerkungen Zeuge sind.*

*Das* siebente Buch *endlich handelt von Lackfarben, sodann vom Ultramarin; zuletzt wendet sich der Vortrag zur Glaskunst wieder zurück, da denn auch Kunckel das Seinige hinzufügt.*

*Hierauf folgt nun eine besondere Zugabe, welche unterweis't und anleitet: wie man sowohl Gläser als Flüsse oder künstliche Edelsteine zur größten Perfektion und Härte bringen solle; deswegen denn auch ein hierzu erforderlicher Glasofen vorgeschrieben ist. Am Schlusse wird ausgeführt, wie man Dubletten fertigen und erkennen möge.*

Vergleicht man die Darstellungen Goethes mit denjenigen der Quelle, die Goethe mit Sicherheit zur Verfügung stand, nämlich der „Geschichte der Chemie" von Gmelin, so zeigt sich, daß Goethe hier eigene Gedanken geäußert und Bewertungen vorgenommen hat, die nicht bei Gmelin stehen. Goethe fährt fort:

*Diese erste Abteilung ist nun geschlossen und es folgen darauf Christoph Merrets Anmerkungen über die Bücher des Antonius Neri. Merret, ein englischer Arzt und Chemiker, schrieb um die Mitte des siebzehnten Jahrhunderts, Noten zu Anton Neri in englischer Sprache, welche sodann Andreas Frisius nebst dem Werke des Antonius Neri in das alles vermittelnde Latein übertrug und 1668 heraus gab, wodurch denn die Übersetzung weiter in's Deutsche gefördert ward.*

*Der Engländer macht seine Anmerkungen nach den Paragraphen die*
*durch Neri's ganzes Werk durchgehen. Kunckel, welcher in seinen früheren*
*Anmerkungen sich auf Merret öfters mit Beifall bezogen, berichtigt noch*
*einiges auf wenig Blättern und fügt eine Anmerkung über Bereitung der*
*Pottasche hinzu, damit man des orientalischen, oder spanischen Materials*
*entbehren könne.*

*Hierauf folgt nun der Glasmacherkunst zweiter Teil, an Blättern etwa*
*halb so stark als der erste; auch dieser enthält mehr Fremdes als Eigenes.*
*Die erste Abteilung handelt vom Glasbrennen, Vergolden und Mahlen; das*
*Tractätlein schreibt sich von einem guten, aber anonymen Nürnberger*
*Glasmaler her, welcher sich H. J. S. unterzeichnet. Es sind hundert Experi-*
*mente, offenbar aus langer entschiedener Erfahrung, einfach vorgelegt mit*
*wenig eingeschobenen Anmerkungen Kunckels, welcher noch einige Rezep-*
*te hinzufügt.*

*Die andere Abteilung enthält eine Anweisung zur holländischen weißen*
*und bunten Töpferglasur und Malerwerk (fayence) welche Kunckel selbst,*
*nicht ohne große Mühe, Unkosten und Aufopferung zusammengebracht;*
*dann folgt noch eine Zugabe von dem kleinen Glasblasen mit der Lampe.*

Der Name *Fayence* für eine weißglasierte, bemalten Irdenware (ir-
den – vom althochdeutschen Wort irdin, erdin – = aus gebranntem Ton bestehend) stammt von einem der Hauptorte der italienische Fayenceproduktion *Faenza* in der Emilia-Romagna etwa
50 km südöstlich von Bologna. *Majolika* bezeichnet das gleiche
Produkt nach dem spanischen Haupthandelsplatz auf der Insel
Mallorca. Die historische und noch heute angewendete Herstel-
lungstechnik geht von feingeschlämmten Tonsorten aus, der an
der Luft getrocknet und dann in Öfen bei 800 bis 900 °C verfe-
stigt werden. Danach werden sie in ein mit Zinndioxid angerei-
chertes Glasurbad getaucht und im noch feuchten Zustand gelb,
rot, braun, grün oder blau bemalt. Bei einem zweiten Brand bis zu
einer Temperatur um 1100 °C verschmelzen die weißdeckende
Glasur und die sich darin lösenden sogenannten Scharffeuerfar-
ben und bilden so einen glänzenden Überzug. Die Technik mit
der Zinnglasur wurde zwar schon in Mesopotamien zwei- bis
dreitausend Jahre vor Christus angewendet und war im 2. Jahrtausend v.Chr. im gesamten Vorderen Orient verbreitet, sie erleb-

te jedoch im 15. und 16. Jahrhundert in Italien eine neue Blütezeit. Die ersten deutschen Manufakturen entstanden in Hanau 1661 und in Frankfurt am Main 1662. Zu dieser Technik hat Kunckel offensichtlich eigene Beiträge geleistet. Mit den „holländischen Fayencen" sind die Delfter Fayencen der Niederlanden mit der Blütezeit von der Mitte des 17. bis in die Mitte des 18. Jahrhundert gemeint. Sie waren durch einen Blauweißdekor mit ostasiatischen Motiven charakterisiert.

Auch die Kunst des Glasblasen mit der Lampe ist Goethe eine Bemerkung wert – und er fährt dann fort:

*Die dritte Abteilung enthält fünfzig Experimente, von Kunckel zwar nicht erfunden, aber nachprobiert, nebst einigen Zugaben.*

*Den völligen Schluß macht als Anhang ein Sendbrief aus dem Englischen übersetzt, handelnd von der Kenntnis der Edelsteine und was dahin gerechnet ist. Ein Register über das ganze Werk ist hinzugefügt, bequem zu benutzen, weil die Seitenzahl durch beide Teile durchgeht.*

*Aus diesem Inhaltsverzeichnis wird der sinnig Leser alsbald gewahr werden, wie ein collectives aus vielen Teilen zusammengesetztes Werk durch einen tüchtigen erfahrenen, seiner Sache gewissen, praktisch ausgebildeten Mann zur Einheit umgeschaffen worden, und wir dürfen uns schmeicheln, daß aufmerksamen Kunstverwandten sich nur desto lieber und leicht mit dem Einzelnen zu befreunden willkommene Gelegenheit gegeben sei.*

Damit gibt Goethe auch ein Beispiel für eine fachlich erstaunlich kompetente Besprechung eines Fachbuches durch einen „Dilettanten" in der Chemie, die doch im Hauptberuf Dichter ist! Und danach folgt ein Text, in dem er eine Lanze für die historische Betrachtung auch für die Weiterentwicklung unseres chemischen Wissens bricht:

*Denn obgleich in dem chemischen Fache wie in so vielen andern, seit einem halben Jahrhunderte das Unerwartete geschehen, so muß doch immer unterhaltend und belehrend bleiben, rückwärts zu schauen und historisch zu erkennen, was unsere Vorfahren geleistet, wie weit ihr Wissen vorwärts gedrungen und wo es gestockt. Hierdurch finden wir uns denn auf's neue angeregt hie und da die angedeuteten Wege zu verfolgen.*

Und nun erfolgt der Übergang zu einem Bereich, den Goethe als „Künstler" wohl doch am meisten interessiert – zur Kunst der Glasmalerei – und zur Farbenlehre:

*Die sich gegenwärtig wieder hervortuende Glasmalerei wird hierbei nicht ohne Vorteile bleiben, die Kunst ist nicht sowohl verloren als deren Ausübung eingeengt und erschwert, wodurch wir aufgefordert werden, uns nach einzelnen wohl erprobten Handgriffen umzutun. Der jetzt in's Ganze wirkende Chemiker verfolgt so große Zwecke, daß er sich um das Einzelne neben dem Weg Liegende nicht emsig bekümmern kann. Lange vermißten wir die trüben Scheiben, die bei hellem Grunde Gelb, bei dunklem Blau zeigen; eben so konnten wir nicht mit Gewißheit zu entoptisirten Gläser gelangen. Beide Körper können nunmehr den Freunden der Chromatik[52] nach Lust und Belieben zugestellt werden, wie das Weitere nächstens auszuführen ist.*

Am 18. August kamen Grüner, der ihn nach Marktredwitz begleitet hatte und am 14. August zurückgereist war, und seine Frau aus Eger und holten Goethe wieder ab:

*… Kam Polizeirath Grüner und Frau, Unterhaltung mit ihm über die vergangenen Tage. Mit Fikentscher dem Vater über das Chemisch-Technische seiner verschiedenen Fabrikationen. Sämtlich zu Tische … Auf den Vorwurf, daß Redwitz niemals eine Polizei gehabt, erwiderte man scherzend, daß eben deshalb Bier, Fleisch, Brot ohne Tadel. Coffebrötchen wie nirgends. Der Hausherr braut im Dezember den Bedarf für's ganze Jahr und hat die Keller dazu. Chemische Bemerkungen hierbei.*

Und nachmittags um 4 Uhr verließ Goethe in Begleitung der Grüners Marktredwitz, nahm in Waldsassen „köstliche Bratwürstchen" zu sich und erreichte vor Anbruch der Nacht wieder Eger.


CHEMISCHE BALNEOLOGIE


Goethes Interessen an Bädern und Mineralwässern – er selbst kurte 1785, 1786, 1795 und dann regelmäßig ab 1806 in den böhmischen Bädern Karlsbad, Marienbad, Franzensbad und Teplitz, aber auch in Bad Lauchstädt, Bad Berka, Bad Pyrmont und Wiesbaden – lassen sich an zahlreichen Stellen seines Werkes nachweisen. 1806 beschrieb er anläßlich seines Kuraufenthaltes in Karlsbad von Ende Juni bis Anfang August in seinem Tagebuch am 9. Juli[53] die Bestandteile des Sprudels.

---

[52]  im Sinne von Farbenlehre; chromatisch – heute: auf Zerlegung des weißen Lichtes in Farben beruhend

| *Flüchtige* | *Stickgas Azote N.B. Der aufsteigende Dampf ist* |
|---|---|
| | *nur Wasserdampf.* |
| *Flüssige* | *Wasser. Wahrscheinl. aus der Töpel* |
| *Fixe* | *Kalkerde Luftgesäuerte Mineralische Alcali.* |
| | *Dasselbe mit Schwefelsäure Glaubers Salz Eisen* |

Mit *Stickgas* ist das Kohlenstoffdioxid (s.u.) gemeint und *Azote* ist die ältere Bezeichnung für Stickstoff. Als *luftgesäuerte Kalkerde* bezeichnete damals das Cacliumcarbonat, mineralische Alkali Natriumcarbonat und *Glaubers Salz* ist das Natriumsulfat.

Heute wird das Mineralwasser in Karlsbad (Karlovy Vary), das mit Temperaturen bis zu 73 °C austritt und einen einheitlichen Gehalt an Mineralstoffen von 6,4 g/l in allen Quellen aufweist, als $Na-HCO_3-SO_4-Cl$-Typ bezeichnet.

Das Mineralwasser „Karlsbader Mühlbrunn" ist auch in Deutschland erhältlich. Es hat folgende Zusammensetzung in mg/l: 1713 Na, 135,9 Ca, 37,33 Mg, 98,04 K, 3,28 Li, 0,78 Sr, 1,26 Fe, 607,7 Cl, 1639 $SO_4$, 2163 $HCO_3$, 6,07 F, 0,004 I (Summe der Hauptbestandteile: ca. 6,4 g/l) [20]

▬▬▬▬ Zur Herkunft der Mineralwässer gibt Goethe hier den Fluß Töpel (Tepl) an. Heute wissen wir, daß die Karlsbader Quellen hauptsächlich aus Regenfällen stammen, die im Erzgebirge in den Boden eindringen. Sie gelangen durch Bruchfalten und Risse im Granit bis in mehrere Kilometer Tiefe, lösen dort Mineralien und Kohlenstoffdioxid und kommen aufgrund eines tiefen Bruchs parallel zum Erzgebirge, des sogenannten Leitmeritzer Bruchs, durch die Wärme im Erdinneren erwärmt wieder an die Oberfläche. Die Karlsbader Thermen steigen entlang einer Kreuzung von Bruchlinien im Granit infolge des hydromechanischen Druckes und des Gasgehaltes hoch. Da die ursprüngliche Therme an der niedrigsten Stelle des Tales entsprang und zwar im Flußbett der Tepl, vermutete Goethe auch dort deren Herkunft. Bereits im Jahre 1571 wurde das Wasser am rechten Flußufer in Behältern aufgefangen und über offene Holzrinnen in Kurhäuser geleitet. Später wurden die Austrittsöffnungen in der Tepl abgedichtet, um die Wasser zu höher gelegenen Stellen umzuleiten. Die ehemali-

---

53  WA III. 3, 137₁₄₋₂₀

gen Sprudelquellen wuchsen mit Mineralien zu und aus dem Karlsbader Wasser entstand der „Sprudelstein" – Aragonit CaCO$^3$ –, der ebenfalls bei Goethe großes Interesse fand. Die sich bildende Schicht hat eine Dicke bis zu 8 m und reicht heute im Flußbett vom Theater bis zur Mühlbrunnkolonnade. An den Stellen, wo das Wasser mit der Luft in Berührung kommt, hat sich ein rotbrauner (eisenhaltiger) Sinter gebildet. [21]

In seinen Aufsätzen „Zur Kenntniß der böhmischen Gebirge"[54] hat Goethe in einem Bericht über den Steinschneider JOSEPH MÜLLER (1727–1817), mit dem er häufigen Kontakt pflegte und der auch eine Steinsammlung zu Goethes Aufsätzen zusammenstellte und vertrieb, auch diese Sprudelsteine beschrieben (s. auch Kap. 2).

*Als er* [Müller] *... 1760 sich in Karlsbad niederließ, mußte es sich ereignen, daß, bei dem Grundgraben so vieler Häuser, gar manche Sorten Sprudelsteine zum Vorschein kamen, die er wegen ihrer Schönheit, sobald sie poliert waren, auch für eine Art von Edelsteinen ansprechen durfte, indem sie, bei vollkommener Glätte und Glanz, den Anschein von Chalcedon*[55]*, Achat, Jaspis und antikem Jaspis nachahmten und, bei viel geringerer Härte, sich der Bearbeitung bequemer darboten ...*

*Seit jener Zeit wird nicht leicht eine Mineraliensammlung bestehen, welche nicht dergleichen vorzuweisen hätte. Auch kam diese Steinart in solchen Ruf, daß man ihrer in vielen Schriften gedachte, und ihr sogar eine eigne Abhandlung gewidmet, worin sie abgebildet und koloriert, auch näher beschrieben, in einem Heft klein 4., den Bibliotheken der Naturforscher willkommen gewesen, unter dem Titel: Überlacker's System das Karlsbader Sinters, unter Vorstellung schöner und seltener Stücke. Mit illum. Kupfern. Erlangen 1782. 4.*

Und einige Absätze später heißt es dann in Goethes Bericht über Joseph Müller und dessen Sammlung:

*... Es wird deshalb, nach einem beigefügten Verzeichnis, den Liebhabern eine Sammlung von fünfzig rohen Stücken des Sprudelsinters angeboten, auf welchen ihre Färbung vom dunkelsten Braun bis zum klaren Weiß mit allen Mittelfärbungen und Zeichnungen vorgelegt wird ...*

[54] WA II. 9, 35–40
[55] eine vielfarbene, meist durchscheinende Abart von Quarz

In einem nichtveröffentlichten Nachtrag hat Goethe über die Beschäftigung Müllers mit den Sprudelsteinen weiterhin notiert[56]:

*… Er forscht dem Ursprung und der Entstehung der Sprudelsteine nach, er findet, daß das Wasser auf der Sprudeldecke sich stark angesetzt hat, von den flüssigen Teilen, welche wir jetzt Gesundheitsteile nennen, und die an der Luft zu Stein werden.*

In Goethes ausführlichen Tagebuchnotizen tauchen immer wieder die Namen der verschiedenen Quellen auf, von denen die meisten auch heute noch vorhanden sind. Es sind „Der Sprudel", „Bernhardts-Brunnen" (heute „Quelle des Fürsten Wenzel"), „Felsenquelle", „Nymphenquelle" (früher „Neubrunnen"), „Schloßbrunnen" (heute „Unterer und Oberer Schloßbrunn". Einige Brunnen aus der Goethezeit werden heute nicht mehr genannt, andere der insgesamt zwölf sind neu erst nach Goethes Kuraufenthalten, die 1823 mit der „Marienbader Elegie" endeten, entstanden.

Am häufigsten wird von Goethe der „Sprudel" erwähnt. Er weist einen Temperatur von 72,3 °C und einen Gehalt von 400 mg/l an freiem, gelöstem Kohlenstoffdioxid auf, bei einer Schüttung von 33 Litern in der Sekunde (2000 l/min).

Die Heilanzeigen des Karlsbader Heilwassers, speziell Karlsbader Mühlbrunn, beziehen sich auf Magen- und Darmkatarrhe; sie stimulieren die Gallentätigkeit und weisen somit eine linde Abführwirkung auf. Die Mühlbrunn-Quelle ist schon seit dem 16. Jahrhundert bekannt. Bis zum Ende des 18. Jahrhunderts stand dort eine Mühle. Kaiserin Maria Theresia ließ anstelle des alten hölzernen Bades das sogenannte Mühlbad erbauen. Die heutige Mühlbrunnkolonnade stammt erst aus der Zeit von 1871 bis 1881. Sie wurde von dem Prager Architekten Zitek mit einer Gesamtlänge von 132 und 124 Säulen erbaut. [21]

In Goethes Leben haben Mineral- und Heilwässer immer eine besonderen Stellenwert für seine Gesundheit gehabt. Er litt zeitweise auch unter Nierensteinen. Er bezog seine Mineralwässer u.a. aus Oberselters, Fachingen und Marienbad.

„Die Jahre 1818 bis 1822 stehen unter medizinischem Aspekt weiterhin im Zeichen der Bäderreisen, auch wenn Goethe sich 1818 erstmals kritisch und resignativ über Karlsbad äußert und in den Folgejahren (1821–1823) Mari-

---

[56] WA II. 9, 402

enbad vorzieht. Kistenweise läßt sich Goethe die ihm verträglichen Wässer auch nach Weimar bringen, in erster Linie Marienbader Kreuzbrunnen." [22]

Im Unterschied zu Karlsbad weisen die mehr als hundert Säuerlinge in der Umgebung von Marienbad, das Goethe erstmals 1821 zur Kur aufgesucht hat, völlig unterschiedliche chemische Zusammensetzungen auf und sind Kaltquellen. Der Kreuzbrunnen gehört zu den ältesten und am häufigsten benutzten Quellen. Charakteristika des Kreuzbrunnens, eines eisenhaltigen Säuerlings, sind hohe Gehalte an Metakieselsäure sowie Hydrogencarbonat und Natriumsulfat. Die abführende Wirkung des Natriumsulfats wird schon nach der täglichen Einnahme von mehr als 0,75 Litern erreicht. [21]

DIE DUNSTHÖHLE ZU PYRMONT

Bereits 1801 hatte Goethe nach der Erkrankung an einer Gesichtswundrose einen längeren Kuraufenthalt in Pyrmont genommen. Auf dieser Reise hatte er sowohl auf dem Hin- als auch Rückweg in Göttingen Station gemacht (s.o.). In Pyrmont interessierte er sich besonders für die noch heute zu besichtigende sogenannte „Dunsthöhle" – mit den dort ebenfalls noch heute vorgeführten Experimenten in einer Atmosphäre von Kohlenstoffdioxid (dem Stickgas). In seinen „Tag- und Jahresheften" berichtet Goethe darüber ausführlich[57]:

*Die merkwürdige Dunsthöhle in der Nähe des Ortes, wo das Stickgas, welches mit Wasser verbunden so kräftig heilsam auf den menschlichen Körper wirkt, für sich unsichtbar eine tödliche Atmosphäre bildet, veranlaßte manche Versuche, die zur Unterhaltung dienten. Nach ernstlicher Prüfung des Lokals und des Niveaus jener Luftschicht konnte ich die auffallenden und erfreulichen Experimente mit sicherer Kühnheit anstellen. Die auf dem unsichtbaren Elemente lustig tanzenden Seifenblasen, das plötzliche Verlöschen eines flackernden Strohwisches, das augenblickliche Wiederentzünden, und was dergleichen sonst noch war, bereitete staunendes Ergötzen solchen Personen, die das Phänomen noch gar nicht kannten, und Bewunderung, wenn sie es noch nicht im Großen und Freien ausgeführt gesehen hatten. Und als ich nun gar dieses geheimnisvolle Agens, in*

---

[57] WA I. 35, 100–101

*Pyrmonter Flaschen gefüllt, mit nach Hause trug und in jedem anschei-*
*nend leeren Trinkglas das Wunder des auslöschenden Wachsstocks wieder-*
*holte, war die Gesellschaft völlig zufrieden und der ungläubige Brunnen-*
*meister so zur Überzeugung gelangt, daß er sich bereit zeigte, mir einige*
*dergleichen wasserleeren Flaschen den übrigen gefüllten mit beizupacken,*
*deren Inhalt sich auch in Weimar noch völlig wirksam offenbarte.*

O. Krätz[58] weist daraufhin, daß es nicht so leicht sei, „drucklose Gase in
mit Luft gefüllte Flaschen überzuleiten. Nach Volta gelingt dies, indem man
die Flasche zunächst eben nicht mit Luft, sondern zum Beispiel mit Hir-
sekörnern oder Sand füllt. Leert man eine solche Flasche in $CO_2$-Atmo-
sphäre aus, so wird das Volumen des ausrinnenden Sandes durch $CO_2$ ersetzt" [– auch mittels Wasser möglich]. Und Krätz schließt auch aus diesen
Experimenten, daß Goethe mit den experimentellen Tricks der Gaschemie
bzw. Gasphysik seiner Zeit voll vertraut gewesen sei.

## DIE SCHWEFELQUELLEN VON BAD BERKA

In seinen Tag- und Jahresheften des Jahres 1812 berichtet Goethe auch über
die Schwefelquellen von Berka[59]:

*Sogenannte Schwefelquellen in Berka an der Ilm, oberhalb Weimar ge-*
*legen, die Austrocknung des Teichs, worin sie sich manchmal zeigten, und*
*Benutzung derselben zum Heilbade, gab Gelegenheit geognostische und*
*chemische Betrachtungen hervorzurufen. Hierbei zeigte sich Professor Dö-*
*bereiner auf das lebhafteste teilnehmend und einwirkend.*

Die Calciumsulfat-Quelle im heutigen Goethe-Bad Berka an der Ilm
wurde 1812 entdeckt. Durch das Weimarer Fürstenhaus und Goethe wurde
in den folgenden Jahren die Einrichtung eines Badebetriebs, die Anlage von
Parkanlagen, Bade- und Kurhaus sehr gefördert. 1877 wurde eine neue Heil-
quelle (Carl-August-Quelle) erschlossen. Im alten 1825 eingeweihten Kurhaus erinnerte eine Goethe-Stube an das Wirken von Goethe. 1814 weilte
Goethe auch zur Kur (vom 13. Mai bis 25. Juni) in Berka.

In Goethes Werken befinden sich in den Nachträgen zu seinen naturwissenschaftlichen Werken zwei Gutachten, die in dem Geheimen Staatsar-

---

[58] [2], S. 130
[59] WA I. 36, 79$_{12-18}$

chiv in Weimar als „Acta des Schwefelwasser zu Berka an der Ilm betr. Nov.
1812" geführt wurden – und als Konzepte auch im Goethe-Archiv. Auf dem
ersten Foliobogen, der von Goethes Schreiber Carl John beschrieben ist, ist
nur ein *Schema zu einem Aufsatz über das Schwefelwasser bei Berka an der
Ilm* enthalten. Im zweiten Dokument finden wir eine *Kurze Darstellung einer möglichen Bade = Anstalt zu Berka an der Ilm, auf gnädigsten Befehl Ihro
Durchlaucht des Erbprinzen von Sachsen-Weimar versucht von J. W. v.
Goethe.* [60]

An der Entstehung dieses Gutachtens hatten als fachliche Berater der
Chemiker Döbereiner und der Mediziner Kieser (Biographie s. Kap. 8) mit-
gewirkt, die Goethe ausdrücklich benannte.

Goethe lernte Kieser im April 1812 in Jena kennen. Im November dessel-
ben Jahres kamen Kieser und Döbereiner häufig zu Goethe, um *über die
Berkaischen Schwefelgewässer* zu beraten. In Goethes Tagebuch lautete eine
Eintragung vom 12. Januar 1813 [61]:

*Nach Tische Prof. Kieser. Über jenes Geschäft, sodann über die Fort-
schritte und Liberalität der Chemiker, alle Meinungen und Vorstellungsarten gelten zu lassen und aufzunehmen.*

Und einen Monat später schrieb Goethe als Tagebuchnotiz (13.2.) [62]:

*Kam Medicinalrath Kieser … Mittags Professor Kieser. Gespräch über
medizinische und chemische Gegenstände, besonders über neuere Terminologie und Symbolik.*

Auch aus dieser kurzen Bemerkung geht deutlich hervor, wie intensiv
sich Goethe offensichtlich mit den Entwicklungen in der Chemie, nicht nur
der angewandten sondern auch der „theoretischen", beschäftigt hat. Kieser
ist sicher auch zu den chemischen Beratern Goethe zu rechnen, obwohl seine Schwerpunkte mehr in der Botanik und Medizin lagen. 1817 ließ er sogar
nach seinen Plänen von dem Hofmechaniker Körner ein Mikroskop fertigen (Goethes Tagebuch vom 31.1.1818 – gleichzeitig letzte Tagebucheintragung über Kieser).

Zu Beginn seines Gutachtens vom 22. November 1812 schrieb Goethe [63]:

*Ihro Durchl. der Herzog hatten die Gnade, mich vor einiger Zeit zu einer*

---

[60] WA II. 13, 322–340
[61] WA III. 5, $4_{18-22}$
[62] WA III. 5, $15_{25}$–$16_1$
[63] s. Anm. 60

*Tour nach Berka aufzufordern, um die daselbst in dem abgelassenen Teiche*
*bemerkten Schwefelwasser näher zu betrachten. Ich verfügte mich auch am*
*30. Oktober dahin, erneuerte meine, beinahe dreißig Jahre unterbrochene,*
*geologische Bekanntschaft mit der Gegend aufs beste, besah die Lage der*
*hie und da in Gruben gesammelten Teichwasser, beging den Schloßberg,*
*und kehrte sodann von dieser vorbereitenden Exkursion zurück.*

*Hierauf begehrten Durchl. der Erbprinz, daß ich Ihnen meine näheren*
*Gedanken über eine auf diese Schwefelwasser zu gründende Badeanstalt*
*eröffnen möchte; welches gnädigste Zutrauen ich mit desto mehr Vergnü-*
*gen anerkannte, als ich im Begriff stand, nach Jena zu gehen, wo ich mich*
*nun seit drei Wochen in der Nähe von den beiden unterrichteten und mit*
*der Sache bekannten Männern, den Professoren Döbereiner und Kieser be-*
*finde, und nach wiederholter Unterhaltung mit denselben, und vielseitiger*
*Betrachtung der Umstände, nachstehende gewissenhafte und sorgfältige*
*Vorarbeit untertänigst einzureichen das Glück habe.*

Die chemisch interessanten Teile dieses sehr ausführlichen Gutachtens
sind im folgenden zitiert und soweit erforderlich erläutert:

*Das Berkaische Mineralwasser nennt der alte kurze Ausdruck hepa-*
*tisch [64]. Es enthält, nach der neuern genauern und folglich auch weitläufige-*
*ren Terminologie, stickgashaltiges Schwefelwasserstoffgas und kohlensaures*
*Gas, und zwar ersteres in solcher Quantität, daß es dem berühmten Wasser*
*von Eilsen nahe kommt, obgleich die chemische Untersuchung bei ungünsti-*
*ger Witterung geschehen. Die fixen Bestandteile sind verschiedentlich ge-*
*säuerter Kalk, Glauber- und Bittersalz [65]. Das quantitative Verhältnis dieser*
*letzten ist noch nicht entschieden. Ein von Prof. Döbereiner beigefügtes*
*Blatt gibt über das bisher untersuchte näheren Aufschluß.*

Und einige Absätze weiter äußert Goethe sich über die Herkunft des
Wassers:

*… Die Lage von Berka in geologischem Sinne ist mit vielen andern*
*thüringischen übereinstimmend. Der Sandstein, der sich vom Waldgebirg*
*her erstreckt, endigt hier sein Reich und wird abwechselnd von Gips und*
*Ton, diese aber sodann ein für allemal von Flözkalk bedeckt. Sollten sich*
*wirkliche, aber scheinbare Ausnahmen von dieser bewährten Regel zeigen,*
*so würden sie genauer zu untersuchen sein.*

---

[64] die Leber betreffend
[65] also: verschiedene Calciumsalze, Natrium- und Magesiumsulfat

Der Kessel, worin Berka liegt, ist in der Urzeit, bei höher stehendem Wasserniveau, durch die aus der Münchner Enge hervorströmenden, durch den vorragenden Schloßberg aufgehaltenen, in sich wirbelweise zurückkehrenden Fluten gebildet, und zwar, indem sich die Gewalt derselben am nordöstlichen Rücken herwälzte, die ganze Fläche der Teiche und des Ilmlaufs von der einen Seite ausspülte, und auf der andern das schöne fruchtbare Feld, gegenwärtig die Schmalzgrube genannt, aufschwemmte. Und so liegt dieser ganzen Fläche, besonders aber den künstlich angelegten Teichen, wahrscheinlich Ton und Gips zu Grunde, welcher letztre denn wohl einen Schwefelgehalt zu unsern Wasser hergeben mag.

Dieses Gips- und Tonlager gehet am Fuß des Schloßberges zu Tage aus, wo sowohl reiner Strahlgips und Fraueneis, als auch unreiner Gips mit Ton vermischt sich findet; und so wäre, was die anerkannte Natur dieser Gebirgsgegend betrifft, der Ursprung unserer Wasser gar wohl abzuleiten ...

Die Schwefelwasser zu Berka sind keine Quell-, sondern Schichtwasser, ja nicht einmal solche, wenn man Schichtwasser nennt diejenigen, welche sich auf Steinschichten und Ablösungen herziehn, die denn doch auch sich quellenartig erweisen können. Ich verstehe hier vielmehr unter Schichtwassers solche, die sich über gewissen Schichten oberflächlich erzeugen und sogleich nach ihrer Erzeugung an Ort und Stelle geschöpft werden. Die zunächst unter der Fläche des Berkaischen Teiches über einander gelagerten Sandstein-, Gips- und Kalkschichten bringen diese mineralischen Wasser hervor, indem die Feuchtigkeit jenes Sumpfes, jenes Teiches auf sie wirkt. Man könnte diese Naturoperation mit dem Experimente vergleichen, wenn man auf den Boden eines kupfernen Gefäßes Silberthaler legt und Wasser hinzugösse, da sich denn an einigen Stellen sogleich die chemisch-elektrische Wirkung ergeben müßte.

Soviel im allgemeinen! Was jedoch hier besonders hervorgeht, um unsere Wasser mit den verschiedenen Bestandteilen zu versehen, darüber möge der Chemiker uns belehren.

Mit *Mineralwasseranalysen* hatte sich bereits Döbereiners Vorgänger Göttling in seinem „chemischen Probir-Cabinet" beschäftigt. Folgende Bestandteile konnte er damals (1790) nachweisen: „freye Luftsäure" ($CO_2$), „Schwefelleberluft" ($H_2S$), „luftsaure Kalkerde" ($CaCO_3$), „luftsaure Bittersalzerde" ($MgCO_3$), „luftsaures Eisen" ($Fe(HCO_3)_2$), „luftsaures Mineralalkali" ($Na_2CO_3$),

Glaubersalz ($Na_2SO_4$), „vitriolisierter Weinstein" ($K_2SO_4$), Gyps ($CaSO_4$), Bittersalz ($MgSO_4$), Alaun ($KAl(SO_4)_2$), Eisenvitriol ($FeSO_4$),„prismatischer Salpeter" ($KNO_3$), Kalksalpeter ($Ca(NO_3)_2$), „Bittersalpeter" ($Mg(NO_3)_2$), Kochsalz, Kalksalz ($CaCl_2$), „Bitterkochsalz" ($MgCl_2$), „Schwefelleber" ($K_2S_x$), „Extractivstoff". Den „Extractivstoff" hielt man für eine eigentümliche, in den Pflanzen vorkommende Substanz, die den wesentlichen Bestandteil in allen Pflanzenextrakten ausmachen sollte. [23] Damit hat Göttling bereits weitgehend die Inhaltsstoffe von Mineralwässern erfaßt, die heute mit quantitativen Angaben versehen auf den Etiketten der Flaschen erscheinen.

Zur Bestimmung der oben angeführten 21 möglichen Bestandteile eines Mineralwassers verweist Göttling in seinem Buch auf die vorangegangenen Versuche, wobei für jeden Stoff mehrere Nachweisreaktionen aufgeführt werden. Die quantitativen Untersuchungen von Mineralwässern, die von den Chemikern zu Beginn des 19. Jahrhunderts häufig durchgeführt wurden (u.a. z.B. von Wöhler in Göttingen), beruhten auf Fällungen (mit gravimetrischen Bestimmungen) und ersten titrimetrischen Verfahren.

Goethe wechselte mit Kieser mehrere Briefe – sowohl zum Schwefelwasser von Berka als auch zur Physiologie der Pflanzen – und vergleicht die beiden Wissenschaftler Döbereiner und Kieser in einem Brief an den Erbprinzen Carl Friedrich von Sachsen-Weimar vom 13. November 1812 aus Jena[66] – in seinem *Vorläufigen untertänigsten Bericht wegen des Berkaer Schwefelwassers*:

*… Ew. Durchlaucht gaben mir, als ich mich beurlaubte, gnädigsten Auftrag, vorläufig darüber zu denken und meine Gedanken zu eröffnen, welches hier am Orte um so leichter fällt, als ich die beiden Artis peritos, Döbereiner und Kieser, zur Seite habe. Jener versichert zwar den vorzüglichen Gehalt dieser Gewässer, allein er ist weit entfernt, zu der Anlage einer Badeanstalt übereilt zu raten; dieser, mit mehr Neigung für die Sache, da er einer ähnlichen Anstalt in Nordheim vorgestanden, verleugnet doch nicht die ansehnlichen Kosten einer ersten Einrichtung, welche immer auf 5000 rh. anzuschlagen sind, und wofür bloß das Allernötigste des Badehauses und Inventariums*

---

[66]  WA IV. 23, 139

*herzustellen wäre. Eben so wenig verkennt er die Unsicherheit der bis jetzt bekannten Berkaischen Wasser und die Ungewißheit, ob sie hinreichend und nachhaltig sein werden: denn um täglich in zehn Badewannen hundert und fünfzig Bäder besorgen zu können, braucht man 4500 Eimer ...*

Und in einem Nachtrag zu diesem Bericht heißt es:

*Döbereiner und Kieser haben mir schon ihre Erklärungen eingehändigt. Der letztere, ein vorzüglicher junger Mann, wenn er nur mit einer deutlicheren Sprache von der Natur begünstigt wäre, schreibt gut und zeichnet recht artig. Zum Badearzt möchte er sich vorzüglich qualifizieren. Sein Büchelchen über die Badeanstalt in Nordheim ist eine ausführliche Vorarbeit für unsern Fall. Jene Schwefel Wasser zeigen sich auch in Teichen, am Fuß des Sandsteingebirgs in der Nähe von Gips und Ton, und sind, bei denselben Bestandteilen, nur schwächer. Man kann sich also in manchen Punkten darauf beziehen ...*

Im Januar 1813 schrieb Goethe dann an Kieser[67]:

*Ew. Wohlgeb.*

*habe hiedurch anzuzeigen, daß Durchl. der Herzog in kurzem nach Berka zu gehn gedenken, um daselbst die Natur nochmals in höchsten Augenschein zu nehmen und zugleich was allenfalls vorläufig zu tun nötig wäre zu bedenken. Höchstdieselben wünschen, daß Ew. Wohlgeb. bei dieser Expedition sein mögen und ich ersuche Dieselben, Montags denn 1. Abends hier einzutreffen, damit Dienstag früh das Geschäft vorgenommen werden könne. Sollte es möglich sein, daß Sie zugleich das Modell zum Schlammbad mitbrächten, so wäre es sehr erwünscht. Serenissimus haben schon einige Male danach gefragt.*

*Da nach den letzten Erfahrungen des Herrn Prof. Döbereiner eigentlich alles darauf anzukommen scheint, daß ein recht reichhaltiges Gipswasser erzeugt werde, damit sich dasselbe am Licht in Schwefelwasser umwandle, so würde ich den Vorschlag tun, die sämtlichen, auf das Reservoir loszuführenden Kanäle, sowie das Terrain, wodurch sie geführt werden, mit gepulvertem Gips fleißig zu bestreun, da denn die Auslaugung des Gipses durch den Einfluß des Wassers und der Jahreszeit geschehn, ja zu dieser Operation selbst Regen und Schnee günstig sein könnte. Ersuchen Sie Herrn Prof. Döbereiner um seine Gedanken hierüber.*

---

[67]  WA IV. 23, 229–230 (Brief Nr. 6472)

*Der ich in Hoffnung baldigen Zusammentreffens die Ehre habe mich zu unterzeichnen.*

*Weimar den 6. Januar 1813.*

Kieser bereiste später auch die Bäder in Frankreich, aus denen er auch Proben für chemische Untersuchungen an Goethe sandte[68].

Über die Entdeckung der Schwefelquelle in Berka berichtet der Obermedizinalrat Dr. Albert Kukowka in seinem von der Sowjetischen Militärverwaltung Deutschlands 1948 mit der Lizenz Nr. 116 versehenen Werk „Die Heilquellen und Bäder Thüringens und allgemeine Darlegungen über die Bäderheilkunde" ausführlich [24]:

Der Lehrer und Organist JOHANN HEINRICH FRIEDRICH SCHÜTZ (1779–1829), in dessen Haus Goethe häufig übernachtete (heute mit Gedenktafel), der erste Badeinspektor, entdeckte im Jahre 1811 in dem Teichgebiet zwischen Adelsberg und der Ilm, wo heute der Berkaer Kurpark liegt, die nach faulen Eiern riechenden kleinen Quellen. Und 300 m weiter entdeckte er eine weitere Quellen, die sich als eisenhaltige „Stahlquelle" erwies. Er schrieb umgehend einen Bericht an seinen Herzog in Weimar und legte ein eigenes Aktenstück an: „Am 8. Dezember 1811 hatte er die Gnade, dem Herzog den Bericht nebst einer Bouteille Wasser in höchstderen Schlosse zu überreichen."

Anhand der Aktenaufzeichnungen läßt sich der weitere Verlauf der Entwicklungen verfolgen:

„Durchl. Herzog beweisen eine besondere gnädigste Aufmerksamkeit auf die hiesigen mineralischen Quellen. Sie kamen d. 15. Juni in Gefolge des Herrn Präsident v. Müffling, Hofmarschall v. Ende, Herrn Prof. der Chemie D. Döbereiner zu Jena, Herrn Prof. med. D. Kieser, ehemals Erfinder der Schwefelquelle und Badearzt zu Nordheim, besahen die mineral. Quelle an der Ilm. Verfügten sich dann nach dem Erdfall bemerkten in der ganzen Gegend was für den Mineralogen interessant ist. Hieraus wurde, um gewiß überzeugt zu sein, ob in dem Teiche sich eine Schwefelquelle befinde, von Herrn Prof. Kieser 1 Boutl. gefüllt, und es ergab sich, daß sehr gehaltreiches Wasser alda ist."

Döbereiner untersuchte zunächst die Stahlquelle, durch dessen günstige Analyse das Interesse des Herzogs Carl August offensichtlich noch mehr geweckt wurde. Den Schwefelwasserstoffgehalt der Schwefelquelle wies Dö-

---

[68] WA IV. 24, 262–263

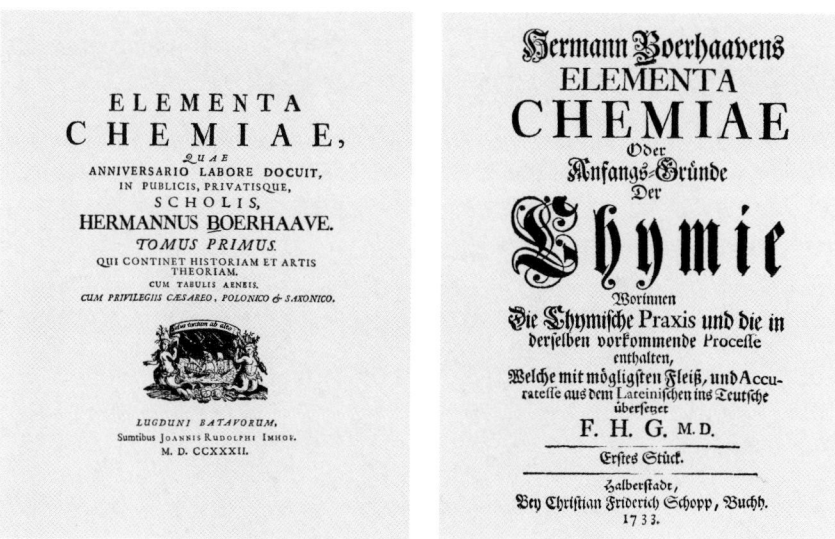

**Bild 1** Titelseite des Chemie-Lehrbuches von Boerhaave in lat. und dtsch. Sprache, das Goethe in seiner Jugend studierte (Kap. 1)

**Bild 2** Goethe seiner Mutter vorlesend nach einem Ölbild von Strähling 1779 (Kap. 1)

**Bild 3** Der junge Goethe in seinem Arbeitszimmer (Kap. 1)

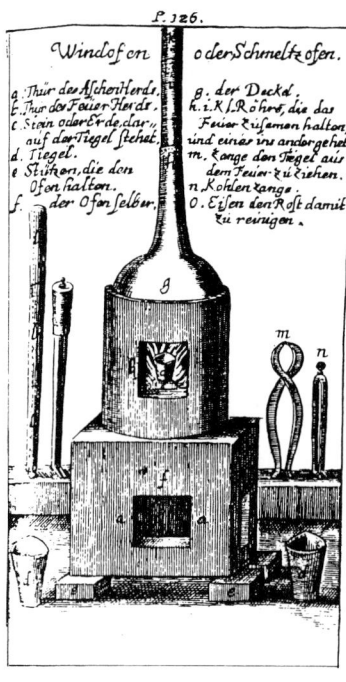

**Bild 4** Goethe benutzte bei seinen chemischen Experimenten im Frankfurter Elternhaus einen Windofen. Holzschnitt aus Nicaise Lefebvre, auch LeFebrue, (1610-1669) Traité de al chymie, deutsch: Neuvermehrter chymischer Handleiter, Nürnberg 1685 (Kap. 1)

**Bild 5** Goethe-Zeichnung: Eingestürtzte Schachtanlage in Ilmenau, (Bleistift, Tuschlavierung um 1784) (Kap. 2)

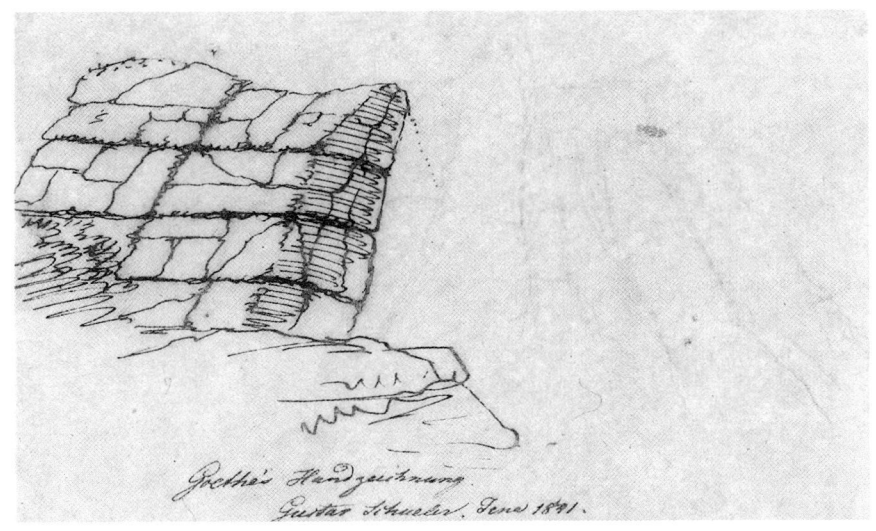

**Bild 6** Goethe-Zeichnung: Granitzerklüftung (Kap. 2)

**Bild 7** Goethe-Zeichnung: Bruch des Martinrodaer Stollens in Ilmenau. Senkrechter Längsschnitt mit Beschriftung der Grubenbaue in Goethes Handschrift (Kap. 2)

**Bild 8** Das Feuersetzen, welches Goethe auf seiner Harzreise im Rammelsberg bei Goslar erleben konnte (aus: Georg Agricolas Werk De remetallica libri 12, Basel 1621) (Kap. 2)

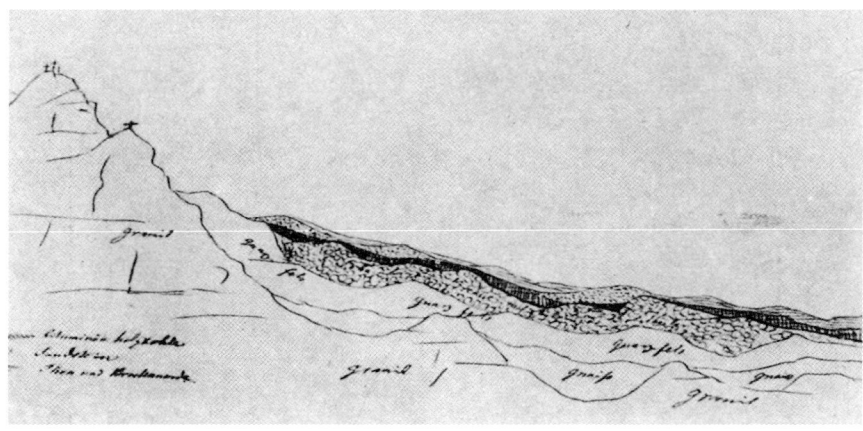

**Bild 9** Goethe-Zeichnung: Profil der Gegend bei Karlsbad. Lagerungsverhältnisse von Granit, Gneis, Quarzfels, Ton und Prozellanerde, Sandstein und bituminöser Holzkohle. Datierung 1806 (Kap. 2)

**Bild 10** J.W. Döbereiner (1780-1849), Nachfolger Göttlings in Jena ab 1810, chemischer Berater Goethe (Kap. 4)

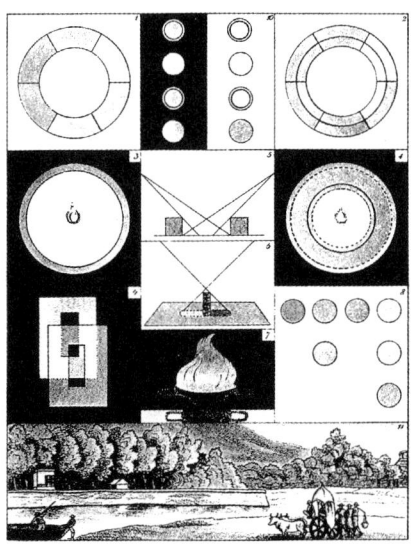

**Bild 11** Erste Tafel zu Goethes Farbenlehre (Kap. 6)

**Bild 12** Die Tafel II a aus Goethes Farbenlehre (Kap. 6)

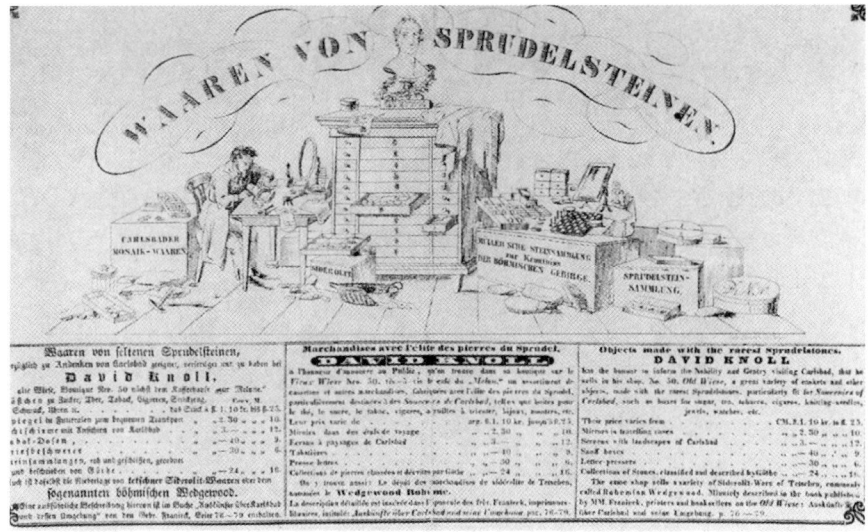

**Bild 13** Werbung für Karlsbader Sprudelstein-Waren (Kap. 5)

**Bild 14** Johann-Friedrich Gmelin (1748-1804), Professor für Chemie in Göttingen, den Goethe dort kennenlernte und dessen Geschichte der Chemie er studierte (Kap. 5 u. 6)

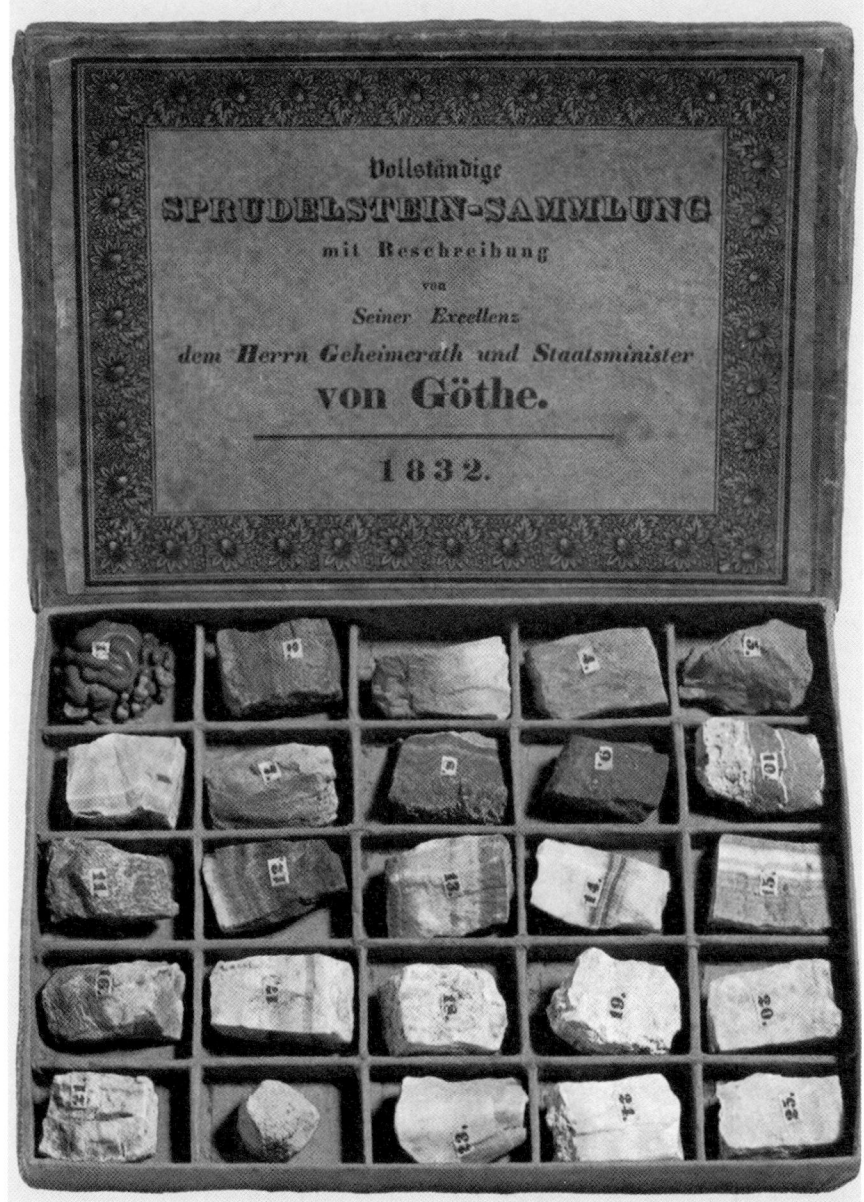

**Bild 15** Vollständige Sprudelsteinsammlung mit Beschreibung seiner Exzellenz dem Herrn Geheimrath und Staatsminister von Göthe, 1812 (Kap. 2 u. 5)

**Bild 16** Die „Ars vitraria experimentalis" von Kunckel (1630-1703) von 1689 studierte Goethe bei seinem Besuch in der Chemischen Fabrik Fikentscher in Marktredwitz 1822 (Kap. 5 u. 6)

**Bild 17** Goethe-Zeichnung: Sprudelausbruch in Karlsbad im Mai 1810 (Kap. 5)

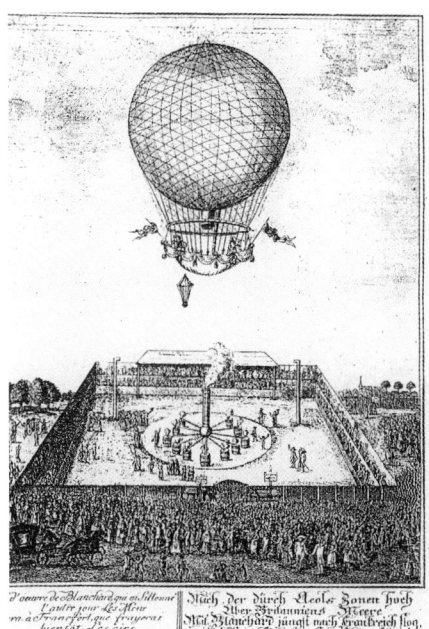

**Bild 18** Blanchards Ballonstart in Frankfurt 1785 (Kap. 5)

**Bild 19** Das Hellfeldische Haus, aus dem das erste chemische Institut der Universität Jena entstand (Kap. 4)

**Bild 20** Goethe im Arbeitszimmer seinem Schreiber John diktierend, Ölgemälde von Johann Joseph Schmeller 1829/31 (Kap. 6 u. 7)

Fig. 88.  Schale zum Emulsiren.

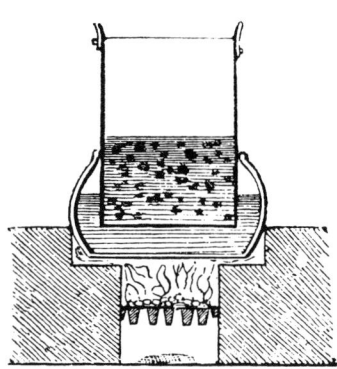

Fig. 13.  Durchschnitt eines
Macerations-Bades.

**Fig. 68.  Parfümlampe.**

Fig. 76.  Seifenform.

**Bild 21** Zur Toilettenchemie im 19. Jahrhundert mit
Bezug zu Goethes „Der Mann von funfzig Jahren" (Kap. 7)

**Bild 22** Goethe-Zeich-
nungen zum Faust-
Beschwörungsszenen
(Kap. 7)

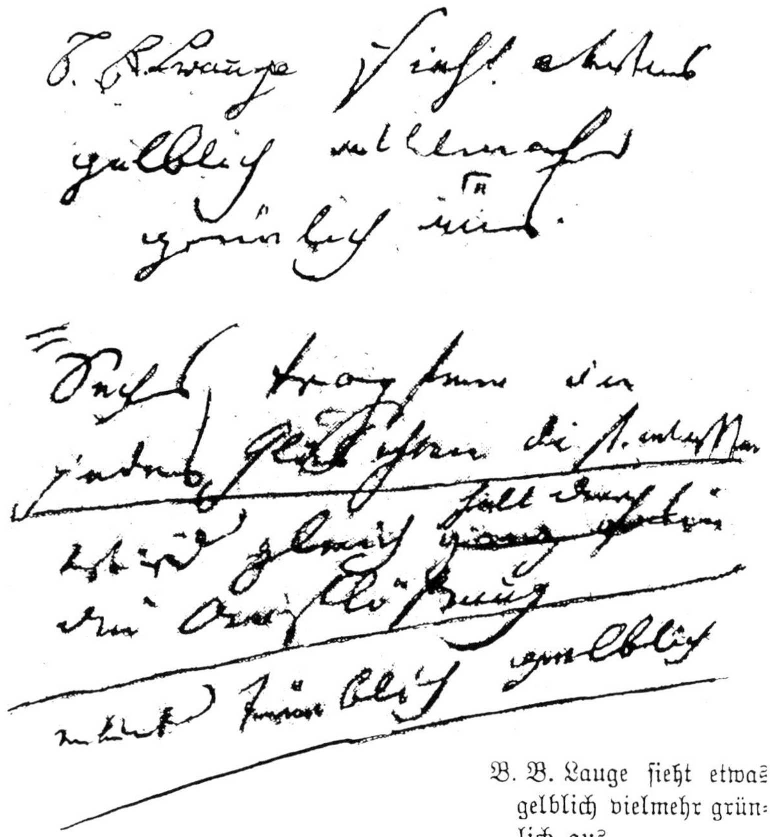

B. B. Lauge ſieht etwas
gelblich vielmehr grün=
lich aus.

Sechs Tropfen in jedes
Gläschen diſt. Waſſer.

Wird gleich hell durch die
Auflöſung

Wird trüblich gelblich

**Bild 23** Aus Goethes Notizbuch zu den Experimenten mit der Berliner Blaulauge, dem gelben Blutlaugensalz, mit dem gedruckten Text aus der Weimarer Ausgabe (Kap. 6)

Berlinerblau=   $\begin{cases} \text{Laugensalz} + \\ \text{Farbeftoff } m\ \Psi \end{cases}$   Metal=
lauge                                                    lifch

Goldaufl. von Blattgold
  Möchte nicht ganz von Eifen befreyt.
  Gelb.

Silber ☽ + Weiß

bereiner mit Hilfe von Bleiessig (-acetat) als Reagenz nach. Die von Goethe genannte „ungünstige Witterung" (s.o.) erklärt sich aus folgenden Darstellungen Kukowkas:

„Döbereiner machte im Oktober die erste Analyse des Berka Schwefelwassers und fand, trotzdem es durch kurz vorher erfolgte Regengüsse stark verdünnt war, 30% Schwefelwasserstoff. Er riet daher, die Berkaer Schwefelquelle zu Heilzwecken zu verwenden. Auch Professor Kieser schloß sich diesem Urteil an und wies auf das Vorhandensein des Schwefelschlammes hin, der sich als Badeheilschlamm eigne. Kieser war eine Autorität in dieser Frage. Hatte er doch früher das Schwefelbad Nordheim im Hannoverschen geleitet. Der Herzog erkannte die wissenschaftliche und wirtschaftliche Bedeutung der Schwefelquellen und es war sein Wunsch, daß seine Untertanen nun im eigenen Lande Heilung suchen sollten, statt das Geld für die damals so kostspieligen Badereisen nach auswärts zu tragen. Außerdem hoffte Carl August auf einen bedeutenden Fremdenzuzug.

Die Arbeiten an der Quelle nahmen inzwischen ihren Fortgang. Bevor jedoch die endgültige Entscheidung über die Errichtung des Bades gefällt wurde, wollte man in Weimar aber noch das Urteil des Herrn Geheimrat Goethe einholen … Am 30. Oktober 1812 kam Goethe nach Berka, untersuchte die Mineralquellen und nach dreiwöchigen Verhandlungen mit den Professoren Kieser und Döbereiner in Jena, mit denen über alles auf das eingehendste gesprochen wurde, wurde die Gründung des Bades beschlossen. Goethe entwarf in einem präzisen Gutachten von respektabler Länge und peinlicher Genauigkeit eine genaue Disposition über alles, was irgendwie für die Errichtung und den Betrieb der 'Schwefelwasser- und Schlammbadeanstalt' in Betracht kommen konnte. Er ist interessant zu wissen und spricht für die geologischen Kenntnisse Goethes, daß er von vornherein an der Dauerhaftigkeit und Ergiebigkeit der Schwefelquelle Zweifel hegte. Am 22. November 1812 schrieb Goethe: *Ich bedauere nur, daß mich Jahre und Gesundheit verhindern, hier auch tätig mit einzugreifen, und wenn es mich jetzt zwar nicht mehr reizen dürfte, mir einen Bauplatz zu erbitten, so will ich mir doch wenigstens auf einem Seitenwege ein Plätzchen vorbehalten haben, von wo aus sich in dem Schatten alter Fichten die neue aufblühende Anstalt bequem übersehen läßt.*"

Das Badehaus wurde am 30 März 1813 eröffnet: „Im Laufe der nachfolgenden Jahrzehnte haben sich die von Carl August und Goethe gehegten Erwartungen nicht erfüllt. Im Gegenteil erwies sich Goethes spezielle Sorge um die Schwefelquelle als berechtigt. Ähnlich wie in anderen Bädern machte man auch hier den Fehler, das die Quellen umgebende Gelände trocken zu legen und nutzbar zu machen. Dadurch wurde die Ausschüttung der Quellen allmählich geringer, sie verloren ihren Mineralgehalt und versiegten dann völlig." [24]

## DIE SILBERPROBE ZU ILMENAU

Im August 1776 [69] finden sich in Goethes Tagebuch zahlreiche Eintragungen zum Thema *Silberprobe* – im Zusammenhang mit *Chymie gelesen* und Besuchen bei *Dalberg*. In dieser Zeit begannen auch die Versuche, den Bergbau in Ilmenau wieder in Betrieb zu setzen (s. Kap. 2). Goethe fuhr im August 1776 auch in die *Cammerberger Kohlenwercke* ein und besichtigte ein *Eisen Werck*.

Bereits wenige Wochen nach seinem Eintreffen Anfang November 1775 in Weimar lernte Goethe durch den Herzog Carl August in Erfurt den Statthalter des Fürstbischofs von Mainz KARL THEODOR ANTON FREIHERR VON DALBERG (1744–1817) kennen. Er wohnte bei seinen Besuchen in Erfurt im alten Geleitshaus neben der Kurmainzer Statthalterei. Dalberg war in den Jahren 1777 bis 1781 ein häufiger Gesprächspartner Goethes, der mit ihm auch das Interesse an der Chemie teilte. So veröffentlichte Dalberg über „Neue chemische Versuche, um die Aufgabe aufzulösen, ob sich Wasser in Erde verwandeln lasse?"[70] Ein Laboratorium hat er jedoch in der Statthalterei nicht betrieben. Kurfürst Emmerich Josef von Breidbach-Büresheim hatte 1771 den gerade 27jährigen Geheimrat und Generalvikar von Dalberg zu seinem Statthalter in Erfurt ernannt. Dieser sollte das geistig-kulturelle Leben in Erfurt wesentlich fördern. Aus landesfiskalischen Gesichtspunkten interessierte er sich auch für die Naturwissenschaften, was auch die erhaltenen Bestände seiner Bibliothek in der Stadt- und Regionabibliothek erkennen lassen.

Im Zusammenhang mit der Silberprobe erwähnt Goethe stets den Namen *Hecker* – gemeint ist der Bergmeister Häcker in Ilmenau. Den Höhe-

---

[69]  WA III. 1, 17–18

[70]  veröff. in: Acta academiae elektoralis Moguntinae ad ann. 1782/83; priv. Mitt. von Walter Blaha, Stadt- und Verwaltungsarchiv der Landeshauptstadt Erfurt vom 10.Nov. 1997

punkt von Goethes Tagebuchnotizen bildet die Feststellung am 4. August *Silber Probe bei Heckern selbst gemacht.* Auch diese Eintragungen zeigen, wie intensiv sich Goethe mit der praktischen Chemie, hier mit der *Probierkunde* oder *Dokimasie* beschäftigt hat. Die Bibliothek der Technischen Universität Clausthal, einer ehemaliger Bergakademie (s. Kap. 2), weist zahlreiche Werke aus dieser Zeit in ihren heutigen Beständen auf.[71] Verfahren dieser Art werden trotz der Fortschritte in der instrumentellen Analytik auch heute noch in der Metallkunde – auch für Schiedsanalysen – angewendet.

Geht man von den Kupfererzen in Ilmenau aus, so kann man sich anhand der genannten Bücher ein Bild von Goethes *Silberprobe* machen.

In der „Probierkunst" von Gellert aus dem Jahre 1755 wird die Silberprobe durch Schmelzen des silberhaltigen Kupfers mit Blei durchgeführt. Der Titel lautet im Original: „Kupfer auf Silber zu probiren, oder das Silber von dem Kupfer durch das Abtreiben zu scheiden". Das Ergebnis sieht bei rechter Durchführung am Ende des Vorganges dann so aus:

„Nimm hernach die Capelle[72] heraus, so wirst du, wenn die Arbeit gehörig von statten gegangen ist, und Silber im Kupfer gestecket hat, ein sauberes, mit glänzenden gilbigen, glimmrigen, halbeugsamen Schlacken umgebenes Silberkorn finden: Die Capelle aber ist jederzeit dunkel gefärbet."

Zugrunde liegen diesem schon vor Christi Geburt praktiziertem Verfahren folgende grundlegende Vorgänge [25]:

„Blei schmilzt bei 327 °C und wird weit unter 800 °C aus geeigneten Erzen reduziert. Solche Temperaturen lassen sich in einem offenen Holzfeuer ohne weiteres Erreichen. Andererseits, und das ist die interessante Besonderheit der Blei-Metallurgie, ist das Blei nicht 'feuerbeständig' sondern setzt sich in der Hitze leicht zu seinem Oxid, der Bleiglätte, PbO, um. Kann man also einerseits im Feuer Blei gewinnen, so vergeht das Metall bei zu langem Einwirken des Feuers wieder zu einer im Gegensatz zum Zinn leichtschmelzenden 'Schlacke', die auch im Boden der Feuerstelle versickern kann. Das in manchen Bleierzen enthaltene Silber bleibt unter diesen Umständen als Metall übrig."

---

[71] z.B. C.E.Gellert, Anfangsgründe zur Probierkunst als der Zweyte Teil der practischen Metallurgischen Chimie..., Leipzig 1775; M. Godar (Hrgsb.), Docimasie oder Probir- und Schmelzkunst, darinnen besonders von der Röst-Schmelz- und Scheidekunst, wie auch den hierzu erforderlichen Oefen gehandelt wird..., Wien 1767

[72] Capella: Schälchen, z.B. aus Knochenasche, für Treibprozesse

H. Moesta beschreibt in seinem Buch „Erze und Metalle – ihre Kultur-geschichte im Experiment" [25] auch ein einfaches Experiment (Versuch 17) zur Gewinnung von Silber aus Bleiglanz. Er weist u.a. auf die richtigen Be-dingungen hin, indem er schreibt:

„Beim Abtreiben kommt es darauf an, die Knochenasche so heiß zu hal-ten, daß die gebildete Bleiglätte möglichst tief eindringen kann und so eine ausreichende Kapazität der Kupelle erhalten wird."

Zur Beobachtung des Vorgangs heißt es bei ihm:

„Zwei Erscheinungen können beim Erstarren beobachtet werden: Im Augenblick des Erstarrens leuchtet das Korn gelb-grün auf. Dies ist der berühmte Silberblick, ein Aufglühen des Korns durch das Freiwerden der Schmelzwärme im Augenblick des Erstarrens. Hat man sehr reines Silber er-halten, kann das Korn beim Erstarren zerplatzen … ."

Sicher hat auch Goethe diese Erscheinungen aufmerksam beobachtet, auch wenn er darüber keine Einzelheiten mitteilt. Die Tagebucheintragun-gen machen darüber hinaus deutlich, daß Goethe nach seinen chemischen Experimenten im Hause seiner Eltern im Jahre 1769 (s. Kap. 1) bereits we-nige Jahre danach wiederum eigenhändig, wenn auch unter sachkundiger Anleitung, Versuche durchgeführt hat.


PERSISCHER STAHL


Der Geheime Regierungsrat im Kaiserlichen Patentamt zu Berlin Max Geitel [26] beschrieb u.a. auch Goethes Interesse an der Gewinnung von persischem Stahl im Zusammenhang mit dessen Dichtung des „West-östlichen Divans".

„Die Vorarbeiten zum 'Westöstlichen Divan' machten Goethe mit der Be-schreibung einer Reise des Chevaliers Chardin [JEAN CHARDIN, französi-scher Juwelenhändler, Orientreisender, 1643–1713]. Hier erregte (eine) […] auf die Fabrikation der Härtung des Stahls bezügliche Stelle […] das Inter-esse Goethes …

Goethe richtete dieserhalb an Döbereiner folgendes Schreiben:

*7086. An Döbereiner.*

*Weimar den 29. April 1815.*

*Als ich die Stelle las, welche auf dem folgenden Blatte ausgeschrieben ist, mußte ich mich der interessanten Bemerkung erinnern, welche mir Ew. Wohlgeboren vor einiger Zeit mitteilten, daß es eigentlich die Beimischung des Braunsteins sey, welche dem Eisen die Eigenschaft verleihe Stahl zu werden. Daher also mag es kommen, daß die Siegenischen und die Dillenburgischen Eisensteine bequem vortrefflichen Stahl liefern, weil sie innig mit Braunstein gemischt sind, der sich also schon beim Ausschmelzen mit dem Eisen verbindet. Dieselbe Bewandtnis mag es mit dem indischen haben, wahrscheinlich in einem höheren Grade ...* [73]

Am 11. Juli desselben Jahres richtete Goethe von Wiesbaden aus, wo er mit rheinischen Industriellen in Berührung gekommen war, an Döbereiner folgenden Brief:

*Ew. Wohlgeb. haben mir unterm 1. May gemeldet daß Sie die Absicht hätten Versuche über die Stahlbildung anzustellen, indem Sie Manganoxyd und gepülfertes Glas auf Eisen wirken zu lassen gedächten. Hiervon habe ich, im Allgemeinen, mit einem Freunde gesprochen, welcher mit den Stahlfabriken im Bergischen und der Grafschaft Mark in Verbindung steht. Er zweifelt nicht daß man dort wünschen werde von dem zu beobachtenden Verfahren unterrichtet zu werden und daß man solche Mittheilung zu honorieren geneigt sei. Vorläufig ersuche daher Ew. Wohlgeb. Ihre Versuche geheim zu halten, fortzusetzen und soweit als möglich zu treiben, auch mir baldigst wie weit Sie gekommen vertraulich anzuzeigen. Indessen erfahre ich wie man am Niederrhein hierüber denkt und kann, in der Mitte noch einige Zeit verharrend, ein beiden Teilen nützliches Verhältnis einleiten.*

*Überhaupt bin ich hier, im Kreise unglaublicher Merkantilität und technischen Bestrebens, aufmerksam geworden wie hoch man zu schätzen weis was auf chemische und mechanische Weise fördert. Ich werde Sie ersuchen künftig jeden neuen Fund zu sekretieren, mir ihn anzudeuten, damit man den Versuch mache, ihn zu fremdem und eigenem Nutzen anzuwenden. Sie sehen daß auch mich der Kaufmannsgeist anweht. Es sollte mich sehr freuen zwischen Ihnen und den hiesigen tätigen Freunden eine Verbindung zu knüpfen. Baldiger Antwort entgegen sehend mit den besten Wünschen ergebenst Goethe.*

*Wiesb. d. 11. Juli 1815.* [74]

Zum Schluß muß Geitel jedoch feststellen: „Welchen praktischen Erfolg dieser Briefwechsel gehabt hat, entzieht sich leider der Beurteilung." [26]

---

[73] WA IV. 25, 287–288
[74] WA IV. 26, 33–34 (Brief Nr. 7138)

Nach den Versuchsangaben Goethes handelt es sich um Mangan- und Siliziumstähle. Aus der Metallurgie ist heute bekannt, daß in unlegierten Stählen geringe Gehalte an Silizium und Mangan eine desoxidierende Wirkung aufweisen. Mangan erhöht in Gehalten zwischen 0,5 und 1% Zugfestigkeit und Härte und die Oberfläche wird verbessert. Silizium erhöht die Festigkeit und Härte weniger stark als Mangan.

## VERZUCKERUNG VON STÄRKE

Auch an einer Entdeckung aus dem Bereich der angewandten organischen Chemie hat Goethe großes Interesse gezeigt. Vier Tagebucheintragungen bzw. Briefauszüge verdeutlichen Goethes intensive Beschäftigung mit diesem Thema – auch während seiner zuvor beschriebenen Kuren in Karlsbad:

*In Karlsbad 14. Mai 1812 … Bestellung eines irdenen Topfes zum Stärkezucker und andere Vorbereitungen zu dieser Operation … 26. Mai 1812 … Stärkezuckerfabrication.*

In einem Brief an den Physiker Seebeck (s. Kap. 3) vom 29. April 1812 aus Jena heißt es[75]:

*Döbereiner beschäftigt sich sehr emsig mit der Zuckerfabrication aus Stärke, sie ist ihm gleich gelungen. Kühn genug, macht er die Operation in kupfernen Gefäßen, ja er behauptet, daß der hierbei tätige galvanische Prozeß jene Zuckerwerdung begünstige, die doch auch als ein solcher angesehen werden kann. Das Kupfer schlägt er aus der Solution mit chemischer Gewandtheit nieder …*

Und am 10. Mai 1812 aus Karlsbad schrieb Goethe an seinen Herzog Carl August[76]:

*Das Stärkezucker Evangelium habe ich mit Kraft gepredigt, und schon sind die Töpfer beschäftigt große glasierte Häfen zu drehen, damit auf die einfachst Art diese Operation versucht werde. Die Carlsbader können sich hierbei vor anderen selig preisen, indem sie die stärkereichen Viehkartoffeln in Übermaß bauen, jede Familie sich ihren Kartoffelmehl Bedarf ohnehin jährlich selbst verfertigt und eine halbe Stunde von hier das Vitriolöl*

---

[75] WA IV. 22, 380 (Brief Nr. 6326)
[76] WA IV.23, 13

*destilliert wird, und also aus der ersten Hand zu beziehen ist, so daß es bloß auf die Gewandtheit der Einwohner ankommt, um den Zucker beinahe umsonst zu haben.*

Stärkezucker hat bis heute seine Bedeutung in der Lebensmitteltechnologie behalten. Auch die damals übliche Stärkehydrolyse mit Säuren – der Vitriolsäure = Schwefelsäure – ist von der enzymatischen Hydrolyse nicht verdrängt worden.

Die Bedeutung dieses Verfahrens noch um 1812 wird anhand der Tatsache deutlich, daß infolge der Kontinentalsperre[77] durch Napoleon I. seit 1806 kein Rohrzucker aus den Kolonien auf das europäische Festland gelangen konnte bzw. die Preise für Schmuggelware sehr hoch waren. Daß Goethe auch hier auf eine industrielle Produktion setzte – die schließlich jedoch aus mehreren Gründen (finanziell und möglicherweise auch wegen des geringen Stärkegehalts der Kartoffeln im Herzogtum Sachsen-Weimar) keinen Erfolg hatte–, macht der folgende Text aus dem o.g. Brief sehr deutlich:

*... Übrigens glaube ich nicht, daß dieser Umwandlungs Prozeß das Werk einzelner Familien, Frauen und Köchinnen werden könne, wir haben vielmehr Lust eine Subscription zu eröffnen, wodurch mehrere Familien in Weimar und Jena mit Herrn Döbereiner contrahiren können, wie viel sie vierteljährig geliefert haben wollen. Der Unterschied der Preises ist so groß, daß es töricht ist, an der Qualität zu mäkeln, wie manche zu tun anfangen.*

*Die Öconomen sind nun schon dahinter her, welche Kartoffel die stärkereichste und zugleich an Menge der Knollen die ergiebigste ist.*

Der Stärkesirup in den Zutatenlisten unserer Lebensmittel heute ist eines der Produkte dieses von Goethe im Herzogtum Sachsen-Weimar-Eisenach initiierten Produktionsverfahrens der Stärkehydrolyse.

---

[77] Wirtschaftsblockade gegen England, das seinerseits infolge seiner Seeherrschaft allen neutralen Schiffen ab 1807 das Anlaufen französisches Häfen verbot

[1]   G. Schwedt: Kabinettstücke der Chemie. Vom chemischen „Probir-Cabinet" zum Experimentierbaukasten, Kultur & Technik Heft 2, 42–47 (1992)

[2]   O.Krätz: Goethe und die Naturwissenschaften, S. 126/129, München 1992

[3]   Wilhelm Prandtl: Humphry Davy. Jöns Jacob Berzelius. Zwei führende Chemiker aus der ersten Hälfte des 19. Jahrhunderts, Große Naturforscher Band 3, Stuttgart 1948, S. 137–139

[4]   Günther Harsch, Heinz H. Bussemas: Bilder, die sich selber malen. Der Chemiker Runge und seine »Musterbilder für Freunde des Schönen«, Köln 1985, S. 116–118

[5]   Friedlieb Ferdinand Runge: »Hauswirthschaftliche Briefe«, 1866, Nachdruck Weinheim 1988

[6]   W. Schneider: Wörterbuch der Pharmazie, Band 4 Geschichte der Pharmazie, Stuttgart 1985

[7]   G. Beer: 200 Jahre chemische Laboratorium an der Georg-August-Universität Göttingen 1783–1983, Göttingen 1983 (G.Beer, Chemisches Museum)

[8]   Günther Meinhard: Die Universität Göttingen, Ihre Entwicklung und Geschichte von 1734–1974, Göttingen 1977, S. 39

[9]   K. J. Friedrich Gmelin, Geschichte der Chemie, Band I, Nachdruck der Ausgabe Göttingen 1797, Hildesheim 1965, S. 1-2

[10] Albrecht Schöne (Hrsg.): Göttinger Vademecum. Ein literarisches Gästebuch und historisches Poesiealbum, welches leselustige Fußgänger und spazierfreudige Leser in 5 Jahrhunderte führt und durch 172 Straßen der Stadt, Göttingen 1985, S. 35

[11] M. Domke: Goethe und Lichtenberg. Verfaßt von Dr. M. Domke, Paris, und für die Göttinger Tagung 1935 der Gesellschaft der Bibliophilen in Druck gegeben von Gerhard Schulze, Leipzig. (Original mit der Nr. 377 in der Nieders. Staats- und Universitätsbibliothek Göttingen)

[12] Egon Larsen: Kleine Geschichte der Technik für die Jugend, Wiesbaden o.J., S. 162–170

[13] Dorothea Kuhn (Hrgs.): Johann Wolfgang Goethe Schriften zur Morphologie, Sämtliche Werke, I. Abteilung Band 24, Frankfurt am Main 1987

[14] Wolfgang Schievelbusch: Lichtblicke. Zur Geschichte der künstlichen Helligkeit im 19. Jahrhundert, Frankfurt am Main 1986, S. 22 ff

[15] Erwin Müller: Goethe in Marktredwitz, Schriftenreihe des Volksbildungswerkes Band 1, Marktredwitz 1949, S. 10/11

[16] Chemische Fabrik Marktredwitz A.G, Marktredwitz, Sonnenstraße 12 (o.J.) um 1966

[17] Wolfgang-Hagen Hein, Holm-Dietmar Schwarz (Hrsg.): Deutsche Apotheker-Biographie, Stuttgart 1975

[18] H. Günter Rau: Johann Kunckel, Geheimer Kammerdiener des Großen Kurfürsten, und sein Glaslaboratorium auf der Pfaueninsel in Berlin; Medizinhistorisches Journal 11 (1/2), 129–148 (1976)

[19] Johannes Kunckel: Ars Vitraria Experimentalis Oder vollkommene Glasmacher=Kunst, Reprint der Ausgabe Frankfurt a.M. und Leipzig 1689, Hildesheim 1972

[20] Martin Strick: Mineralwasser und Heilwasser. Entstehung, Zusammensetzung, Wirkungsweise, Heilanzeigen, München 1987, S. 178

[21] Reiseführer Olympia Karlovy Vary, Mariánské Lázne, Frantiskovy Lázne, Prag 1991, S. 20–30

[22] Manfred Wenzel: Goethe und die Medizin, Frankfurt am Main 1992, S. 85

[23] Birgit Meinert: Zur Analysenmethodik des „chemischen Probir-Cabinets" des J.F.A.Göttling, Diplomarbeit TU Clausthal 1992

[24] A. Kukowka: Die Heilquellen und Bäder Thüringens und allgemeine Darlegungen über die Bäderheilkunde, Rudolstadt 1948, S. 22–28

[25] H. Moesta: Erze und Metalle – ihre Kulturgeschichte im Experiment, Berlin/Heidelberg/New York 1983

[26] Max Geitel: Entlegene Spuren Goethes, München und Berlin 1911, S. 62

# 6 DAS STOFFLICHE IN GOETHES FARBENLEHRE

Im 1. Band *Zur Farbenlehre* (von Goethe selbst als *Entwurf einer Farbenlehre* bezeichnet) ist im *didaktischen Teil* die dritte Abteilung den *chemischen Farben* gewidmet, die Goethe wir folgte definiert:

CHEMISCHE FARBEN. *486. So nennen wir diejenigen, welche wir an gewissen Körpern erregen, mehr oder weniger fixieren, an ihnen steigern, von ihnen wieder wegnehmen und anderen Körpern mitteilen können, denen wir den auch deshalb eine gewisse immanente Eigenschaft zuschreiben.*[1]

## ZUR ENTSTEHUNGSGESCHICHTE DER FARBENLEHRE

Kein Gebiet der Naturwissenschaften (vielleicht ausgenommen die Geologie) hat Goethe so lange – vor allem literarisch – beschäftigt wie die Farbenlehre.

Mit „Kompositionen zur Farbgebung" begann er im August/September 1787 in Rom. 1790 führte er erste naturwissenschaftliche Studien auch zur Optik durch. Anfang Mai 1791 schickte er dem Mathematiker JOHANN HEINRICH VOIGT (1751–1823) in Jena die älteste erhalten gebliebene Abhandlung zur Farbenlehre *„Über das Blau"*. Ab September 1791 hielt Goethe auf der von ihm gegründeten „Freitagsgesellschaft" Vorträge auch über seine Farbenlehre. Im folgenden Jahr erschienen im Verlag des Industrie-Comptoirs in Weimar Goethes „Beyträge zur Optik. Erstes Stück mit XXVII Tafeln".

In einem Brief an den Herzog Carl August vom 18. April 1792 schrieb Goethe[2]:

*Das Licht- und Farbenwesen verschlingt immer mehr meine Gedankensfähigkeit und ich darf mich wohl von dieser Seite ein Kind des Lichts nennen.*

---

[1] WA II. 1, 200
[2] WA IV. 9, 301$_{25-27}$

Während der „*Campagne in Frankreich*" beobachtete er am 31. August 1792 bei Verdun an Fischen in einem mit klarem Wasser gefüllten Erdtrichter prismatische Farben. Während des Feldzuges beschäftigte sich Goethe häufig mit seiner im Entstehen begriffenen Farbenlehre.

Am 17. Februar 1797 sandte Goethe seinen ersten Entwurf zum Schema der Farbenlehre an Schiller. Bis Ende März arbeitete er parallel an der Farbenlehre und an seinem Epos in Hexametern „*Hermann und Dorothea*".

Im Januar 1798 begann er mit seinen Arbeiten zur Geschichte der Farbenlehre. 1798 und 1799 - vor allem als er sich in den Monaten Februar bis April für längere Zeit in Jena aufhielt – beschäftigte er sich wiederum häufig mit seiner Farbenlehre, wie die Eintragungen in seinen Tagebücher deutlich machen.

In der Bibliothek der Universität Göttingen füllte er auf der Rückreise von seiner Kur in Pyrmont im Juli/August 1801 Lücken des historischen Teils der Farbenlehre. Im Mai 1806 begann Goethe einen Briefwechsel mit dem Maler PHILIPP OTTO RUNGE (1777–1810) über seine Farbenlehre. Goethes Einfluß veranlaßte Runge zur Abfassung der kunsttheoretischen Schrift „Farbenkugel oder Construktion des Verhältnisses aller Mischungen der Farben zueinander" (1810). 1807 arbeitete Goethe in den ersten Monaten des Jahres am polemischen Teil der Farbenlehre. 1809 studierte er u.a. magische und kabbalistische Literatur zur Geschichte der Farbenlehre. Vom 29. April bis 13. Juni 1809 hielt Goethe sich in Jena auf, um den Druck seiner Farbenlehre selbst leiten zu können. Gleichzeitig arbeitete er an den *Wahlverwandtschaften* (s. Kap. 7). Am 22. Mai schrieb er in sein Tagebuch *Geschichte meiner chromatischen Arbeiten*. Am 9. Oktober berichtete er in einem Brief an den Naturforscher und Philosophen HENRIK STEFFENS (1773–1845) in Halle über seine Übereinstimmung in der Farbenlehre mit dem Maler Philipp Otto Runge. 1810 erschien in der Cotta´schen Buchhandlung zu Tübingen das Werk „Zur Farbenlehre in 2 Bänden, nebst einem Hefte mit sechzehn Kupfertafeln".

Am 10./11. Mai 1817 verfaßte er als Abschluß eine *Konfession des Verfassers* zur Farbenlehre.

Wie hoch Goethe selbst „seine Farbenlehre" einschätzte und wie wenig Kritik er daran vertrug, wird aus *Johann Peter Eckermanns* „Gesprächen mit Goethe" [1] deutlich (unter dem Datum Donnerstag, den 19. Februar 1829):

„Wenn es nun problematisch erscheinen mag, daß Goethe in seiner Farbenlehre nicht gut Widersprüche vertragen konnte, während es bei seinen poetischen Werken sich immer durchaus läßlich erwies und jede gegründete Einwendung mit Dank aufnahm, so löset sich vielleicht das Rätsel, wenn man bedenkt, daß ihm, als Poet, von außen her die völligste Genugtuung zuteil ward, während er bei der 'Farbenlehre', diesem größten und schwierigsten aller seiner Werke, nichts als Tadel und Mißbilligung zu erfahren hatte. Ein halbes Leben hindurch tönte ihm der unverständigste Widerspruch von allen Seiten entgegen, und so war es denn wohl natürlich, daß er sich immer in einer Art von gereiztem kriegerischen Zustand, und zu leidenschaftlicher Opposition stets gerüstet, befinden mußte.

Es ging ihm in bezug auf seine 'Farbenlehre', wie einer guten Mutter, die ein vortreffliches Kind nur desto mehr liebt, je weniger es von andern anerkannt wird.

'Auf Alles was ich als Poet geleistet habe', pflegte er wiederholt zu sagen, 'bilde ich mir gar nichts ein. Es haben treffliche Dichter mit mir gelebt, es lebten noch trefflichere vor mir, und es werden ihrer nach mir sein. Daß ich aber in meinem Jahrhundert in der schwierigen Wissenschaft der Farbenlehre der Einzige bin, der das Rechte weiß, darauf tue ich mir etwas zugute, und ich habe daher ein Bewußtsein der Superiorität über viele.'"

Wer heute Goethes Farbenlehre liest, sollte nicht aus der Sicht eines Naturwissenschaftlers urteilen, der die Grundlage der Newtonschen Farbenlehre, das Zustandekommen von Spektralfarben durch die Zerlegung des „weißen" Lichtes als Allgemeinwissen besitzt.

Aus seiner speziellen Sicht als naturanschauender und natur-erforschender Dichter teilt Goethe seine Farbenlehre in einen „Didaktischen Theil" mit sechs Abteilungen, einen „Zweiten, polemischen Theil", in dem er sich mit der „Newtonischen Optik" auseinander setzt, und im 3. Band in einen „Historischen Theil" ein. Aus der Sicht des Chemikers werden uns vom historischen Teil die „chemischen Betrachtungen" und im ersten Teil die „Dritte Abtheilung. Chemische Farben." im folgenden beschäftigen.

Goethe hat seiner Farbenlehre den Titel *Entwurf einer Farbenlehre* gegeben. Seine Einleitung dazu beginnt mit folgendem Text, der uns seine „Methodik", seine Vorgehensweise, sein spezielles „Anschauen der Welt der Farben" deutlich werden läßt[3]:

---

[3] WA II. 1, XXIX$_2$-XXX$_5$

*Die Lust zum Wissen wird bei dem Menschen zuerst dadurch angeregt, daß er bedeutende Phänomene gewahr wird, die seine Aufmerksamkeit an sich ziehen. Damit nun diese dauernd bleibe, so muß sich eine innigere Teilnahme finden, die uns nach und nach mit den Gegenständen bekannter macht. Alsdann bemerken wir erst eine große Mannigfaltigkeit, die uns als Menge entgegendringt. Wir sind genötigt, zu sondern, zu unterscheiden und wieder zusammenzustellen; wodurch zuletzt eine Ordnung entsteht, die sich mit mehr oder weniger Zufriedenheit übersehen läßt.*

*Dieses in irgend einem Fache nur einigermaßen zu leisten, wird eine anhaltende strenge Beschäftigung nötig. Deswegen finden wir, daß die Menschen lieber durch eine allgemeine theoretische Ansicht, durch irgend eine Erklärungsart die Phänomene bei Seite bringe, anstatt sich die Mühe zu geben das Einzelnen kennen zu lernen und ein Ganzes zu erbauen.*

*Der Versuch, die Farbenerscheinungen auf- und zusammenzustellen ist nur zweimal gemacht worden, das erstemal von Theophrast, sodann von Boyle. Dem gegenwärtigen wird man die dritte Stelle nicht streitig machen.*

In der Einleitung zum didaktischen Teil hat Goethe außerdem in zwei Absätzen die Zielgruppen Chemiker und Färber direkt angesprochen:

*Der Chemiker, welcher auf die Farben als Kriterien achtet, um die geheimen Eigenschaften körperlicher Wesen zu entdecken, hat bisher bei Benennung und Bezeichnung der Farben manches Hindernis gefunden; ja man ist nach einer näheren und feineren Betrachtung bewogen worden, die Farbe als ein unsicheres und trügliches Kennzeichen bei chemischen Operationen anzusehen. Doch hoffen wir sie durch unsere Darstellung und durch die vorgeschlagene Nomenklatur wieder zu Ehren zu bringen, und die Überzeugung zu erwecken, daß ein Werdendes, Wachsenden, ein Bewegliches, der Umwendung Fähiges nicht betrüglich sei, vielmehr geschickt, die zartesten Wirkungen der Natur zu offenbaren.*[4]

Nachdem Goethe ausgeführt hat, daß er befürchte, seine Farbenlehre werde dem Mathematiker mißfallen, fährt er fort[5]:

*Dem Techniker, dem Färber hingegen, muß unsre Arbeit durchaus willkommen sein. Denn gerade diejenigen, welche über die Phänomene der Färberei nachdachten, waren am wenigsten durch die bisherige Theorie befriedigt. Sie waren die ersten, welche die Unzulänglichkeit der Newtoni-*

---

[4]  WA II. 1, XXXVIII$_{4-17}$
[5]  WA II. 1, XXXIX$_6$-XL$_9$

*schen Lehre gewahr wurden. Denn es ist ein großer Unterschied, von welcher Seite man sich einem Wissen, einer Wissenschaft nähert, durch welche Pforte man herein kommt. Der echte Praktiker, der Fabrikant, dem sich die Phänomene täglich mit Gewalt aufbringen, welcher Nutzen oder Schaden von der Ausübung seiner Überzeugungen empfindet, dem Geld- und Zeitverlust nicht gleichgültig ist, der vorwärts will, von anderen Geleistetes erreichen, übertreffen soll; er empfindet viel geschwinder das Hohle, das Falsche einer Theorie, als der Gelehrte, dem zuletzt die hergebrachten Worte für bare Münze gelten, als der Mathematiker, dessen Formel immer noch richtig bleibt, wenn auch die Unterlage nicht zu ihr paßt, auf die sie angewendet worden. Und so werden auch wir, da wir von der Seite der Malerei, von der Seite ästhetischer Färbung der Oberflächen, in die Farbenlehre hereingekommen, für den Maler das Dankenswerteste geleistet haben, wenn wir in der sechsten Abteilung die sinnlichen und sittlichen Wirkungen der Farbe zu bestimmen gesucht, und sie dadurch dem Kunstgebrauch annähern wollen. Ist auch hierbei, wie durchaus, manches nur Skizze geblieben, so soll ja alles Theoretische eigentlich nur die Grundzüge andeuten, auf welchen sich hernach die Tat lebendig ergehen und zu gesetzlichem Hervorbringen gelangen mag.*

Im Nachtrag der Weimarer Ausgabe von Goethes Werken befindet sich ein weiterer Text über Chemiker und grundsätzlich auch über das Forschen und Entdecken im Zusammenhang mit der Farbenlehre, der von Goethes Sekretär Riemer geschrieben wurde und folgendermaßen lautet[6]:

*Chemiker.*

*Diejenigen unter den Akademisten, welche sich mit der Chemie abgaben, wurden auf die Farben hauptsächlich durch diejenigen Erscheinungen aufmerksam, welche sich bei Oxydation der Metalle zeigen. Es sind auch diese bedeutend genug und geben über das chemische Farbenkapitel den besten Aufschluß. Doch halten sich diese Männer meistenteils an einzelnen Bemerkungen, wie diese oder jene Auflösungen, Mischungen, Niederschläge entweder aus dem farblosen Zustand in den farbigen, oder aus dem gefärbten in einen andersfarbigen Zustand übergehen. Man bemerkt nicht, daß sie auf der Spur, auf welche Mariotte[7] so schön hingeleitet, geblieben*

---

[6]  WA II. 5.2, 300–301
[7]  EDEM MARIOTTE (etwa 1620–1684), französischer Mathematiker und Physiker, bekannt durch das als Boyle-Mariottesches Gesetz benannte Gasgesetz

*wären. Wie denn überhaupt nicht leichter verloren geht als das Andenken
einer Methode, die einen heuristischen Zweck hat, weil ja das Vermögen
des Findens und Erfindens nicht mitgeteilt werden kann, wenn auch derjenige, der es besitzt und der es durch Überlieferung gerne möchte fortgepflanzt sehen, an diesem frommen Wunsche zuletzt verzweifeln muß, indem wohl Schätze vererbt und Tätigkeiten angeregt werden können, der
verständige Gebrauch jedoch, die vernunftmäßige Richtung nicht vom Vorgänger, sondern nur von der Natur selbst empfangen werden kann.*

## ZUR GESCHICHTE DER FARBENLEHREN –
## VOM PHILOSOPHEN ARISTOTELES BIS ZUM CHEMIKER OSTWALD

Die *Farbenlehre* - in den Lexika meist „Farblehre" genannt – umfaßt heute die gesamte Wissenschaft von der Farbe. Sie vereinigt als „synthetische
Wissenschaft" Ergebnisse der Physiologie, der Psychologie, der Physik und
der Ästhetik. Eine Beschäftigung und eine Lehre von den Farben läßt sich
bis auf den griechischen Philosophen ARISTOTELES (um 384 bis um 322 v.
Chr.) zurückverfolgen. Eine intensivere Beschäftigung in Europa fand jedoch erst im 17. Jahrhundert statt. Goethe selbst hat umfangreiche historische Studien betrieben und im historischen Teil seiner Farbenlehre deren
Ergebnisse auch ausführlich dargestellt. Der deutsche Jesuit und Universal-
gelehrte ATHANASIUS KIRCHER (1601 oder 1602 bis 1680) beschrieb nicht
nur die Laterna Magica, sondern beschäftigte sich auch in einem Werk aus
dem Jahre 1646 mit den Farben des Prismas. Der französische Naturwissenschaftler und Philosoph RENÉ DESCARTES (1596–1650) erklärte die Erscheinung des Regenbogens anhand wassergefüllter Glaskugeln. Er wurde damit
zum Mitentdecker des Brechungsgesetzes. Das Brechungsgesetz wurde 1621
von dem niederländischen Mathematiker und Physiker SNELLIUS
(1580–1626) formuliert. [2]

1663 veröffentliche ROBERT BOYLE (1627–1691) seine Lehre von Farben
unter dem Titel „Experiments and Consideration touching Colors". Es handelte sich dabei nicht um eine Farbenlehre, sondern um eine „Aneinander-
reihung von Experimenten, nach Nummern, aber weniger nach Gegenständen geordnet. Die Anlauffarben von Stahl beim Erhitzen bilden den
Ausgangspunkt. Die Farbänderungen gewisser Pflanzensäfte beim Zusammenbringen mit Säuren und Alkalien, die zum Teil schon früher bekannt

waren, führt er systematisch aus und erhält damit ein wichtiges, in dieser Anwendung neues Hilfsmittel. […] Die Farbigkeit selbst wird statt durch ein farbgebendes Element, wie bis dahin, erklärt als 'eine bestimmte Art örtlicher Bewegung an einer Stelle des Gehirns'." [3]

ISAAC NEWTON (1642–1727), mit dem sich Goethe *polemisch* auseinander setzte, hat die wesentlichen physikalischen Grundlagen zur Erfassung des Phänomens Farbe geschaffen. Er entdeckte die Zusammensetzung des weißen Lichtes aus den verschiedenen Spektralfarben, indem er ein Bündel weißer Lichtstrahlen durch ein dreikantiges Glasprisma auf eine weiße Wand fallen ließ. Er ließ das im Prisma gebrochene Licht im Unterschied zu seinen Vorgängern auch durch ein zweites Prisma fallen, wodurch er wieder weißes Licht erhielt. Damit war für Newton klar, daß weißes Licht aus verschiedenen Farben zusammengesetzt ist. In den 1704 erschienenen „Opticks" schrieb Newton [4]:

„Alle Produktionen und Erscheinungen von Farben in der Welt stammen lediglich […] von den verschiedenen Mischungen oder Trennungen von Strahlen kraft ihrer verschiedenartigen Brechbarkeit oder Reflektierbarkeit. Und in dieser Hinsicht wird die Wissenschaft der Farben eine ebenso wahrhafte mathematische Theorie, wie es alle anderen Teile der Optik sind."

Newton begründete eine Korpuskulartheorie des Lichtes und entwickelte eine erste Farbenlehre. Bekannt sind auch die nach ihm benannten Newtonschen Interferenzringe. 1672 veröffentlichte Newton seine Versuche über die unterschiedliche Brechung der verschiedenfarbigen Spektralfarben. Seine Schlußfolgerungen teilte er der Royal Society in London in einem ausführlichen Brief vom 6. Februar 1672 seine „New Theory about Light and Colors" mit. Die wichtigsten sind im 8. und 13. Lehrsatz enthalten:

„Daraus kann man schließen, daß Weiß die gewöhnliche Farbe des Lichtes ist, so wie sie von den verschiedenen Teilen der leuchtenden Körper miteinander vermischt herausgeschleudert werden. Von einer solchen ungeordneten Mischung wird, wie gesagt, Weiß erzeugt, sofern die einzelnen Bestandteile im richtigen Verhältnis vorkommen. Herrscht aber eine bestimmte Strahlungsart vor, so muß das Licht zu dessen Farbe neigen […].

Die Farben aller natürlichen Körper haben keinen anderen Ursprung als diesen, daß die Körper in ganz verschiedenem Maße befähigt sind, eine bestimmte Lichtart stärker als die anderen zu reflektieren." [4]

Newtons Ansichten fanden jedoch bei seinen Zeitgenossen nicht die erwartete ungeteilte Zustimmung. So kamen Einwände sowohl von CHRISTIAAN HUYGENS (1629–1695; Huygenssches Prinzip von 1690: Theorie der Lichtausbreitung in Form von Wellen) als auch von ROBERT HOOKE (1635–1703; Hauptwerk „Micrographia": Beobachtungen mit dem Mikroskop, Theorie der Farben), der Newtons Hypothese, daß alle Farberscheinungen auf der Zerlegung des weißen Lichts beruhen und sich das Licht einer Spektralfarbe nicht weiter zerlegen läßt, weder für die einzige noch für so unumstößlich wie mathematische Beweise halten wollte. [4]

Newtons ausschließlich physikalische Betrachtung der Welt der Farben forderte Goethe zu oft heftigem Widerspruch heraus. Verfolgt man die Entwicklung von „Farbenlehren" über Goethe hinaus, so ist vor allem die von dem Physiker und Physiologen HERMANN VON HELMHOLTZ (1821–1894) 1854 herausgegebene „Physiologische Optik" zu nennen, mit der er zum Begründer der modernen Farbenlehre geworden ist. Er entwickelte eine Dreifarbentheorie des Sehens. Damit hatte er die bereits von dem britischen Mediziner, Physiker und Philologen THOMAS YOUNG (1773–1829) 1801 aufgestellte Dreifarbentheorie des Farbensehens weiterentwickelt. Nach dieser Theorie genügen drei Grundempfindungen, d.h. drei physiologische Prozesse, zur Wahrnehmung einer Farbe. Helmholtz erweiterte diese Theorie: Nach ihm enthalten die Zäpfchen in der Netzhaut des Auges drei für die Farben Blau, Gelbgrün und Rot empfindliche Sehstoffe, welche durch unterschiedliche chemische Umsetzungen die Komponenten jeder Farbe bestimmen.[8]

Um 1870 traten durch den Physiologen EWALD HERING (1834–1918), Professor in Wien, Prag und Leipzig, der vor allem über Nerven- und Sinnesphysiologie arbeitete, „psychophysikalische" Untersuchungen in den Vordergrund der Farbenlehre. Er befaßte sich u.a. mit optischen Täuschungen und stellte eine Vierfarbentheorie auf. Seit 1916 beschäftigte sich der Physikochemiker WILHELM OSTWALD (1853–1932) mit der Entwicklung eines Systems zur Ordnung der „Körperfarben". Sein Ziel war es, eine wissenschaftlich begründete und zugleich praktisch anwendbare Farblehre zu schaffen. Er zerlegte jede Farbe in Weiß, Schwarz und eine „Buntfarbe". 1921 stellte er aus 2500 Farben einen umfangreichen Farbatlas zusammen. In der Textilindustrie und Porzallanmalerei fand seine Farblehre praktische An-

---

[8] Meyers Neues Lexikon, Band 4, Farbenlehre, S. 483, Leipzig 1972

wendung. Aber auch diese Farblehre erhielt aufgrund objektiver Mängel Widerspruch. Andererseits lieferte sie Ansätze zur Entwicklung einer Farbmetrik, die vor allem seit 1920 in den USA entwickelt wurde. Die Farbenlehre heute wird eher im weitesten Sinn als eine biologische und psychologische Wissenschaft angesehen. Wichtige Teilgebiete sind die Lehre vom Farbreiz, vom Farbensehen, vom Sinneserlebnis und seinen Wirkungen, und sie behandelt Fragen der Farbästhetik in der Malerei, des Farbklimas und der Farbenharmonie, womit wir wieder bei Goethe angelangt sind.

## DIE CHEMIKER IM HISTORISCHEN TEIL DER FARBENLEHRE – VOM ALTERTUM BIS IN DAS 17. JAHRHUNDERT

Neu an Goethes Farbenlehre insgesamt war auch die umfassende historische Betrachtung. Sie beginnt mit dem Griechen PYTHAGORAS (um 570 bis um 490 v. Chr.) und endet mit dem schottischen Geistlichen und Dichter ROBERT BLAIR (1699–1746). Goethe sieht seine Geschichte der Farbenlehre *in Gefolg der Geschichte aller Naturwissenschaften*[9]. In seiner „Einleitung" beschreibt und begründet er sein „wissenschafts-historisches" Vorgehen[10]:

*Um sich von der Farbenlehre zu unterrichten, mußte man die ganze Geschichte der Naturlehre wenigstens durchkreuzen, und die Geschichte der Philosophie nicht außer Acht lassen. Eine gedrängte Darstellung wäre zu wünschen gewesen; aber sie war unter den gegebenen Umständen nicht zu leisten. Wir mußten uns daher entschließen nur Materialien zur Geschichte der Farbenlehre zu liefern, und hierzu das, was sich bei uns aufgehäuft hatte, einigermaßen zu sichten.*

Goethe fährt fort[11]:

*Wir haben Ansätze geliefert und fanden uns hierzu durch mehrere Ursachen bewogen. Die Bücher, welche hier zu Rate gezogen werden mußten, sind selten zu haben, wo nicht in großen Städten und wohlausgestatteten Bibliotheken, doch gewiß an manchen mittlern und kleinen Orten, von deren teilnehmenden Bewohnern und Lehrern wir unsre Arbeit geprüft und genutzt wünschten. Deshalb sollte dieser Band eine Art Archiv werden, in*

---

[9]  WA II. 3, 109$_{16-17}$
[10]  WA II. 3, VIII$_{9-18}$
[11]  WA II. 3, IX$_{4-15}$

*welchem niedergelegt wäre, was die vorzüglichsten Männer, welche sich
mit der Farbenlehre befaßt, darüber ausgesprochen.*

Goethe beginnt mit einer Darstellung „Zur Geschichte der Urzeit" und
kommt darin zu folgenden allgemeinen und zugleich „sehr chemisch orientierten" Feststellungen[12]:

*Was wir überall und immer um uns sehen, da schauen und genießen
wir wohl, aber wir beobachten es kaum, wir denken nicht darüber. Und
wirklich entzog sich die Farbe, die alles Sichtbare bekleidet, selbst bei gebildeten Völkern gewissermaßen der Betrachtung. Desto mehr Gebrauch
suchte man von den Farben zu machen, indem sich färbende Stoffe überall
vorfanden. Das Erfreuliche des Farbigen, Bunten, wurde gleich gefühlt; und
da die Zierde des Menschen erstes Bedürfnis zu sein scheint und ihm fast
über das Notwendige geht, so war die Anwendung der Farben auf den
nackten Körper und zu Gewändern bald im Gebrauch.*

*Nirgends fehlte das Material zum Färben. Die Fruchtsäfte, fast jede
Feuchtigkeit außer dem reinen Wasser, das Blut der Tiere, alles ist gefärbt;
so auch die Metallkalke[13], besonders des überall vorhandnen Eisens. Mehrere verfaulte Pflanzen geben einen entschiedenen Färbestoff, dergestalt
daß der Schlick an seichten Stellen großer Flüsse als Farbematerial benutzt
werden konnte.*

*Jedes Beflecken ist eine Art von Färben, und die augenblickliche Mit-
teilung konnte jeder bemerken, der eine rote Beere zerdrückte. Die Dauer
dieser Mitteilung erfährt man gleichfalls bald. Auf dem Körper bewirkte
man sie durch Tatuiren[14] und Einreiben. Für die Gewänder fanden sich
bald farbige Stoffe, welche auch die beizende Dauer mit sich führen, vorzüglich der Eisenrost, gewisse Fruchtschalen, durch welche sich der Übergang zu den Galläpfeln mag gefunden haben.*

*Besonders aber machte sich der Saft der Purpurschnecke merkwürdig,
indem das damit Gefärbte nicht allein schön und dauerhaft war, sondern
zugleich mit der Dauer an Schönheit wuchs.*

*Bei dieser jedem Zufall freigegebenen Anfärbung, bei der Bequemlich-
keit das Zufällige vorsätzlich zu wiederholen und nachzuahmen, mußte*

---

[12]  WA II. 3, XX$_8$-XXIII$_5$
[13]  Metalloxide
[14]  tätowieren; vom franz. tatouer: den Körper nach Art der Südseeinsulaner bepunkten
      und bemalen; von tahitisch tatau: Zeichen, Schrift, Malerei

*auch die Aufforderung entstehen, die Farbe zu entfernen. Durchsichtigkeit und Weiße haben an und für sich schon etwas Edles und Wünschenswertes. Alle ersten Gläser waren farbig; ein farbloses Glas mit Absicht darzustellen gelang erst spätern Bemühungen. Wenig Gespinste, oder was sonst zu Gewändern benutzt werden kann, ist von Anfang weiß; und so mußte man aufmerksam werden auf die entfärbende Kraft des Lichtes, besonders bei Vermittlung gewisser Feuchtigkeiten. Auch hat man gewiß bald genug den günstigen Bezug eines reinen weißen Grundes zu der darauf zu bringenden Farbe in früheren Zeiten eingesehen.*

*Die Färberei konnte sich leicht und bequem vervollkommnen. Das Mischen, Sudlen[15], Manschen[16] ist dem Menschen angeboren. Schwankendes Tasten und Versuchen ist seine Lust. Alle Arten von Infusionen gehen in Gärung oder in Fäulnis über; beide Eigenschaften begünstigen die Farbe in einem entgegengesetztes Sinne. Selbst untereinander gemischt und verbunden heben sie die Farbe nicht auf, sondern bedingen sie nur. Das Saure und Alkalische in seinem rohesten empirischen Vorkommen, in seinen absurdesten Mischungen wurde von jeher zur Färberei gebraucht, und viele Färberrecepte bis auf den heutigen Tag sind lächerlich und zweckwidrig.*

*Doch konnte bei geringem Wachstum der Kultur bald eine gewisse Absonderung der Materialien so wie Reinlichkeit und Konsequenz statt finden, und die Technik gewann durch Überlieferung unendlich. Deswegen finden wir die Färberei bei Völkern von stationären Sitten auf einem so hohen Grade der Vollkommenheit, bei Ägyptern, Indern, Chinesen.*

Die Geschichte des Altertums, der Griechen und der Römer, faßt Goethe nach den Werken des GAJUS G. P. PLINIUS SECUNDUS (um 23 bis 79 n. Chr.) zu einer „Hypothetischen Geschichte des Colorits besonders griechischer Mahler" zusammen. Plinius´ Werk „Naturalis historia" gibt einen Überblick über die naturwissenschaftlichen Kenntnisse und auch Produktionsverfahren der Antike. Goethe sah sich jedoch nicht in der Lage, Einzelheiten dieses Werkes zu verstehen und auszulegen, sondern fügte den o.g. Aufsatz in den historischen Teil seiner Farbenlehre ein. Erst in unserer Zeit hat man damit begonnen, die Werke des Plinius in einer uns verständlichen Weise

---

[15]  ursprünglich in neutraler Bedeutung: sieden, kochen, durch Kochen bereiten, aus „Sudel": Schmutz, in der Bedeutung beschmutzen

[16]  zu einem dickflüssigen Brei vermischen; lautmalend: „Kinder, die mit oder im Wasser manschen"

zu übersetzen. Aus der Sicht einer chemisch orientierten Farbenlehre hat Plinius u.a. gewerbliche Anwendungen wie die Feuervergoldung, die Bronzefärbung, die Bleiweißschminke, das Beizen mit Alaun, den Gebrauch von Pigmenten als Mineralfarben, die Färbung von Textilien mit Waid, Purpur, Alizarin und Scharlachbeere und die Herstellung von gefärbtem Glas beschrieben.

Die Zeit bis in das 13. Jahrhundert bezeichnet Goethe als „Zwischenzeit". In einem Kapitel dazu – unter der Überschrift „Autorität" äußert er sich grundsätzlich zur Geschichte der Naturwissenschaften[17]:

*Die Epochen der Naturwissenschaften im Allgemeinen und der Farbenlehre insbesondre, werden uns ein solches Schwanken auf mehr als eine Weise bemerklich machen. Wir werden sehen, wie dem menschlichen Geist das aufgehäufte Vergangene höchst lästig wird zu einer Zeit, wo das Neue, das Gegenwärtige gleichfalls gewaltsam einzudringen anfängt; wie er die alten Reichtümer aus Verlegenheit, Instinkt, ja aus Maxime wegwirft: wie er erwähnt, man könne das Neuzuerfahrende durch bloße Erfahrung in seine Gewalt bekommen: wie man aber bald wieder genötigt wird, Räsonnemant und Methode, Hypothese und Theorie zu Hülfe zu rufen; wie man dadurch abermals in Verwirrung, Controvers, Meinungenwechsel, und früher oder später aus der eingebildeten Freiheit wieder unter den ehernen Scepter einer aufgedrungenen Autorität fällt.*

*Alles was wir an Materialien zur Geschichte, was wir Geschichtliches einzeln ausgearbeitet zugleich überliefern, wird nur der Kommentar zu dem Vorgesagten sein. Die Naturwissenschaften haben sich bewundernswürdig erweitert, aber keinesweges in einem stetigen Gange, auch nicht einmal stufenweise, sondern durch Auf- und Absteigen, durch Vor- und Rückwärtswandeln in gerader Linie oder in der Spirale; wobei sich denn von selbst versteht, daß man in jeder Epoche über seine Vorgänger weit erhaben zu sein glaubte ...*

Bevor Goethe auf das Wirken des *Paracelsus* eingeht, äußert er sich in einer „Zwischenbetrachtung" zur Entwicklung der Chemie im allgemeinen[18]:

*In der neuern Zeit brachte die Chemie eine Hauptveränderung hervor; sie zerlegte die natürlichen Körper und setzte daraus künstliche auf man-*

---

[17] WA II. 3, 147$_9$-148$_{12}$
[18] WA II. 3, 205$_{1-17}$

*cherlei Weise wieder zusammen; sie zerstörte eine wirkliche Welt, um eine neue, bisher unbekannte, kaum möglich geschienene, nicht geahndete wieder hervor zu bauen. Nun ward man genötigt, über die wahrscheinlichen Anfänge der Dinge und über das daraus Entsprungene immer mehr nachzudenken, so daß man sich bis an unsre Zeit zu immer neuen und höheren Vorstellungsraten heraufgehoben sah, und das um so mehr, als der Chemiker mit dem Physiker einen unauflöslichen Bund schloß, um dasjenige, was bisher als einfach erschienen war, wo nicht in Teile zu zerlegen, doch wenigstens in den mannigfaltigsten Bezug zu sehen, und ihm eine bewunderswürdige Vielseitigkeit abzugewinnen. In dieser Rücksicht haben wir zu unsern Zwecken gegenwärtig nur eines einzigen Mannes zu gedenken.*

Obwohl sich Goethe über längere Zeit – vor allem bei seinen Studien in Göttingen 1801 und auch während des Kuraufenthalts in Pyrmont im selben Jahr – mit dem Arzt und Naturforscher PARACELSUS (1493–1541) beschäftigt hat, ist der Umfang des Textes im historischen Teil seiner Farbenlehre ziemlich kurz geraten. Eine Begründung mag der erste Satz beinhalten[19]:

*Man ist gegen den Geist und die Talente dieses außerordentlichen Mannes in der neuern Zeit mehr als in einer früheren gerecht, daher man uns eine Schilderung derselben gern erlassen wird.*

Wenige Jahre vor Goethes Paracelsus-Studien war 1797 war das Werk „Geschichte der Chemie" von JOHANN FRIEDRICH GMELIN (1748–1804) erschienen. Gmelin lehrte zur Zeit des Goethe-Besuches in Göttingen an der Universität Chemie, Botanik und Mineralogie[20]. In seiner umfangreichen Chemiegeschichte [5] bezeichnet Gmelin das sechzehnte Jahrhundert als „Zeitalter des Paracelsus". Goethe hat Gmelins Werk aber erst im September 1808 gelesen, wie eine Tagebucheintragung vom 23. September dokumentiert. Kennengelernt hatte er ihn jedoch bereits am 9. Juni 1801 in Göttingen - *in großer Gesellschaft* mit einer Reihe von anderen Professoren und vor der Weiterreise nach Pyrmont. Auf dem Rückweg hat er sich am 4. August abends nochmals in Gesellschaft getroffen und seinen Namen im Tagebuch vermerkt.

GMELIN beschreibt in seiner *Geschichte der Chemie* zunächst den Zustand sowohl der Wissenschaften als auch der Kultur dieser Zeit ganz allgemein:

---

[19] WA II. 3, 205$_{22-25}$
[20] 1773 als o. Prof. für Philosophie und a.o. Prof. für Medizin aus Tübingen berufen

„Noch war die Morgenröthe nicht angebrochen [...], noch führte die Kirche über die Gewissen ihrer gläubigen Söhne den eisernen Scepter, der mit Centnergewicht jeden kühneren Schwung eines freieren Geistes niederdrückte; ...

Was die Aerzte dieser Zeit für die Bereitung der Arzneien thaten, war noch ganz nach dem Zuschnitt der griechischen oder der arabischen Aerzte, wie nachdem sie ihr Vorurtheil mehr für diese oder für jene bestimmte ....

Auch in den übrigen Zweigen der Chemie sah es nicht heller aus, sogar diejenigen Naturkundigen, denen man tiefere Kenntnisse und höhere Einsichten zutrauen sollte, waren von dem Wahn der Alchemie, der Stern- und anderen Arten der Zeichendeuterei so eingeonmmen, daß sie außer Stand waren, für die Aufklärung und Erweiterung der Wissenschaft zu arbeiten ...

Zwar zerbrach *Luther* mit Kühnheit und Mut die Fesseln, in welchen der menschliche Geist schon längst geschmachtet hatte, erwarb der Menschheit Rechte wieder, die ihr durch die sträflichste Anmaßung entzogen waren, und schwang sich als Wiederhersteller der Denkfreiheit über seine Vorgänger empor: Das wohltätige Licht, das sich durch ihn und seine Mitgenossen über die Welt ergoß, verbreitete sich nach und nach auch über andere Felder des menschlichen Wissens, die mit den Glaubenslehren in keiner engen Verbindung standen, und verscheuchte so viele Vorurteile, die Jahrhunderte hindurch die Schande und Qual des menschlichen Geschlechts gewesen waren ...

Bei dieser herrschenden Stimmung der Gemüter, in dieser Lage der Wissenschaften trat PILIPPUS, AUREOLUS, THEOPHRASTUS, PARACELSUS, BOMBAST VON HOHENHEIM, ein Mann von außerordentlichen Naturgaben, aber auch ein Schwärmer der ersten Größe auf; ein Mann, der fremd in allen Grundwissenschaften, wie sie jeder Gelehrter, wenn er seiner Wissenschaft Ehre machen, wie sie vornehmlich der Arzt und Naturforscher, wie sie vollends der Neuerer in Natur- und Arzneiwissenschaft inne haben mußte, und nur nach der Gunst des großen Haufens ringend, dessen Schwächen er nutzte, allen Schulen John sprach, die Schriften AVICENNA´s und GALEN´s, der Orakel seiner Zeitgenossen, vor seinen Zuhörern öffentlich verbrannte, und auf den Trümmern ihrer Altäre ein Gebäude errichtete, das, so morsch auch seine Säulen, so wenig zusammenhängend seine Teile, so vernunftwidrig ein großer Teil seiner Lehren war, so großen Widerspruch er schon bei seiner Aufführung fand, sich doch das ganze Jahrhundert hindurch erhalten und mit einigen Abänderungen bei einem Teil von Aerzten und Scheidekünstlern bis auf unsere Zeiten erhalten hat."

Diese knappe Schilderung liest sich jedoch nur wenig positiv. Doch nach einer kurzen Darstellung des Lebenslaufes von Paracelsus´ und nochmals einigen negativen Ausführungen auch im Bereich der Chemie folgen einige günstigere Bewertungen, so z.B.:

„Dadurch schon, daß er (unter dem Namen der Alchimey) die Chemie für eine der vier Grundsäulen der Arzneilehre erklärte, zeigte er, welchen großen Wert sie in seinen Augen für den Arzt hatte, einen Wert, den die meisten Aerzte seiner Zeit verkannten, …
Wirklich lehrte Paracelsus kräftigere Arzneien bereiten, als seine Vorgänger und Zeitgenossen hatten; …
Noch mehr aber gewann er, und mit ihm die Arzneikunde durch die Anwendung vieler Mittel aus Mineralien, welche seine Vorfahren nicht geachtet oder gar verworfen hatten; …
Auch war er einer der ersten, der die große Wahrheit, daß Gifte durch geschickte Anwendung und Zubereitung die kräftigste Heilmittel werden, eine Wahrheit, die zu seiner Zeit beinahe allgemein verkannt wurde, laut predigte: …"

Die wenigen Textzitate zeigen, daß Goethe mit seiner Meinung, daß dem Geist und Talent des Paracelsus bereits eine gerechtere, vor allem auch differenziertere Wertung zuteil geworden sei, recht hatte. Heute wird allgemein anerkannt, daß Paracelus mit seiner Aussage - *Alle Dinge sind ein Gift, und nichts ist ohne Gift, nur die Dosis bewirkt, daß ein Ding kein Gift ist.* - die wichtigste grundlegende Erkenntnis der Pharmakologie und Toxikologie bereits vor fast 500 Jahren formuliert hat. [6]

Im Zusammenhang mit der Farbenlehre bewertet Goethe das Wirken des Paracelus wie folgt [21]:

---

[21]  WA II. 3, 205$_{25}$-206$_{21}$

*…Uns ist er deshalb merkwürdig, weil er den Reihen derjenigen an- führt, welche auf den Grund der chemischen Farbenerscheinung und -Ver- änderung zu dringen suchen.*

*Paracelsus ließ zwar noch vier Elemente gelten, jedes war aber wieder aus dreien zusammengesetzt, aus Sal, Sulphur und Mercurius, wodurch sie denn sämtlich, ungeachtet ihrer Verschiedenheit und Unähnlichkeit, wie- der in einen gewissen Bezug unter einander kamen.*

*Mit diesen drei Uranfängen scheint er dasjenige ausdrücken zu wollen, was man in der Folge alkalische Grundlagen, säuerende Wirksamkeiten, und begeistende Vereinigungsmittel genannt hat. Den Ursprung der Farben schreibt Paracelsus dem Schwefel zu, wahrscheinlich daher, weil ihm die Wirkung der Säuren auf Farbe und Farbenerscheinung am bedeutendsten auffiel, und im gemeinen Schwefel sich die Säure im hohen Grade manife- stiert. Hat so dann jedes Element seinen Anteil an dem höher verstandenen mystischen Schwefel, so läßt sich auch wohl ableiten, wie in den verschie- densten Fällen Farben entstehen können.*

Im Anschluß an den kurzen Text über Paracelsus äußert sich Goethe denn allgemein zum Wirken der „Alchymisten", denen er einen *Mißbrauch des Echten und Wahren, eine falsche Anwendung echter Gefühle, ein lügen- haftes Zusagen* vorwirft. Er charakterisiert sie anhand von drei *Forderun- gen der höheren Sinnlichkeit, Gold, Gesundheit und langes Leben.* In einer weiteren *Zwischenbetrachtung* finden wir wiederum eine Goethes *Anschau- en der Natur* charakterisierende Darstellung [22]:

*Alles ist in der Natur auf´s innigste verknüpft und verbunden, und selbst was in der Natur getrennt ist, mag der Mensch gern zusammenbrin- gen und zusammenhalten. Daher kommt es, daß gewisse einzelne Naturer- scheinungen schwer vom Übrigen abzulösen sind und nicht leicht durch Vorsatz didaktisch abgelös´t werden.*

*Mit der Farbenlehre war dieses besonders der Fall. Die Farbe ist eine Zugabe zu allen Erscheinungen, und obgleich immer eine wesentliche, doch oft scheinbar eine zufällige. Deshalb konnte es kaum jemand beigehen, sie an und für sich zu betrachten, und besonders zu behandeln. Auch geschieht dieses von uns beinahe zum erstenmal, indem alle früheren Bearbeitungen nur gelegentlich geschahen und von der Seite des Brauchbaren oder Wider- wärtigen, des einzelnen oder eminenten Vorkommens, oder sonst, eingelei-*

---

[22]  WA II. 3, 215$_{5-27}$

tet worden. *Diese beiden Umstände werden wir also nicht aus dem Auge verlieren und bei den verschiednen Epochen anzeigen, womit die Naturforscher besonders beschäftigt gewesen, wie auch bei welchem eignen Anlaß die Farbe wieder zur Sprache kommt.*

Auch dieser Text macht wiederum deutlich, wie bedeutungsvoll Goethe seine Arbeit, seine Sicht und Ordnung der Farben, seine eigene Farbenlehre eingeschätzt hat. Auch sein didaktisches Bemühen, das uns heute beim Lesen der Texte allzu häufig etwas zu sehr oberlehrerhaft erscheinen mag, wird an vielen Stellen der Farbenlehre sehr deutlich.

Von den folgenden Naturforschern, die uns Goethe im Zusammenhang mit seiner Farbenlehre vorstellt, kann als nächster HIERONYMUS CARDANUS (1501–1576) den Anspruch erheben, zu den bedeutenden frühen Chemikern gezählt zu werden [7]. Er wirkte zunächst als Professor für Mathematik dann für Medizin an mehreren italienischen Universitäten. In die Chemiegeschichte eingegangen ist er durch die erstmalige Darstellung von reinem Alkohol, die Entwicklung der sogenannten *Cardanusöllampe* (mit seitlich höher liegendem Ölbehälter und damit besserem Ölzufluß zum Docht) und durch die Feststellung im Jahre 1554, daß eine Verkalkung von Metallen (= Oxidation) zu eine Gewichtsvergrößerung führe, wodurch er die Grundlage zur späteren Phlogistontheorie legte (s. Kap. 4). Über Cardans Beitrag zur Farbenlehre schrieb Goethe[23]:

*Wie Cardan die Farben behandelt, ist nicht ohne Originalität. Man sieht, er beobachtete sie und die Bedingungen unter welchen sie entspringen. Doch tat er es nur im Vorübergehen, ohne sich ein eigenes Geschäft daraus zu machen, deshalb er auch allzuwenig leistet und Scaligern[24] Gelegenheit gibt, sich über Flüchtigkeit und Übereilung zu beklagen.*

*Erst führt er die Namen der vornehmsten und gewöhnlichsten Farben auf und erklärt ihre Bedeutung; dann wendet er sich gegen das Theoretische, wobei man zwar eine gute Intention sieht, ohne daß jedoch die Behandlung zulänglich wäre und dem Gegenstand genug täte. Bei Erörterung der Frage: auf wie mancherlei Weise die Farben entspringen, gelangt er zu keiner glücklichen Einteilung. So hilft er sich auch an einigen Punkten, die er gewahr wird, mehr vorbei als drüber hinaus, und weil seine ersten Bestimmungen nicht umfassend sind, so wird er genötigt Ausnahmen zu machen, ja das Gesagte wieder zurückzunehmen.*

---

[23] WA II. 3, 21917-2209 WA II. 3, 219$_{17}$–220$_9$
[24] lebte 1540 bis 1609, Philologe, Professor in Leiden

Mit diesen Fragen nach den Ursachen für die Farbigkeit von chemischen Stoffen war Goethe seiner Zeit weit voraus. Erst mit der Begründung der Quantentheorie durch Max Planck ab 1899/1900 wurde dafür die Grundlage geschaffen.

Die „Fünfte Abteilung. Siebzehntes Jahrhundert." wird von Physikern bestimmt; die bekanntesten sind Galileo Galilei, Johann Kepler, Willebrord Snellius, Renatius Cartesius (Descartes), Robert Hooke. Eine aus chemischer Sicht interessante Darstellung über die Farben von Pflanzen und von Flammen hat Goethe im Kapitel über den DR. IUR. ISAAK VOSS (Vossius), KANONIKUS ZU WINDSOR (1618–1689) gegeben. Über den Autor selbst schreibt Goethe[25]:

*Sohn und Bruder vorzüglicher Gelehrten und für die Wissenschaften tätiger Mensch. Frühe wird er in alten Sprachen und den damit verbundenen Kenntnissen unterrichtet. In ihm entwickelt sich eine leidenschaftliche Liebhaberei zu Manuskripten. Er bestimmt sich zum Herausgeber alter Autoren und beschäftigt sich vorzüglich mit geographischen und astronomischen Werken. Hier mag er empfinden, wie notwendig zur Bearbeitung derselben Sachkenntnisse gefordert werden; und so nähert er sich der Physik und Mathematik. Weite Reisen befördern seine Naturanschauung.*

*Wie hoch man seine eigenen Arbeiten in diesem Fache anzuschlagen habe, wollen wir nicht entscheiden. Sie zeugen von einem hellen Verstand und ernsten Willen. Man findet darin originelle Vorstellungsarten, welche uns Freude machen, wenn sie auch mit den unsrigen nicht übereinstimmen. Seine Zeitgenossen, meist Descartes Schüler, sind übel mit ihm zufrieden und lassen ihn nicht gelten.*

*Uns interessiert hier vorzüglich sein Werk* de lucis natura et propietate. *Amstelodami 1662, …*

Isaak Voss leitete die *Materie der Farben (…) von der Eigenschaft des Schwefels her* - in der Tradition der „klassischen Alchemisten". In den Pflanzen beobachtete Voss den Übergang vom Grün nach Gelb. Er schrieb dazu – in Goethes Text in deutscher Sprache zitiert[26]: „*Zunächst an der Weiße folgen zwei Farben, das blässere Grün und das Gelbe. Ist die Wärme schwach, die das, was schweflicht ist, in den Körpern auflösen soll; so geht das Grüne voraus, welches roher und wäßriger ist als das Gelbe. Verursacht aber*

---

[25]  WA II. 3, 297$_{13}$–298$_7$
[26]  WA II. 3, 302$_{8-19}$

*die Wärme eine mächtigere Kochung; so tritt sogleich nach dem Weißen ein Gelbes hervor, das reifer ist und feuriger. Folgt aber auf diese Art das Gelbe dem Weisen, so bleibt kein Platz mehr für das Grüne. Denn auch in den Pflanzen wie in andern Körpern, wenn sie grün werden, geht das Grüne dem Gelben voraus.*"

Heute wissen wir diese Beschreibungen „chemisch exakt" zu deuten – nämlich vom Chlorphyll ausgehend über dessen Abbau und das Vorhandensein von Xanthophyllen – dem Blattgrün und dem Blattgelb.

Über die Farbigkeit von Flammen schreibt Voss [27]:

*In denjenigen Flammen, wie sie täglich auf unserm Herde aufsteigen, ist die entgegengesetzte Ordnung der Farben. Denn je dunkler die Tinktur des Schwefels in der Kohle ist, desto reiner und weißer steigt die Flamme auf. Jedoch ist die Flamme, die zuerst aufsteigt, wegen beigemischten Unrats, dunkel und finster; dann wird sie purpurfarb, dann rötet sie sich und wird gelb. Fängt sie an weiß zu werden, so ist es ein Zeichen, daß Schwefel und brennbare Materien zu Ende gehen.*

Versuchen wir mit dem Wissen unserer Zeit die beschriebenen Flammenfärbungen zu erklären, so müssen wir für das verschieden farbige Leuchten sowohl glühende Stoffteilchen und Elemente (Emission) als auch die Temperatur(Wärme)strahlung heranziehen, womit Namen wie Planck für die „schwarze Strahlung" (Strahlung eines schwarzen Körpers) sowie Bunsen für die Lichtemission bei Elementen zu nennen sind. In der Physik wird heute mit *Glut* das durch Erhitzen bewirkte Leuchten eines Körpers definiert. Bei festen Körpern beginnt es bei etwa 400 °C mit der *Grauglut* und geht bei 525 °C in die dunkle *Rotglut* über. Bei etwa 1000 °C wird die *Gelbglut* erreicht und zwischen 1200 und 1600 °C beobachtet man die *Weißglut*. Läßt man aus dem obigen Text den Schwefel weg, so liest sich die historische Beschreibung genauso wie diejenige aus unserer Zeit.

Im folgenden Kapitel dieser fünften Abteilung kommt Goethe dann auf den Physiker und Chemiker ROBERT BOYLE (Biographie s. Kap. 8,[8])zu sprechen. Ihm bescheinigt er, daß er in die Farbenlehre von der *chemischen Seite hereingekommen* sei. Goethe fährt fort [28]:

*Er ist der erste seit Theophrast, der Anstalt macht, eine Sammlung der Phänomene aufzustellen und eine Übersicht zu geben. Er betreibt das Ge-*

[27] WA II. 3, 303$_{11-20}$
[28] WA II. 3, 315$_{3-12}$

*schäft nur gelegentlich und zaudert seine Arbeit abzuschließen; zuletzt, als ihm eine Augenkrankheit hinderlich ist, ordnet er seine Erfahrungen, so gut es gehen will, zusammen, in der Form als wenn er das Unvollständige einem jungen Freunde zu weiterer Bearbeitung übergäbe.*

Boyles Werk „Experiments and Oberservations upon Colours" von 1663 wurde von Goethe in der lateinischen Ausgabe mit dem Titel „Experimenta et considerationes de coloribus – seu initiium historiae experimentalis de Coloribus a Roberto Boyle, Londini 1665" - benutzt. Im Zusammenhang mit den Experimenten über Farben ist eine sehr alte mikrochemische Untersuchungsmethode, die sowohl sehr geringe Mengen an Chemikalien als auch an zu analysierenden Probenmengen benötigt, die *Tüpfelanalyse*, auf Robert Boyle zurückzuführen. Er betupfte = „tüpfelte" z.B. ein mit dem bekannten Pflanzenfarbstoff Lackmus getränktes Papier mit einem Tropfen einer Probenlösung zur Unterscheidung von Säuren und Laugen. Boyle ist somit der Entdecker des Lackmus-Papiers, dem Vorläufer aller heutigen pH-Indikator-Papiere. Weitere systematische Untersuchungen z.B. mit Veilchensaft führen ihn zu einer Einteilung von Salzen in drei Gruppen: in saure, in flüchtige oder schwefelartige und in feste oder alkalische. Die erste Gruppe färbt Veilchensaft rot, die zweite und dritte grün.

Goethe faßt das Wirken Boyles – nachdem er aus dem fünften Kapitel des ersten Teils einige Passagen in deutscher Übersetzung zitiert hat – wie folgt zusammen[29]:

*So unverkennbar auch aus dem Vortrage Boyle´s die Vorliebe, gewisse Farbenphänomene mechanisch zu erklären, erhellt, so bescheiden drückt er sich doch gegen andere Theorien und Hypothesen aus, so sehr empfindet er, daß noch andre Arten von Erklärungen, Ableitungen möglich und zulässig wären; er bekennt, daß noch lange nicht genug vorgearbeitet sei und läßt uns zuletzt in einem schwankenden zweifelhaften Zustande.*

*Wenn er nun von einer Seite durch die vielfachen Erfahrungen die er gesammelt, sich bei den Naturforschern Ansehen und Dank erwarb, so daß dasjenige was er mitgeteilt und überliefert, lange Zeit in der Naturlehre Wert und Gültigkeit behielt, in allen Lehrbüchern wiederholt und fortgepflanzt wurde;*

[Bis hier können wir auch Goethe noch heute folgen. Im nächsten Absatz dagegen wird wiederum deutlich, wie hoch er selbst seine Farbenlehre – auch für die Zukunft – einschätzte:]

---

[29] WA II. 3, 324$_{12}$-325$_7$

*so war doch von der andern Seite seine Gesinnung viel zu zart, seine Äußerungen zu schwankend, seine Forderungen zu breit, seine Zwecke zu unabsehlich, als daß er nicht hätte durch eine neu eintretende ausschließende Theorie leicht verdrängt werden können, da ein lernbegieriges Publikum am liebsten nach einer Lehre greift, woran es sich festhalten und wodurch es aller weitern Zweifel, alles weiteren Nachdenkens bequem überhoben wird.*

Goethe beendet diesen ersten historischen Teil seiner Farbenlehre im 17. Jahrhundert mit der *Geschichte des Colorits seit Wiederherstellung der Kunst* und kehrt damit zum Ausgangspunkt seines ganz persönlichen Interesses an Farben in der Malerei aus der Zeit seiner ersten Reise nach Italien 1786/1787 zurück.

CHEMIKER DES 18. JAHRHUNDERTS IM II. HISTORISCHEN TEIL
DER FARBENLEHRE

In der Weimarer Ausgabe von Goethes Werken umfaßt diese Epoche 311 Druckseiten. Er beginnt mit einer Darstellung zur Geschichte der „Royal Society of London" und zur Situation der Naturwissenschaften in England (s.o. Robert Boyle). Als Einschub finden wir in dieser sechsten Abteilung des historischen Teils der Farbenlehre ein Kapitel mit der Überschrift „Chemiker" und folgendem Text[30]:

CHEMIKER. *Das Verhalten der Lackmustinktur gegen Säuren und Alkalien, so bekannt es war, blieb doch immer wegen seiner Eminenz und seiner Brauchbarkeit den Chemikern merkwürdig, ja das Phänomen werde gewissermaßen für einzig gehalten. Die frühern Bemerkungen des Paracelsus und seiner Schule, daß die Farben aus dem Schwefel und dessen Verbindung mit den Salzen sich herschreiben möchten, waren auch noch in frischem Andenken geblieben. Man gedachte mit Interesse eines Versuchs von Mariotte, der einen roten französischen Wein durch Alkalien gebräunt und ihm das Ansehen eines schlechten verdorbenen Weins gegeben, nachher aber durch Schwefelgeist die erste Farbe, und zwar noch schöner, hergestellt. Man erklärte damals daraus das Vorteilhafte des Aus- und Aufbrennens der Weinfässer durch Schwefel, und fand diese Erfahrung bedeutend.*

---

[30] WA II. 4, 143–145

Die Akademie interessierte sich für die chemische Analyse der Pflanzenteile, und als man die Resultate bei den verschiedensten Pflanzen ziemlich einförmig und übereinstimmend fand; so beschäftigten sich andere wieder die Unterschiede aufzusuchen.

Geoffroy, der jüngere, scheint zuerst auf den Gedanken gekommen zu sein, die essentiellen Öle der Vegetabilien mit Säuren und Alkalien zu behandeln, und die dabei vorkommenden Farbenerscheinungen zu beobachten.

Sein allgemeines Theoretische gelingt ihm nicht sonderlich. Er braucht körperliche Konfigurationen, und dann wieder besondere Feuerteile und was dergleichen Dinge mehr sind. Aber die Anwendung seiner chemischen Versuche auf die Farben der Pflanzen selbst, hat viel Gutes. Er gesteht zwar selbst die Zartheit und Beweglichkeit der Kriterien ein, gibt aber doch deswegen nicht alle Hoffnungen auf; wie wir denn von dem was er uns überliefert, nähern Gebrauch zu machen gedenken, wenn wir auf diese Materie, die wir in unserm Entwurfe nur beiläufig behandelt haben, dereinst zurückkehren.

In dem animalischen Reiche hatte Réaumur den Saft einiger europäischen Purpurschnecken und dessen Färbungseigenschaften untersucht. Man fand, daß Licht und Luft die Farbe gar herrlich erhöhten. Andere waren auf die Farbe des Blutes aufmerksam geworden, und beobachteten, daß das arterielle Blut ein höheres, das venöse ein tieferes Rot zeige. Man schrieb der Wirkung der Luft auf die Lungen jene Farbe zu; weil man es aber materiell und mechanisch nahm, so kam man nicht weiter und erregte Widerspruch.

Das Mineralreich bot dagegen bequeme und sichere Versuche dar. Lémery, der jüngere, untersuchte die Metalle nach ihren verschiedenen Auflösungen und Präcipitationen. Man schrieb dem Quecksilber die größte Versatilität in Absicht der Farben zu, weil sie sich an demselben am leichtesten offenbart. Wegen der übrigen, glaubte man eine Spezifikation eines jeden Metalls zu gewissen Farben annehmen zu müssen, und blieb deswegen in einer gewissen Beschränktheit, aus der wir uns noch nicht ganz haben herausreißen können.

Bei allen Versuchen Lémery´s jedoch zeigt sich deutlich das von uns relevirte Schwanken der Farbe, das durch Säuren und Alkalien, oder wie man das was ihre Stelle vertritt, nennen mag, hervorgebracht wird. Wie denn auch die Sache so einfach ist, daß, wenn man sich nicht in die Nüancen, *welche nur als Beschmutzung anzusehen sind, einläßt, man sich sehr wohl einen allgemeinen Begriff zu eigen machen kann …*

Beim Chemiker löst dieser Text eine Fülle chemischer und chemiehistorischer Betrachtungen aus, die gleichzeitig der Erläuterung des Goethe-Textes dienen.

*Lackmustinctur* (Auszug aus *Turnosol Parkinsoni*) wurde bereits von ROBERT BOYLE in seinen Arbeiten „Experimenta et considerationes de coloribus" 1663 neben anderen Pflanzensäften (von Veilchen, Kornblumen, Rosen, Schneeglöckchen, Fernambukhölzern, Primeln, Chochenille u.a.) in ihrem Verhalten gegen verschiedene chemische Stoffe untersucht. Er verwendete diese Extrakte auch schon in Form der uns wohlbekannten Indikatorpapiere. Im Versuch XXXVI berichtet er über die Lackmus-Tinktur (Lackmus: Turnsol), und er zitiert in diesem Zusammenhang den Apotheker I. PARKINSON (geb. 1567), der Vorsteher des damals berühmten Botanischen Garten von Hampton Court gewesen sei [9]. Das königliche Schloß Hampton Court im Südwesten Londons wurde 1514 bis 1522 durch den Kardinal Wolsey erbaut und 1526 KÖNIG HEINRICH VIII. (1491–1547) zum Geschenk gemacht. Es blieb bis in die Regierungszeit König Georg II.[31] Residenz der Könige. Im Auftrag des Königs Wilhelm III. aus dem Hause Stuart wurden Schloß und Garten ab 1689 durch Christopher Wren[32]

Lackmus ist ein natürlichen blauer Farbstoff, der aus verschiedenen Flechten durch Vergären (in Gegenwart von Ammoniumcarbonat, Kaliumcarbonat, Kalk und Wasser gewonnen werden kann. Der Name stammt aus dem Niederländischen, wo im 19. Jahrhundert vor allem auch die fabrikmäßige Gewinnung erfolgte. Es leitet sich nach Schneider [10] nicht von *Lacca Musci* (= Moos- bzw. Flechtenlack) sondern von *Lacca Musica* (Malerlack) ab. Dieser

---

[31] geboren zu Herrenhausen/Hannover 1683, Gründer der Universität Göttingen 1737, Kurfürst von Hannover, König von Großbritannien und Irland seit 1727, gestorben in London 1760

[32] 1632–1723, engl Baumeister, Mathematiker und Astronom, Hauptwerk St. Paul´s Cathedral umgestaltet. Der Apotheker Parkinson war zur Zeit der Königin Elisabeth I. (1558–1603) aus dem Hause Tudor oder des Königs Jacob I. (1603–1625) aus dem Hause Stuart Vorsteher des Botanischen Garten.

Naturfarbstoff stammt aus der Flechte *Rocella fuciformis*, der Name nach WAHRIG (Deutsches Wörterbuch) vom Niederländischen Lakmoes - aus leken: tropfen (indogermanisch leg) + mos: grünes Gemüse, Mus ab – man ließ bei der Herstellung den Saft abtropfen. Nach anderen Quellen soll der Arzt und Alchemist ARNALDUS DE VILLANOVA (1240–1311 – ab 1296 Leibarzt Friedrich II. in Sizilien) bereits Lackmus als chemisches Reagenz verwendet haben. Neben den Rocella-Flechten wurden auch andere Flechtenarten - *Variolaria* und *Lecanora* - zur Gewinnung des blauen Farbstoffs genutzt. 1866 vermerkte die „Allgemeine deutsche Real- Encyklopädie für die gebildeten Stände" - die elfte Auflage der „Conversations-Lexikons" von Brockhaus (in fünfzehn Bänden) - über die Gewinnung, daß sie gegenwärtig fast nur in Holland erfolge. Die Flechten ließe man mit einem Zusatz an kohlensaurem Kali und Ammoniak gären. Infolge der Zersetzung würde die Masse erst rot und später blau und dann mit Gips oder Kreide so stark eingedickt, daß sie sich zu „leichtzerreiblichen Würfeln" gestalten und austrocknen ließe. Die Arten der Gattung *Roccella* werden als strauchartige Flechten mit rundlichen, knorpeligen, weißgrauen Zweigen beschrieben, welche schildförmige Früchte an den Seiten tragen. Als Standorte in Klippen und Felsen werden die Küsten des Mittelmeeres, die Kanarischen Inseln und die Azoren und auch die Küsten Englands und Schottlands aufgeführt. Für die Gattung *Lecanora* wird vor allem Schweden als Sammelgebiet genannt. Schon 1866 wurde die nahe Verwandtschaft mit dem Farbstoff Orcein (als Orseille zum Färben von Seide und Wolle) festgestellt. Mit Lackmus wurden damals auch Lebensmittel wie Weine, Backwerk, Likör und Käse gefärbt. Der Gattungsname *Roccella* stammt von der Florentiner Kaufmannsfamilie ROCELA. Sie hatte im 14. Jahrhundert das Monopol für die Flechtenfärberei und war dadurch sehr reich geworden.

Die Indikatorwirkung gegenüber Säuren und Basen ergibt sich aus der Eigenschaft des 7-Hydroxi-phenoxazon-Chromophors, in saurer Lösung ein Oxonium-Ion zum roten Kation anlagern und oberhalb von pH = 7 diese wieder unter Bildung des mesomeren, blauvioletten Anions abspalten zu können. Damit konnte Hans Musso aus dem Chemischen Institut der Universität Marburg die Eigenschaft des Lackmus als Saure-Base-Indikator beweisen[33].

Auch den von Goethe angesprochenen Versuch des französischen Naturforschers *Mariotte*[34] können wir nachvollziehen und erklären.

Erst in den vergangenen 20 bis 25 Jahren konnten Einzelheiten über die *Farbstoffe* im *Rotwein* ermittelt werden, welche die von Goethe angesprochenen Phänomene chemisch zu deuten ermöglichen. Die Farbe der Rotweine wird vor allem durch den Anthocyanidin-Gehalt (Anthocyane: glykosidische Pflanzenfarbstoffe allgemein, Glykoside der Anthocyanidine) bestimmt. Weiterhin haben auch andere phenolische Verbindungen wie Catechine und die Gehalte an Tannin einen wesentlichen Einfluß auf die Farbintensität und die Farbstabilität. Die Veränderung von Anthocyanen ist heute ein Forschungsgebiet der Weinchemie [12] und auch der Lebensmittelchemie [13]. Die wichtigsten Erkenntnisse lassen sich wie folgt in Bezug zum Goethe-Text zusammenfassen:
Die Farbintensität wird z.B. von Jungweinen hängt nicht in erster Linie vom Anthocyanidin-Gesamtgehalt sondern von der prozentualen Verteilung der pH-abhängigen Gleichgewichtsformen ab. Nach der Ostwald-Theorie für Indikatoren lassen sich die verschiedenen Zustandsformen eines Anthocyanan-Moleküls als Pseudobasen (Enol- und Ketoform z.B. des Malvidins), Anhydridform und als Chalkonform darstellen. In alten Weinen wird der Farbeindruck nicht mehr vom Anthocyanidin-Gehalt allein sondern durch die Konzentrationen an Oxidations- und Kondensationsprodukten (unter Einschluß von Anthocyanen) bestimmt. Bei höheren pH-Werten (also nach dem von Goethe genannten

---

[33] 1961 konnten mit Hilfe der Chromatographie und spektroskopischer Untersuchungen im Orcein 14 Farbstoffe getrennt und deren Konstitution aufgeklärt sowie der Hauptbestandteil des Lackmus als Polymer aus 7-Hydroxi-phenoxazon-(2)-Chromophoren auf gebaut identifiziert werden. [11]

[34] Mariotte (1620–1684) war Pfarrer und Prior zu St. Martin sous Beame bei Dijon und beschäftigte sich mit hydrostatischen sowie hydrodynamischen Fragen und vor allem auch mit pflanzenphysiologischen Experimenten. Von ihm stammt bereits die Erkenntnis, daß sich Pflanzen auch über die Blätter ernähren können.

Zusatz von Alkalien) finden sowohl Oxidationen als auch Kondensationen statt. Vor allem die oxidative Veränderung der Weine von rot nach braunrot (und schließlich auch der Bildung eines bräunlichen Niederschlages) ist auf Oxidationsenzyme wie Tyrosinase zurückzuführen.

Die Schwefelung von Rotweinen kann sowohl positive als auch negative Effekte im Hinblick auf die Farbe aufweisen: Schweflige Säure hat eine erhebliche farbstabilisierende Wirkung; andererseits wird bei jungen Rotweine infolge der Schwefelung eine teilweise Entfärbung bewirkt (Bildung einer Sulfonsäure). Die wenigen genannten Aspekte, die in der zitierten Literatur ausführlich behandelt werden, zeigen die Komplexität der von Goethe beschriebenen Farbphänomene im Rotwein, deren Chemismus auch heute noch nicht in allen Einzelheiten aufgeklärt ist. ▭

Goethe hatte als Weinliebhaber verständlicherweise großes Interesse an diesen Phänomenen.

▭ Der *Schwefelgeist*, das Schwefeldioxid, war schon den Assyrern und Griechen im Altertum als „Räuchermittel", den Chinesen auch „zum Austreiben böser Geister" bekannt. HOMER beschrieb in seiner Odyssee (XXII, 481 - entstanden etwa 950 vor Christus) die Verwendung von brennendem Schwefel als Desinfektionsmittel. Der römische Historiker und Schriftsteller Gajus P. Secundus PLINIUS (der Ältere, 23–79), Offizier und kaiserlicher Beamter, schrieb in seinem Werk *Naturalis historia* (XIV, 129) über den *Dunst des Schwefels* als Schönungsmittel für Wein. Schwefeldioxid wird heute einerseits wegen der antimikrobiellen Effekte (Hemmung von Enzymsystemen in Mikroorganismen) eingesetzt, es hat andererseits aber auch lebensmitteltechnolgische Aufgaben zu erfüllen. Als Reduktionsmittel verhindert es oxidative, enzymatische und auch chemische (nicht-enzymatische) Bräunungsreaktionen (s.o.). Die Zugabe von Schwefeldioxid bereits zum kelterfrischen Most verhindert das Wachstum von Essigbakterien, von wilden Hefen und von Schimmelpilzen – ohne die Weinhefen selbst anzugreifen. Der Fachmann bezeichnet diese Wirkung wie folgt: „*Der Zusatz von Schwefeldioxid zu Most bewirkt*

*deshalb eine flotte, reintönige Gärung.*" Gleichzeitig werden durch
den Zusatz an Schwefeldioxid luftempfindliche Saftinhaltsstoffe
erhalten und auch hier eine enzymatische Reaktion, nämlich die
Umwandlung von Phenolen in braune Farbstoffe und damit eine
Braunverfärbung der Moste verhindert [14].

Im weiteren Verlauf des zitierten Textes nennt Goethe den Namen
GEOFFROY. (Biographie s. Kap. 8,[7])

Goethes Kenntnisse über die Arbeiten Geoffroys stammen offensichtlich
aus Gmelins Werk „Geschichte der Chemie" [5]. Die detaillierte Meinung
Goethes zu Geoffroys Arbeiten kann aber nicht von Gmelin stammen; sie
kann nur auf ein Studium von Originalarbeiten zurückzuführen sein. Auch
an dieser Stelle erstaunt es den heutigen Leser von Goethes Farbenlehre, wie
intensiv er sich mit der wissenschaftlichen Literatur beschäftigt hat.

Im folgenden Absatz des Zitats führt Goethe den Namen RÉAUMUR an.
Er ist uns als Erfinder der 80teiligen Thermometerskala bekannt. RENÉ-
ANTOINE FERCHAULT DE RÉAUMUR (1683–1757) war ein sehr vielseitiger
Forscher, der sich vor allem mit der Physik – aber auch der Zoologie – sowie mit der Porzellanherstellung (ab 1717), mit der Hersteller wasserdich-
ter Papiere, von Kunstseide und auch mit der Verzinnung von Eisenblech
beschäftigte. In Gmelins „Geschichte der Chemie" werden die Arbeiten zu
den genannten Anwendungen aufgeführt; ein Hinweis auf den von Goethe genannten „Saft einiger Purpurschnecken", den Réaumur untersucht
habe, fehlt jedoch. Auch hier ist zu vermuten, daß Goethe darüber in Aka-
demieberichten (z.B. „Histoire de l´Académie des sciences à Paris") gelesen hat.

Der echte oder antike Purpur wurde aus einer bestimmten Mee-
resschnecke, der Purpurschnecke, gewonnen. Sie wird von den
Zoologen auch Brandhorn oder *Murex trunculus* bezeichnet. Im
Gegensatz zu den damals bekannten Pflanzenfarbstoffen zeichnet
sich der antike Purpur vor allem durch seine Lichtechtheit aus. In
der Nähe der heutigen libanesischen Städte Sur und Saida (das Ty-
ros bzw. Sidon der Phönizier) findet man noch heute an den Strän-
den große Mengen an Schneckengehäusen als Abfall der phönizi-
schen Färbereien. Der Purpur wurde in einem sehr komplizierten
Verfahren gewonnen, das später in Vergessenheit geriet. Eine be-

stimmte winzige Drüse in der Kiemenhöhle der Pupurschnecke enthält eine Vorstufe des Farbstoffes, die zunächst gewonnen und nach Zusatz von Salz eine trübe, bräunlich-gelbe Flüssigkeit ergibt. Dann mußte man diese Brühe etwa zehn Tage lang erhitzen, um Verunreinigungen auszuscheiden und die Flüssigkeitsmenge von beispielsweise 100 Litern auf 5 Liter zu verringern. Die dadurch gewonnene gelbe Vorstufe des Purpurs wandelt sich bei der Einwirkung von Licht in den Purpur um (vergleichbar mit der Gewinnung von Indigo). Man brauchte nur die zu färbenden Textilien in diese gelbe Lösung zu tauchen und sie dann an der Sonne zu trocknen. Zunächst erhielt man ein gelbstichiges Grün, dann ein Rot und schließlich den leuchtenden violetten Purpur. Dieser Farbstoff besitzt eine weitgehende chemische Ähnlichkeit mit dem Pflanzenfarbstoff Indigo, die jedoch erst in unserem Jahrhundert ermittelt wurde. Der antike Purpur besitzt im Unterschied zum Indigo zwei Brom-Atome (Dibromindigo) [15].

Auch die folgende Anmerkung Goethes über die Farbe des Blutes konnte erst in unserem Jahrhundert physikalisch-chemisch in ihren Einzelheiten aufgeklärt werden – nämlich die Natur der *Hämfarbstoffe*, das *Hämoglobins* und dessen Bindungsvermögen von Sauerstoff, des Muskelfarbstoff *Myoglobin* sowie die Funktion der Oxidationsstufe des Eisens (die hellrote bis purpurrote Farbe mit Eisen(II) im Myoglobin und die braune Farbe, wenn Eisen in der Oxidationsstufe III vorliegt).

Zum Abschluß des Kapitels über die „Chemiker" im zweiten historischen Teil der Farbenlehre führt Goethe den Namen LÉMERY an. Der Vater des von Goethe genannten jüngeren Lémery war der bekanntere Nicolaus LEMERY (1645–1715), der 1672 eine Apotheke in Paris übernahm und dort auch Experimentalvorlesungen hielt. Er wurde 1699 Mitglied der französischen Akademie der Wissenschaften und gilt als Begründer der neueren Phytochemie. Sein wichtigsten Werk „Corus de chymie" erschien 1675. In deutscher Sprache erschienen gibt sein „Vollständiges Materialien-Lexicon" von 1721 ein ausgezeichnetes Bild vom Stand des chemischen Wissens seiner Zeit [16]. Nach Gmelin war sein Sohn „Ludw. Lemery, [er] trat in die Fusstapfen seines um die Scheidekunst so sehr verdienten Vaters; er war 1677 zu Paris geboren, und starb 1743 als Mitglied der Akademie der Wissenschaften und der Facultät der Aerzte zu Paris."

Mit der großen „Versatilität" (im Sinne Wandelbarkeit) des Quecksilber spricht Goethe nicht nur die intensiv gefärbten Verbindungen mit Sauerstoff, Schwefel und Iod sondern auch deren verschiedene Modifikationen an: das (je nach Korngröße) rot bis gelb beim Erhitzen von Quecksilber an der Luft entstehende HgO, das leuchtendrote Quecksilber(II)iodid, das schwarze (tetraedrisch kristallisierende) bzw. in der beständigeren Modifikation rot (mit trigonaler Kristallform) vorkommende HgS (Zinnober). Einzelheiten zum Werk Lemerys des Jüngeren hat Goethe auch hier nur zum Teil der „Geschichte der Chemie" Gmelins entnommen, der schreibt (Zitat ohne die Anmerkungen im Original- als Quellen werden die „Memoir. de l´Académ. des scienes à Paris" verschiedener Jahre zwischen 1701 und 1736 angegeben):

„Zwar rügte er mit Nachdruck und richtig den geringen Nutzen und die Fehler, welche die Scheidekünstler seiner Zeit bei ihren Zerlegungen tierischer und Gewächsstoffe begingen; daß er jenen erhöht hat, läßt sich wohl nicht leugnen; daß er aber diese in seiner Zerlegung gegorener Gewächsstoffe, z.B. des gegorenen Johannisbeerensaftes, und des Mets, auch der Wasserkresse, vermieden habe, schwer erweisen; er trachtete durch Versuche, die, wenn sie auch das nicht dartun, was er daraus folgert, in jeder andern Rücksicht merkwürdig sind, die Grundmischung des Eisens zu erforschen, zeigte, daß die Pflanzen, daß insbesondere die Oele, Eisen in sich haben, und daß sich dieses nicht erst durch das Einäschern bilde, wenn gleich der Magnet vor demselbigen nicht darauf wirkt; er beschrieb den Baum ähnlichen Auswuchs einer Eisenauflösung, die mit Salpetersäure gemacht war, als er zerflossenes Weinsteinsalz zugoß; er bestrebte sich durch zahlreiche Versuche die Zusammensetzung der mancherlei Arten Vitriol und die Entstehung der gewöhnlichen Schreibtinte, die wahre Fällung der Metalle aus den Säuren, die verschiedenen Farben, womit das Quecksilber niedergeschlagen wird [in den Annalen der Akademie 1712 und 1714], …"

Kritik und positive Anmerkungen zu Lémerys Wirken halten sich somit sowohl bei Goethe als auch Gmelin die Waage. Goethe versucht auch an dieser Stelle, kritisch das „Allgemeine" herauszustellen. Am Anschluß an den Abschnitt über „Chemiker" in der sechsten Abteilung des historischen Teil der Farbenlehre schreibt Goethe selbst über die Herkunft seines Wissens[35]:

---

35   s. Fußnote 30

*Die Zitate zu Vorstehendem fügen wir nicht bei, weil man solche gar leicht in den zu der Histoire und den Mémoires de l'académie francaise gefertigten Registern auffinden kann.*

Die Reihe der Chemiker in der ersten Hälfte des 18. Jahrhunderts schließt Goethe mit Ausführungen über *Dufay*.

CHARLES FRANCOIS DE CISTERNAY DU FAY (1698–1739), Offizier und ab 1732 Intendant des botanischen Gartens in Paris widmete sich auch der Chemie und Physik. Eine im Zusammenhang mit der „Farbenlehre" wichtige Tätigkeit – die Revision aller im Lande angeordneten Vorschriften zur Färbung von Textilien" – soll er im Auftrag des Ministers Colbert durchgeführt haben [7]. Jean-Baptiste *Colbert*, Minister Ludwig XIV., bedeutendster Vertreter des Merkantilismus, Gründer der Académie des sciences 1666, war jedoch bereits 1683 verstorben.

Mit diesen Informationen können wir eher den Darstellungen Goethes folgen, der schreibt[36]:

*Die französische Regierung hatte unter Anleitung von Colbert, durch wohlüberdachte Verordnungen, das Gutfärben und Schönfärben getrennt, zum großen Vorteil aller, denen, es sei zu welchem Gebrauch, zu wissen nötig war, daß sie mit haltbar gefärbten Zeugen oder Gespinsten gewissenhaft versorgt würden. Die Polizei fand nun die Aufsicht über beiderlei Arten der Färberei bequemer, indem dem Gutfärbern eben so wohl verboten war vergängliche Materialien in der Werkstatt zu haben, als dem Schönfärber dauerhafte. Und so konnte sich auch jeder Handwerker in dem ihm angewiesenen Kreise immer mehr und mehr vervollkommnen. Für die Technik und den Gebrauch war gesorgt.*

Dann jedoch folgte Goethes ABER:

*Allein es ließ sich bald bemerken, daß die Wissenschaft, ja die Kunst selbst dabei leiden mußte. Die Behandlungsarten waren getrennt. Niemand blickte über seinen Kreis hinaus, und niemand gewann eine Übersicht des Ganzen[37]. Eine einsichtige Regierung jedoch fühlte diesen Mangel bald, schenkte wissenschaftlich gebildeten Männern ihr Zutrauen und gab ihnen den Auftrag, das was durch die Gesetzgebung getrennt war, auf einem höhern Standpunkte zu vereinigen. Dufay ist einer von diesen.*

---

[36] WA II. 4, 146
[37] eine Goethe sehr gut charakterisierende Einstellung

1715 war ein Urenkel Ludwig XIV. unter der Regentschaft (Vormundschaft bis 1723) des Herzogs Philipps von Orléans (ein Neffe Ludwig XIV.) als Ludwig XV. König von Frankreich geworden. Dieser überließ die Regierung von 1726 bis 1743 weitgehend seinem Erzieher und späteren Kardinal ANDRÉ HERCULE DE FLEURY (1653–1743). Dieser bekämpfte die religiösen Unruhen im Lande, kodifizierte das Zivilrecht und bewirkte eine sparsame Haushaltspolitik, wohingegen sein König sich durch eine Günstlings- und Mätressenwirtschaft (Marquise de Pompadour, Gräfin Dubary) auszeichnete. In die Zeit des Ministers de Fleury fällt also auch das Wirken von Du Fay.

Goethe berichtet über einen Aufsatz dieses Naturforschers zur Färberei[38]:
*Die Beschreibungen auch anderer Handwerker sollten unternommen werden. Dufay bearbeitete die Färberei. Ein kurzer Aufsatz in den Memoiren der Akademie 1737 ist sehr verständig geschrieben. Wir übergehen was uns nicht nahe berührt, und bemerken nur Folgendes:*
*Wer von der* FÄRBEREI IN DIE FARBENLEHRE *kommt, muß es höchst drollig finden, wenn er von sieben, ja noch mehr Urfarben reden hört. Er wird bei der geringsten Aufmerksamkeit gewahr, daß sich in der mineralischen, vegetabilischen und animalischen Natur drei Farben isolieren und spezifizieren. Er kann sich Gelb, Blau und Rot ganz rein verschaffen; er kann sie den Geweben mitteilen und durch verschiedene, wirkende und gegenwirkende Behandlung, so wie durch Mischung die übrigen Farben hervorbringen, die ihm also abgeleitet erscheinen. Unmöglich wäre es ihm, das Grün zu einer Urfarbe zu machen. Weiß hervorzubringen, ist ihm durch Färbung nicht möglich; hingegen durch Entfärbung leicht genug dargestellt, gibt es ihm den Begriff von völliger Farblosigkeit, und wird ihm die wünschenswerteste Unterlage alles zu Färbenden. Alle Farben zusammengemischt geben ihm Schwarz. –*
Diese Darstellung enthält Goethes Farbenkreis mit den aus den Kantenspektren erhaltenen Farben – mit den „phänomenalen" Grundfarben Purpur, Gelb, Cyan (heute gleichermaßen die Grundfarben für den Dreifarben-Normdruck!) [17]. Nach zahlreichen „Physikern" aus der zweiten Hälfte des 18. Jahrhunderts stellt Goethe dann in der sechsten Abteilung des histori-

---

[38]  WA II. 4, 147$_{1-24}$

schen Teils zur Farbenlehre ein Werk von Eduard Hussey *Delaval* ausführlicher vor[39]:

*Versuch und Bemerkungen über die Ursache der dauerhaften Farben undurchsichtigen Körper. Übersetzt und herausgegeben von Crell. Berlin und Stettin 1788.*

Der vollständige Titel des in der Herzog August Bibliothek in Wolfenbüttel mit der Signatur HAB NC 44 vorhandenen Werkes lautet [16]:

„Versuche und Bemerkungen über die Ursache der dauerhaften Farben undurchsichtiger Körper, von Edward Hussey Delaval, Mitglied der Königl. Gesellschaften zu London, Upsal und Göttingen, des Instituts zu Bologna, und der literarischen und philosophischen Gesellschaft zu Manchester. Aus dem Englischen übersetzt: nebst einer Vorrede von Dr. Lorenz Crell, Herzogl. Braunschw. Lüneburg. Bergrathe, und der Philosophie und Arzneygelahrtheit D. D. Lehrer zu Helmstädt ec., Berlin und Stettin: Friedrich Nicolai 1788.“ (Biographie s. Kap. 8, [16])

Goethe schreibt über das Buch des E. H. Delaval u.a.[40]:

*Er behandelt vorzüglich färbende Stoffe aus dem Mineralreiche, sodann auch aus dem vegetabilischen und animalischen; er zeigt, daß diese Stoffe in ihrem feinsten und concentrirtesten Zustande keine Farbe bei auffallendem Lichte sehen lassen, sondern vielmehr schwarz erscheinen.*

*Auch in Feuchtigkeiten aufgelöst reine Farbstoffe, so wie farbige Gläser, zeigen, wenn ein dunkler Grund hinter ihnen liegt, keine Farbe, sondern nur, wenn ein heller hinter ihnen befindlich ist. Alsdann aber lassen sie ihre farbige Eigenschaft eben so gut als bei durchfallenden Lichte sehen.*

*Was sich auch vielleicht gegen des Verfassers Verfahrungsart bei seinen Versuchen einwenden läßt; so bleibt doch das Resultat derselben für diejenigen, der sie nachzuahmen und zu vermannigfaltigen weiß, unverrückt stehen, in welchem sich das ganze Fundament der Färberei und Malerei ausdrückt ...*

---

[39]  WA II. 4, 175$_{4-8}$
[40]  WA II. 4, 251–252

*Da er vorzüglich in dem chemischen Felde arbeitet, so steht ihm freilich die Vorstellungsart seiner Zeit und die damalige Terminologie entgegen, wo das Phlogiston so wunderbar Widersprechendes wirken sollte.* [s. Kap. 3] *Die Kenntnis der verschiedenen Luftarten ist auf dem Wege; aber der Verfasser entbehrt noch der großen Vorzüge der neuern französischen Chemie und ihres Sprachgebrauchs, wodurch wir denn freilich gegenwärtig viel weiter reichen. Es gehört daher eine Überzeugung von seinem Hauptgrundsatze und ein guter Wille dazu, um das Echte und Verdienstliche seiner Arbeit auszuziehen und anzuerkennen ...*

Der historische Teil von Goethes Farbenlehre endet mit einer *Confession des Verfassers.*

Hier erfahren wir den Ursprung für Goethes Interesse an der Welt der Farben.

Kurz davor macht Goethe noch den Versuch, dem Leser *eine allgemeine, hierher wohl passende Anmerkung beizubringen,* die aus der Sicht einer allgemeinen „Wissenschaftslehre", speziell auch für die Chemie, bis heute nur wenig an Gültigkeit verloren hat – bzw. immer wieder zu einer Diskussion anregen kann [41]:

*In physischen sowohl anderen Erfahrungswissenschaften kann der Mensch nicht unterlassen in´s Minutiose zu gehen, teils weil es etwas Reizendes hat, eine Phänomen in´s unendlich Kleine zu verfolgen, teils weil wir im Praktischen, wenn einmal etwas geleistet ist, das Vollkommnere zu suchen immer aufgefordert werden. Beides kann seinen Nutzen haben; aber der daraus entspringende Schaden ist nicht weniger merklich. Durch jenes erstgenannte Bemühen wird ein unendlicher Wissenswust aufgehäuft und das Würdige mit dem Unwürdigen, das Werte mit dem Unwerten durcheinander gerüttelt und eines mit dem andern der Aufmerksamkeit entzogen.*

*Was die praktischen Forderungen betrifft, so mögen unnütze Bemühungen noch eher hingehen, denn es springt zuletzt doch manchmal etwas Unerwartetes hervor. ...*

*Keineswegs werde jedoch, wie schon gesagt, der Forscher und Techniker abgeschreckt, in´s Feinere und Genauere zu gehen; nur tue er es mit Bewußtsein, um nicht Zeit und Fähigkeiten zu vertändeln und zu verschwenden.*

---

[41]  WA II. 4, 282$_4$–283$_{16}$

Goethe fährt fort: ... *so habe ich nicht unterlassen wollen, nachdem ich dem Lebensgange so mancher andern nachgespürt, gleichfalls aufzuzeichnen, wie ich zu diesen physischen und besonders chromatischen Untersuchungen gelangt bin; welches um so mehr erwartet werden darf, weil eine solche Beschäftigung schon manchem als meinem übrigen Lebensgange fremd erschienen ist...*

Aus dem weiteren Text wird deutlich, daß der Ursprung seiner Beschäftigung mit der Welt der Farben in der Beschäftigung mit der Kunst – der Malerei, vor allem aus der Zeit seiner Italienreise, zu suchen ist - *durch ununterbrochnes Anschaun der Natur und Kunst, durch lebendiges wirksames Gespräch mit mehr oder weniger einsichtigen Kennern, durch stetes Leben mit mehr oder weniger praktischen oder denkenden Künstlern, ...*

Goethe hatte trotz seiner großen Neigung zur Malerei -

*Ich war in einsamen Stunden früherer Zeit auf die Natur aufmerksam geworden, wie sie sich als Landschaft zeigt, und hatte, da ich von Kindheit auf in den Werkstätten der Maler aus- und einging, Versuche gemacht, das was mir in der Wirklichkeit erschien, so gut es schicken wollte, in ein Bild zu verwandeln;*[42] –

schon früh eingesehen, daß seine natürliche Anlage für diese Kunst nicht ausreiche. Deshalb habe er sich nach Gesetzen und Regeln umgesehen - *...ja ich achtete weit mehr auf das Technische der Malerei, als auch das Technische der Dichtkunst: wie man denn durch Verstand und Einsicht dasjenige auszufüllen sucht, was die Natur Lückenhaftes an uns gelassen hat.*[43] Durch fortwährende *Anschauung der Kunstwerke, durch Unterredung mit Kennern und Reisenden,* durch Lesen von Schriften gelangte er aber zu keiner tieferen Einsicht, so daß er große Erwartungen an seine Reise nach Italien (1786–1788) hegte. Dort erkannte er jedoch, daß er *von Grund aus anfangen müsse, alles bisher Gewähnte wegzuwerfen und das Wahre in seinen einfachsten Elementen aufzusuchen.*[44]

Goethe beschreibt dann ausführlich, auf welche Weise er mit seinen eigenen Experimenten begonnen habe, wobei ihm Hofrat BÜTTNER, der aus Göttingen *privatisierend* nach Weimar gekommen war (s. Kap. 3), hilfreich zur Seite stand. Er experimentierte mit Prismen, mit farbigen Pappen, mit Hell

---

[42] WA II. 4, 286₁₃₋₁₉
[43] WA II. 4, 287₁₋₅
[44] WA II. 4, 287₂₀₋₂₃

und Dunkel. Als Student in Leipzig hatte er bei WINKLER (s. Kap. 1) Physik ge-hört – jedoch in erster Linie Versuche zur Elektrizität gezeigt bekommen [45]:

*Winkler in Leipzig, einer der ersten der sich um Elektricität verdient machte, behandelte diese Abteilung sehr umständlich und mit Liebe, so daß mir die sämtlichen Versuche mit ihren Bedingungen fast noch jetzt durch-aus gegenwärtig sind. Die Gestelle waren sämtlich blau angestrichen; man brauchte ausschließlich blaue Seidenfäden zum Anknüpfen und Aufhängen der Teile des Apparats: welches mir auch immer wieder, wenn ich über blaue Farbe dachte, einfiel. Dagegen erinnere ich mich nicht, die Experi-mente, wodurch die Newtonische Theorie bewiesen werden soll, jemals ge-sehen zu haben; wie sie denn gewöhnlich in der Experimental-Physik auf gelegentlichen Sonnenschein verschoben, und außer der Ordnung des lau-fenden Vortrags gezeigt werden.*

Immer wieder wird deutlich, wie wichtig Goethe diese Arbeiten waren:

*Die Sache lag mir am Herzen, sie beschäftigte mich; aber ich fand mich in einem neuen unabsehlichen Felde, welches zu durchmessen ich mich nicht geeignet fühlte. Ich sah mich überall nach Teilnehmern um; ich hätte gern meinen Apparat, meine Bemerkungen, meine Vermutungen, meine Überzeugungen einem andern übergeben, wenn ich nur irgend hätte hof-fen können sie fruchtbar zu sehen.*

*All mein dringendes Mitteilen war vergebens. Die Folgen der französi-schen Revolution hatten alle Gemüter aufgeregt und in jedem Privatmann den Regierunsdünkel erweckt. Die Physiker, verbunden mit den Chemi-kern, waren mit den Gasarten und mit dem Galvanismus beschäftigt. Überall fand ich Unglauben an meinem Beruf zu dieser Sache; überall eine Art von Abneigung gegen meine Bemühungen, die sich, je gelehrter und kenntnisreicher die Männer waren, immer mehr als unfreundlicher Wider-wille zu äußern pflegte.* [46]

Wie „interdisziplinär" Goethe gedacht und gehandelt hat, zeigt eine wei-tere Äußerung von ihm [47]:

*Unter den Gelehrten, die mir von ihrer Seite Beistand leisteten, zähle ich Anatomen, Chemiker, Literatoren, Philosophen, wie Loder, Sömmer-ring, Göttling, Wolf, Forster, Schelling; hingegen keinen Physiker.*

---

[45] WA II. 4, 292$_{14-28}$
[46] WA II. 4, 300$_{10-28}$
[47] WA II. 4, 301$_{20}$–302$_{10}$

*Mit Lichtenberg korrespondierte ich eine Zeit lang und sendete ihm ein paar auf Gestellen bewegliche Schirme, woran die sämtlichen subjektiven Erscheinungen auf eine bequeme Weise dargestellte werden konnten, ingleichen einige Aufsätze, freilich noch roh und ungeschlacht genug. Eine Zeit lang antwortete er mir; als ich aber dringender ward und das ekelhafte Newtonische Weiß mit Gewalt verfolgte, brach er ab über diese Dinge zu schreiben und zu antworten; ja er hatte nicht einmal die Freundlichkeit, ungeachtet eines so guten Verhältnisses, meiner Beiträge in der letzten Ausgabe seines Erxlebens zu erwähnen. So war ich denn wieder auf meinen eigenen Weg gewiesen.*

Mit J.F.A. GÖTTLING (1755–1809), dem ersten Lehrstuhlinhaber für Chemie an der Universität Jena (s. Kap. 3 und 4), führte Goethe zahlreiche Experimente auch zur Farbenchemie durch, die er in seinen Tagebuchaufzeichnungen immer wieder vermerkt.

Goethes Fazit seiner langjährigen Bemühungen lautet[48]:

*Nachdem ich lange genug in der Breite der Phänomene herumgetastet und mancherlei Versuche gemacht hatte, sie zu schematisieren und zu ordnen, fand ich mich am meisten gefördert, als ich die Gesetzmäßigkeit der physiologischen Erscheinungen, die Bedeutsamkeit der durch trübe Mittel hervorgebrachten, und endlich die versatile Beständigkeit der chemischen Wirkungen und Gegenwirkungen erkennen lernte. Hiernach bestimmte ich die Einteilung, der ich, weil ich sie als die beste befunden, stets treu geblieben.*

Das Ergebnis seiner Bemühungen ist zwar keine neue physikalische Theorie, aber eine bis heute anerkannte „Ordnung für den Kunstgebrauch". Dazu auch Johannes Pawlik (1994) [17]:

„Die Ausgangsposition Goethes ist eine prinzipiell andere als die der physikalischen Optik (…). In der *Konfession des Verfassers* (Schluß der *Materialien zur Geschichte der Farbenlehre* [s.o.] ) bekennt Goethe selbst: Die Hindernisse durch fehlende Experimentiermöglichkeit, ´wodurch ich abgehalten ward, die Versuche nach der Vorschrift, nach der bisherigen Methode anzustellen, waren Ursache, daß ich von einer ganz andere Seite zu den Phänomenen gelangte und dieselben durch eine umgekehrte Methode ergriff …´. Newton 'zerlegte' das Licht, indem er den durch ein Loch im Fensterladen einfallenden Strahl durch eine Konvexlinse auffing und das Loch abbildete. Dann 'brach' er mit einem Prisma den Lichtstrahl, so daß mehre-

---

[48] WA II. 4, 307$_{5-14}$

re Abbildungen des Fensterladen-Loches in verschiedenen Farben erschienen (…). Newton untersuchte also mit Hilfe eines in den Lichtstrahl gehaltenen Prismas das klare Licht. Goethe beobachtete dagegen, *direkt durch das Prisma sehend, Formen* und *Grenzen* an den Formen, insbesondere *Grenzen zwischen Schwarz und Weiß* (…). Während Newton mit der Analyse des klaren Lichts den Weg für quantitative Bestimmungen freilegte, kam es Goethe entscheidend auf die *qualitative* Seite der Phänomene, auf das konkret Sinnenhafte der 'farbigen' Farbe an, …"

## GOETHES FARBENLEHRE IN DER BROCKHAUS ENZYKLOPÄDIE – 1838 UND 1968

Sechs Jahre nach seinem Tod erfährt Goethe folgende Würdigung seiner Arbeiten auf naturwissenschaftlichen Gebieten, insbesondere auch seiner Farbenlehre – im „Bilder-Conversations-Lexikon für das deutsche Volk. Ein Handbuch zur Verbreitung gemeinnütziger Kenntnisse und zur Unterhaltung" erschienen im Brockhaus Verlag Leipzig 1838:

Unter dem Stichwort „Göthe" lesen wir:

„Um sich ein vollständiges Bild der vielseitigen Thätigkeit G.´s zu verschaffen, muß man seinen Leistungen als Dichter auch noch seine Bestrebungen auf dem Gebiete der Naturwissenschaft in Betrachtung ziehen. Er schaute die Natur mit dem Auge des genialen Menschen an, welches in der Natur nichts anderes als eine vollständige Offenbarung des Geistes erblickt. Besonders war es die Farbenlehre, welche ihn angelegentlich beschäftigte und die durch ihn eine neue Gestaltung gewann, welche zwar die streng mathematische Auffassung, die durch Newton eingeleitet worden war, nicht gänzlich zu verdrängen vermochte, aber doch in Erinnerung brachte, daß solche Auffassung immer noch eine einseitige sei."

Der Text in der Brockhaus Enzyklopädie von 1968 (Siebzehnte völlig neubearbeitete Auflage des Großen Brockhaus) beginnt unter dem Stichwort „Farbenlehre" mit folgender Definition:

„Farbenlehre, die Wissenschaft von den –> Farben als optischer Erscheinung und deren spezifischen Gesetzmäßigkeiten. Sie ist keine physikalische, sondern im weitesten Sinne biologische und psycholog. Wissenschaft; sie ist insbes. der physiologischen Optik zuzurechnen, berührt aber Physik und Psychologie stark."

[Nach einem Überblick zur Geschichte folgt dann eine Bewertung von Goethes Farbenlehre:]

„*Goethes Farbenlehre* (1810) steht außerhalb der üblichen Theorien und Systeme. Im physiolog. Teil bezeichnet GOETHE die subjektiven Nachbilder, die farbigen Schatten – die er als einer der ersten erklärt – und die Täuschungen beim Beurteilen des Farben- oder Helligkeitsunterschiedes zweier Flächen als 'physiolog. F.'. Ferner weist er auf die subjektive Natur der farbigen Kontrasterscheinungen hin. Im physikal. Teil vertritt er im Gegensatz zu NEWTON bes. die Einheitlichkeit des weißen Lichtes. Das 'Licht' müsse mit „Dunkel" gemischt werden, um 'Farbe' hervorzubringen. Dies geschehe vor allem durch trübe Medien. So erscheine eine Lichtquelle durch wasserdunsthaltige (trübe) Luft gelb, bei noch stärkerer Trübe rot (Morgen-, Abendröte). Die blaue Farbe des Himmels rühre daher, daß 'die Finsternis des unendl. Raumes durch atmosphär., vom Tageslicht erleuchtete Dünste hindurch' blau gesehen wird. Alle durchsichtigen Körper seien schwach trübe, und dadurch sei die Farberscheinung bei der Brechung in Prismen und Linsen bedingt.

Unter 'Chemischen Farben' behandelt er die ungelöste Frage nach der Abhängigkeit der F. von der chem. Natur des Körpers, im psycholog. Teil die sinnl.-sittl. Wirkung und die Harmonie der F. Er unterscheidet zwei Hauptgruppen, die Plus-Seite (Gelb, Rotgelb, Gelbrot; 'sie stimmen regsam, lebhaft, strebend') und die Minus-Seite (Blau, Rotblau und Blaurot; 'sie stimmen zu einer unruhigen, weichen und sehnenden Empfindung'). Für die Farbenzusammenstellung fordere Gelb Rotblau, Blau Rotgelb, Purpur Grün und umgekehrt. Dies fand bes. bei Künstlern Anklang, bei den Physikern stieß Goethe meist auf Widerstand. SCHOPENHAUER (von Goethe selbst abgelehnt), SCHELLING und HEGEL waren Anhänger. 1817 und 1820 wendete Goethe seine Lehre vom Trüben auf Polarisation, Doppelbrechung und Interferenzfarben an."


DIE FARBENLEHRE IM
„HANDWÖRTERBUCH DER NATURWISSENSCHAFTEN"

Die Goethesche Farbenlehre ist keine physikalische sondern eher der Biologie, d.h. der Physiologie zuzuordnen. Auch im „Handwörterbuch der Naturwissenschaften" (2. Aufl. Jena 1933) wird in der Beschreibung der Aufgabe der Farbenlehre diese Einordnung in den Vordergrund gestellt und auf Goethe Bezug genommen.

„Die Farbenlehre untersucht die ursprüngliche Gegebenheit der Farbe. Sie setzt somit das Sehen voraus, also zugleich Auge und Außenwelt in ihrer natürlichen Verquickung. An der Farbe ist ein Was und ein Wie zu beschreiben. Das Was, der *Erscheinungsstoff*, ist naturgemäß zu ordnen, seine Mannigfaltigkeit darzustellen, seine allgemeinen und besonderen Merkmale aufzuzeigen. Das Wie, die *Erscheinungsweise*, ergibt sich aus der Betrachtung des verschiedenartigen Raumbezugs der Farbe. Man kann von der eigentümlichen Form in der sich die Farbe im Einzelfall bietet, sprechen. Die physikalischen Bedingungen der Phänomene werden lediglich berücksichtigt, sofern sie die Mittel liefern, die Einzelerscheinungen vorzuführen. Eine selbständige Farbenlehre hat dagegen die Farben rein deskriptiv zu verfolgen 'bis dorthin, wo sie bloß erscheinen und sind und wo sich nichts weiter an ihnen erklären läßt'. Entspricht hier in der Ausdrucksweise *Goethes* das 'erscheinen' dem Wie und das 'sind' dem Was, so ist hervorzuheben, daß nicht nur ein untätiges 'was ist?', sondern auch ein wirksames 'wie wird?' gemeint ist. Die Farbe bekundet geradezu einen '*Erscheinungswillen*'. der eine bestimmt geartete Entfaltung bedingt. Es ergeben sich gewisse innere Zusammenhänge zwischen Stoff und Form sowie Zusammengehörigkeiten innerhalb der Mannigfaltigkeit des Stoffes, an deren Untersuchung die Physiologie wesentlichen Anteil nimmt …"

Der Begriff „Mannigfaltigkeit" kommt auch bei Goethe sehr häufig vor, so daß dieser Text aus unserem Jahrhundert nicht nur dem Geist sondern auch der Sprache Goethes sehr verhaftet erscheint.

Der weitere Text zur Farbenlehre (Farbenphänomenologie) beschäftigt sich dann zunächst mit dem *Erscheinungsstoff*, dem Stofflichen der Farben, somit dem Thema dieses Kapitels insgesamt. Die Ausführungen dazu beginnen mit der *Graureihe*. Auch Goethe hat sich im speziellen mit dem GRAU beschäftigt, jedoch weniger von der chemischen als eher allgemeinen Sicht.


GOTTFRIED BENN UND WERNER HEISENBERG
ZU GOETHES FARBENLEHRE

Der Arzt und Dichter GOTTFRIED BENN (1886–1956), Facharzt für Haut- und Geschlechtskrankheiten, Militärarzt in beiden Weltkriegen, der zu den expressionistischen Autoren gerechnet wird und der sich mit der Welt der Krankheiten und der Verwesung registrierend und sezierend auseinandersetzte, verfaßte 1942 einen Essay über „Goethe und die Naturwissenschaften" (Erstdruck in „Die neue Rundschau"). Er beginnt, zunächst registrierend, wie folgt [18]:

„In der großen Weimarer Ausgabe füllen die naturwissenschaftlichen Arbeiten vierzehn Bände; rechnet man hinzu, daß in den fünfzig Bänden Briefe und siebenunddreißig Bänden Tagebücher viele und umfangreiche Stellen von eben diesen Themen handeln, gibt schon dieser statistische Überblick einen Eindruck von der Bedeutung des naturwissenschaftlichen Werks … Die Studien zu ihnen begannen in den Studentenjahren in Leipzig und Straßburg[49], …enden sieht man sie, wenn man den Brief Eckermanns vom 3. April 1832, die Todesanzeige, …, zugrunde legt, erst in den letzten Lebenstagen. Eckermann schreibt: 'Nachdem der zweite Teil seines unsterblichen Faust im vorigen Sommer beendet war, beschäftigte er sich vergangenen Winter vorzüglich mit Naturstudien. Er nahm teil an den Pariser Differenzen zwischen Cuvier und St.-Hilaire[50] und schrieb noch in der letzten Zeit einen dahin zielenden bedeutenden Aufsatz über osteologische[51] Gegenstände und das synthetische und analytische Verfahren bei der Behandlung der Naturwissenschaften im allgemeinen. Dieser Aufsatz ist kurz vor seinem Hinscheiden an die Redaktion der Berliner Jahrbücher gesandt und wird in jener Zeitschrift wahrscheinlich nächstens erscheinen. Außerdem beschäftigte ihn mit mir gemeinsam eine abermalige Redaktion des zweiten Teils der Farbenlehre, so daß er auch während seiner Krankheit sehr viel über Farben gesprochen hat.' Dies waren also seine letzten Beschäftigungen."

GOTTFRIED BENN fährt dann unmittelbar fort, ein Resümee aus Goethes naturwissenschaftlichen Werken zu ziehen:

„Gesehen vom Standpunkt der absoluten Wissenschaft sind diese naturwissenschaftlichen Schriften wohl mehr eine Hinterlassenschaft als ein Werk. Aphorismen, Buchrezensionen, Paralipomena[52], Autobiographisches

---

[49] s. Kap. 1
[50] ETIENNE GEOFFROY SAINT-HILAIRE (1772–1844), bekannt u.a. durch den „Akademiestreit" von 1830 mit Cuvier, worin er die Auffassung vertrat, daß die Artenbildung auf einen einzigen Bauplan zurückzuführen sei
[51] Osteologie: Knochenlehre
[52] Nachgelassenes

stehen neben den grundlegenden und folgenreichen Untersuchungen; vieles ist nur notiert, vieles nur Skizze, von Goethe selbst veröffentlicht wurde nur etwa die Hälfte der heute vorliegenden Seiten …

… Goethes Gedanken als Forscher sammeln sich ihrem Inhalt nach im wesentlichen um drei Hauptgebiete: die Farbenlehre, die vergleichende Gestaltlehre (Morphologie) sowie die Gesteins- und Witterungskunde. Aber damit sind nur drei Kreise bezeichnet, die Themen und Stoffe seiner Arbeiten nicht erschöpft …"

BENN beschäftigt sich dann ausführlich mit Goethes Studien des Buches der Natur seit seiner Ansiedlung in Weimar – von 1775 bis 1832 - zieht Vergleiche zu Voltaire und führt auch die negative Bewertung von Goethes naturwissenschaftlichen Arbeiten durch den Physiologen Du Bois-Reymond in dessen Berliner Rektoratsrede 1882 unter dem Titel „Goethe und kein Ende" an, bevor er eine „verdichtete" Darstellung zum Stand der Naturwissenschaften in der Goethezeit gibt:

„Um Goethes Erscheinung als Naturforscher anschaulich zu sehen, müssen wir uns nun aber einen Augenblick fragen, was eigentlich zu seinen Lebzeiten in Deutschland als Naturwissenschaft galt. Das Lehrbuch, aus dem er in Straßburg Chemie, Anatomie, klinische Medizin lernte, stammte von Boerhaave und aus dem Jahre 1727[53], Boerhaave, der, halb Theologe, halb Mediziner, Anfang des Jahrhunderts in Leyden Professor für Botanik, Chemie, Medizin und Pharmakologie war, ein Gebiet, das heute von etwa sechs Ordinarien und vierzig Privatdozenten pro Universität verwaltet wird. Die Chemie, die er bei Spielmann hörte, der gleichzeitig Vorsteher des botanischen Gartens war, war im Grunde Alchimie, die mittelalterliche Scheidekunst voll Verwandlungsträumen, mehr als die vier Elemente des Altertums waren nicht bekannt (heute arbeitet man mit neunzig), man kannte keine einheitliche Reduktion, nicht die Vorstellung eines Äquivalents, der Begriff des Atoms entstand erst 1808 durch Dalton …

In der Optik galt die Emissionstheorie des Lichtes von Newton. Newton, dessen Name das achtzehnte Jahrhundert beherrschte wie Darwins das neunzehnte, wie Einstein das zwanzigste, - Sir Isaac Newton, der schwärmerisch Verehrte, unter den Ulmen von Cambridge, der größte der Sterblichen; bei Voltaire lesen wir, wie er am 8. April 1727 den Sarg Newtons durch sechs

---

[53] s. Kap. 1

Herzöge und Grafen nach der Westminsterabtei geleitet sah. Dies muß man sich vor Augen halten, will man die Polemik Goethes gegen Newton in ihrer ganzen Qualität verstehen, ihn, den er doch immerhin mit Redewendungen bedachte wie: 'bis zum Unglaublichen unverschämt'- 'barer Unsinn'- 'fratzenhafte Erklärungsart'- 'aber ich sehe wohl, Lügen bedarf's und über die Maßen'- oder: 'was ist denn Pressefreiheit, nach der jedermann so schreit und seufzt, wenn ich nicht sagen darf, daß Newton sich in seiner Jugend selber betrog und sein ganzes Leben anwendete, diesen Selbstbetrug zu perpetuieren'- oder wenn er nur von dem 'ekelhaften Newtonschen Weiß' sprach, wo doch Newtons Theorie des Weiß sich vom Standpunkt des physikalischen Wissens als richtig erwies."

Danach nehmen in *Benns Essay* zunächst Goethes „biologische" Studien einen breiten Raum ein, bevor er sich dem Thema „Farbe" und damit auch wieder Goethe und Newton zuwendet:

„...Was den berühmten Streit zwischen Goethe und Newton angeht, so kann man es zunächst einmal so formulieren, daß eigentlich gar keine Differenz zwischen ihnen bestand, insofern als Goethe sich mit der Psychologie und Physiologie der Farben befaßte, Newton mit den physikalischen Formeln des Lichts. Newton hatte dargestellt, daß das Weiß aus allen Farben des Spektrums zusammengesetzt sei, und diese Farben entstünden bei der Brechung. Goethe, ausgehend von der Einheitlichkeit der Weiß *empfindung*, wollte auf die Einheitlichkeit ihrer *physikalischen* Ursache geschlossen sehen und bildete eine Theorie, die nicht die Farben aus dem Licht zu entwickeln suche, sondern davon überzeugen wolle, 'daß die Farbe zugleich von dem Licht und von dem, was sich ihm entgegenstellt, hervorgebracht wird', also, das Licht ist weiß, und das Auge entwickelt die Farben. Ganz eindeutig daß hier das Weiß zu dem Urphänomen gestempelt werden sollte in Parallele zu Urwirbel, Urpflanze, Urtyp (übrigens nicht wörtlich zu nehmen, denn in der Chromatik bezeichnet Goethe als 'Urphänomen' gewisse Farbenerscheinungen in trüben Mitteln: 'Wir sehen auf der einen Seite das Licht, das Helle, auf der anderen die Finsternis, das Dunkle, wir bringen die Trübe zwischen beide') aber prinzipiell sucht sein Denken auch in dieser Materie den prägnanten Punkt, von dem aus sich, in diesem Fall nicht Anschauungen, aber die Farben entwickeln; wir sehen auch hier jenen Grundriß: das Urphänomen (die Trübe), die menschliche Totalität (das Auge), das aus dem ersteren die Metamorphose (des Lichts zur Farbe) abwandelt."

GOTTFRIED BENN geht dann vor allem auf die Polemik Goethes gegen die Newtonsche Farbenlehre ein – verbunden aber auch mit einem positiven Fazit:

„Noch immer könnten die Newtonsche und die Goethesche Existenz nebeneinander hergehen, ohne sich zu vernichten, aber nun beginnen von Goethes Seite die hartnäckigen, vom rein Charakterologischen aus gesehen kann man fast sagen: störrischen Versuche, die Newtonsche Theorie, deren mathematische Richtigkeit für jeden, abgesehen von Goethe, außer Frage stand, fortgesetzt zu attackieren, zu mißkreditieren und herabzusetzen …

…Übrigens stand er isoliert nur hinsichtlich seiner Polemik mit Newton, seiner handgreiflichen Mißdeutungen von dessen Experimenten, seiner Gegenbeweise gegen dessen Theorie, nicht jedoch mit seiner Farbenlehre, die seit dem Erscheinen bis auf den heutigen Tag einer seiner bewundertsten Schriften ist. Nicht mit Unrecht sagt GEORG BRANDES[54] in seinem Goethebuch über sie: 'Niemand wird es bereuen, sie zu lesen, und sei es auch nur um der Sprache willen. Die Darstellung ist klassisch, anschaulich, schön, wie ein schönes Gedicht.'"

Und dann folgt eine Darstellung, die zeitgeschichtlich von besonderer Bedeutung ist. Der *Essay Benns* erschien, wie bereits erwähnt, 1942 - also zur Zeit des „Dritten Reiches", in der Zeit des Diktators Hitler. Damals spielte die sogenannte „Deutsche Physik" eine herausragende Rolle, die alles „Jüdische" verwarf. Zu den Vertretern dieser politisch-ideologisierten Physik gehörten auch die Physik-Nobelpreisträger von 1905 bzw. 1919, PHILIPP LENARD (1862–1947) und JOHANNES STARK (1874–1957). Der Lenard-Effekt stellt die durch Ultraviolettstrahlung hervorgerufene Ionisation eines Gases dar. Er war vor allem an der Aufklärung des Mechanismus der Phosphoreszenz und der Kathodenstrahlen beteiligt und lehrte an den Universitäten Breslau, Aachen, Kiel und Heidelberg. Der nach J. Stark benannte Effekt beinhaltet die Aufspaltung der Spektrallinien eines Linienspektrums von Atomen und Molekülen (z.B. Wasserstoff) unter Einwirkung eines äußeren elektrischen Feldes in eine Anzahl von Komponenten. Stark wirkte als Professor in Hannover, Aachen, Greifswald und Würzburg und 1933–1939 Präsident der Physikalisch-Technischen Reichsanstalt. In seinem Buch „Heller als tausend Sonnen" schrieb Robert Jungk [19] über die beiden Physiker:

---

[54] dän. Kritiker und Schriftsteller (1842–1927), Monographie über Goethe 1914/15

„Unter den deutschen Physikern gab es schon lange vor Hitlers 'Macht-ergreifung' eine kleine Gruppe 'nationaler Forscher', die sich um die beiden Nobelpreisträger Lenard und Stark scharte. Sie erklärten die Relativitäts-theorie Einsteins kühn als 'jüdischen Weltbluff'."

Wahrscheinlich meinte *G. Benn* den Physiker Lennard, den Initiator einer antisemitischen „deutschen Physik" im folgenden Text:

„Und selbst ihr letzter Kritiker, der Nestor der deutschen Naturforscher, Spezialist für Farben, in einem Buch aus dem Jahre 1931, der es an allgemeinen Ausfällen, ja man kann schon sagen anstößigen Bemerkungen gegen Goethe nicht fehlen läßt: er hält ihn für mitschuldig an dem Irrweg, an der mißachteten Stellung, in der die deutsche Naturforschung im ersten Drittel des neunzehnten Jahrhunderts dahinkümmerte, haltloses Geschwätz an Stelle treuer Forschung setzend; Goethes Farbenkrankheit, sagt er, eine ähnlich mißgegangene Leidenschaft wie die Liebe zu Frau von Stein, wenn doch in diesem Augenblick ein Fachmann zugegegen gewesen wäre, dieser Irrweg wäre vermieden; dieser also, ein Nobelpreisträger, aus dessen Mund es jedenfalls nicht sehr angenehm ist, bei solcher Gelegenheit folgendes zu vernehmen: 'Statt wäre nicht das Auge sonnenhaft, wie könnten wir das Licht erblicken, kann man mit gleichem Recht fragen, wäre nicht das Auge tintenhaft, wie könnten wir die Schrift erblicken oder irgendeinen anderen Satz von gleicher „Tiefe" '- also auch er muß hinsichtlich der Farbenlehre zugestehen: 'Die Wissenschaft hat nach allen Richtungen ungeheure Fortschritte, und zwar größere gemacht als in irgendeinem früheren Jahrhundert, und dennoch steht die Farbenlehre bis auf unsere Tage fast noch ebenso ad, wie Goethe sie hinterlassen hat. Zwar haben geniale Köpfe wie insbesondere Helmholtz, Fechner[55], Brücke[56] und Hering[57] ungemein Wertvolles zu ihrer Entwicklung beigebracht. Die benachbarten Wissenschaften haben sich weitgehend vervollkommnet und zahllose einzelne Fragen, welche noch

---

[55]  GUSTAV THEODOR FECHNER 1801–1887, deutscher Physiker, Psychologe und Philosoph, Begründer der experimentellen Psychologie und psychologischen Ästhetik, ab 1834 Prof. für zunächst Physik, ab 1843 für Naturphilosophie und Anthropologie in Leipzig

[56]  ERNST WILHELM RITTER VON BRÜCKE, 1819–1892, österr. Physiologe deutscher Herkunft, seit 1849 Prof. in Wien, Arbeiten u.a. zur physikalischen und physiologischen Optik

[57]  EWALD HERING, 1834–1918, deutscher Physiologe, Prof. in Wien, Prag und Leipzig, psycho-physikalische Untersuchungen zur Farbwahrnehmung, über optische Täuschungen, Entwicklung einer Vierfarbentheorie

Goethe wegen des Zustandes des zeitgenössischen Wissens im Dunkel lassen mußte, haben inzwischen ausreichende Aufklärung gefunden. Aber ein Blick in die zeitgenössische Literatur läßt erkennen, daß jene große synthetische Arbeit, deren Bedürfnis der Genius empfunden hatte, der in dieser wie in so mancher anderen Richtung seinen Zeitgenossen um ein Jahrhundert voraus war, noch bis auf die neueste Zeit nicht geleistet worden ist."

Also, sie war keineswegs resultatlos, diese mißgegangene Leidenschaft. diese Leidenschaft ohne Fachmann, dies Dahinkümmern mit Geschwätz statt treuer Forschung, sie war nur nicht mathematisch-physikalisch, sie war nur nicht analytisch, sie war nicht erklärt voraussetzungs-, das heißt ideenlos, sondern diese Leidenschaft ging auf Anschauung, sie war 'anschauliches Denken', und damit rühren wir an die intimste und innerste Struktur des Goetheschen Seins, ... "

Der Physiker WERNER HEISENBERG [58] veröffentlichte um die gleiche Zeit wie Gottfried Benn den Beitrag „Die Goethesche und die Newtonsche Farbenlehre im Lichte der modernen Physik" (Erstdruck in „Geist der Zeit" 1941) [20]. Einleitend schrieb er zunächst einige Sätze zur modernen Naturwissenschaft, wo sich dann beim Übergang zu Goethes Farbenlehre sogleich die sowohl von Goethe als auch Benn gebrauchte Formulierung „Anschauung" wiederfindet:

„Die stetige Wandlung der modernen Naturwissenschaft in Richtung auf eine abstrakte, der lebendigen Anschauung entzogene Naturbeherrschung ruft von selbst die Erinnerung wach an den großen Dichter, der vor über hundert Jahren den Kampf für eine lebendige Naturwissenschaft in der Farbenlehre gewagt hat. Dieser Kampf ist abgeschlossen, die Entscheidung 'richtig' und 'falsch' ist längst in allen Einzelfragen gefallen. Die Goethesche Farbenlehre hat in der Kunst, der Physiologie, der Ästhetik vielfache Früchte getragen. Aber der Sieg, der Einfluß auf die Forschung des folgenden Jahrhunderts, ist der Newtonschen Farbenlehre geblieben ... "

HEISENBERG geht im folgenden auch auf die Ursprünge der Beschäftigung Goethes mit Farben ein:

„Es ist bekannt, daß Goethe den äußeren Anstoß zu einer intensiven Beschäftigung mit der Natur auf die italienischen Reise empfangen hat. Die

---

[58] 1901–1976, Physik-Nobelpreis 1932, Prof. in Leipzig, Göttingen, Berlin und München, ab 1941 Direktor des Kaiser-Wilhelm-Instituts für Physik in Berlin, ab 1946 Direktor des Max-Planck-Instituts für Physik und Astrophysik in Göttingen – seit 1958 in München

geologische Struktur des Landes, die mannigfaltigen Formen der Pflanzen, die unter dem südlichen Himmel gedeihen, die leuchtenden Farben der italienischen Landschaft nehmen während der Reise sein Interesse immer wieder gefangen und werden für uns aus den lebhaften Schilderungen seines Tagebuches von neuem lebendig. Ebenso erfahren wir aus diesen Aufzeichnungen, wie sich die Eindrücke gewissermaßen von selbst zu einer wissenschaftlichen Ordnung zusammenschließen und wie sich so unmittelbar aus der erlebten Natur Vorstellungen entwickeln, die später Grundlagen der Goetheschen Naturbetrachtung wurden ...

Die Ordnung, die in Goethes Farbenlehre harmonisch und auch in den letzten Einzelheiten mit lebendigem Inhalt erfüllt vor uns aufgebaut wird, umfaßt das ganze Reich der objektiven und subjektiven Farberscheinungen. Gerade die Farben, die nur durch Vorgänge im Auge selbst bedingt sind und die daher eigentlich auf einer 'Täuschung' durch unsere Sinne beruhen, behandelt Goethe mit besonderer Sorgfalt. Und wenn Goethe von dem Urphänomen der Farbentstehung in einem der schönsten Gedichte des 'Westöstlichen Diwans' spricht, so spüren wir daraus die Bedeutung, die für Goethe selbst diese Entdeckung gewonnen hat."

Gemeint hat Heisenberg damit wahrscheinlich das Gedicht *Phänomen* im I. Buch des Sängers[59]:

*Wenn zu der Regenwand*
*Phöbus sich gattet,*
*Gleich steht ein Bogenrand*
*Farbig beschattet.*
*Im Nebel gleichen Kreis*
*Seh´ ich gezogen,*
*Zwar ist der Bogen weiß,*
*Doch Himmelsbogen.*
*So sollst du, muntrer Greis,*
*Dich nicht betrüben,*
*Sind gleich die Haare weiß,*
*Doch wirst du lieben.*

(Phöbus = Sonne)

Danach stellt *Heisenberg* dem Leser das Wesentliche der Newtonschen Theorie vor und kommt beim Vergleich zu der Feststellung:

---

[59]  WA I. 6, 17

„Auch sind in der Goetheschen Lehre bewußt Elemente verbunden, auf deren Trennung der Physiker stets aufs sorgfältigste bedacht sein muß: das Subjektive vom Objektiven zu sondern, erscheint dem Physiker die erste Voraussetzung jeder Forschung. Er kann daher in der Goetheschen Farbenlehre seine Kenntnisse zwar auf einzelnen, getrennten Gebieten bereichern; er kann über die Reaktionen des Auges auf Farbeindrücke, über die Farben chemischer Verbindungen, über Beugungserscheinungen etwas lernen, aber eben die Einheit der Goetheschen Lehre besteht für seinen Standpunkt nicht …"

Nachdem HEISENBERG weitere Unterschiede zur Newtonschen Farbenlehre verdeutlicht hat und auch den Zweck herausgestellt hat, für den die Goethesche Farbenlehre wohl gedacht sei, nämlich dem Künstler, in erster Linie dem Maler zu dienen, obwohl dagegen andere Aussagen Goethes, z.B. auch seine Enttäuschung über Lichtenberg, der sie im Erxleben-Lehrbuch der Naturlehre nicht berücksichtigt, formuliert er folgenden wesentlichen Unterschied:

„Am richtigsten kann man vielleicht den Unterschied der Goetheschen und der Newtonschen Farbenlehre bezeichnen, wenn man sagt, daß sie von zwei ganz verschiedenen Schichten der Wirklichkeit handelten."

HEISENBERG hat sich in Reden und weiteren Aufsätzen häufiger mit Goethe beschäftigt. So hielt er auch auf der Hauptversammlung der Goethe-Gesellschaft in Weimar im Jahre 1967 einen Vortrag mit dem Titel „Das Naturbild Goethes und die technisch-naturwissenschaftliche Welt" [20]. Und darin weist er auf folgendes hin:

„Für Goethe begannen alle Naturbetrachtung und alles Naturverständnis mit dem unmittelbaren sinnlichen Eindruck; also nicht mit einer durch Apparaturen ausgefilterten, der Natur gewissermaßen abgezwungenen Einzelerscheinung, sondern mit dem unmittelbar unseren Sinnen offenen, freien Naturgeschehen. Greifen wir eine beliebige Stelle aus dem Abschnitt 'Physiologische Farben' der Goetheschen Farbenlehre heraus. Der Abstieg vom beschneiten Brocken an einem Winterabend gibt Anlaß zu folgender Beobachtung:

'Waren den Tag über bei dem gelblichen Ton des Schnees schon leise violette Schatten bemerklich gewesen, so mußte man sie nun für hochblau ansprechen, als ein gesteigertes Gelb von den beleuchteten Teilen widerschien. Als aber die Sonne sich endlich ihrem Niedergang näherte, und ihre durch

die stärkeren Dünste höchstgemäßigten Strahlen die ganze mich umgebende Welt mit der schönsten Purpurfarbe überzog, da verwandelte sich die
Schattenfarbe in ein Grün, das nach seiner Klarheit einem Meergrün, nach
seiner Schönheit einem Smaragdgrün verglichen werden konnte. Die Erscheinung ward immer lebhafter. Man glaubte sich in einer Feenwelt zu befinden, denn alles hatte sich in die zwei lebhaften und so schön übereinstim-
menden Farben gekleidet, bis endlich mit dem Sonnenuntergang die
Prachterscheinung sich in eine graue Dämmerung und nach und nach in eine mond- und sternhelle Nacht verlor.'"

In diesem Text des Dichters Goethe sind viele seiner später in der Farbenlehre geordneten Phänomen wieder zu entdecken. Er entstand im Zusammenhang mit seiner Brockenbesteigung im Winter 1777 - am 10. Dezember – und der von Heisenberg zitierte Text beginnt mit den Worten[60]:

*Auf einer Harzreise im Winter stieg ich gegen Abend vom Brocken her-
unter, die weiten Flächen auf- und abwärts waren beschneit, die Heide von
Schnee bedeckt, alle zerstreut stehenden Bäume und vorragenden Klippen,
auch alle Baum- und Felsmassen völlig bereift; die Sonne senkte sich eben
gegen die Oderteiche hinunter ...*

CHEMISCHE FARBEN

Goethe unterscheidet physiologische, physische und chemische Farben. Als
„physiologische Farben" bezeichnet er die vom Auge erfaßte optische Erscheinung, die Gesichtsempfindung. Die heutige Wissenschaft von der Farbe, die *Farblehre*, beschäftigt sich weiterhin mit den farbgebenden Substanzen (Anstrichfarben, Farbstoffe, Pigmente), mit der „Buntheit" (als
Gegensatz zu weiß, schwarz, grau) und mit der Farbe als elektromagnetische
Strahlungsart. Als „Farbempfindung" wird die subjektive, von einem Farbreiz (= durch elektromagnetische Strahlung hervorgerufene unmittelbare
Reizung der Netzhaut – eine primäre Farbempfindung) ausgelöste und von
sowohl physiologischen als auch psychologischen Faktoren bestimmte
Empfindung des Gesichtssinns bezeichnet. In diesem Begriff steckt Goethes
Bezeichnung der „physischen Farben".

---

[60] WA II. 1, 35

Eine Einordnung der Goetheschen Farben in die moderne Farblehre gibt Johannes Pawlik [17] wie folgt:

> „Was Goethe mit den Ausdrücken »physiologische«, »physische«und »chemische«Farben bezeichnet, geht klar aus dem Text der drei ersten Abteilungen hervor. Die »chemischen«Farben Goethes haben nichts zu tun mit den Farben, die heute auf chemischem Wege hergestellt werden. Goethe will damit nur die gegenständliche Qualität einer bestimmten Erscheinungsweise der Farben kennzeichnen, die Gegenstandsfarben oder Oberflächenfarben ... Die »physischen« Farben entsprechen den Flächenund Raumfarben der modernen Psychologie ... Die von Goethe sogenannten physiologischen Farben schließlich bilden eine Gruppe innerhalb der Flächen- und Raumfarben (...); es sind die Farben der simultanen und sukzessiven Kontraste."

Die heute als Gegenstands- oder Oberflächenfarben bezeichneten „chemischen Farben" Goethes sind natürlich auch an Stoffeigenschaften, sind an chemische Substanzen gebunden und sollen auch in diesem Zusammenhang im folgenden behandelt werden.

Bereits 1792 schrieb Goethe in einem Brief an den Naturforscher SAMUEL THOMAS SÖMMERING [61], den er nach seiner zweiten Harzreise und nach dem Besuch des Göttinger Physikers Lichtenberg (s. Kap. 5) in Kassel kennengelernt hatte, über seine Vorstellungen zur Verbindung von Farbenlehre und Chemie.

*...Schon lange hätte ich Ihnen die Freude bezeigen sollen, die Ihr letzter Brief in mir erregt hat, in welchem Sie mir so schön entgegen kamen und die Hoffnung die ich habe, die Farbenphänomene unter allgemeinere Gesichtspunkte zu vereinigen, in eben dem Augenblicke belebten, als ich von vielen anderen Seiten wenig Aufmunterung sah in meiner Arbeit fortzufahren.*

*Mit scheint wenigstens für den Augenblick, daß sich alles gut verbinde, wenn man auch in dieser Lehre zum Versuch den Begriff der Polarität zum Leitfaden nimmt und die Formel activ und passiv einstweilen hypothetisch ausspricht. Wie unmöglich war es bisher die chemischen Erfahrungen mit*

---

[61] Sömmering (1755–1830) war Professor der Anatomie in Kassel, später in Mainz und zuletzt als praktizierender Arzt in Goethes Vaterstadt tätig

*den optischen zu verbinden, man sehe nur die ersten Kapitel einer jeden*
*Färbekunst, selbst der neuesten von Bertholet, in welcher wir die Fort-*
*schritte der Chemie übrigens so sehr bewundern müssen …*

*Wie Sie ganz richtig bemerkten, wird die Wirkung und Freundschaft*
*der Säuren zu dem Gelbem und Gelbroten, der Alkalien zum Blauen und*
*Blauroten in einen schönen Zusammenhang gebracht, wozu uns die Che-*
*mie unzählige Versuche anbietet ….*[62]

Mit Bertholets neuestem Werk meint Goethe das Buch „Eléments de
l'Art de la Teinture" (1791) von CLAUDE LOUIS COMTE BERTHOLETT.[63]

Zur dritten Abteilung der Farbenlehre - über chemische Farben – sind
über die gedruckte Version hinaus Entwürfe und Beobachtungsjournale aus
dem Jahre 1793 erhalten geblieben, die in der Weimarer Ausgabe von Goethes Werken als „Paralipomena"[64] 1906 veröffentlicht wurden. Sie hat Goethe überwiegend selbst geschrieben. Diese Nachträge stellen eine Fundgru-
be für jeden Chemiker dar; sie erst ergeben ein umfassendes Bild des
Interesses und auch der möglicherweise eigenen Tätigkeiten Goethes auf
den verschiedensten Gebieten der Chemie. Sie stehen daher auch im Vordergrund der folgenden Betrachtungen. Goethes Texte der „chemischen
Farbenlehre" können Chemiker, andere gelernte Naturwissenschaftler
und auch naturwissenschaftlich sowie historisch Interessierte unserer
Zeit ganz allgemein aus zwei unterschiedlichen Perspektiven lesens- und
bedenkenswert erscheinen: Zum einen verbinden sie das chemische Er-
fahrungswissen der Chemie zu Beginn des 19. Jahrhunderts mit Goethes
ästhetischer und zugleich systematisierender Sicht der Welt der Farben.
Zum anderen verblüffen sie vor allem dadurch, daß die jeweils aufgeführten chemischen Fakten und Phänomene Chemiker bis in unsere Zeit direkt zu ihren grundlegenden Forschungen angeregt haben könnten – so
deutlich werden die Fragestellungen (und zum Teil sogar Aufforderungen
Goethes an der chemische Forschung) von den Indikatorfarbstoffen über
die Leuchtsteine (Lumineszenz – s. in Kap. 3 - Seebeck) bis zu den durch
Zusätze zum Glas erzeugten Farben. Die im folgenden zitierten Textstel-

---

[62] WA IV. 9. 317 (Brief Nr. 2923)
[63] Bertholett (1748–1822) hatte Medizin und Chemie studiert und war 1784 mit der
staatlichen Inspektion über die Färbereien sowie mit der Direktion der Gobelin-Fabrik
in Paris betraut worden (s. auch unter Chlorbleiche in Kap. 3)
[64] Nachgelassenes, Nachtrag zu einem literarischen Werk

len wurden unter diesen beiden Gesichtspunkten ausgewählt und soweit erforderlich auch im einzelnen kommentiert. Die Gliederung der Farbenlehre orientiert sich an der damals auch für Lehrbücher üblichen Einteilung mit Hilfe von Paragraphen, wie sie auch Döbereiner in seinen Lehrbüchern verwendet hat.

Zunächst sollen die grundlegenden Definitionen aus der zu Lebzeiten Goethes erschienenen dritten Abteilung der Farbenlehre zitiert werden.

*Chemische Farben* definiert Goethe im § 486 seiner Farbenlehre wie folgt[65]:

*So nennen wir diejenigen, welche wir an gewissen Körpern erregen, mehr oder weniger fixieren, an ihnen steigern, von ihnen wieder wegnehmen und anderen Körpern mitteilen können, denen wir denn auch deshalb eine gewisse immanente Eigenschaft zuschreiben. Die Dauer ist meist ihr Kennzeichen.*

Eine weitere Kernaussage Goethes zu den chemischen Farben beinhaltet den *Chemischen Gegensatz* im § 491:

*Indem wir bei Darstellung der farbigen Erscheinung auf einen Gegensatz durchaus aufmerksam zu machen Ursache hatten, so finden wir, indem wir den Boden der Chemie betreten, die chemischen Gegensätze uns auf eine bedeutende Weise begegnend. Wir sprechen hier zu unsern Zwecken nur von demjenigen, den man unter dem allgemeinen Namen von Säure und Alkali zu begreifen pflegt.*[66]

Goethe weist hiermit vor allem auf die Experimente mit pflanzliche Farbstoffen als Säure-Base-Indikatoren hin, die anhand der Nachträge in ihrem vollem Umfang deutlich werden (s.u.), aber auch auf die ihn sehr interessierende „Verwandtschaftslehre" (s. Kap. 7) in der Chemie. Im § 493 schränkt er seine Bemühungen zur Chemie der Farben im Vergleich zu den Arbeiten der Chemiker deutlich ein:

*Da übrigens die Hauptphänomene der chemischen Farben bei Säuerungen der Metalle vorkommen, so sieht man, wie wichtig diese Betrachtung*

---

[65] WA II. 1, 200$_{3-8}$
[66] WA II. 1, 201$_{7-14}$

*hier an der Spitze sei. Was übrigens noch weiter zu bedenken eintritt, werden wir unter einzelnen Rubriken näher bemerken; wobei wir jedoch ausdrücklich erklären, daß wir dem Chemiker nur im Allgemeinsten vorzuarbeiten gedenken, ohne uns in irgend ein Besondres, ohne uns in die zarten chemischen Aufgaben und Fragen mischen oder sie beantworten zu wollen. Unsre Absicht kann nur sein, eine Skizze zu geben, wie sich allenfalls nach unserer Überzeugung die chemische Farbenlehre an die allgemeine physische anschließen könnte.*[67]

Mit der Bezeichnung „Säuerungen von Metallen" könnten die mit dem Lösen von Übergangsmetallen in Säuren auftretenden Farben der Ionen (z.B. beim Eisen, Kupfer, Kobalt, Nickel usw.) gemeint sein.

## ANORGANISCHE PIGMENTE, PFLANZENFARBEN UND TINTEN

Die Farben von *Tinten* sind Thema z.B. des § 504:

*…Eisen in Schwefelsäure aufgelöst und sehr mit Wasser dilurirt*[68] *bringt in einem gegen das Licht gehaltnen Glase, sobald nur einige Tropfen Gallus dazu kommen, eine schöne violette Farbe hervor, welche die Eigenschaften des Rauchtopases, das Orphinon eines verbrannten Purpurs, wie sich die Alten ausdrücken, dem Auge darstellt.*

Der Rauchtopas ist eigentlich ein Rauchquarz. Topase sind Minerale der allgemeinen Zusammensetzung $Al_2[F_2|SiO_4]$, die auch Farben von weingelb bis violett aufweisen können. Sie entstehen bei der Erstarrung von saurem Tiefengestein durch die Einwirkung von Fluor auf Tonerdesilikate. Beim Rauchquarz handelt es sich um eine braune bis rauchgraue Varietät des Quarzes, deren Verfärbung auf Fremdstoffe oder auch auf eine Bestrahlung zurückzuführen ist.

Intuitiv erkannte Goethe auch die Bedeutung von „Beimischungen" im Hinblick auf Farberscheinungen ansonsten farbloser Stoffe:

---

[67] WA II. 1, 202$_{10-23}$
[68] verdünnt

*§ 505. Ob an den reinen Erden durch chemische Operationen der Natur und Kunst, ohne Beimischung von Metallkalken eine Farbe erregt werden könne, ist eine wichtige Frage, die gewöhnlich mit Nein beantwortet wird. Sie hängt vielleicht mit der Frage zusammen, inwiefern sich durch Oxydation den Erden etwas abgewinnen lasse.*

Auch den Einfluß der Oxidationsstufe auf der Farbe hat somit Goethe bereits erahnt – und er schreibt am Beispiel des Eisens dazu im folgenden Paragraphen:

*§ 506. Für die Verneinung der Frage spricht allerdings der Umstand, daß überall, wo man mineralische Farben findet, sich eine Spur von Metall, besonders von Eisen zeigt; wobei man freilich in Betracht zieht, wie leicht sich das Eisen oxydiere, wie leicht der Eisenkalk verschiedene Farben annehme, wie unendlich teilbar derselbe sei und wie geschwind er seine Farbe mitteile. Demungeachtet wäre zu wünschen, daß neue Versuche hierüber angestellt, und die Zweifel entweder bestärkt oder beseitigt würden.*

*§ 507. Wie dem auch sein mag, so ist die Receptivität[69] der Erden gegen schon vorhandene Farben sehr groß, worunter sich die Alaunerde besonders auszeichnet.*

Mit *Erden* wurden damals vor allem Oxide bezeichnet. Alaun als Kalium-Aluminium-Sulfat in Verbindung mit Erde bedeutet somit Aluminiumoxid. Im Mittelalter wurde Alaun als Sammelbegriff für adstringierende, alaunähnliche Substanzen verwendet [10]. Besonders geschätzt war eine rötliche Sorte aus Tolfa bei Rom – der Alumen romanum –. Federalaun (Alumen plumosum) war mineralischer Asbest. Goethes Feststellung mag aber auch die Eigenschaften der Adsorption von Farbstoffen mit zum Hintergrund gehabt haben.

Im Abschnitt XXXIX. geht Goethe unter der Überschrift „Culmination" nochmals auf die von ihm so häufig beschriebenen und wahrscheinlich auch selbst durchgeführten Experimente mit Pflanzenfarben ein. Er führt zunächst ein wichtiges anorganisches Pigment, den Zinnober, an und leitet dann zu den *vegetabilischen Säften* über:

*§ 528. Aus dem besten ungarischen Zinnober, welcher das höchste Gelbrot zeigt, bereiten die Holländer eine Farbe, die man Vermillon nennt. Es ist auch nur ein Zinnober, der sich aber der Purpurfarbe nähert, und es läßt sich vermuten, daß man durch Alkalien ihn der Kulmination näher zu bringen sucht.*

---

[69] Aufnahmefähigkeit

Zinnober, die rote Modifikation des Quecksilbersulfids, gehört zu den frühen Mineralfarben in der Malerei. Die wichtigsten Vorkommen in Almadén (Südspanien) wurden dort schon vor etwa 2000 Jahren aus devonischen Ablagerungen gewonnen. Der Name hat seinen sprachlichen Ursprung sowohl im persisch-griechischen als auch provenzalischen Sprachraum. Das trigonale Mineral wird als C(Z)innabarit bezeichnet. Es bildet sich vor allem in vulkanischen Regionen. Hauptlager dieses Minerals sind neben Almadén der erloschene Vulkan Monte Amiata in der Provinz Siena und die alpinen Triasgesteine von Idria (250 km nördlich von Triest). Kleinere Lagerstätten befinden sich u.a. im Moschellandsberg bei Bad Kreuznach und in Böhmen, Siebenbürgen sowie in Ungarn, die Goethe speziell erwähnt.

§ 529. *Vegetabilische Säfte sind, auf diese Weise behandelt, ein in die Augen fallendes Beispiel. Curcuma, Orlean, Saflor und andere, deren färbendes Wesen man mit Weingeist ausgezogen, und nun Tinkturen von gelber, gelb- und hyacinthroter Farbe vor sich hat, gehen durch Beimischung von Alkalien in den Zenit, ja darüber hinaus nach dem Blauroten zu.*

Dieser Bereich der uns heute so geläufigen pH-Indikator-Wirkungen ist dann der ganze folgende Abschnitt XL. unter der Überschrift „Balancieren" gewidmet. In ihm wird auch die Suche nach der Stabilität der Farben deutlich – mit wiederum einer sehr praktischen Anwendung in der Färberei:

§ 531. *Die Beweglichkeit der Farbe ist so groß, daß selbst diejenigen Pigmente, welche man glaubt spezifiziert zu haben, sich wieder hin und her wenden lassen. Sie ist in der Nähe der Culminationspunctes am merkwürdigsten, und wird durch wechselweise Anwendung der Säuren und Alkalien am auffallendsten bewirkt.*

§ 532. *Die Franzosen bedienen sich, um diese Erscheinung bei der Färberei auszudrücken, des Wortes* virer, *welches von einer Seite nach der anderen wenden heißt, und drücken dadurch auf eine sehr geschickte Weise dasjenige aus, was man sonst durch Mischungsverhältnisse zu bezeichnen und anzugeben versucht.*

§ 533. *Hiervon ist diejenige Operation, die wir mit dem Lackmus zu machen pflegen, eine der bekanntesten und auffallendsten. Lackmus ist eine Farbematerial, das durch Alkalien zum Rotblauen spezifiziert worden. Es wird dieses sehr leicht durch Säuren in's Rotgelbe hinüber und durch Alkalien wieder herüber gezogen. In wie fern in diesem Fall durch zarte Versuche ein Culminationspunct zu entdecken und festzuhalten sei, wird denen, die in dieser Kunst geübt sind, überlassen, so wie die Färbekunst, besonders die Scharlachfärberei, von diesem Hin- und Herwenden mannigfaltige Beispiele zu liefern im Stande ist.*

Aus chemischer Sicht behandelt Goethe im Abschnitt XLI. „Durchwandern des Kreises.", womit er seinen Farbenkreis meint, den Einsatz anorganischer Pigmente zum Färben von Gläsern.

*§ 537 ...Eisenkalk mit Glas zusammengeschmolzen bringt erst eine grüne, bei verstärktem Feuer eine blaue Farbe hervor.* - und im § 538 schreibt er:

*...Das Grüne der Weinflaschen entsteht, so scheint es, durch eine vollkommene Verbindung des Eisenkalks mit dem Glase. Bringt man durch größere Hitze eine vollkommene Verbindung hervor, so entsteht ein schönes blaues Glas.*

Über die „Umkehrung" von Farben handelt der folgende (XLII.) Abschnitt. Hier finden wir seine Ausführungen zum *mineralischen Chamäleon*, das er in Experimenten sich hat vorführen lassen (s. weiter unten):

*§ 542. Das mineralische Chamäleon, welches eigentlich ein Braunsteinoxyd enthält, kann man in seinem ganz trocknen Zustande als ein grünes Pulver ansehen. Streut man es in Wasser, so zeigt sich in dem ersten Augenblick der Auflösung die grüne Farbe sehr schön; aber sie verwandelt sich sogleich in die dem Grünen entgegengesetzte Purpurfarbe, ohne daß irgend eine Zwischenstufe bemerkbar wäre.*

Nach diesem Beispiel, welches auf die unterschiedlichen Oxidationsstufen des Mangans zurückzuführen ist, kommt Goethe dann zu den sympathetischen Tinten:

*§ 543. Derselbe Fall ist mit der sympathetischen Tinte, welche auch als ein rötlicher Liquor angesehen werden kann, dessen Austrocknung durch Wärme die grüne Farbe auf dem Papier zeigt.*

*§ 544. Eigentlich scheint hier der Conflict zwischen Trockne und Feuchtigkeit dieses Phänomen hervorzubringen, wie, wenn wir uns nicht irren, auch schon von den Scheidekünstlern angegeben worden. Was sich weiter daraus ableiten, woran sich diese Phänomene anknüpfen lassen, darüber können wir von der Zeit hinlänglich Belehrung erwarten.*

Als sympathetische Tinte wird eine „unsichtbar schreibende Tinten, die erst nach einer besonderen Behandlung die Schriftzüge zeigt" definiert (sympathetisch = geheimnisvoll wirkend). Das klassische Beispiel verdeutlicht folgende Gleichung :

$$CoCl_2 \cdot 6\,H_2O \xrightarrow{\;+35\,°C\;} CoCl_2 + 6\,H_2O$$
(rosa)                                            (blau)

Aber auch Phenolphthalein gehört dazu, das erst bei der Behandlung mit Ammoniakdämpfen seine rote Farbe zeigt.


### FÄRBETECHNIKEN UND BLEICHKUNST

Die Kunst des Färbens steht im Vordergrund von Goethes Kapitel XLIII. unter der Überschrift „Fixation".

*§ 546. Es gibt Körper, welche fähig sind ganz in Farbestoff verwandelt zu werden, und hier kann man sagen, die Farbe fixiere sich in sich selbst, beharre auf einer gewissen Stufe und spezifiziere sich. So entstehen Färbematerialien aus allen Reichen, deren besonders das vegetabilische ein große Menge darbietet, worunter doch einige sich besonders auszeichnen und als die Stellvertreter der andern angesehen werden können; wie auf der activen Seite der Krapp, auf der passiven der Indig.*

Daß bei der Umwandlung von Naturstoffen wie vor allem dem Indigo die Vorgänge der „Gärung und Fäulnis" eine entscheidende Rolle spielen, stellt Goethe dann im darauf folgenden Paragraphen fest.

Über den Vorgang der „Fixation" lesen wir:

*§ 548. Diese materiellen Farbenstoffe fixieren sich nun wieder an andern Körpern. So werfen sie sich im Mineralreich an Erden und Metallkalke, sie verbinden sich durch Schmelzung mit Gläsern und erhalten hier bei durchscheinendem Licht die höchste Schönheit, so wie man ihnen eine ewige Dauer zuschreiben kann.*

*§ 550. Hier tritt nun die wichtige Lehre von den Beizen hervor, welche als Vermittler zwischen der Farbe und dem Körper angesehen werden können. Die Färberbücher sprechen hiervon umständlich. Uns sei genug dahin gedeutet zu haben, daß durch diese Operationen die Farbe eine nur mit dem Körper zu verwüstende Dauer erhält, ja sogar durch den Gebrauch an Klarheit und Schönheit wachsen kann.*

Unter der Überschrift „XLVI. Mittheilung, wirkliche" behandelt Goethe dann „Farbmaterialien" - wiederum mit einer für ihn charakteristischen Zielsetzung:

PLINIUS DER ÄLTERE (23 bis 79 n. Chr.) berichtete in seiner umfassenden Naturgeschichte „Naturalis historia", einer Kompilation des Wissens seiner Zeit aus 37 Büchern, daß für die nach Rom eingeführten Tinkturpflanzen Beizmittel wie Alaun, Eisen- und Kupfervitriol verwendet worden seien. Im Mittelalter waren als Beizen neben Alaun auch Kalk, Asche und Zinnsalze im Gebrauch [22]. Den Vorgang des Beizens konnte Goethe mit dem Wissen seiner Zeit offensichtlich nicht verstehen. Heute verstehen wird diesen Effekt wie folgt: Die natürlichen (und heute auch synthetischen Beizen-) Farbstoffe verfügen über funktionelle Gruppen – OH-, COOH-, NH2-Gruppen -, die als beizenziehende Gruppen mit Metallsalzen, vor allem der Metalle Aluminium, Chrom, Kupfer und Eisen, mehr oder weniger schwerlösliche Verbindungen ergeben. Diese chemische Reaktion, die Bildung von Farblacken – Adsorptionsverbindungen oder auch innere Komplexverbindungen – beinhaltet die Fixation der wasserlöslichen Farbstoffe z.B. an Wolle. Auch die Aminogruppen der Eiweißstoffe der Wolle können an dieser chemischen Bindung beteiligt sein.

*572. Wenn wir nunmehr auf gedachte Weise uns Farbmaterialien verschafft haben, so entsteht ferner die Frage, wie wir solche farblosen Körpern mitteilen können, deren Beantwortung für das Leben, den Gebrauch, die Technik von der größten Bedeutung ist.*

Von der stofflichen Seite betrachtet, stehen in diesem Kapitel folgende Materialien im Vordergrund der Betrachtungen:

Das *vollkommene Berlinerblau* und *ein durch Vitriolsäure behandelter Indig*[o], welche *mit dem Blauen [...] ganz an das Schwarze hinanrücken* (§ 577). Im § 579 geht Goethe noch genauer auf die Eigenschaften des natürlichen Indigo ein – in Formulierungen, die auch aus einem Materialienlexikon des 19. Jahrhunderts stammen könnten:

*Schon jeder gute Indig zeigt eine Kupferfarbe auf den Bruch; welches im Handel ein Kennzeichen ausmacht. Der durch Schwefelsäure bearbeitete aber, wenn man ihn dick aufstreicht, aber eintrocknet, so daß weder das weiße Papier noch die Porzellanschale durchwirken kann, läßt eine Farbe sehen, die dem Orange nahekommt.*

Im darauffolgenden Paragraphen wendet sich Goethe dann dem Krapp zu:

*§ 580. Die hochpurpurfarbne spanische Schminke, wahrscheinlich aus Krapp bereitet, zeigt auf der Oberfläche einen vollkommnen grünen Metallglanz. Streicht man beide Farben, die blaue und rote, mit einem Pinsel auf Porzellan oder Papier auseinander; so hat man sie wieder in ihrer Natur, indem das Helle der Unterlage durch sie hindurchscheint.*

Heute bezeichnen wir Krapp als Beizenfarbstoff. Er wird aus der Wurzel der Färberröte *Rubia tinctorum* gewonnen und enthält vor allem Alizarin. Die Art der Rottöne hängt von der verwendeten Beize, z.B. Aluminium- oder Eisensalze, ab. Es bilden sich Farblacke. Bereits den Ägyptern war Krapp neben dem Indigo bekannt. Außer ihnen verwendeten die Griechen, Römer, Inder, Perser und Türken diesen Pflanzenfarbstoff zum Färben von Teppichen. Über Italien gelangte die Krapp-Pflanze mit dem Ostindienhandel nach Westeuropa – nach Frankreich, Holland und in das Elsaß, wo sie auf großen Flächen angebaut wurde. Bis in das 19. Jahrhundert waren Blau und Rot die wichtigsten Farben für Uniformen: In der französischen Armee wurden die Röcke mit Indigo und die Hosen mit Krapp gefärbt.

Einige Paragraphen später kommt Goethe nochmals auf das Geschäft der Färber zurück:

*§ 585. Sich weiße Unterlagen zu verschaffen, ist das Hauptgeschäft des Färbers. Farblosen Erden, besonders dem Alaun, kann jede spezifizierte Farbe leicht mitgeteilt werden. Besonders aber hat der Färber mit Produkten der animalischen und der Pflanzenorganisation zu schaffen.*

Unter der Überschrift „XLVIII. Entziehung" beschäftigt sich Goethe auch an dieser Stelle (s. auch Kap. 4) mit der „Bleichkunst". Er schreibt einleitend dazu:

*§ 594. Nicht allein die Grundfarben sind in ihrem natürlichen Zustande weiß, sondern auch vegetabilische und animalische Stoffe können, ohne daß ihr Gewebe zerstört wird, in einen weißen Zustand versetzt werden. Da uns nun zu mancherlei Gebrauch ein reinliches Weiß höchst nötig und angenehm ist, wie wir uns besonders gern der leinenen und baumwollenen Zeuge ungefärbt bedienen; auch seidene Zeuge, das Papier und anderes uns desto angenehmer sind, je weißer sie gefunden werden; weil auch ferner, wie wir oben gesehen, das Hauptfundament der ganzen Färberei weiße Unterlagen*

sind: so hat sich die Technik, teils zufällig, teils mit Nachdenken, auf das Entziehen der Farbe aus diesen Stoffen so emsig geworfen, daß man hierüber
unzählige Versuche gemacht und gar manches Bedeutende entdeckt hat.

Und dann folgt eine Definition des Bleichens:

§ 595. In dieser völligen Entziehung der Farbe liegt eigentlich die Beschäftigung der Bleichkunst, welche von mehreren empirischer oder methodischer
abgehandelt wird. Wir geben die Hauptmomente hier nur kürzlich an.

Und als „Hauptmomente" nennt Goethe dann zuerst den Einfluß des
Lichtes – und zwar nicht allein das Sonnenlicht, sondern das bloße gewalt-
lose Tageslicht. In diesem Zusammenhang führt er „das abgeleitete Him-
melslicht, die Bononischen Phosphoren" (s. Kap. 3 - Seebeck) auf. Aufgrund
eigener Beobachtungen differenziert Goethe auch die Wirkungen des
Lichts: Doch zeigen auch hier die verschiedenen Farben eine verschiedene
Zerstörlichkeit und Dauer; wie denn das Gelbe, besonders das aus gewissen
Stoffen bereitete hier zuerst davon fliegt.

Und er stellt darüber hinaus fest:

§ 597. Aber nicht allein das Licht, sondern auch die Luft und besonders das
Wasser wirken gewaltig auf die Entziehung der Farbe. Man will sogar be-
merkt haben, daß wohl befeuchtete, bei Nacht auf dem Rasen ausgebreitete
Garne besser bleichen, als solche, welche, gleichfalls wohl befeuchtet, dem
Sonnenlicht ausgesetzt werden. [Und nun tritt uns heutigen Chemikern
Goethes bereits chemisch orientiertes Denken besonders deutlich hervor:]
Und so mag sich denn freilich das Wasser auch hier als ein Auflösendes, Ver-
mittelndes, das Zufällige Aufhebendes, und das Besondre in's Allgemeine Zu-
rückführendes beweisen.

Im § 598 führt Goethe dann „Reagentien" auf, die eine solche „Entziehung" bewirken:

…Der Weingeist hat eine besondre Neigung, dasjenige, was die Pflanzen
färbt, an sich zu ziehen und sich damit, oft auf eine sehr beständige Weise,
zu färben. Die Schwefelsäure zeigt sich, besonders gegen Wolle und Seide, als
farbentziehend sehr wirksam; und wem ist nicht der Gebrauch des Schwefel-
dampfes da bekannt, wo man etwas vergilbtes oder beflecktes Weiß herzustellen gedenkt.

Wenige Paragraphen weiter regt Goethe sogar chemische Experimente
an. So schreibt er im § 601:

Übrigens möchte es wohl der Mühe wert sein, gewisse zarte Versuche zu
machen, inwiefern Licht und Luft auf das Entziehen der Farbe ihre Tätig-

keit äußern. Man könnte vielleicht unter luftleeren, mit gemeiner Luft oder besondern Luftarten gefüllten Glocken solche Farbstoffe dem Licht aussetzen, deren Flüchtigkeit man kennt, und beobachten, ob sie nicht an das Glas wieder etwas von der verflüchtigten Farbe ansetzte, oder sonst ein Niederschlag sich zeigte; und ob alsdann dieses Wiedererscheinende dem Unsichtbargewordnen völlig gleich sei, oder ob es eine Veränderung erlitten habe. Geschickte Experimentatoren ersinnen sich hierzu wohl mancherlei Vorrichtungen.

Zum Schluß dieses Kapitels kommt Goethe nochmals auf die Kunst des Färbens zu sprechen, bevor er auch seinen Gedankenkreis schließt:

§ 604 ... Es entsprang daher das eifrigste Bestreben, den sämtlichen Farben und Schattierungen eine gleiche Dauer zu versichern, welches besonders in Frankreich unter Colbert geschah, dessen Verfügungen über diesen Punkt in der Geschichte der Färbekunst Epoche machen. Die sogenannte Schönfärberei, welche sich nur zu einer vergänglichen Anmut verpflichtete, ward eine besondre Gilde; mit desto größerem Ernst hingegen suchte man diejenige Technik, welche für die Dauer stehn sollte, zu begründen.

So wären wir, bei Betrachtung des Entziehens, der Flüchtigkeit und Vergänglichkeit glänzender Farbenerscheinungen, wieder auf die Forderung der Dauer zurückgekehrt, und hätten auch in diesem Sinne unsern Kreis abermals abgeschlossen.

In den folgenden Kapiteln beschäftigt sich Goethe mit der Nomenklatur der Farben und mit den Farbstoffen bzw. Farben und Farberscheinungen von Mineralien, Pflanzen, Würmern, Insekten, Fischen, Vögeln sowie Säugetieren und beim Menschen. Chemisches steht hier nicht im Vordergrund der Betrachtungen. Jedoch macht die Aufzählung deutlich, daß Goethe immer versucht hat, das Ganze zu erfassen bzw. ein als allgemein erkanntes Prinzip oder eine Betrachtungsweise auf die gesamte Umwelt auszudehnen.


NOTIZEN ZU DEN PFLANZENFARBEN

In den Paralipomena (Nachträgen) zu den § 617–635 (Pflanzen) befindet sich eine Liste mit 39 Blumen- bzw. Pflanzenteilen, die Goethe auf ihre Säure/Base-Reaktionen (d.h. Farbveränderungen) näher beschrieben hat. In der Weimarer Ausgabe seiner Werke heißt es dazu [70]:

„Goethes auch nach Abschluss der Farbenlehre fast unablässig fortgesetztes Bemühen, dieselbe zu ergänzen, seine eigenen Forschungen zu erweitern, führte ihn auch zu ausgedehnten Versuchen über die Farben von Pflanzenextracten, die im Juni und Juli 1816 angestellt wurden und auch im Tagebuch wiederholt Erwähnung finden. Soweit die Beobachtungsjournale vorliegen, erstrecken sie sich auf 'Blumen- und Pflanzentheile' von 39 verschiedenen Pflanzen, die mit Weingeist extrahiert und mit Salzsäure und Ammoniak behandelt wurden. Die Resultate sind in einer aus vier Columnen bestehenden Tabelle zusammengestellt."

Aus der Tabelle hier einige besonders charakteristische Beispiele: Nr. 9 *Iris Germanica.* Der Extrakt mit Weingeist wird von Goethe mit „amethystfarbig" bezeichnet, nach der Behandlung mit Salzsäure vermerkt er: *Schön rot, wenig nach dem Violetten ziehend.* - und nach der Behandlung mit Ammoniak *Smaragdgrün, mit weniger, Papageygrün mit viel Ammon.* Nr. 22 *Schale von rötlichen Radieschen.* Den Extrakt mit Weingeist charakterisiert Goethe mit den Worten *Dem oriental. Granat ähnlich.* Nach der Behandlung mit Salzsäure schreibt er: *Zwischen Ziegel- und Karminrot* und nach der Zugabe von Ammoniak: *Beinahe Smaragdgrün (Das Berühren beider Flüssigkeiten das schönste Blau, beim Vermischen Violett.)*

Von seines Schreibers John Hand wurde der folgende Text geschrieben, der als eine Einleitung zu allen seinen pflanzenchemischen Farbenversuchen aufzufassen ist:

*Die Pflanzennatur hat die Eigenschaft in ihrer Organisation sämtliche Hauptfarben und mancherlei Abstufungen derselben darzustellen, wir zählen sie zu den chemischen, denn sie sind mehr oder weniger dauerhaft, lassen sich ausziehen, verdichten, andern Körpern mitteilen. Sie werden durch chemische Mittel verändert; wie bedienen uns hie(r)zu des Hauptgegensatzes von Säuren und Basen und bringen zuerst den vegetabilen Gegensatz von Grün und Rot zur Sprache. Grün ist die unterste Stufe mit Alkalien verwandt, Rot die oberste verwandt mit Säuren.*

*Die Pflanze, Licht und Luft ausgesetzt, hat in ihrer steigenden Organisation die Gabe das Farbenhafte in sich aufzunehmen und solches zuletzt in der Blume, und zwar sowohl der aktiven als passiven Seite, zu manifestieren. Wir zeigen daher zuerst an wie wir sowohl Stengelblätter als Blumenblätter mit Weingeist ausgezogen und mit Säuren und Alkalien behandelt haben.*

---

[70] WA II. 5.2, 147–155

Mit der Chemie dieser Pflanzen- bzw. Blütenfarbstoffe, der *Anthocyane*, die zu den verbreitesten Flavenfarbstoffe zählen, beschäftigte sich ab 1914 insbesondere der Nobelpreisträger (1915) RICHARD WILLSTÄTTER (1872–1942), nachdem er zuvor die Struktur des Chlorophylls aufgeklärt hatte. Die in Fruchtsäften wie vor allem von Blaubeeren und Blütenblättern (Rosen, Petunien, Stiefmütterchen u.a.) vorkommenden Farbstoffe liegen überwiegend als 3,5-Diglykoside der Anthocyanidine vor. Der Farbumschlag beruht auf der Umwandlung des roten Flavylium-Kations (pH <3) über die violette Farbbase (Flavenol, pH 4–7) in das blaue Flavenolat-Anion (pH >8). Bei höheren pH-Werten führt eine Ringöffnung zur Bildung des gelben Chalkons, wodurch als Mischfarbe aus Gelb und Rot (bzw. Violett) eine grüne Färbung zu beobachten ist [13, 22].

Zum Abschluß der dritten Abteilung seiner Farbenlehre über die „chemischen Farben" geht Goethe noch auf „einige auf die elementarchemische Farbenlehre sich beziehende Betrachtungen" ein. Und dann folgt die Beschreibung eines historischen Versuches, der auf den Physiker Seebeck zurückzuführen ist (s. Kap. 3):

§ 680. *Von der Wirkung farbiger Beleuchtung auf Säuerung und Entsäuerung kann man sich folgendermaßen unterrichten. Man streicht feuchtes, ganz weißes Hornsilber auf einen Papierstreifen; man lege ihn in's Licht, daß er einigermaßen grau werde und schneide ihn alsdann in drei Stücke. Das eine lege man in ein Buch, als bleibendes Muster, das andere unter ein gelbrotes, das dritte unter ein blaurotes Glas. Dieses letzte Stück wird immer dunkelgrauer werden und eine Entsäuerung anzeigen. Das unter dem gelbroten befindliche wir immer heller grau, tritt also den ersten Zustand vollkommnerer Säuerung wieder näher. Von beiden kann man sich durch Vergleichung mit dem Musterstücke überzeugen.*

Mit einer kurzen Betrachtung über die Farben von Gläsern beendet Goethe seine dritte Abteilung der Farbenlehre über chemische Farben, und er regt wiederum an:

§ 685. *Bedenkt man nun, daß das gemeine Glas, wenigstens überwiegend alkalischer Natur sei, indem es vorzüglich aus Sand und Laugensalzen zusammengeschmolzen wird, so möchte wohl eine Reihe von Versuchen belehrend sein, welche das Verhältnis völlig alkalischer Liquoren zu völligen Säuren auseinandersetzten.*

§ 686. *Wäre nun das Maximum und Minimum gefunden; so wäre die Frage, ob nicht irgend ein brechend Mittel zu erdenken sei, in welchem die*

von der Refraction beinah unabhängig auf- und absteigende Farbenerscheinung, bei Verrückung des Bildes, völlig Null werden könnte.

§ 687. Wie sehr wünschenswert wäre es daher für diesen letzten Punkt
sowohl, als für unsre ganze dritte Abteilung, ja für die Farbenlehre überhaupt, daß die mit Bearbeitung der Chemie, unter immer fortschreitenden
neuen Ansichten, beschäftigten Männer auch hier eingreifen, und das, was
wir beinahe nur mit rohen Zügen angedeutet, in das Feinere verfolgen und
in einem allgemeinen, der ganzen Wissenschaft zusagenden Sinne bearbei-
ten möchten.

Im Nachtrag zu seinem literarischen Werk (den „Paralipomena") sind
umfangreiche Aufzeichnungen auf Quartblättern abgedruckt. Dort heißt es
zunächst:

„Aus dem Jahre 1793 stammend, haben sich Entwürfe und Beobachtungsjournale zu den chemischen Farben, durchweg von Goethe selbst geschrieben, erhalten, die wir füglich an die Spitze der Paralipomena zu dieser Abteilung stellen."[71]

Als gleichsam Motto für die chemische Farbenlehre wird von den Redak-
teuren der Weimarer Ausgabe ein Zitat auf einem der Blätter genannt, das
offensichtlich von dem schwedischen Chemiker Torbern Bergman
stammt[72]:

„Fast überall wo man Farben beschreiben will findet man auch die
Schwierigkeit, indem jede einzelne Arten fast unzählige und auch zugleich
eigne Namen haben. Farben sind zwar den Veränderungen unterworfen, allein nicht die geringste entstehet ohne eine bestimmte Ursache daher muß
alles genau beobachtet werden, denn man erlernet allezeit etwas dabei."

Und danach folgt ein zusammenhängender Text von Goethe[73]:

   *Chemische Farbenlehre. Farbe ist eine Eigenschaft die allen sicht-*
   *baren Körpern die wir kennen unter gewissen Bedingungen zu-*
   *kommen kann.*
   *Alle sichtbaren Körper sind entweder farblos oder es kann*
   *in ihnen die Farbe* erregt
   *es kann ihnen die Farbe* mitgeteilt *werden.*

[71] WA II. 5.2, 98–128
[72] WA II. 5.2, $99_{1-7}$
[73] WA II. 5.2, $99_8$–$100_2$

*Wir sagen die Farbe werde in einem farblosen Körper erregt*
*wenn er mit einem anderen farblosen verbunden eine Farbe*
*zeigt oder einen farbigen dritten Körper erzeugt ...*
*Wir sagen die Farbe werde einem farblosen Körper* mitgeteilt *wenn er mit einem farbigen verbunden die Farbe zeigt*
*welche der farbige Körper hatte. Wenn ein farbloser Körper*
*mit einem farbigen verbunden die Farbe desselben* verändert
*so ist dies auch eine Art neue Erzeugung und Erregung. Doch*
*wir wollen uns nicht länger als nötig im allgemeinen auf-*
*halten.*
*Die sichtbaren Körper die wir kennen sind entweder farblos oder*
*es kann ihnen meist die Farbe genommen werden. D. h. sie kön-*
*nen in Bedingungen versetzt werden unter denen die Farbe ver-*
*schwindet ohne daß der Körper dadurch völlig zerstört oder in-*
*nerlich verändert werde.*
*Wir müssen hiervon diejenigen Zusammensetzungen ausnehmen*
*die eben deswegen einen Rahmen haben weil sie so zusammen-*
*gesetzt und so farbig sind; so kann man Quecksilber und Schwe-*
*fel farblos herstellen aber den Zinnober nicht.*

Liest man diesen Text mit unseren heutigen Kenntnissen über die theoretischen Grundlagen der Spektroskopie im sichtbaren Licht, über die Anregung von Elektronenzuständen (statt „Erregung"), die Absorption von
Lichtquanten, über Chromophore, bathochrome Verschiebungen – d.h. mit
dem detaillierten Wissen seit der Planckschen Theorie zu Beginn des
20. Jahrhunderts bis zu dessen Ende, so ist auch dieser Goethe-Text verständlich und vor allem durch seine Systematik auch „wissenschaftlich" formuliert. Ohne dieses Wissen unserer Zeit hat Goethe bereits wesentliche
Grundlagen zur stofflichen Natur der Farbigkeit erkannt – die Möglichkeiten chemischer Veränderungen, Beispiel: HgS (Zinnober) aus dem nahezu
farblosen Schwefel und Quecksilber. Goethe unterscheidet Stoffe, die erst
bei ihrer Bildung aus den Ausgangskomponenten eine bestimmte Farbe annehmen von denjenigen, welche die Farbe eines anderen Stoffes übernehmen und praktisch kaum beeinflussen. Hier lassen sich heute aus der Kom-
plexchemie Beispiele nennen, wo Metall-Ionen nach der Umsetzung mit
einem oganischen Komplexbildner dessen Farbe annehmen. Als weitere
Beispiele dazu können die durch Adsorption von Farbstoffen an Festkör-

pern auf diese übertragene Farbe genannt werden – dem Adsorbens wird nach Goethe die Farbe mitgeteilt. Auch die Veränderungen der Farben, die bei der Reaktion (physikalisch-chemisch: Adsorption oder chemisch durch Reaktion = Umsetzung und Bildung eines neuen Stoffes) eines farbigen mit einem farblosen Stoff auftreten können, hat Goethe in seiner Systematik berücksichtigt. Aus den darauf folgenden Aufzeichnungen Goethes zu seiner „Chemischen Farbenlehre" wird deutlich, wie breit sein chemisches Wissen war und wie intensiv er sich auch mit zumindest Ansätzen von Deutungen und Systematisierungen beschäftigt hat.

## VERSUCHE ZUM MINERALISCHEN CHAMÄLEON

Versuche mit dem *mineralischen Chamäleon* hat Goethe sich nach den Angaben in seinem Tagebuch am 29. April 1811 von Döbereiner vorführen lassen. Bei diesem Experiment wird Braunstein mit Kaliumnitrat und Natriumhydrogencarbonat in einem Porzellantiegel geschmolzen. Die Schmelze löst sich in Natronlauge mit der grünen Farbe des Manganat(MnVI)-Ions. Nach dem Hinzufügen von Essigsäure entsteht in schwach saurer Lösung infolge Disproportionierung das rotviolette Permanganat(MnVII)-Ion ($3\,MnO_4^{2-} + 4\,H_3O^+ \rightarrow 2\,MnO_4^- + MnO_2 + 6\,H_2O$). In stärker saurer (schwefelsaurer) Lösung erfolgt dann eine Reduktion (Entfärbung) des Permanganats durch das aus Nitrat in der Schmelze entstandene Nitrit bis zum Mangan(II)-Ion über die braungelbe Zwischenstufe des instabilen Mangan(III)-Ions. Fügt man schließlich Natronlauge bis zur deutlich alkalischen Reaktion hinzu, so tritt erneut eine braune Färbung – Mangan(IV)-Ion – bzw. Fällung des Mangandioxids infolge Oxidation durch den Luftsauerstoff auf. Der Name mineralisches Chamäleon stammt von dem Entdecker des Sauerstoffs Scheele, welcher die verschiedenen Oxidationsstufen noch nicht interpretieren konnte. Die Experimente zum „mineralischen Chamäleon" haben bis in unsere Zeit nichts von ihrer Faszination verloren. Sie gehören zum Repertoire der Schulchemie und der Experimentalchemie in Vorlesungen und Vorträgen. [23]
    Auf einem Extrablatt hat Goethe 14 Versuche zum mineralischen Chamäleon notiert[74], die er sehr wahrscheinlich selbst durchgeführt hat:

---

[74]  WA II. 5.2, 134$_{7-22}$

*Mineralisch Chamäleon.*

1. *in Bornwasser aufgelöst violett*
2. *in destilliert Wasser aufgelöst gelb ins rote*
3. *No 1 mit Alcali bleibt violett.*
4. *No 2 mit Alcali bleibt gelb.*
5. *No 1 Essig dreingegossen wird gelb.*
6. *M. Cham. in Essigwasser aufgelöst geht aus dem grünen gleich in ein hochrot dann ins gelbe.*
7. *destilliert Wasser und Alkali. Dann hinein M. Cham. Rötlich aber aufs gelbe ziehend.*
8. *Lakmustincktur darein No 2 gegossen nicht verändert.*
9. *M. Cham. in Lakmustincktur aufgelöst wird und bleibt blaurot.*
10. *No 1 dazu destilliert Wasser wird gelb.*
11. *No 2 dazu Bornwasser bleibt gelb*
12. *Zu beiden Scheidewasser bleibt gelb.*
13.

Ein 13. Versuch wurde offensichtlich nicht durchgeführt bzw. nicht notiert.

Ebenso systematisch erscheinen Goethes weitere Notizen über die Eigenschaften des Wassers als Lösemittel, die dem Hinweis zum *Fall des Mineralischen Chamäleons* folgen. Er stellt fest, daß Wasser eine *leichte aber nicht starke Affinität zu den farbigen Körpern oder Farben und ihren feinsten Teilen* habe. Weiterhin, daß sich die meisten im Wasser auflösen, aber leicht daraus wieder geschieden (d.h. ausgefällt) werden könnten – womit er vor allem farbige Metallsalze anspricht: *Entweder daß sie sich an andere Körper begeben oder sich auf den Boden werfen.*

Und dann schreibt er über Salze und deren Eigenschaften u.a.:

*Salze sind oft farblose durchsichtige Körper, diese farblose Durchsichtigkeit ist vielen Salzen eigen die teils nichts miteinander gemein haben teils auch zusammengesetzt sind.*[75]

Goethes Leitspruch bei seinen Experimenten „Zum chemischen Teil der Farbenlehre" lautete[76]:

*Bei den chemischen Farbenexperimenten ist die höchste Reinlichkeit und Sorgfalt zu be(ob)achten.*

---

[75] WA II.5.2, 100$_{15-17}$
[76] WA II.5.2, 106$_{10-11}$

Vom 4. bis 7. Oktober 1793 stammen Aufzeichnungen von eigener Hand, die sich auch heute nach über 200 Jahren wie die Notizen eines Studenten der Chemie im Anfängerpraktikum für die qualitative anorganische Chemie lesen. Sie betreffen *Versuche mit der Berlinerblau Lauge und den Metallkalken*[77] - also Reaktionen von Kaliumhexacyanoferrat(II), dem gelben Blutlaugensalz, mit salz-, salpeter- und auch essigsauren Lösungen von Gold, Silber, Kupfer, Zinn, Blei, Eisen, Quecksilber, Zink, Bismut, Nickel, Cobalt, Mangan, Molybdän, Antimon und Calcium.

Goethe stellte diese Versuche zunächst am 4. Oktober 1793 an, beschrieb die Farben der Metallsalzlösungen, wobei er jeweils die Säure angab, in welcher der Metallkalk (das Metalloxid) oder das Metall selbst (wie z.B. Hornsilber in Salpetersäure) gelöst worden war, und dann jeweils auch die Farben der nach dem Zusatz von *Berlinerblau Lauge* auftretenden Niederschläge. Für Calcium, als Kalkerde in Salzsäure aufgelöst, konnte er keine Veränderung feststellen. In einigen Fällen vermutete er auch eine Verunreinigung der Metallsalzlösungen durch Eisen, so beim Zink und auch beim Gold: |:*Möchte nicht ganz von Eisen frei sein*:| lautet seine Anmerkung. Notizen wie beim Gold *d. 5. Niederschlag wie gestern* zeigen, daß er die Versuche auch wiederholt hat. Am 6. und 7. Oktober überprüfte er die Farben der Fällungen nochmals.

Auch die experimentelle Vorgehensweise wurde genau notiert - *N.B. Berl. Bl. Lauge sieht etwas gelblich ins grünliche aus. Sechs Tropfen wurden in ein Gläschen destilliert Wasser getan. Dann die Metallsolutionen hineingetröpfelt.*[78]

Diese sehr exakt anmutenden Aufzeichnungen Goethes machen deutlich, daß er möglicherweise selbst mehr experimentiert hat, als bisher angenommen wurde. Und sie zeigen auch den kritischen Experimentator, der seine Versuche mehrmals wiederholt hat (oder hat wiederholen lassen) und der sich auch durch Verunreinigungen wie hier des Eisens nicht hat täuschen lassen und diese am Beispiel einer Cobaltlösung mit Hilfe von Galläpfeltinktur auch nachweisen konnte. Am Ende dieser Aufzeichnungen auf einzelnen Zetteln erfolgt dann eine systematische Zusammenstellung der Versuchsergebnisse nach den Farben der Niederschläge.[79]

---

[77] WA II. 5.2, 106–113
[78] WA II. 5.2, 108$_{24-26}$
[79] WA II. 5.2, 111–112

Wiederholt man heute Goethes Versuche, so kann man in den meisten Fällen seine Beobachtungen reproduzieren. Bei einigen Umsetzungen werden jedoch auch bei Verwendung von analysenreinen Salzen nach einiger Zeit Blaufärbungen beobachtet, z.B. beim Quecksilber, die wohl auf einen Austausch des Zentralatoms Eisen(II) im Komplex (und anschließender Oxidation) durch Quecksilber-Ionen zu erklären sind. Ähnliches wird auch beim Zinn und Antimon festgestellt.

Berliner Blau, das Eisen(III)hexacyanoferrat(II), ist einer der ältesten synthetischen Farbstoffe, der als lichtechte Malerfarbe Verwendung fand. In der Goethezeit wurde Berlinerblau auch Preußischblau genannt und als „eine schöne dunkelblau erdige oder Lackfarbe" beschrieben, „welche aus gebranntem Eisenvitriol, mit Blutlauge vermischt, gewonnen wird und deren feinste Sorte Pariser- oder Englisch-Blau heißt". Und weiter heißt es im „Brockhaus" aus der ersten Hälfte des 19. Jahrhunderts:

„Sie wird fast nur als Maler- oder Anstreichfarbe benutzt; zum eigentlichen Färben bedient man sich nur ihrer Bestandtheile, um sie durch diese auf den Zeuchen [das sind: Gewebe, Textilien] selbst zu bilden, indem, wenn man die fertige Farbe anwendet, die Färbung nicht so vollkommen ausfällt. Man benutzt das Berlinerblau auch zu dem sogenannten Waschblau und der blauen Waschtinte, die aber weniger tauglich als die aus Indigo bereitete ist, weil wegen der Eigenschaften des Berlinerblaus die Wäsche leicht eine gelbe Färbung annimmt. Auch wird diese Farbe häufig zum Bläuen des Schreibpapiers, sowie zu Tapeten und bunten Papieren verwendet. Die Bereitung des Berlinerblau wurde um 1707 von dem Farbenfabrikanten Diesbach in Berlin zufällig entdeckt und blieb bis 1724 Geheimniß, wird aber seitdem vielfach auch an anderem Orte betrieben." 1709 wurde für diesen Farbstoff in der Zeitschrift der Berliner Akademie geworben; er sei besser und preiswerter als das Ultramarin und könne vom Bibliothekar der Akademie bezogen werden [9].

Das gelbe Blutlaugensalz, die „Blutlauge", war seit der Mitte des 18. Jahrhunderts bekannt. Man gewann sie durch Mischen und Schmelzen stickstoffhaltiger Materialien wie vor allem Blut aber auch Leder oder Klauen mit Eisenabfällen und Pottasche und nachfolgendem Auslaugen der Schmelze mit Wasser. Als analytisches Reagenz wurde das gelbe Blutlaugensalz von dem Berliner Chemiker SIGISMUND ANDREAS MARGGRAF (1709–1782), der 1747 die Gewinnung von Rohrzucker aus der Runkelrübe entdeckte, erstmals 1751 in dessen Schrift „Chymische Untersuchung des Wassers" für Eisen beschrieben. Das Blutlaugensalz gewann Marggraf durch Glühen von einem Teil Kaliumcarbonat mit zwei Teilen eingetrocknetem Blut und Lösen des Schmelzproduktes nach dem Abkühlen.

## ZUR FARBENCHEMIE DES SILBERS UND SEINER VERBINDUNGEN

Ebenfalls mit eigener Hand geschrieben sind weitere elf Blätter, die sich mit der Chemie der Elemente Platin, Gold, Silber, Kupfer, Blei, Eisen, Zinn und Quecksilber beschäftigen[80]. Hierfür scheint Goethe keine eigenen Experimente durchgeführt zu haben, sondern auf das Lehrbuchwissen seiner Zeit zurückgegriffen zu haben. Hagens Grundriß der Experimentalchemie, den Goethe in seinem „naturwissenschaftlichen Entwicklungsgang" genannt hatte, war 1786 erschienen. Weiterhin bezieht sich Goethe auch auf die chemischen Schriften von Marggraf (1761–1767 in zwei Bänden). Wie umfassend die Chemie eines Metalles von Goethe für seine chemischen Farbenlehre jeweils erfaßt wurde, soll am Beispiel des Silbers gezeigt werden[81]:

**4. Silber,**
*in seinem metallischen Zustande w e i ß*
*im entmetallisirten oder angrenzenden Zuständen.*

*__Weiß.__ Silber aus Salpetersäure mit Vitriolsäure niedergeschlagen, ein weißes Pulver, das aus kleinen Crystallen besteht.[82]*
*Niederschlag durch mildes Alcali[83]*
*– durch Zuckersäure[84]*

---

[80]  WA II. 5.2, 113–124
[81]  WA II. 5.2, 120–121
[82]  Silbersulfat
[83]  wahrscheinlich Alkalicarbonat gemeint – somit Silbercarbonat

*Schwarz.* *Wird durch Salpetersäure schwarz*[85]
*durch Schwefelleber*[86]
*– faulende Körper*
*– Eyer*[87]

   *Am Lichte wird obiges weiße Pulver schwarz*
*Niederschlag durch ätzendes Alcali*[88]
*– durch Zuckersäure wird an der Sonne schwarz.*
*Geschmolzene Silberkrystallen, der Ätzstein.*[89]

*Gelb.*    *Niederschlag aus der Salp. Säure durch mikro-*
*kosmisches Salz. H. p. 35.*
*Poliert Silber läuft gelb über dem Feuer an. Dunkelgelber*
*Niederschlag aus der Salpeter Auflösung durch phlogistisches*
*Min. Alkali.*    *Bergm. 2. p. 448*

*Gelbrot.*

*Blau.*    *Silber von dem man mittelst des Feuers den Schwefel*
*geschieden, wird durch aufgegossen flüchtiges aus dem Harn*
*erhaltnes Alkali blau.*
*Silber durch Essigdämpfe auf der Oberfläche in ein blaues*
*Pulver verwandelt. H. p. 217.*

*Blaurot. Eben diese Bereitung wird gern rötlich.*
*Silberauflösung in Salpeter Säure auf Papier am Lichte.*

*Purpur. Rothgiltig Erz mit Schwefel und Arsenik.*
*Geschwefeltes Silber mit Arsenik in Schmelzen versetzt.*
*Niederschlag durch arsenikalisches Mittelsalz.*

*Grün. Das Hornsilber soll grün gelb und violett gefunden werden.*

---

[84]  Oxalsäure: aus der Oxidation von Galactose mit Salpetersäure; von Bergman 1776
     unabhängig von Scheele entdeckt
[85]  Oxidation zu Silberoxid
[86]  Bildung von Silbersulfid
[87]  durch Einwirkung des freiwerdenden Schwefelwasserstoffs
[88]  Natronlauge
[89]  auch Höllenstein = Silbernitrat

Auf einer anderen Seite seines Notizbuches (direkt im Anschluß an die zitierte Übersicht) nimmt Goethe beim Silber auch auf die Schriften von Marggraf Bezug: So unter *Gelb* mit dem Hinweis *Marggrafisch 35* und unter *Silber blau 317*.

Für den Chemiker heute müssen einige dieser Angaben erst entschlüsselt werden.

Goethe bezieht sich hier auf drei chemische Werke seiner Zeit:

1. H.: KARL GOTTFRIED HAGEN (1749–1829), 1786 Grundriß der Experimentalchemie – z.B. Herzog August Bibliothek Wolfenbüttel Signatur Nd 105 a

2. Bergm.: TORBERN OLOF BERGMAN (1735–1784), Opuscula physica et chemica 1779–1790

3. Marggrafisch: ANDREAS SIGISMUND MARGGRAF (1709–1782), 1761–1767 Chymische Schriften (2 Bände in 1 Band) - z.B. Herzog August Bibliothek Wolfenbüttel Signatur Nd 371

Unter *Gelb* verwendet Goethe zwei uns heute nicht mehr geläufige Bezeichnungen: *mikrokosmisches Salz* und *phlogistisches Min. Alkali*. Aus der Beschreibung – Fällung gelber Verbindungen aus salpetersaurer Lösung – wissen wir, das es sich um die Silberhalogenide AgBr und AgI handeln muß. Berücksichtigt man Goethes Quellen und die Zeit seiner Versuche um 1793, so waren zu dieser Zeit weder das Brom noch das Iod bekannt. Die beiden Salze enthielten somit Bromid bzw. Iodid. Iod wurde erst 1811 in der Asche von Tang (Braunalgen) durch den französischen Fabrikdircktor BERNARD COURTOIS (1777–1838) entdeckt. Er beobachtete beim Übergießen der Mutterlaugen aus der Salpetergewinnung mit Schwefelsäure veilchenblaue Dämpfe. Der Name Iod stammt von Gay-Lussac, der dessen Eigenschaften näher untersuchte. Brom wurde noch fünfzehn Jahre später entdeckt: Auch hier wurden Auszüge veraschter Algen und die Mutterlaugen von Meersalzlösungen näher untersucht; bei der Behandlung mit Chlorwasser und Extraktion mit Ether erhielt der damals erst 24 Jahre alte Apotheker und Chemiker ANTOINE JÉROME BALARD (1802–1876) nach dem Abdestillieren eine dunkelrote Flüssigkeit. Er brachte es bis zum Professor der Chemie, zunächst in Montpellier und dann in Paris, und stellte auch erstmals reines Silberbromid her. Die von Goethe aus Lehrbüchern entnommenen Beobachtungen zeigen, daß in den genannten Salzen vor allem auch Bromid (*mikrokosmisches Salz*) bzw. Iodid (*phlogistisches Min. Alkali*) vorhanden gewesen sein müssen.

Bei der Farbe *Purpur* erwähnt Goethe das *Rothgiltig Erz*: Die heutige Bezeichnung „Rotgültigerz" umfaßt die Minerale Pyrargyrit, $Ag_3SbS_3$, als dunkles Rotgültigerz und Proustit, $Ag_3AsS_3$, als lichtes Rotgültigerz mit scharlachroter bis zinnoberroter Farbe. Dieses wichtige und häufig vorkommende Silbererz ist hydrothermal gebildet worden und kommt neben Bleiglanz und anderen Silbermineralen auf Gängen vor. Goethe beschreibt auch die Synthese mit den Worten *Geschwefeltes Silber mit Arsenik in Schmelzen versetzt.*, wofür man folgende Gleichung formulieren kann:

$$12\ Ag + 2\ As_2O_3 + 15\ S \longrightarrow 4\ Ag_3AsS_3 + 3\ SO_2$$

Mit dem Bezeichnung *Mittelsalz* definiert des Deutsche Wörterbuch der Brüder Grimm ein „salz das aus der verbindung des sauren und laugenartigen salzes entsteht". Eine ammoniakalische Lösung der arsenigen oder Arsensäure ergibt zwar einen Niederschlag mit Silberionen, jedoch bekanntlich ist dieser braungelb bzw. rotbraun und nicht violett gefärbt. Es bleibt also fraglich, welche Substanz bzw. Umsetzung Goethe hier gemeint hat.

Schließlich erwähnt er noch das *Hornsilber*, heute auch als Chlorargyrit AgCl bezeichnet, das sich aufgrund von Lichteinwirkung und Bildung von elementarem Silber grau, gelb, braun, schwarz – jedoch kaum violett – verfärben kann. Hier schreibt Goethe selbst *soll ...gefunden werden.*

Von Goethes Diener und Sekretär (1795–1804) JOHANN JAKOB LUDWIG GEIST (1776–1854) Handschrift stammt ein weiterer dieses Kapitel abschließender Text Goethes, der jedoch mit Bleistift durchgestrichen worden ist[90]:

*Chemische Farben.  Des Physikers Schuldigkeit wäre gewesen eine solche Theorie aufzustellen, die nach allen Seiten hin Licht verbreitet hätte, an welcher man die Phänomene in der Betrachtung zusammenreimen, und von welcher man im Praktischen einige Leitung hätte hoffen können.*

*Die bisherige Theorie war gerade das Gegenteil davon. Der Physiker reichte in seinem Gebiet nicht einmal damit aus.*

*Der Physiolog fand eben so wenig Trost, indem er sich mit einer kümmerlichen und gezwungenen Erklärungsart begnügen mußte.*

*Der Chemiker aber und alle ihm verwandten und verbündeten Arbeiter als Färber, Geschmacksfabrikanten, Maler konnten diese Lehre auch nicht einmal zum Scheine brauchen.*

---

[90] WAII.5.2, 126–127

*Dieses war ihr Glück, denn wenn der physische und physiologische Teil, der eigentlich nur theoretisch ist, durch die bisherige Behandlung aufgehalten und gehindert wurde, so ließen sich die praktischen Menschen, denen die Erfahrung so lebhaft zusprach, in ihrem Gange nicht hindern.*

*Praktischer Gang, mit Raisonnement über die Empirie: daher die Erfahrungen vielfach unstrittig, so daß man sie nur zu ordnen, zu erläutern braucht[91].*

*Sonderbar ist es anzusehen, wie die Chemiker sowohl als ihre obgedachten Verwandten zu Anfang ihrer Abhandlungen den siebenfarbigen Gespenst eine Kniebeugung machen und alsdann jeder seinen Weg auf seine Art fortsetzt.*

*1 Chemiker 2 Färber 3 Mineralogen 4 Geschmackskünstler 5 Maler.*

*Schwierigkeiten, welche diese sämtlich auf ihrem Wege finden, sobald sie über die Erfahrung raisonniren oder die Gegenstände derselben methodisch ordnen wollen.*

*Im Physischen kommt man mit dem Farbenkreis leicht ins reine.*
[Dieser wurde von Goethe entwickelt.]

*Beim Chemischen wenn man dasselbe im allgemeinen betrachtet ist es auch noch möglich.*

*Bei den abgeleiteten Operationen aber 2, 3, 4, 5 ist es äußerst schwer …*

Dieser Text verdeutlicht noch einmal Goethes Einstellung zu den Wissenschaften im Hinblick auf seine Farbenlehre – und vor allem auch Goethes Denk- und Vorgehensweise. Er charakterisiert sich damit selbst als praktischen Menschen, der die Erfahrung als Leitfaden benutzte. Und alle Textauszüge machen nochmals deutlich, wie intensiv sich Goethe mit der *Chemie seiner Zeit* beschäftigt und deren Nutzen immer wieder gesucht und gefunden hat.

---

[91] wie Goethe es selbst getan hat

[1]   J. P. Eckermann: Gespräche mit Goethe, hrgsb. von Otto Schönberger, Reclam-Ausgabe Nr. 2002, S. 339–340, Stuttgart 1994

[2]   I. Asimov: Das Wissen unserer Welt. Erfindungen und Entdeckungen vom Ursprung bis zur Neuzeit, München 1991

[3]   E. Färber: Robert Boyle, in: G. Bugge (Hrgsb.), Das Buch der großen Chemiker Band I, S. 186–187, Weinheim 1979

[4]   H. Wußig: Isaac Newton, Biographien hervorragender Naturwissenschaftker, Techniker und Mediziner Band 27, 4. Aufl., Leipzig 1990

[5]   J. F. Gmelin: Geschichte der Chemie, Band I, 187ff, Reprint der Ausgabe von 1797, Hildesheim 1965

[6]   G. Schwedt: Paracelsus in Europa. Auf den Spuren des Arztes und Naturforschers 1493–1541, München 1993

[7]   W. R. Pötsch, A. Fischer, W. Müller: Lexikon bedeutender Chemiker, Thun/Frankfurt 1989

[8]   G. Schwedt: Frühe Werke der Chemie in der Calvörschen Bibliothek. Teil II – Werke bedeutender Chymici. Mitteilungsblatt der Freunde der TU Clausthal Heft 72, 13–17 (1991)

[9]   F. Svabadvary: Geschichte der analytischen Chemie, S. 264, Budapest/Braunschweig 1966

[10]  W. Schneider: Wörterbuch der Pharmazie. Band 4. Geschichte der Pharmazie, Stuttgart 1985

[11]  H. Becken, E.-M. Gottschalk, U. v. Gizycki, H. Kärmer, D. Maasen, H.-G. Mathier, H. Musso, C. Rathjen, U. I. Ahorszky: Orcein und Lackmus, Angew. Chem. 73, 665–673 (1961)

[12]  G. Würdig, R. Woller: Chemie des Weines, Stuttgart 1989

[13]  W. Ternes: Naturwissenschaftliche Grundlagen der Lebensmittelzubereitung, 2. Aufl., Hamburg 1994

[14]  G. Schwedt: Unser täglich Brot. Inhaltsstoffe unserer Lebensmittel. Mit Tests für jedermann, Stuttgart 1986

[15]  G. Schwedt: Farbstoffen analytisch auf der Spur, Köln 1996

[16]  G. Schwedt: Chemie zwischen Magie und Wissenschaft. Ex Bibliotheca Chymica 1500–1800, Ausstellungskatalog der Herzog August Bibliothek Nr. 63 (Wolfenbüttel), Weinheim 1991

[17]  J. Pawlik: Goethes Farbenlehre. Didaktischer Teil. Textauswahl mit einer Einführung und neuen Farbtafeln, 9. Aufl., Köln 1994

[18] H. Mayer (Hrgsb.): Goethe im zwanzigsten Jahrhundert, S. 645 ff, Frankfurt 1990

[19] R. Jungk: Heller als tausend Sonnen. das schicksal der Atomforscher, S. 48
(Drittes Kapitel: Zusammenstoß mit der Politik 1932–1939), Bern/Stuttgart 1956

[20] W. Heisenberg: Schritte über Grenzen. Gesammelte Reden und Aufsätze, S. 242 ff,
München 1971

[21] B. Pohle: Färben, München/Zürich 1980

[22] W. Kratzert, R. Peichert: Farbstoffe, S. 229–230, Heidelberg 1981

[23] G. Wagner: Chemie in faszinierenden Experimenten, 8. Aufl., S. 95–99, Köln 1993

# 7 CHEMISCHES IN GOETHES DICHTUNGEN

*Mein Vater war ein dunkler Ehrenmann,*
*Der über die Natur und ihre heil'gen Kreise,*
*In Redlichkeit, jedoch auf seine Weise,*
*Mit grillenhafter Mühe sann.*
*Der, in Gesellschaft von Adepten,*
*Sich in die schwarze Küche schloß,*
*Und, nach unendlichen Rezepten,*
*Das Widrige zusammengoß.*
Faust. 1. Teil

Wer sich die Frage nach Bezügen zur Chemie oder gar Alchemie in Goethes Dichtungen stellt, wird zu allererst sicher an den Faust denken. Aber auch andere Werke zeigen, wie intensiv sich Goethe mit dem Wissensstand der Chemie in seiner Zeit auseinander gesetzt hat. So z.B. die *Wahlverwandtschaften*, in denen sich die damalige chemische Affinitätslehre wiederspiegelt. Die chemischen Interessen Goethes werden auch in der heute weniger bekannten Dichtung *Der Großkophta* und in *Cagliostros Stammbaum* sowie im Roman *Wilhelm Meister* deutlich.

## CAGLIOSTROS STAMMBAUM IN DER „ITALIENISCHEN REISE"

Auf seiner ersten Reise nach Italien hielt Goethe sich im April 1787 in Palermo auf (s. auch Kap. 2). Hier kam ihm nicht nur die Idee der „Urpflanze" im Botanischen Garten des Stadt, die Erkenntnis des „Prinzips der ursprünglichen Identität aller Pflanzenteile", sondern hier stellte er auch Nachforschungen nach der Familie Cagliostro an, die eigentlich Balsamo hieß.(Biographie s. Kap. 8)

Balsamos Leben hat nicht nur Goethe sondern auch Schiller (Romanfragment „Der Geisterseher" von 1787) und den französischen Schriftsteller Alexandre Dumas den Älteren zur dichterischen Gestaltung („Joseph Balsamo – Der Ratschluß des Magiers" 1849) veranlaßt.

Goethe berichtet unter dem Datum des 13. und 14. April 1787, wie er an den Stammbaum der Familie Balsamo gelangte:[1]

*… Schon die ganze Zeit meines Aufenthalts hörte ich an unserm öffentlichen Tische manches über Cagliostro, dessen Herkunft und Schicksale reden. Die Palermitaner waren darin einig: daß ein gewisser Joseph Balsamo, in ihrer Stadt geboren, wegen mancherlei schlechter Streiche berüchtigt und verbannt sei. Ob aber dieser mit dem Grafen Cagliostro nur Eine Person sei, darüber waren die Meinungen geteilt. Einige, die ihn ehemals gesehen hatten, wollten seine Gestalt in jenem Kupferstiche wieder finden, der bei uns bekannt genug ist und auch nach Palermo gekommen war.*

*Unter solchen Gesprächen berief sich einer der Gäste auf die Bemühungen, welche ein Palermitanischer Rechtsgelehrter übernommen, diese Sache in´s Klare zu bringen. Er war durch das französische Ministerium veranlaßt worden, dem Herkommen eines Mannes nachzuspüren, welcher die Frechheit gehabt hatte, vor dem Angesichte Frankreichs, so darf man wohl sagen der Welt, bei einem wichtigen und gefährlichen Prozesse die albernsten Märchen vorzubringen.*

*Es habe dieser Rechtsgelehrte, erzählte man, den Stammbaum des Joseph Balsamo aufgestellt und ein erläuterndes Memoire mit beglaubigten Beilagen nach Frankreich abgeschickt, wo man wahrscheinlich davon öffentlichen Gebrauch machen werde.*

*Ich äußerte den Wunsch, diesen Rechtsgelehrten, von welchem außerdem viel Gutes gesprochen wurde, kennen zu lernen, und der Erzähler erbot sich, mich bei ihm anzumelden und zu ihm zu führen.*

Die sogenannte „Halsbandaffäre" erschütterte den französischen Hof und die Gesellschaft im Jahre 1785/86. Unter dem Namen einer Gräfin de La Motte spiegelte eine Betrügerin dem Kardinal Rohan vor, er könne die Gunst der Königin Marie Antoinette wieder erlangen, wenn er ihr bei dem Erwerb des von Pariser Juwelieren angefertigten Diamanten-Halsschmucks im Wert von 1,6 Millionen Livres behilflich sein könnte.

Über den Verlauf dieser Skandalaffäre schreibt der Goethe-Forscher und -Biograph Karl Otto Conradi [1]:

---

[1] WA I. 31, 126$_{13}$–127$_{17}$

„Eine nächtliche Zusammenkunft des Kardinals mit der Königin zerstreute dessen letzte Bedenken. Aber: das Rendevous hatte die Marquise zur Täuschung inszeniert; ein junges Mädchen ahmte die Königin nach, und ein Brief Marie Antoinettes war gefälscht. So hinters Licht geführt, auf die Verbesserung des Ansehens bei Hof erpicht, kaufte der Kardinal den Schmuck im Vertrauen auf die zugesagten Ratenzahlungen der Königin und händigte ihn der Betrügerin aus. Als Rohan vergeblich auf die nächste Rate wartete und Teile des zerbrochenen Geschmeides in England auftauchten, flog alles auf … .

Mit den Nachrichten von der Halsbandaffäre scheint Goethe auch Neuigkeiten über Cagliostro erfahren zu haben, den gewiß bekanntesten, bewundertesten, berüchtigsten Abenteurer, Betrüger, Hochstapler und Zauberer des 18. Jahrhunderts … “

Die Betrügerin J. de Valois, Gräfin de La Motte, verkaufte die Diamanten einzeln nach London. In dem aufsehenerregnden Prozeß wurden der Kardinal Rohan – und sein Vertrauter Graf Cagliostro – freigesprochen, die Gräfin aber zu lebenslänglicher Haft verurteilt. Politisch trug die Halsbandaffäre mit dazu bei, daß das Ansehen des Königtums, des herrschenden „Acien régime" weiter erschüttert wurde.

Den Bericht über Cagliostros Familie ließ Goethe nicht erst in seiner „Italienischen Reise" (geschrieben anhand alter Briefe und Tagebuchaufzeichungen 1813–1817), sondern bereits 1792 im ersten Band von „Goethe´s neuen Schriften" erscheinen.

Goethe hatte als Student in Straßburg am 7. Mai 1770 den Einzug der damaligen Dauphine[2]. Marie Antoinette[3], Tochter der Kaiserin Maria Theresia in Wien, erlebt und in seiner Autobiographie „Dichtung und Wahrheit" geschildert. In Palermo besuchte Goethe 1787 die Familie Cagliostros, von der noch seine Mutter und die einzige Schwester mit ihren drei Kindern lebten. Von dem Notar, der aufgrund der Halsbandaffäre eine „Memoire" angefertigt hatte, erfuhr er weitere Einzelheiten über die Herkunft und das Leben des Joseph Balsamo:

Eine Großtante, Schwester seiner Großmutter, hatte sich mit einem Joseph Cagliostro aus einem Ort in der Nähe von Messina verheiratet. Goethe

---

[2] Name für die französische Thronfolgerin als zukünftiger Gattin des späteren Königs Ludwig XVI

[3] Sie wurde am 16. Oktober 1793 im Zusammenhang mit der Französischen Revolution in Paris hingerichtet.

vermerkt, daß zu seiner Zeit in Messina noch zwei Glockengießer dieses Namens lebten. Die Großtante war auch eine Patin von Joseph Balsamo, der so auf diesen Namen kam.

*Das Memoire, welches uns der gefällige Verfasser vorlas und mir, auf mein Ersuchen, einige Tage anvertraute, war auf Taufscheine, Ehecontracte und andere Instrumente gegründet, die mit Sorgfalt gesammelt waren.*[4] *Es enthielt ungefähr die Umstände (wie ich aus einem Auszug, den ich damals gemacht, ersehe), die uns nunmehr aus den römischen Proceßacten bekannt geworden sind: daß Joseph Balsamo Anfangs Juni 1743 zu Palermo geboren, von Vinenza Martello, verheirateter Cagliostro, aus der Taufe gehoben sei, daß er in seiner Jugend das Kleid der barmherzigen Brüder genommen, eines Ordens, der besonders Kranke verpflegt, daß er bald viel Geist und Geschick für die Medicin gezeigt, doch aber wegen seiner übeln Aufführung fortgeschickt worden, daß er in Palermo nachher den Zauberer und Schatzgräber gemacht.*

*Seine große Gabe, alle Hände nachzuahmen, ließ er nicht unbenutzt (so fährt das Memoire fort). Er verfälschte oder verfertigte vielmehr ein altes Document, wodurch das Eigentum einiger Güter in Streit geriet. Er kam in Untersuchung, in´s Gefängniß, entfloh und ward edictaliter citirt. Er reis´te durch Calabrien nach Rom, wo er die Tochter eines Gürtlers heiratete. Von Rom kehrte er nach Neapel unter dem Namen Marchese Pellegrini zurück … .*[5]

„Dieser 'Magier' war für Goethe ein Beispiel verderblicher Geheimnistuerei und skrupelloser Verdummung, die zu Aberglauben verführen und schlimme Verwirrungen in den Köpfen der Faszinierten anrichten kann. Zudem schien der angeblich zauberfähige Mann mit Geheimorden in Verbindung zu stehen, die auf undurchsichtige Weise agierten und für Unruhe sorgten. Das 'Jahrhundert der Aufklärung' war nicht so aufgeklärt, wie manche es wünschten; es hatte seine Nischen, in denen Wunderliches und Abstruses kultiviert wurde, und verborgene Gänge, in denen man abenteuerlich Geheimnisvolles entdeckte, das die Vernunft betörend verwirren konnte [1]."

Cagliostro bzw. in Goethes Lustspiel der *Groß-Cophtha* hat auch seinen Platz in der Geschichte der Alchemie gefunden. Als Großkophtha wird ein

---

[4]  Hier kommt der Jurist Goethe zum Vorschein!

[5]  WA I. 31, 128$_{28}$–129$_{25}$

angeblich geheimer Oberer einer von Cagliostro ebenfalls angeblich erfundenen „ägyptischen Freimauerei" bezeichnet. Mit dieser Definition ist der Großkophta auch in die Lexika unserer Zeit eingegangen. Reinhard Federmann, Autor einer Geschichte der Alchemie [2], widmet ihm ein eigenes Kapitel. Er vergleicht ihn auch mit seinen „Kollegen" Graf von Saint-Germain (um 1706 bis 1784), der – sonst an allen anderen europäischen Höfen erfolgreich - 1777 beim Preußenkönig Friedrich dem Großen keinen Erfolg hatte [2], und Casanova [3], der ihn offensichtlich mit heimlichem Neid betrachtet hat und als gemeinen Betrüger und Schmutzkonkurrenten bezeichnete [2]. Abweichend von Goethes Angaben nennt Federmann als Geburtstag den 20. April – und er nennt ihn den „Charlatan alles Charlatane" und einen „Erzgauner", der als Sohn eines noch im Jahr seiner Geburt pleite gegangenen und verstorbenen Händler und einer von Goethe als fromm und einfach charakterisierten Frau geboren sei. Aus dem bei Federmann dargestellten Lebensweg entnehmen wir, daß Joseph Balsamo ein bescheidenes Zeichentalent besaß, er nach der Schulzeit einen Apotheker hereingelegt habe, und er nach dem unfreiwilligen Verlassen seiner Vaterstadt in Messina Station gemacht habe und dort von einem ominösen Griechen in die Geheimnisse der Alchemie eingeführt worden sei.

Im anonym erschienenen „Schauplatz der ausgearteten Menschheit", zu dem Friedrich Schiller ein Vorwort schrieb, wird nach Federmann [2] das angebliche Ereignis in Messina wie folgt geschildert:

„Hier wurde er mit einem gewissen Altotas bekannt, welcher nicht wußte, ob er ein Grieche oder ein Spanier war, mehrere Sprachen redete, und sich für einen großen Chymiker ausgab. Sie schifften sich beyde ein, reiseten durch den Palagus, und landeten zu Alexandria in Egypten, wo während eines Aufenthalts von 40 Tagen Alotas viele chymische Operationen machte … Von Alexandria reiseten sie nach Rhodus, wo sie ebenfalls mit anderen chemyischen Geschäften sich Geld verdienten. Sie waren Willens, von Rhodus nach Groß-Cairo zu fahren; allein widrige Winde trieben sie nach Malta, wo sie in dem Laboratorium des Großmeisters Pinto arbeiteten. Nach einiger Zeit starb Altotas, und Balsamo entschloß sich, in Gesellschaft eines Malteserritters, welchem er von dem Großmeister empfohlen wurde, nach Neapel zu reisen."

Federmann stellt jedoch nachdrücklich fest, daß es sich diese Odyssee als Sage herausgestellt habe. Richtig sei lediglich, daß Balsamo auf Malta gewesen sei und daß er 1768 in Rom die schöne Lorenza Feliziani zum Altar geführt habe. Danach habe er sich schlecht und recht als Postkartenmaler ernährt, sich selbst die preußische Majorswürde verliehen, sei daraufhin als Betrüger entlarvt und in Bergamo ins Gefängnis gesperrt worden. 1771 unternahmen Balsamo und seine Frau eine Pilgerfahrt nach Santiago des Compostella – und auf dieser Reise soll er in Aix auch seinem „Kollegen" Casanova begegnet sein. Von Madrid aus begab sich Balsamo mit seiner Frau nach England.

„1772 scheint für den in London als hochweiser Adept auftretenden Sizilianer kein gutes Jahr gewesen zu sein. Er brachte zwar in Kompanie mit einem Landsmann namens Vivona einen Arzt um hundert Pfund Sterling, aber diese Summe reichte nicht sehr lang, außerdem platzte die alchemistische Firma nach kurzes Zeit infolge Abgang des Geschäftspartners, und da der auch noch alles Geld mitgenommen hatte, wurde Balsamo exekutiert und in den Schuldturm gesperrt [2]."

Eine weitere Station des „Alchemisten" Cagliostro ist 1773 Paris, wo sich 1785/1786 die Halsbandaffäre abspielte. Dazu Federmann: „Zwei hochgestellte Persönlichkeiten, die selbst laborierten, glaubten ihm, zumal sie sich durch Augenschein von einer gelungenen Transmutation überzeugen konnten. Daß sie einem der simpelsten Fälschertricks aufgesessen waren, merkten die beiden erst, als sie der Adept um 500 Louisdors erleichtert und Paris den Rücken gekehrt hatte [2]."

Danach hielt sich Balsamo mit seiner Frau zum zweiten Mal auf Malta auf – als Reisender in alchemistischen Kosmetika. „Anschließend gab er Neapel die Ehre. Dort lebte ein reicher und der Alchemie ergebener Kaufmann in friedlicher Eintracht mit einem Mönch, der den reichen Jünger die königliche Kunst lehrte. Diese Zweisamkeit störte Balsamo, der es ebenfalls auf den Posten eines alchemistischen Hauslehrers abgesehen hatte [2]."

In Neapel hatte sich den Balsamos ein Schwager angeschlossen, der mit ihnen nach Marseille reiste.

„In Marseille machte das Kleeblatt die Bekanntschaft einer ´Madona … welche, ob sie gleich schon ziemlich bey Jahren war, doch die Galanterie noch nicht bey Seite gesetzt hatte. Balsamo versprach also, mittels seiner vorgeblich chymischen Geheimnisse, ihr wieder jugendliche Kraft einzuflößen; … Er machte in ihrer Gegenwart verschiedene Operationen in der Destillirung, und spannte ihre Aufmerksamkeit immer höher durch das Versprechen, Gold zu machen [2]."

Unter dem Vorwand, die notwendigen Substanzen, d.h. Kräuter, zur Gewinnung des „Steines der Weisen" aus anderen Regionen beschaffen zu müssen, suchte er, mit einem „schönen Reisewagen und einer artigen Geldsumme" beschenkt, das Weite. In Spanien besuchte er die Stätten seiner früheren Pilgerfahrt nun als Alchemist. 1776 und 1777 soll er sich dann in London, danach in Den Haag aufgehalten haben. Dort machte sich der Graf interessant, „indem er sich lautstark als Gründer einer angeblichen Freimaurer-Sekte, der 'Ägyptischen Mauereri' bezeichnete. In Den Hag und danach in Brüssel hatte er einigen Erfolg „mit seinen Wundermitteln wie dem 'Egyptischen Wein' (ordinärem Wirtshauswein mit Gewürzzusätzen), mit 'Erfrischungspillen' aus Wegwarte, Endivie und Salat; er verkaufte diese Mixturen in kleinen Phiolen zu Wucherpreisen, die ihm seine weiteren Reisen anch Venedig, Mitau in Kurland und anderen Städten Nordosteuropas ermöglichten [2]."

Über Petersburg und Warschau gelangte er auch nach Frankfurt am Main und von dort nach Straßburg, wo seinen Gönner Kardinal Rohan kennen lernte. Im „Cagliostro-Jahr" 1785 beherrschte der Goldmacher und Alchemist den Pariser Salonklatsch. Im Halsbandprozeß am 31. Mai 1786 freigesprochen, feierte man ihn mit Feuerwerken. Danach sank sein Stern: Von London aus reiste er zurück auf das Festland. In Basel, Biel, Aix in Savoyen, Turin, Rovereto und Trient wird er nur noch als kleiner Wunderdoktor registriert. In Rom ereilt ihn wie oben beschrieben sein Schicksal. Nach Federmann war es nicht seine Frau, die ihn der römischen Inquisition auslieferte, sondern seine „Ägyptische Freimauererei, weshalb er als Erzketzer zum Tod verurteilt wurde, nachdem er und seine Frau verhaftet und in der Engelsburg eingekerkert worden waren. Papst Pius VI. wandelte das Todesurteil am 7. April 1791 in lebenslängliche Haft auf Fort San Leo bei Urbiona um. Seine Frau wurde in ein Kloster gesteckt. 1796 soll das französische Revolutionsheer versucht haben, ihn aus der Festungshaft zu befreien. Da war jedoch Joseph Balsamo bereits tot. Als Sterbetag gibt Federmann den 28. (nicht den 26.) August 1795 an.

Forscht man in Goethes Werken unter Balsamo, Guiseppe oder Cagliostro (Graf) nach, um mehr über sein Interesse an dieser schillernden Person zu erfahren – bevor man das Lustspiel ließt–, so findet man im ersten Band seiner Weimarer Ausgabe zunächst ein Gedicht mit dem Titel[6]:

---

[6] WA I. 1, 130

*Kophtisches Lied*

*Lasset Gelehrte sich zanken und streiten,*
*Streng und bedächtig die Lehrer auch sein!*
*Alle die Weisesten aller Zeiten*
*Lächeln und winken und stimmen mit ein:*
*Töricht, auf Bess´rung der oren zu harren!*
*Kinder der Klugheit, o habet die Narren*
*Eben zum Narren auch, wie sich´s gehört!*

*Merlin der Alte, im leuchtenden Grabe,*
*Wo ich als Jüngling gesprochen ihn habe,*
*Hat mich mit ähnlicher Antwort belehrt:*
*Töricht auf Bess´rung der Toren zu harren!*
*Kinder der Klugheit, o habet die Narren*
*Eben zum Narren auch, wie sich´s gehört!*

*Und auf den Höhen der indischen Lüfte*
*Und in den Tiefen ägyptischer Grüfte*
*Hab´ ich das heilige Wort nur gehört:*
*Töricht, auf Bess´rung der Toren zu harren!*
*Kinder der Klugheit, o habet die Narren*
*Eben zum Narren auch, wie sich´s gehört.*

*Merlin* ist der Zauberer und Wahrsager in der Artusliteratur. Artus war der sagenhafter britannische König, der mit den Rittern seiner Tafelrunde (u.a. Parzival, Lanzelot und Tristan) zum Mittelpunkt einer Sagensammlung wurde. Goethe greift in seinem Gedicht Aspekte des abenteuerlichen Lebens von Guiseppe Balsamo auf und wendet sich allgemein gegen das Gezänk unter Gelehrten und gegen Toren und Narren.

In seinen „Tag- und Jahresheften" von 1789 finden wir dann konkrete Aussagen zum Interesse Goethes an dieser Figur aus der Welt der betrügerischen Alchemisten. Er schrieb nach seiner Rückkehr aus Italien[7]:

*Kaum war ich das weimarische Leben und die dortigen Verhältnisse, bezüglich auf Geschäfte, Studien und literarische Arbeiten, wieder eingerichtet, als sich die französische Revolution entwickelte*[8] *und die Auf-*

---

[7]  WA I. 35, 10–11

merksamkeit aller Welt auf sich zog. Schon im Jahre 1785 hatte die Halsbandgeschichte einen unaussprechlichen Eindruck auf mich gemacht. In dem unsittlichen Stadt-, Hof- und Staatsabgrunde, der sich hier eröffnete, erschienen mir die greulichsten Folgen gespensterhaft, deren Erscheinung ich geraume Zeit nicht los werden konnte; wobei ich mich so seltsam benahm, daß Freunde, unter denen ich mich eben auf dem Lande aufhielt, als die erste Nachricht hievon zu uns gelangte, mir nur spät, als die Revolution längst ausgebrochen war, gestanden, daß ich ihnen damals wie wahnsinnig vorgekommen sei. Ich verfolgte den Proceß mit großer Auferksamkeit, bemühte mich in Sicilien um Nachrichten von Cagliostro und seiner Familie, und verwandelte zuletzt, nach gewohnter Weise, um alle Betrachtungen los zu werden, das ganze Ereigniß unter dem Titel: der Groß-Cophtha, in eine Oper, wozu der Gegenstand vielleicht besser als zu einem Schauspiele getaugt hätte …

Unter Goethes Briefen (datiert den 19. Februar, 18 März und 22. Juni 1781,) finden wir auch den Hinweis, daß sich Lavater für die Physiognomie von Cagliostro interessiert hat:

… Du hast den Calliostro gesehen laß mir doch durch Bäben wenigsten etwas ausführliches sagen, es ist dächt ich der Mühe werth … [9]

… Calliostro ist immer ein merckwürdiger Mensch. Und doch sind Narr mit Krafft, und Lump so nah verwandt. Ich darf nichts darüber sagen, ich bin über diesen Fleck unbeweglich. Doch lassen solche Menschen, Seiten der Menschheit sehen, die im gemeinen gange unbemerckt blieben … [10]

… Was die geheimen Künste des Cagliostro betrift, bin ich sehr mistrauisch gegen alle Geschichten, besonders von M. her. ich habe Spuren, um nicht zu sagen Nachrichten, von einer großen Masse Lügen, die im Finstern schleicht, von der du noch keine Ahnung zu haben scheinst. Glaube mir, unsere moralische und politische Welt ist mit unterirdischen Gängen, Kellern und Cloaken miniret, wie eine große Stadt zu seyn pflegt, an deren Zusammenhang, und ihrer Bewohnenden Verhältniße wohl niemand denkt und sinnt, nur wird es dem, der davon einige Kundschaft hat, viel begreiflicher, wenn da einmal der Erdboden einstürzt, dort einmal ein Rauch aus einer Schlucht aufsteigt, und hier wunderbare Stimmen gehört werden.

---

[8] die auch dem Chemiker Lavoisier zum Schicksal mit tödlichem Ausgang wurde
[9] WA IV. 5, 56$_{4-6}$
[10] WA IV. 5, 88$_{15-20}$

*Glaube mir, das Unterirdische geht so natürlich zu als das Überirdische,
und wer bei Tage und unter freyem Himmel nicht Geister bannt, ruft sie
um Mitternacht in keinem gewölbe. Glaube mir, du bist ein größerer Hexenmeister als ie einer, der sich mit* Abacadabra *gewafnet hat. Auch unter-
steh´ ich mich zu begreifen, warum B. nicht mehr schreiben will.* [11]

Goethes später als Lustspiel bezeichnetes Werk *Der Groß-Cophta* [12] in
fünf Aufzügen beginnt im ersten Auftritt in einem erleuchteten Saal mit einer Gesellschaft aus zwölf bis fünfzehn Personen beim Abendessen an einem Tisch: *An der rechten Seite sitzt der Domherr, neben ihm hinterwärts
die Marquise, dann folgt eine bunte Reihe; ...*

Die Gesellschaft wartet auf das Eintreffen des Grafen Cagliostro. Die
Marquise vermittelt im Gespräch eine kurze Beschreibung seines Wirkens:

*..- Hat nicht der Graf, unser großer Lehrer und Meister, versprochen uns
alle und Sie besonders* [womit sie sich an den Domherrn wendet] *weiter
vorwärts in die Geheimnisse zu führen? Hat er nicht den Durst nach geheimer Wissenschaft, der uns alle quält, zu stillen, jeden nach seinem Maße zu
befriedigen versprochen? Und können wir zweifeln, daß er sein Wort halten
werde?* [13]

Am Ende des ersten Auftritts kündigt den Graf sein Kommen an. Im
vierten Auftritt gibt er dann gegenüber dem Domherrn eine erste Beschreibung, nachdem dieser seiner Vorstellung geäußert hat:

DOMHERR. *Cophtha! Cophta! - Wenn ich dir es gestehen soll, wenn ich
mich vor dir nicht zu schämen brauche! Meine Einbildungskraft verließ sogleich diesen kalten beschränkten Welttheil; sie besuchte jenen heißen
Himmelsstrich, wo die Sonne noch immer über unsäglichen Geheimnissen
brütet. Ägypten sah ich auf einmal vor mir stehen; eine heilige Dämmerung umgab mich; zwischen Pyramiden, Obelisken, ungeheuren Sphinxen,
Hierolglyphen verirrte ich mich; ein Schauer überfiel mich. - Da sah ich
den Groß-Cophta wandeln; ich sah ihn umgeben von Schülern, die wie mit
Ketten an seinen klugen Mund gebunden waren.*

GRAF. *Diesmal hat dich deine Einbildungskraft nicht irre geführt. Ja,
dieser große herrliche, und ich darf wohl sagen, dieser unsterbliche Greis*

---

[11] WA IV. 5, 150$_{15}$-151$_7$
[12] WA I. 17, 119–250
[13] wie Fußnote 12, S. 120

*ist es, von dem ich euch sagte, den ihr zu sehen dereinst hoffen dürfet. In ewiger Jugend wandelt er schon Jahrhunderte auf diesem Erdboden. Indien, Ägypten ist sein liebster Aufenthalt. Nackt betritt er die Wüsten Libyens; sorglos erforscht er dort die Geheimnisse der Natur. Vor seinem gebieterisch hingestreckten Arm stutzt der hungrige Löwe, der grimmige Tiger entflieht vor seinem Schelten, daß die Hand des Weisen ruhig heilsame Wurzeln aufsuche, Steine zu unterscheiden wisse, die wegen ihrer geheimen Kräfte schätzbarer sind als Gold und Diamanten.* [14]

Im September 1791 war Goethes Werk fertiggestellt. An seinen Freund Fritz Jacobi schrieb er bereits am 1. Juni:

*… Ich habe Lust und Anlaß mancherley zu schreiben, und wenn nur nicht andere Hindernisse dazwischen kommen die mich stören und zerstreuen, so wirst du zwischen hier und Ostern manches erhalten. ich habe fast in allen Theilen der Naturlehre und Naturbeschreibung kleine und größere Abhandlungen entworfen und es kommt nur darauf an, daß ich sie in der Folge hintereinander wegarbeite.* – und dann etwas später:

*Cagliostro´s Stammbaum und Nachrichten von seiner Familie die ich in Palermo kennen gelernt, werde ich wohl auch jetzt herausgeben, damit über diesen Nichtswürdigen gar kein Zweifel übrig bleibe … Es ist erbärmlich anzusehen, wie die Menschen nach Wundern schnappen um nur in ihrem Unsinn und Albernheit beharren zu dürfen, und um sich gegen die Ohnmacht des Menschenverstandes und der Vernunft wehren zu können …* [15]

Und mit diesem Satz verwies Goethe offensichtlich nach Conradi [1] auf sein wenige Monate später fertiggestelltes Lustspiel, daß die Halsbandaffäre mit den Machenschaften eines betrügerischen, alchemistischen Grafen, des Cagliostro, verband.


KOSMETISCHE CHEMIE IM ROMAN „WILHELM MEISTER"

Der Entwicklungs- und Bildungsroman *Wilhelm Meister* mit stark autobiografischen Zügen, der sich in die Teile *Wilhelm Meisters Lehrjahre* (sechs Bücher) und *Wilhelm Meisters Wanderjahre oder die Entsagenden* (3 Bücher) gliedert, erschien 1795–1796 bzw. 1821. Im dritten Kapitel des drit-

---

[14] wie Fußnote 12, S. 134–135
[15] WA IV. 9, $269_{12-19}$ und $270_{11-23}$

ten Buches von *Wilhelm Meisters Wanderjahren* finden wir eingefügt den Text *Der Mann von funfzig Jahren* - und darin auch das „chemische bzw. kosmetische Thema" als *heilsame Toilette* und in Form eines „Toilettenkästchens". Dieses Thema wurde in neuesten Zeit Thema einer Dissertation – von Gesa Dane: *„Die heilsame Toilette"* Kosmetik und Bildung in Goethes 'Der Mann von funfzig Jahren' [4]. Der Begriff „Toilette" umfaßt in seiner allgemeinesten Bedeutung den Bereich des Ankleidens und Frisierens; Toilettenartikel sind noch heute alle Artikel, die zur Kleidung und zur Körperpflege gehören. Im 19. Jahrhundert erschien 1892 bereits in der vierten Auflage ein Fachbuch mit dem Titel „Toiletten-Chemie" von Christoph Heinrich *Hirzel*, das zur Interpretation von Goethes Kenntnisse herangezogen wurde.

Im „Brockhaus" von 1841, also neun Jahre nach Goethes Tod erschienen, lautet die Definition: „Toilette ist die aus dem Französischen entlehnte Benennung für den Putztisch der Frauen oder ein Behältniß, in welchem zum Ankleiden und Putz nöthige oder doch dazu benutzte Geräthe und Gegenstände verwahrt werden, wie z.B. Seifen und Salben, Pomaden, Mundwasser, Zahnpulver, Wohlgerüche, Bürsten, Spiegel, Schminke und andere Luxus- oder Modedinge, die im Allgemeinen auch als Toilettengegenstände bezeichnet werden. Das Ankleiden und Schmücken eleganter Frauen heißt auch Toilette machen und ihre Ankleidezimmer heißen Toilettenzimmer; aber auch ihren Anzug und Schmuck zusammen nennt man Toilette und sagt z.B., die Toilette der oder jener Dame sei geschmackvoll, glänzend, geschmacklos u.s.w. gewesen. Auch sogenannte Toilettenspiegel hat man, die meist eine länglichrunde Form haben und in einem Gestelle beweglich angebracht sind; andere befinden sich an der innern Seite des Deckels der Toilettenkästchen."

Manches davon hat sich auch bis in unsere Zeit erhalten – so z.B. das *tragbare Toilettenkästchens* für die Reise als *Beauty-Case*.

Interessant ist bereits die Entstehungs- und Publikationsgeschichte dieser erst später in den Roman integrierten Erzählung. Dazu zitiere ich in Auszügen die Dissertation von Gesa Dane[16]:

---

[16] [4], S. 15

„Im Jahre 1803 beschäftigt Goethe sich zum ersten Mal mit dem Stoff, sein Tagebuch enthält am 5. Oktober die Aufzeichnung: 'Früh Mann von 50 Jahren durchgedacht.' Im Sommer 1807 arbeitet Goethe wieder daran, zur gleichen Zeit schreibt er an Cotta, der nach einem Beitrag für den 'Damen-Calender' gefragt hatte: 'Ob ich so glücklich seyn werde, etwas für den Damen-Calender schickliches zu finden, weiß ich nicht: denn ich habe in der Zeit zwar manches gearbeitet, das aber gerade in diesen Kreis nicht passt.' Zehn Jahre später erscheint die Erzählung 'Der Mann von funfzig Jahren' dann doch in einer Zeitschrift, die für den Leserkreis bestimmt war, auf den Goethe angespielt hatte: in Cottas 'Taschenbuch für Damen auf das Jahr 1818'. Zum zweiten Mal erscheint die Erzählung unverändert innerhalb der ersten Fassung von 'Wilhelm Meisters Wanderjahren oder die Entsagenden' als eine von mehreren eingeschobenen Erzählungen."

In der Erzählung geht es um die äußerliche Verjüngung des Mannes – den Frauen zu Gefallen (hier der jungen Hilarie, der Nichte der Titelfigur), in deren Praktiken ein zehn Jahre älterer Freund der Titelfigur des Majors diesen unterrichtet und an ihm durch des Majors Diener auch praktizieren läßt.[17]

Bevor dieser ältere Freund in der Erzählung auftaucht, stellt der Major an sich folgendes fest[18]:

*… Sonst war ihm alles an sich und seinem Diener recht gewesen; nun aber fand er sich, als er vor den Spiegel trat, nicht so wie er zu sein wünschte. Einige graue Haare konnte er nicht läugnen, und von den Runzeln schien sich auch etwas eingefunden zu haben. Er wischte und puderte mehr als sonst, und mußte es doch zuletzt lassen, wie es sein konnte. Auch mit der Kleidung und ihrer Sauberkeit war er nicht zufrieden. Da sollten sich immer noch Fasern auf dem Rock und noch Staub auf den Stiefeln finden. Der Alte [Diener] wußte nicht, was er sagen sollte und war erstaunt, einen so veränderten Herrn vor sich zu sehen.*

Kurz nach diesen selbstkritischen Betrachtungen taucht dann „ein alter theatralischer Freund" (also ein Schauspieler) auf, der am Schauplatz der Erzählung, einem Gut, vorbereiste und „für einen Augenblick einzukehren gedenke" – und schon bald kommen beide im Gespräch auf ihr Äußeres, das bei dem Gast besonders gut erhalten ist, zu sprechen:

---

[17] WA I. 24, 260–315
[18] WA I. 24, 265$_{24}$–266$_{10}$

*– Wenn es auch keine Zauberei ist, lächelte der Major, wodurch ihr an-*
*dren euch jung erhaltet, so ist es doch ein Geheimnis, oder wenigstens sind*
*es Arcana, dergleichen oft in den Zeitungen gepriesen werden, von denen*
*ihr aber die besten herauszuproben wißt. – Du magst im Scherz oder im*
*Ernst reden, versetzte der Freund, so hast du´s getroffen. Unter den vielen*
*Dingen, die man von jeher versucht hat, um dem Äußeren einige Nahrung*
*zu geben, das oft viel früher als das Innere abnimmt, gibt es wirklich un-*
*schätzbare, einfache sowohl zusammengesetzte Mittel, die mir von Kunst-*
*genossen mitgetheilt, für baares Geld oder durch Zufall überliefert und von*
*mir selbst ausgeprobt worden. Dabei bleib´ ich und verharre nun, ohne*
*deßhalb meine weiteren Forschungen aufzugeben. Soviel kann ich dir sa-*
*gen und ich übertreibe nicht: ein Toilettenkästchen führe ich bei mir, über*
*allen Preis! ein Kästchen, dessen Wirkungen ich wohl an dir erproben*
*möchte, wenn wir nur vierzehn Tage zusammen blieben.* [19]

– und wenige Absätze später bezeichnet Goethe das „Toilettenkästchen"
als *heilsame Toilette*, von deren Inhalt und Gebrauch sich der Major unbe-
dingt unterrichten wollte. [20]

„Arcana" nennt der Major die Mittel zur Verschönerung des Äußeren.
Der Begriff aus der Alchemie bezeichnete ursprünglich „Heilmittel" für
„kranke", d.h. unvollkommene Metalle. Der Arzt und Naturforscher Paracelsus übertrug diese Bezeichnung im 16. Jahrhundert auf Arzneipräparate
mit besonderer starker Wirkung. Goethe verwendete diesen Begriff im Sinne von Geheimmittel – dazu W. Schneider [5]:

„Seit dem 18. Jh. blühte der Geheimmittelhandel förmlich auf. Arzneien
der verschiedensten Art und Form wurden, in Flaschen, Schachteln usw. ver-
packt, vertrieben (z.B. Frankfurter Pillen, die Universalarzneien des Halle-
schen Waisenhauses, Olitäten aus dem Erzgebirge, Patentmedizinen der
Engländer). Die Fortschritte der Analytik führten seit dem 19. Jh. immer
mehr zur Entlarvung solcher Mittel. Da die (…) Spezialitäten der Industrie
auch abgabefertig in den Handel kamen, wurden Geheimmitel und Spezia-
liäten lange Zeit in einem Atem genannt und von den Apotheken, ohne
durchschlagenden Erfolg, bekämpft."

Unter „Olitäten" verstand man z.B. Schwefelbalsame, die besonders im
Volk als Allheilmittel geschätzt und auch ambulant verkauft wurden. Mit

---

[19] WA I. 24, 270$_{4-23}$
[20] WA I. 24, 271$_{18}$

Bezug auf Goethe ist von Interesse, daß diese Produkte durch „Laboranten" u.a. in Thüringen und dem Erzgebirge hergestellt und ambulant verkauft wurden. Eine sogenannten Laboranten-Apotheke aus dem 18. Jahrhundert ist z.B. im Thüringer Museum in Eisenach zu besichtigen. Nach Schneider [5] war dieser „Olitätenhandel" bis in das 19. Jahrhundert „hinein legitimiert, er gehört zu den Anfängen des (…) Spezialitäten- und (…) Geheimmittelwesens."

Der Major erhielt in Goethes Erzählung aus dem Toilettenkästchen des Schauspielers dessen „Tinkturen, Pomaden und Balsamen", die in „Schächtelchen, Büchschen und Gläser" abgefüllt wurden.

Der Major bat den alten Freund und Besucher darum [21]:

*… Teile mir etwas von deinen Tincturen, Pomaden und Balsamen mit, und ich will einen Versuch machen.*

*Mitteilungen, sagte der andere, sind schwerer als man denkt. Denn hier z.B. kommt es nicht allein darauf an, daß ich dir von meinen Fläschchen etwas abfülle und von den besten Ingredienzien meiner Toilette die Hälfte zurücklasse; die Anwendung ist das Schwerste.*

Bereits am folgenden Abend nach dem Eintreffen des Gastes wurden die Mittel am Major erprobt [22]:

*Der alte Reitknecht zog ihn nach alter Art und Weise eilig aus; aber nun trat der neue hervor und ließ merken, daß die eigentliche Zeit, Verjüngungs- und Verschönerungsmittel anzubringen die Nacht sei, damit in einem ruhigen Schlaf die Wirkung desto sicherer vor sich gehe. Der Major mußte sich also gefallen lassen, daß sein Haupt gesalbt, sein Gesicht bestrichen, seine Augenbrauen bepinselt und seine Lippen betupft wurden.*

Tinkturen waren ursprünglich (von lat. tingere = färben) Färbemittel – in der Alchemie wurde der „Stein der Weisen" als „Große Tinctur" bezeichnet. Im 17. Jahrhundert wurden „gefärbte, durchsichtige, meist schwefelsaure oder alkoholhaltige Auszüge aus einer oder mehreren Grogen" als Tinkturen bezeichnet [5], im 18. Jahrhundert kamen Wasser- und Ätherauszüge hinzu.

*Pomaden* werden in „ZEDLERS Universallexikon", im Band 28 von 1741, als aus tierischen Fetten und pflanzlichen Wirkstoffen gewonnene Salben bezeichnet, „deren Gebrauch ist, eine zarte, reine und glatte Haut zu ma-

---

[21] WA I. 24, 27$_{7-15}$
[22] WA I. 24, 276$_{23}$-277$_3$

chen, Risse und Schwielen wegzunehmen, die Haare einzuschmieren, damit sie sich besser kämmen, krausen und pudern lassen."

*Balsame,* unter dem Stichwort *Balsamum Cosmeticum* in Zedlers Universallexikon Band 3 von 1733, „wurden aus pflanzlichen Harzen oder harzähnlichen Substanzen hergestellt und ebenfalls als Heilmittel gegen innere und äußere Verletzungen und Beschwerden verwendet; einigen Balsamen wurde außerdem eine hautglättende Wirkung zugeschrieben. Zu diesen gehörten beispielsweise 'D. Fausts Schmink-Balsam' und der 'wahre Balsam': 'Der vornehmste doppelte Gebrauch des wahren oder weissen Balsams, ist teils für die Gesundheit, teils für die Schönheit, er machet die Haut weich und heilet die Finnen des Gesichts, deswegen reiben die Damen, wenn sie sich zuvor gewaschen haben, die Haut gelind damit.' Zur Mund- und Zahnpflege wurden besonders aufbereitete Balsame benutzt."[23]

Die „*Toiletten-Chemie*" aus der zweiten Hälfte des 19. Jahrhunderts (s.o.) führt unter dem Stichwort Balsame vor allem den Perubalsam an, der als sehr wertvoll zum Parfümieren von Pomaden und Seifen bezeichnet wird. Er stammt vom Balsambaum, *Myroxylon Pereirae* Hanb., und wurde damals offensichtlich häufig verfälscht. Als eines der gesuchtesten Schönheitsmittel wird im Fachbuch von HEINRICH HIRZEL, Universitätsprofessor und Schweizer Konsul, der 1828 in Zürich geboren wurde und bei Leipzig eine chemische Fabrik und eine Petroleumraffinerie gründete, die „Göttliche Pomade" bezeichnet: Sie bestand aus 0,25 kg Walrath, 0,5 kg Schweinefett, 0,75 kg fettem Mandelöl, 0,75 kg Benzoeharz und 100 g Vanille. Nach Hirzel wurden alle Substanzen in einer Schale digeriert, bei einer Temperatur, welche 90 °C nicht übersteigen darf. Nach fünf bis sechs Stunden wurde die Masse abgeseiht und in Flaschen oder Töpfchen zum Verkauf gegossen.

Gesa Dane [4] zieht in ihrer Begriffsgeschichte zu den bereits näher erläuterten Bezeichnungen folgendes Fazit:

„Aus diesem medizinisch-kosmetischen Bereich stammt also der Inhalt jenes 'Toilettenkästchens' (...), das der Schauspieler mit sich führt. Der Major bezeichnet diese Mittel einmal als 'Arcana' (...), ein Begriff, der nicht nur für Geheimmittel, sondern auch für neue Medikamente gebraucht wurde.(...) Ein anderes Mal nennt der Major die Mittel 'heilsame Toilette' (...), diese Formulierung stellt die Praktiken des Schauspielers in die Tradition der 'cosmetica medicamenta'. Hier deutet sich eine Verschränkung von

---

[23] zitiert aus [4], S. 54/55 - dort weitere Literaturzitate

Dichtung und Naturlehre an, durchaus vergleichbar mit dem Terminus der zeitgenössischen Chemie 'attractio electiva' [= Verwandtschaft, Wahlverwandtschaft] und dem Romantitel 'Die Wahlverwandtschaften'."

- Goethes eigenes Reise-Necessaire ist erhalten geblieben und wird von der Stiftung Weimarer Klassik verwahrt. -

## DIE WAHLVERWANDTSCHAFTEN UND
## DIE CHEMISCHE AFFINITÄTSLEHRE

Die neueste, umfassendste und kritischste Untersuchung zum Thema „Goethes ´Wahlverwandtschaften und die Chemie seiner Zeit" (Untertitel) unter dem Haupttitel „Eine fast magische Anziehungskraft" stammt von JEREMY ADLER [6]. In seinem Vorwort schreibt er zur Bedeutung dieses Romans:

„Goethes *Wahlverwandtschaften* sind das klassische Beispiel dafür, wie Naturwissenschaft und Literatur in ein fruchtbares Wechselverhältnis treten können. Die Bedeutung der Naturwissenschaften für die *Wahlverwandtschaften* kündigt sich im Titel an, denn der Ausdruck 'Wahlverwandtschaften' entstammt der Chemie des 18. Jahrhunderts. Die chemische Theorie der 'Verwandtschaft' wird auch mit vielen Einzelheiten im vierten Kapitel des Romans besprochen. Im Verlauf der Handlung wird diese Lehre dann auf das Leben übertragen und am Beispiel des Menschen ergänzt und erweitert. Es zeigt sich dabei nicht nur der Einfluß der Naturwissenschaft auf die Literatur, sondern auch inwieweit es die Literatur vermag, auf naturwissenschaftliche Fragestellungen einzugehen und selbst zur Naturwissenschaft beizutragen. Daß diese Auseinandersetzung mit einer chemischen Theorie in einem klassischen Roman, ja im ersten deutschen Gesellschaftsroman, geführt wird, sollte nicht zu der Ansicht verleiten, daß hier die Naturwissenschaft nur ästhetisch dargestellt und verwertet wird. Selbst im Bereich des Ästhetischen behält die Naturwissenschaft ihre eigene Gültigkeit, ihre Wahrheit. Die literarische Behandlung bewahrt den wissenschaftlichen Gehalt und schenkt ihm eine bleibende Bedeutung. Umgekehrt verleiht die Wissenschaft dem Roman etwas von ihrer Strenge, wodurch er erst zum klassischen Gesellschaftsroman werden konnte. So stellen die *Wahlverwandtschaften* eine einzigartige Synthese von Literatur und Naturwissenschaft dar."

Dem allgemeinen Vorgehen in diesem Buch entsprechend möchte ich zunächst von ausgewählten Textstellen aus Goethes Werken ausgehen. In seinen Tagebüchern erwähnt Goethe die „Wahlverwandtschaften" erstmals am 11. April 1808 – und zwar im Zusammenhang mit der zuvor behandelten Erzählung:[24]

*11. An den kleinen Erzählungen schematisirt, besonders den Wahlverwandtschaften und dem Mann von 50 Jahren …*

Aber bereits in seinen naturwissenschaftlichen Schriften, und zwar in den Studien zur Morphologie „Vorträge über die drei ersten Capitel des Entwurfs einer allgemeinen Einleitung in die vergleichende Anatomie, ausgehend von der Osteologie" von 1796[25] finden sich, von der Mineralogie ausgehend, Ausführungen zur chemischen Verwandtschaftslehre. Hier äußerst sich Goethe im I. Kapitel zunächst auch über die Chemie im Vergleich zur Botanik (unbelebter und belebter Natur), bei der sich auf Linné bezieht, und der Zoologie, für die er Vater und Sohn Forster anführt, die „Kennzeichen der Vögel, Fische und Insecten vorgezeichnet" hätten[26]:

*Man wird aber nicht lange mit Bestimmung der äußern Verhältnisse und Kennzeichen sich beschäftigen, ohne das Bedürfnis zu fühlen, durch Zergliederung mit den organischen Körpern gründlicher bekannt zu werden. Denn wie es zwar löblich ist, die Mineralien, auf den ersten Blick, nach ihren äußern Kennzeichen zu beurtheilen und zu ordnen: so muß doch die Chemie zu einer tieferen Kenntnis das Beste beitragen.*

*Beide Wissenschaften aber, die Zergliederung sowohl als die Chemie, haben für diejenigen, die nicht damit vertraut sind, eher ein widerliches als anlockendes Ansehn [tempora non mutantur?!]. Bei dieser denkt man sich nur Feuer und Kohlen, gewaltsame Trennung und Mischung der Körper; bei jener nur Messer, Zerstückelung, Fäulnis und einen ekelhaften Anblick auf ewig getrennter organischer Teile. Doch so verkennt man beide wissenschaftliche Beschäftigungen. Beide üben den Geist auf mancherlei Art, und wenn die eine, nachdem sie getrennt hat, wirklich wieder verbinden, ja durch diese Verbindung eine Art von neuem Leben wieder hervorbringen kann, wie zum Beispiel bei der Gährung geschieht: so kann die andere zwar nur trennen, sie gibt aber dem menschlichen Geiste Gelegenheit das Tote mit dem Lebenden, das Abgesonderte mit dem Zusammenhängenden, das*

---

[24]  WA III. 3, 327₂₆₋₂₈

[25]  WA II. 8, 61–89

[26]  WA II. 8, 64₃–65₂

*Zerstörte mit dem Werdenden zu vergleichen, und eröffnet uns die Tiefen der Natur mehr als jede andere Bemühung und Betrachtung.*

Das zweite Kapitel ist dann der vergleichenden Anatomie gewidmet und danach folgt im dritten Kapitel von der Mineralogie ausgehend – mit wiederum auch geochemischen Betrachtungen – dann auch der Kernsatz, der zur Verwandtschaftslehre in der Chemie führt[27]:

*III. Über die Gesetze der Organisation überhaupt, insofern wir sie bei Construction des Typus vor Augen haben sollen.*

*Um uns den Begriff organischen Wesens zu erleichtern, werfen wir einen Blick auf die Mineralkörper. Diese, in ihren mannigfaltigen Grundtheilen so fest und unerschütterlich, scheinen in ihren Verbindungen, die zwar auch nach Gesetzen geschehen, weder Grenze noch Ordnung zu halten. Die Bestandteile trennen sich leicht, um wieder neue Verbindungen einzugehen; diese können abermals aufgehoben werden und der Körper, der erst zerstört schien, liegt wieder in seiner Vollkommenheit vor uns. So vereinen und trennen sich die einfachen Stoffe, zwar nicht nach Willkür, aber doch mit großer Mannigfaltigkeit, und die Teile der Körper, welche wir unorganisch nennen, sind, ohngeachtet ihrer Anneigung zu sich selbst, doch immer wie in einer suspendirten Gleichgültigkeit, indem die nächste, nähere, oder stärkere Verwandtschaft sie aus dem vorigen Zusammenhange reißt und einen neuen Körper darstellt, dessen Grundteile, zwar unveränderlich, doch immer wieder auf eine neue oder unter andern Umständen, auf eine Rückzusammensetzung zu warten scheinen.*

*Zwar bemerkt man, daß die mineralischen Körper, insofern sie ähnliche oder verschiedene Grundteile enthalten, auch in sehr abwechselnden Gestalten erscheinen; aber eben diese Möglichkeit, daß der Grundtheil einer neuen Verbindung unmittelbar auf die Gestalt wirke und sie sogleich bestimmen, zeigt das Unvollkommene dieser Verbindung, die auch eben so leicht wieder aufgelös´t werden kann.*

*So sehen wir gewisse Mineralkörper bloß durch das Eindringen fremder Stoffe entstehen und vergehen; schöne durchsichtige Krystalle zerfallen zu Pulver, wenn ihr Krystallisationswasser verraucht, und (ein entfernter liegendes Beispiel sei erlaubt) die zu Borsten und Haaren durch den Magnet vereinigten Eisenspäne zerfallen wieder in ihren einzelnen Zustand, sobald der mächtig verbindende Einfluß entzogen wird.*

---

[27] WA II. 8, 78–80

*Das Hauptkennzeichen der Mineralkörper, auf das wir hier gegenwärtig Rücksicht zu nehmen haben, ist die Gleichgültigkeit ihrer Theile in Absicht auf ihr Zusammensein, ihre Co- oder Subordination. Sie haben nach ihrer Grundbestimmung gewisse stärkere oder schwächere Verhältnisse, die, wenn sie sich zeigen, wie eine Art von Neigung aussehen, deßwegen die Chemiker auch ihnen die Ehre einer Wahl bei solchen Verwandtschaften zuschreiben, und doch sind es oft nur äußere Determinationen, die sie da oder dort hin stoßen oder reißen, wodurch die Mineralkörper hervorgebracht werden, ob wir ihnen gleich den zarten Anteil, der ihnen an dem allgemeinen Lebenshauche der Natur gebührt, keineswegs absprechen wollen.*

In den Tagebuchaufzeichnungen des Jahres 1808 finden sich zahlreiche Hinweise darauf, daß Goethe intensiv an den Wahlverwandtschaften gearbeitet hat. Die Häufigkeit der Eintragungen setzt sich bis in den November 1809 fort. Bereits 1809 erschienen in der Cottaischen Buchhandlung in Tübingen der erste und zweite Teil dieses Romans. Am 18. Juni 1812 lautete Goethes Eintragung in das Tagebuch: *Das Packet mit den Wahlverwandtschaften an Lämel.* [28] – einen Bankherrn in Prag. Und am 6. Januar 1820 beschäftigte sich Goethe wieder mit diesem Roman, die Tagebucheintragung dazu lautet:

*Die Wahlverwandtschaften zu lesen angefangen.* [29] Und am 22. Juli 1825 erhielt der Chemieprofessor Göttling ein Exemplar, offensichtlich aus der von Goethe selbst besorgten Gesamtausgabe seiner Werke (als 13. Teil), die in Wien und mit dem 19. und 20. Band wieder bei Cotta in Stuttgart erschien.

Auch Goethes Briefe vermitteln zahlreiche Zeugnisse über die Entstehung dieses Romans:

So schrieb er aus dem böhmischen Franzensbad (bei Goethe Franzensbrunn) an seinen Sekretär Riemer in Karlsbad am 19. Juli 1808 [30]: *... zu Ende der Woche werde ich wieder bey Ihnen seyn. Trincken und Baden bekommt mir sehr wohl und ich hoffe nach meiner Rückkehr von den Wahlverwandtschaften stark angezogen zu haben.* Und wenige Sätze später: *Der Vulkanismus des Cammerberges hat mich sehr interessirt ...* Seiner Frau Christiane teilte er aus Jena am 12. Mai 1809 u.a. mit [31]: *... Wenn ich*

---

[28] WA III. 4, 295$_{26-27}$
[29] WA III. 7, 126$_{5-6}$
[30] WA IV. 20, 332 (Brief Nr. 5566)
[31] WA IV. 20, 340 (Brief Nr. 5725)

noch einige Zeit hier bin soll der Roman hoffe ich zum Druck befördert seyn
… Daß der Roman in zwei Teilen erschienen ist, entnehmen wir einem
weiteren Brief Goethes aus Jena an Charlotte von Stein vom 30. Mai 1809[32]:
… und es ist mir in diesen Tagen gelungen, an dem Roman fortzuarbeiten
der mir durch die gute Aufnahme seiner ersten Hälfte erst wieder werth geworden … Am folgenden Tag schrieb er darüber auch an seinen Freund
Zelter in Berlin[33]: … so befind´ ich mich in Jena, wo ich einen Roman fertig
zu schreiben suche, den ich vorm Jahre in den böhmischen Gebirgen conci-
pirt und angefangen habe. Wahrscheinlich kann ich ihn noch in diesem Jahre herausgeben und ich eile um so mehr damit, weil es ein Mittel ist mich
mit meinen auswärtigen Freunden wieder einmal vollständig zu unterhalten … Am 25. Juli ist es dann soweit (Goethe an seine Frau)[34]: … Künftige
Woche wird angefangen am Roman zu drucken … Und am 28. Juli schrieb
er an Christiane[35]: … Die ersten Bogen des Romans sind in die Druckerey
… Wie sehr ihn in den kommenden Wochen der Druck der „Wahlverwandtschaften" beschäftigte, verraten weitere Briefe, so an den Professor
an der Weimarer Zeichenschule Johann Heinrich Meyer am 11. August 1809
aus Jena[36]: … Der neue Roman ist bis zum 7. Bogen gedruckt in unsern
Händen. Es wird sorgfältig daran redigirt, corrigirt und revidirt und ist
kaum abzusehen wie bis Michael [29. September] das ganze fertig seyn soll.
Indessen ohne solche Nöthigung käme man gar nicht zu Stande. Am 28.
September muß Goethe seinem Freund Meyer in Weimar mitteilen[37]: …
Der Druck des Romans neigt sich zum Ende und doch werden immer noch
acht Tage hingehen … Und am 30. September schreibt er Caroline von
Humboldt[38]: … Soeben verläßt ein Roman von mir die Presse …

Schon einen Tag zuvor teilte er dem Minister Voigt in Weimar mit[39]:
Durch den Abgang des Boten überrascht, sende ich heute nur mit wenigen
Worten alles, was sich auf die chemische Stelle [die Wiederbesetzung der
Professor von Göttling – s. Kap. 4] bezieht, und den ersten Theil des Ro-

---

[32] WA IV. 20, 340 (Brief Nr. 5732)
[33] WA IV. 20, 345 (Brief Nr. 5735)
[34] WA IV. 21, 11 (Brief Nr. 5762)
[35] WA IV. 21, 12 (Brief Nr. 5764)
[36] WA IV. 21, 30 (Brief Nr. 5775)
[37] WA IV. 21, 90 (Brief Nr. 5823)
[38] WA IV. 21, 97 (Nr. 5828)
[39] WA IV. 21, 94 (Nr. 5826)

mans ... Am 1. Oktober schrieb er dann seinem Verleger Cotta[40]: ... *Die Aushängebogen des Romans werden nun bald in Ihren Händen seyn; und ich wünsche, daß diese beyden Bändchen zuerst Ihnen und dann dem Publicum Vergnügen machen ...* Weitere Nachrichten aus diesen Tagen gingen an seine Frau Christiane (3.10.)[41]: *Der Roman kommt in diesen Tagen zu stande, ob ich gleich kaum werde ein vollständiges Exemplar mitbringen können ... Zu meinem Empfang erbitte ich mir einen recht guten französischen Bouillon und wünsche recht wohl zu leben.* -, an Alexander von Humboldt (5.10.)[42]: ... *so will ich wenigstens etwas von mir hinüberschicken, und zwar einen kleinen Roman, der soeben fertig geworden. Sie werden gewiß freundlich aufnehmen, daß darin Ihr Name von schönen Lippen ausgesprochen wird ...* -, an den Kanzler Müller in Weimar (16.10.)[43] ... *Diese Morgen ist der Roman abgegangen. Gute Aufnahme! und freundliche Erinnerung ...* - und an seinen Freund Knebel (21.10.)[44]: ... *Den 2. Theil meines Romans schicke ich dir nicht; du möchtest mich darüber noch mehr als über den ersten ausschelten ... .* Am Ende des Jahres 1809, am 21. Dezember, stellte Goethe in einem Brief an Marianne von Eybenberg, geb. Meyer, fest[45]: ... *Von mir weiß ich nicht viel zu sagen. Jetzt bin ich fleißig, mehr um eine Arbeit los zu werden, als um etwas zu Thun, und darf weder links noch rechts sehen, indessen meine lieben Landsleute mit den Wahlverwandtschaften verwandt zu werden trachten, und doch mitunter nicht recht wissen, wie sie es anfangen sollen.*

Aus diesen Briefauszügen ergibt sich somit die Entstehungsgeschichte des „chemisch" geprägten Romans, der vereinfacht und drastisch ausgedrückt eine chemische Begründung für einen, hier geistigen Ehebruch enthält.

Goethe selbst hat sein Werk im „Morgenblatt für gebildete Stände" Nr. 211 vom 4. September 1809 wie folgt angekündigt[46]:

*Wir geben hiermit vorläufige Nachricht von einem Werke, das zur Michaelismesse im Cotta´schen Verlage herauskommen wird:*

---

[40] WA IV. 21, 99 (Nr. 5830)
[41] WA IV. 21, 109 (Nr. 5836)
[42] WA IV. 21, 111 (Nr. 5838)
[43] WA IV. 21, 115 (Nr. 5842)
[44] WA IV. 21, 120 (Nr. 5846)
[45] WA IV. 21, 149 (Nr. 5871)
[46] WA I. 41.1, 34

*Die Wahlverwandtschaften, ein Roman von Goethe. In zwei Theilen.*

*Es scheint, daß den Verfasser seine fortgesetzten physikalischen Arbeiten zu diesem seltsamen Titel veranlaßten. Er mochte bemerkt haben, daß man in der Naturlehre sich sehr oft ethischer Gleichnisse bedient, um etwas von dem Kreise menschlichen Wesens weit Entferntes näher heranzubringen; und so hat er auch wohl, in einem sittlichen Falle, eine chemische Gleichnißrede zu ihrem geistigen Ursprunge zurückzuführen mögen, um so meh, als doch überall nur Eine Natur ist, und auch durch das Reich der heitern Vernunftfreiheit die Spuren trüber leidenschaftlicher Nothwendigkeit sich unaufhaltsam hindurchziehen, die nur durch eine höhere Hand, und vielleicht auch nicht in diesem Leben, völlig auszulöschen sind.*

In der Literaturgeschichte von H.A. und E. Frenzel [7] wird der Inhalt dieses Romans wie folgt kurz zusammengefaßt:

„Der Begriff der Wahlverwandtschaften aus der Chemie – (…) – [wird] auf die menschlichen Beziehungen zwischen vier Personen, dem Ehepaar Eduard und Charlotte, Ottilie, dem Hauptmann, übertragen. Der Zwang des Naturgesetzes stößt zusammen mit der Pflicht des Menschen, seine Übernatürlichkeit zu wahren. Er führt mit ´trüber leidenschaftlicher Notwendigkeit´ bis zum doppelten geistigen Ehebruch: das Kind Eduards und Charlottens hat Ottiliens Augen und die Züge des Hauptmanns. Den Widerstreit zwischen Neigung und Pflicht löst nur der sittliche Akt der Entsagung, zu dem Eduard und Ottilie sich nicht durchringen können. Ihrer leidenschaftlichen Hingerissenheit fällt Charlottens Kind zum Opfer, Ottiliens Ende, ein innerliches Verzehren, ist ein romantischer Liebestod, der dem Werk, besonders bei den Romantikern bahnbrechend, Verständnis sicherte."

Der mit Eduard, „so nennen wir einen reichen Baron im besten Mannesalter", befreundete Hauptmann ohne Anstellung wird auf dem Gut Eduards aufgenommen, nachdem Eduard sich wie folgt mit seiner Frau Charlotte nach dem Eintreffen eines Briefes besprochen hat[47]:

*Es betrifft unsern Freund, den Hauptmann, antwortete Eduard. Du kennst die traurige Lage, in die er, wie so mancher andere, ohne sein Verschulden gesetzt ist. Wie schmerzlich muß es einem Manne von seinen Kenntnissen, seinen Talenten und Fertigkeiten sein, sich außer Tätigkeit zu sehen und – ich will nicht lange zurückhalten mit dem was ich für ihn wünsche: ich möchte, daß wir ihn auf einige Zeit zu uns nähmen.*

---

[47] WA I. 20, $5_{24}$-$6_3$

Nach einigem Hin und Herr zwischen den Eheleuten wird beschlossen [48]: *Auf dem rechten Flügel des Schlosses kann er wohnen, und alles andere findet sich. Wie viel wird ihm dadurch geleistet, und wie manches Angenehme wird uns durch seinen Umgang, ja wie mancher Vorteil! Ich hätte längst eine Ausmessung des Gutes und der Gegend gewünscht; er wird sie besorgen und leiten.*

Dieser ersten Aufgabe erledigt sich der eingeladene Hauptmann mit Erfolg und in kurzer Zeit, so daß er sich der nächsten, ein Archiv des Gutes zu ordnen, unterziehen konnte. An den Abenden kamen die drei, falls sie nicht benachbarten Gütern einen Besuch abstatteten, zu gemeinsamen Gesprächen zusammen – *das Gespräch wie das Lesen meist solchen Gegenständen gewidmet, welche den Wohlstand, die Vorteile und das Behagen der bürgerlichen Gesellschaft vermehren.* [49]

*So benutzte Charlotte die Kenntnisse, die Tätigkeit des Hauptmanns auch nach ihrem Sinne und fing an mit seiner Gegenwart völlig zufrieden und über alle Folgen beruhigt zu werden. Sie bereitete sich gewöhnlich vor, manches zu fragen, und da sie gern leben mochte, so suchte sie alles Schädliche, alles Tödliche zu entfernen. Die Bleiglasur der Töpferwaren, der Grünspan kupferner Gefäße hatte ihr schon manche Sorgen gemacht. Sie ließ sich hierüber belehren, und natürlicherweise mußte man auf die Grundbegriffe der Physik und Chemie zurückgehen.* [50]

Und eines abends kam das Gespräch auch auf die Verwandtschaftslehre, beginnend jedoch mit zunächst einem Mißverständnis von seiten Charlottes:

*Zufälligen, aber immer willkommenen Anlaß zu solchen Unterhaltungen gab Eduards Neigung, der Gesellschaft vorzulesen …* [51]

*… Ich hörte von Verwandtschaften lesen, und da dacht´ ich eben gleich an meine Verwandten, an ein paar Vettern, die mir gerade in diesem Augenblick zu schaffen machen. Meine Aufmerksamkeit kehrt zu deiner* [ihres Mannes Eduard] *Vorlesung zurück; ich höre daß von ganz leblosen Dingen die Rede ist, und blicke dir in´s Buch, um mich wieder zurecht zu finden.*

---

[48] WA I. 20, 7$_{21-27}$
[49] WA I. 20, 43$_{9-12}$
[50] WA I. 20, 44$_{25}$–45$_7$
[51] WA I. 20, 45$_{8-10}$

*Sie ist eine Gleichnisrede, die dich verführt und verwirrt hat, sagte Eduard. Hier wird freilich nur von Erden und Mineralien gehandelt, aber der Mensch ist ein wahrer Narziß; er bespiegelt sich überall gern selbst; er legt sich als Folie der ganzen Welt unter.*

*Ja wohl! fuhr der Hauptmann fort: so behandelt er alles was er außer sich findet; seine Weisheit wie seine Thorheit, seinen Willen wie seine Willkür leiht er den Thieren, den Pflanzen, den Elementen und den Göttern.*

*Möchtet ihr mich, versetzte Charlotte, da ich euch nicht zu weit von dem augenblicklichen Interesse wegführen will, nur kürzlich belehren, wie es eigentlich hier mit den Verwandtschaften gemeint ist.*

*Das will ich wohl gerne tun, erwiderte der Hauptmann, gegen den sich Charlotte gewendet hatte; freilich nur so gut als ich es vermag, wie ich es etwa vor zehn Jahren gelernt, wie ich es gelesen habe. Ob man in der wissenschaftlichen Welt noch so darüber denkt, ob es zu den neuern Lehren paßt, wüßte ich nicht zu sagen.*

*Es ist schlimm genug, rief Eduard, daß man jetzt nichts mehr für sein ganzes Leben lernen kann. Unsere Vorfahren hielten sich an den Unterricht, den sie in ihrer Jugend empfangen; wir aber müssen jetzt alle fünf Jahre umlernen, wenn wir nicht ganz aus der Mode kommen wollen.* [52]

Bevor wir dem Originaltext Goethes weiter folgen an dieser Stelle ein Exkurs, der sich auf Goethes eigene Beschäftigung mit der chemischen Verwandtschaftslehre befaßt. Vorauszuschicken ist, daß Goethe geäußert haben soll, es sei kein Zug an dem Werk, den er nicht erlebt habe, aber auch keiner so, wie er ihn erlebt habe [7].

Nach O. Krätz [8] soll Goethe offenbar doch Schwierigkeiten gehabt haben, den großen Auseinandersetzungen der damaligen theoretischen Chemie zu folgen, wie er meint, einem Brief an Göttling entnehmen zu können.

Der im Konzept erhalten gebliebene Brief vom 28. April 1794 - gut zehn Jahre vor den Arbeiten an den Wahlverwandtschaften ! - an Johann Friedrich August Göttling lautet in Auszügen [53]:

*Ew. Wohlgeborn haben mir mit übersendetem Buche [54] ein sehr angenehmes Geschenk gemacht. So aufmerksam ich schon lange auf die neue*

---

[52] WA I. 20, $47_2$–$48_6$
[53] WA IV. 10, 149–150 (Nr. 3053)
[54] Beytrag zur Berichtigung der antiphlogistischen Chemie auf Versuche gegründet, Weimar 1794, 2. Stck. 1798

*französische Chemie auch war, so litten es doch meine Umstände nicht, daß*
*ich ihr anders als nur gleichsam von weitem hätte folgen können. Eine*
*neue Theorie kann dem nur eigentlich recht interessant seyn, dem alle Phä-*
*nomene gegenwärtig sind, welche sie zusammen zu fassen und besser als*
*vorher geschehen zu erklären verspricht. Wer nicht in dem Fall ist, thut bes-*
*ser daß er abwartet, was Männer die mit der Wissenschaft vertraut sind,*
*auf dem neuen Wege wirken und entdecken. Wie angenehm mir in diesem*
*Betracht Ew. Wohlgeb. Arbeit sey werden Sie nach dieser Äußerung selbst*
*ermessen. Ich finde darin sehr zarte und dabey sehr einfache Versuche mit*
*vielem Scharffsinn angestellt ...*

Im Mittelpunkt dieses Göttlingschen Werkes stand jedoch die neue Oxidationstheorie, die Abkehr von der Phlogistontheorie, und nicht die chemische Verwandtschaftlehre. Andererseits sind Goethes Aussagen im Roman
aus dem Inhalt dieses Briefes abzuleiten – und sie werden erstaunerlicher-
weise heute, was die Erneuerung des Wissens in der Forschung betrifft, noch
immer so gesehen.

Sein Interesse für dieses Thema der Wahlverwandtschaften dokumen-
iert auch ein Brief an Schiller vom 23. Okrober 1799 [55], in dem es u.a. heißt:

*... habe mich jetzt an den Crebillon [56] begeben. Dieser ist auf eine sonder-*
*bare Weise merkwürdig. Er behandelt die Leidenschaften wie Chartenbilder,*
*die man durch einander mischen, ausspielen, wieder mischen und wieder*
*ausspielen kann, ohne daß sie sich im geringsten verändern. Es ist keine Spur*
*von der zarten chemischen Verwandtschaft, wodurch sie sich anziehen und*
*abstoßen, vereinigen, neutralisiren, sich wieder scheiden und herstellen ...*

Goethe hat die oben aus der „Literaturgeschichte" zitierten Aussagen gegenüber Eckermann 1829 bzw. 1830 gemacht. Und er hat den Begriff Wahlverwandtschaften auch später für zwischenmenschliche Beziehungen gebraucht – s. in [8].

Verfolgen wir nun wieder das Gespräch im Roman [57]:

*... Ich dächte, fiel ihm Eduard ein, wir machten ihr und uns die Sache*
*durch Beispiele bequem. Stelle dir nur das Wasser, das Öl, das Quecksilber*
*vor, so wirst du eine Einigkeit, einen Zusammenhang ihrer Teile finden.*

---

[55]  WA IV. 14, 203–204 (Nr. 4126)
[56]  nach den Registern der Weimarer Ausgabe CLAUDIUS PROSPER DE CREBILLON
      (1707–1777), nach O. Krätz [8] „Autor witzig-frivoler, zeitkritischer Romane")
[57]  WA I. 20, $49_5$–$51_{18}$

*Diese Einung verlassen sie nicht, außer durch Gewalt oder sonstige Bestimmung. Ist diese beseitigt, so treten sie gleich wieder zusammen.*

*Ohne Frage, sagte Charlotte bestimmend. Regentropfen vereinigen sich gern zu Strömen. Und schon als Kinder spielen [!] wir erstaunt mit dem Quecksilber [!], indem wir es in Kügelchen trennen und es wieder zusammenschieben.*

*Und so darf ich wohl, fügte der Hauptmann hinzu, eines bedeutenden Punktes im flüchtigen Vorbeigehen erwähnen, daß nämlich dieser völlig reine, durch Flüssigkeit mögliche Bezug sich entschieden und immer durch die Kugelgestalt auszeichnet. Der fallende Wasserstropfen ist rund; von den Quecksilberkügelchen haben Sie selbst gesprochen; ja ein fallendes geschmolzenes Blei wenn es Zeit hat, völlig zu erstarren, kommt unten in Gestalt einer Kugel an.*

*Lassen Sie mich voreilen, sagte Charlotte, ob ich treffe, wo Sie hin wollen. Wie jedes gegen sich selbst einen Bezug hat, so muß es auch gegen andere ein Verhältniß haben.*

*Und das wird nach Verschiedenheit der Wesen verschieden sein, fuhr Eduard eilig fort. Bald werden sie sich als Freunde und alte Bekannte begegnen, die schnell zusammentreten, sich vereinigen, ohne an einander etwas zu verändern, wie sich Wein mit Wasser vermischt. Dagegen werden andere fremd neben einander verharren und selbst durch mechanisches Mischen und Reiben sich keineswegs verbinden; wie Öl und Wasser zusammengerüttelt sich den Augenblick wieder aus einander sondert.*

*Es fehlt nicht viel, sagte Charlotte, so sieht man in diesen einfachen Formen die Menschen, die man gekannt hat; besonders aber erinnert man sich dabei der Societäten, in denen man lebte. Die meiste Ähnlichkeit jedoch mit diesen seelenlosen Wesen haben die Massen, die in der Welt sich einander gegenüber stellen, die Stände, die Berufsbestimmungen, der Adel und der dritte Stand, der Soldat und der Civilist.*

*Und doch versetzte Eduard, wie diese durch Sitten und Gesetze vereinbar sind, so gibt es auch in unserer chemischen Welt Mittelglieder, dasjenige zu verbinden, was sich einander abweis´t.*

*So verbinden wir, fiel der Hauptmann ein, das Öl durch Laugensalz mit dem Wasser.*

*Nur nicht zu geschwind mit Ihrem Vortrag, sagte Charlotte, damit ich zeigen kann, daß ich Schritt halte. Sind wir nicht hier schon zu den Verwandtschaften gelangt?*

*Ganz richtig, erwiderte der Hauptmann, und wir werden sie gleich in ihrer vollen Kraft und Bestimmtheit kennen lernen. Diejenigen Naturen, die sich bei´m Zusammentreffen einander schnell ergreifen und wechselseitig bestimmen, nennen wir verwandt. An den Alkalien und Säuren, die obgleich einander entgegengesetzt und vielleicht eben desßwegen, weil sie einander entgegengesetzt sind, sich am entschiedensten suchen und fassen, sich modificiren und zusammen einen neuen Körper bilden, ist diese Verwandtschaft auffallend genug. Gedenken wir nur des Kalks, der zu allen Säuren eine große Neigung, eine entschiedene Vereinigungslust äußert. Sobald unser chemisches Kabinett ankommt, wollen wir Sie verschiedene Versuche sehen lassen, die sehr unterhaltend sind und einen bessern Begriff geben als Worte, Namen und Kunstausdrücke.*

### GÖTTLINGS CHEMISCHES PROBIERKABINETT

Und damit kommt Goethe auch auf das „Chemische Probir-Cabinet" von Göttling zu sprechen. Der vollständige Titel des 1790 erschienenen Buches als Anleitung zu einem Experimentierkasten lautet: „Vollständiges chemisches Probir-Cabinet zum Handgebrauche für Scheidekünstler, Aerzte, Mineralogen, Metallurgen, Technologen, Fabrikanten, Oekonomen und Naturliebhaber". Göttling war bereits am 1. September 1809 gestorben. In der Herzog August Bibliothek in Wolfenbüttel wird ein Original seines Buches unter der Signatur Nd 370 aufbewahrt. In dem unscheinbaren Bändchen ohne Abbildungen wird erstmals die qualitative Analyse auf der Grundlage von Fällungs- und Farbreaktionen – als „Untersuchungen auf dem nassen Wege" – dargestellt.

Göttlings Probir-Cabinet bestand aus zwei Kästen, die sich übereinanderstellen ließen. Im Originaltext heißt es:
„Es besteht aus zwey sauber gearbeitete Kästen, die aber so zusammengesetzt werden können, daß sie ein bequemes Ganze ausmachen. Ein solcher Kasten ist 12 Zoll rein. lang, 9 Zoll hoch und eben so breit. Der untere Kasten, auf welchen der Obere gesetzt wird, enthält 14 Gläser und einen Glasmörser. Die Gläser bestehen aus weißem Glase, sind mit passenden, eingeriebenen Glastöpseln versehen, und jedes hat eine gedrukte Aufschrift,

die den Inhalt anzeigt ... Im dem oberen Kasten befinden sich, ausser einem Blaserohr aus Messing, einer kleinen Waage und einem Pistill zum Glasmörser 21 Gläser, mit folgendem Inhalt: 1) Luftleeres vegetabilisches feuerbeständiges Luagensalz [кон]. 2) Luftleeres flüchtiges Laugensalz [$NH_3$]. 3) Bleiauflösung in Salpetersäure [wahrscheinlich $Pb(NO_3)_2$]. 4) Seifenauflösung. 5) Arsenikauflösung. 6) Sublimatauflösung in destilliertem Wasser. 7) Auflösung des Quecksilbers in Salpetersäure in der Wärme bereitet. 8) Auflösung des Quecksilbers in Salpetersäure in der Kälte bereitet. 9) Flüchtige Schwefelleber [$H_2s$]. 10) Geistige Galläpfeltinktur [Lösung eines Tannats bzw. von Tanninsäure in Ethanol]. 11) In der Salzsäure aufgelöste Schwererde [$BaCl_2$]. 12) Silberauflösung. 13) Zuckersäure [Oxalsäure]. 14) Gereinigter Salmiak. 15) Vitriolsaures Bittersalz [$MgSO_4$]. 16) Kupfersulfat. 17) Kupfersalmiak [Kupfertetrammin-Lösung]. 18) Quecksilber. 19) Mineralisches Laugensalz [NaOH]. 20) Kalzinierter Borax [$B_2O_3$]. 21) Schmelzbares Urinsalz [Phosphat]. In dem unteren Kasten befinden sich 14 Gläser mit folgendem Inhalt: 1) Lackmustinktur. 2) Berlinerblaulauge. 3) Schwefelsäure. 4) Salpetersäure. 5) Salzsäure. 6) Essigsäure. 7) Flüchtiges luftvolles Laugensalz [$(NH_4)_2CO_3$]. 8) Feuerbeständiges vegetabilisches luftvolles Laugensalz [$K_2CO_3$]. 9) Gereinigter Weingeist. 10) Kalkwasser [$Ca(OH)_2$]. 11) Destilliertes Wasser. 12) Kalkleber [CaS]. 13) Pulverisierte Weinsteinkristalle. 14) Dr. Hahnemanns Bleiprobe [Sulfatlösung]. Auf der Seite des untern Kastens ist noch ein kleiner Schubkasten angebracht, und darin ist befindlich: 1) Lackmuspapier. 2) Farnambukpapier. 3) Gilbwurzpapier. 4) Lackmuspapier mit Essig geröthet. 5) ein kleines Zuckerglas. 6) ein kleiner Glastrichter. 7) Medicin Gewicht."

Als Beispiel für die Art der Göttlingschen Vorschriften wird die Herstellung der Lackmustinktur ausgewählt:

„Man schlägt das gröblich gestossene Lackmus in ein sauberes Tüchelchen ein, übergießt es in einem Wasserglase oder in einer Obertasse, mit reinem destillirten Wasser, und läßt es darin so lange liegen, bis das Wasser die nöthige blaue Farbe angenommen hat; wenn man das Tüchelchen nur ganz wenig unter dem Wasser zusammendrückt, so ist die Tinktur in einigen Minuten fertig."

Die meisten der chemischen Nachweise führte Göttling in Weingläsern durch. Die übrigen Arbeitsvorschriften zeichnen sich dadurch aus, daß sie genaue Mengen und Volumenangaben enthalten. Weiterhin wird vor jedem Nachweis auch eine Blindprobe durchgeführt. In insgesamt 152 Versuchen werden die wichtigsten Nachweise für Metalle, Salze u.a. Stoffe vorgestellt.

Daß dieses „Probir-Cabinet" auch einen gewissen Verkausferfolg gebracht hat, verdeutlicht Göttlings Vorrede zu seiner „Praktischen Anleitung zur prüfenden und zerlegenden Chemie. 1802": „Zu dem 1789 angekündigten Probiercabinet oder der Sammlung von gegenwirkenden Mitteln, die ich in ihrer möglichsten Reinheit in bequem eingerichteten Kasten an Liebhaber der Chemie gegen einen bestimmten Preiß abzulassen versprach, lieferte ich zugleich eine Schrift, die den Gebrauch dieser Mittel genau angeben sollte, und zwar unter dem Titel: Vollständiges chemisches Probiercabinet … Ich hatte willens hier zu noch einem zweyten Theil, der die Untersuchungen auf dem trockenen Wege enthalten sollte, nachfolgen zu lassen, was aber mancherley Umstände immer verhinderten. Seit der Herausgabe dieser Schrift habe ich nun eine nicht unbeträchtliche Anzahl solcher Probierkabinette an in- und ausländische Chemiker zu versenden Gelegenheit gehabt, ungeachtet auch andere, etwas Aehnliches einzurichten versucht haben …"

Göttling weist damit auf das von J. B. Trommsdorff entwickelte und vertriebene „Chemische Probierkabinett" hin. Obwohl im Aufbau vergleichbar, sind die Anleitungen Trommsdorffs so gehalten, daß für jeden Versuch bereits Erfahrungen vorhanden sein müssen. So fehlen detaillierte Gewichtsangaben; auch die von Göttling gegebenen Erklärungen zum Chemismus werden nicht mitgeliefert. Hierzu verweist Trommsdorff auf sein siebenbändiges „Systematisches Handbuch der gesamten Chemie" (1800 bis 1804).

Insgesamt hat Göttling drei Experimentierkästen, Vorläufer der Kosmos-Chemiebau- bzw. Experimentierkästen, entwickelt:

▬ 1790 zu seinem Buch mit den Anwendungsschwerpunkten für „Scheidekünstler, Aerzte, Mineralogen, Metallurgen, Technologen, Fabrikanten, Oekonomen und Naturliebhaber", also auch für den Laien wie unsere Romanfiguren.

▬ 1792 den zweiten mit der Ankündigung im „Almanach oder Taschenbuch für Scheidekünstler und Apotheker. Weimar", das er bis 1803 herausgab, als „eine Sammlung chemischer Präparate zu unterhaltenden und nützlichen Experimenten für Liebhaber der physischen Scheidekunst und vorzüglich für Jugendlehrer beym Unterricht";

▬▬ 1808 zu seinem „Elementarbuch der chemischen Experimentierkunst" einen dritten Experimentierkasten, der auch einige Laborgeräte wie Retorten, Weingeistlampe, Stativ, Abrauchschalen, Glasmörser u.a. enthält [9].

Mit seinem Buch, dem vollständigen chemischen Probir-Cabinet, hat Göttling einen wichtigen Beitrag zur analytisch-chemischen Ausbildung an den Hochschulen geleistet; seine Experimentierkästen haben auch zur Popularisierung der Chemie beigetragen [10].

Folgen wir nun weiter dem Gespräch zwischen Eduard, Charlotte und dem Hauptmann, das Charlotte zunächst in den Bereich des Menschlichen lenken will[58]:

*… Und so will ich denn abwarten, was Sie mir von diesen geheimnisvollen Wirkungen vor die Augen bringen werden. Ich will dich – sagte sie zu Eduard gewendet – jetzt im Vorlesen nicht weiter stören, und um so viel besser unterrichtet, deinen Vortrag mit Aufmerksamkeit vernehmen.*

*Da du uns einmal aufgerufen hast, versetzte Eduard, so kommst du so leicht nicht los: denn eigentlich sind die verwickelten Fälle die interessantesten. Erst bei diesen lernt man die Grade der Verwandtschaften, die nähern stärkern, entferntern geringern Beziehungen kennen; die Verwandtschaften werden erst interessant, wenn sie Scheidungen bewirken.*

*Kommt das traurige Wort, rief Charlotte, das man leider in der Welt jetzt so oft hört, auch in der Naturlehre vor?*

*Allerdings erwiderte Eduard. Es war sogar ein bezeichnender Ehrentitel der Chemiker, daß man sie Scheidekünstler nannte.*

*Das tut man also nicht mehr, versetzte Charlotte, und thut sehr wohl daran. Das Vereinigen ist eine größere Kunst, ein größeres Verdienst. Ein Einungskünstler wäre in jedem Fach der ganzen Welt willkommen. - Nun so laßt mich denn, weil ihr doch einmal im Zuge seid, ein paar solche Fälle wissen.*

In diesem Text geht Goethe somit auch auf den Beruf des „Chemikers" ein. In den chemischen Fachjorunalen taucht die Bezeichnung Chemiker erst am Endes des 18. Jahrhunderts auf. „Chemietreibende" kamen aus dem Handwerk, waren Gewerbetreibende, Apotheker, Ärzte, Metallurgen, bei de-

---

[58] WA I. 20, 51$_{26}$–52$_{22}$

nen die analytischen Aspekte, die zerlegende Chemie, meist im Vordergrund ihrer Tätigkeit stand. Diese „Chemietreibenden" nannten sich zuvor Chemisten, Chymisten, Chemiater, Chymici oder Scheidekünstler, Erst im 19. Jahrhundert entstand der Beruf des Chemikers als akademisch ausgebildeter Wissenschaftler [11,12]. Und die Bedeutung der Synthesechemie nahm im 19. Jahrhundert gegenüber der analytischen Chemie zu (Wöhler, Liebig u.a.).

Nach dieser kurzem Dialog zur Berufsbezeichnung Chemiker – Scheidekünstler fährt der Hauptmann fort[59]:

*So schließen wir uns denn gleich, sagte der Hauptmann, an dasjenige wieder an, was wir oben schon benannt und besprochen haben. Z. B. was wir Kalkstein nennen ist eine mehr oder weniger reine Kalkerde, innig mit einer zarten Säure verbunden, die uns in Luftform bekannt geworden ist. bringt man ein Stück solchen Steines in verdünnte Schwefelsäure, so ergreift diesen den Kalk und erscheint mit ihm als Gips; jene zarte luftige Säure hingegen entfleiht. Hier ist eine Trennung, eine neue Zusammensetzung entstanden und man glaubt sich nunmehr berechtigt, sogar das Wort Wahlverwandtschaft anzuwenden, weil es wirklich aussieht als wenn ein Verhältnis dem andern vorgezogen, eines vor dem andern erwählt würde.*

*Verzeihen Sie mir, sagte Charlotte, wie ich dem Naturforscher verzeihe; aber ich würde hier niemals eine Wahl, eher eine Naturnothwendigkeit erblicken, und diese kaum; denn es ist am Ende vielleicht gar nur die Sache der Gelegenheit. Gelegenheit macht Verhältnisse wie sie Diebe macht; und wenn von Ihren Naturkörpern die Rede ist, so scheint mir die Wahl bloß in den Händen des Chemikers zu liegen, der diese Wesen zusammenbringt. Sind sie aber einmal beisammen, denn gnade ihnen Gott! In dem gegenwärtigen Falle dauert mich nur die arme Luftsäure, die sich wieder im Unendlichen herumtreiben muß.*

*Es kommt nur auf sie an, versetzte der Hauptmann, sich mit dem Wasser zu verbinden und als Mineralquelle Gesunden und Kranken zur Erquickung zu dienen.*

*Der Gips hat gut reden, sagte Charlotte, der ist nun fertig, ist ein Körper, ist versorgt, anstatt daß jenes ausgetriebene Wesen noch manche Not haben kann bis es wieder unterkommt.*

*Ich müßte sehr irren, sagte Eduard lächelnd, oder es steckt eine kleine*

---

[59] WA I. 20, 51₂₆–56₁₅

*Tücke hinter deinen Reden. Gesteh nur deine Schalkheit! Am Ende bin ich in deinen Augen der Kalk, der vom Hauptmann, als einer Schwefelsäure er-griffen, deiner anmutigen Gesellschaft entzogen und in eine refractären*[60] *Gips verwandelt wird.*

*Wenn das Gewissen, versetzte Charlotte, dich solche Betrachtungen ma-chen heißt, so kann ich ohne Sorge sein. Diese Gleichnisreden sind artig und unterhaltend, und wer spielt nicht gern mit Ähnlichkeiten? Aber der Mensch ist doch um so manche Stufe über jene Elemente erhöht, und wenn er hier mit den schönen Worten Wahl und Wahlverwandtschaft etwas frei-gebig gewesen, so tut er wohl, wieder in sich selbst zurückzukehren und den Wert solcher Ausdrücke bei diesem Anlaß recht zu bedenken. Mir sind lei-der Fälle genug bekannt, wo eine innige unauflöslich scheinende Verbin-dung zweier Wesen durch gelegentliche Zugesellung eines dritten aufgeho-ben, und eins der erst so schön verbundenen in's lose Weite hinausgetrieben ward.*

*Da sind die Chemiker viel gelanter, sagte Eduard: sie gesellen ein viertes dazu, damit keines leer ausgehe.*

*Ja wohl! vesetzte der Hauptmann: diese Fälle sind allerdings die bedeu-tendsten und merkwürdigsten, wo man dasziehen, das Verwandtsein, die-ses Verlassen, dieses Vereinigen gleichsam über's Kreuz, wirklich darstellen kann; wo vier, bisher je zwei zu zwei verbundene, Wesen in Berührung ge-bracht, ihre bisherige Vereinigung verlassen und sich auf's neue verbinden. In diesem Fahrenlassen und Ergreifen, in diesem Fliehen und Suchen glautb man wirklich eine höhere Bestimmugn zu sehen; man traut solchen Wesen eine Art von Wollen und Wählen zu, und hält das Kunstwort Wahl-verwandtschaften für vollkommen gerechtfertigt.*

*Beschreiben Sie mir einen solchen Fall, sagte Charlotte.*

*Man sollte dergleichen, versetzte der Hauptmann, nicht mit Worten ab-thun. Wie schon gesagt! sobald ich Ihnen die Versuche selbst zeigen kann, wird alles anschaulicher und angenehmer werden. Jetzt müßte ich Sie mit schrecklichen Kunstworten hinhalten, die Ihnen doch keine Vorstellung gä-ben. Man muß diese totscheinenden und doch zur Tätigkeit innerlich im-mer bereiten Wesen wirkend vor seinen Augen sehen, mit Teilnahme schau-en, wie sie einander suchen, sich anziehen, ergreifen, zerstören, verschlin-gen, aufzehren und sodann aus der innigsten Verbindung wieder in erneu-*

---

[60] im Sinne: nicht beeinflußbar, nicht mehr umwandelbar

*ter, neuer unerwarteter Gestalt hervortreten: dann traut man ihnen erst ein ewiges Leben, ja wohl gar Sinn und Verstand zu, weil wir unsere Sinne kaum genügend fühlen, sie recht zu beobachten, und unsr Vernunft kaum hinlänglich, sie zu fassen.*

*Ich leugne nicht, sagte Eduard, daß die seltsamen Kunstwörter demjenigen, der nicht durch sinnliches Anschauen, durch Begriffe mit ihnen versöhnt ist, beschwerlich, ja lächerlich werden müssen. Doch könnten wir leicht mit Buchstaben einstweilen das Verhältnis ausdrücken, wovon hier die Rede war.*

*Wenn Sie glauben, daß es nicht pedantisch aussieht, versetzte der Hauptmann, so kann ich wohl in der Zeichensprache mich kürzlich zusammenfassen. Denken Sie sich ein A, das mit einem B innig verbunden ist, durch viele Mittel und durch manche Gewalt nicht von ihnen zu trennen; denken Sie sich ein C, das sich eben so zu einem D verhält; bringen Sie nun die beiden Paare in Berührung: A wird sich zu D, C zu B werfen, ohne daß man sagen kann, wer das andere zuerst verlassen, wer sich mit dem andern zuerst wieder verbunden habe.*

Goethe hat damit in der Sprache der Dichters einige wesentliche Aspekte der damaligen Chemie und auch deren Popularisierung angesprochen: die chemische Affinitätslehre, seine eigene Einstellung zu Theorie und Experiment sowie zu deren Verbreitung auch bei den Damen der Gesellschaft, auf die im folgenden kurz eingegangen werden soll.

Die theoretischen Aspekte des „chemischen Gesprächs" lassen sich mit den Begriffen Kohäsion, Mischung (zwei Körper z.B. Wein und Wasser, damals auch als Verbindungsverwandtschaft bezeichnet), „vermittelnde Verwandtschaft" (Beispiel: Öl – durch Verseifung – mit Laugensalz mit dem Wasser zu verbinden) und schließlich die „einfache" bzw. „doppelte" Wahlverwandtschaft mit den Beispielen: $AB + C \rightarrow AC + B$ ($CaCO_3 + H_2SO_4 \rightarrow CaSO_2 + (H_2O)CO_2$ bzw. $AB + CD \rightarrow AD + CB$ (z.B. $HCl + NaOH \rightarrow NaCl + H_2O$).

So entsteht nach J. Adler[61] im „chemischen Gespräch" Goethes eine Typologie der „Verwandtschaft", die er mit derjenigen des Chemikers Macquer vergleicht. (Biographie s. Kap.8)

Die Beispiele der Kohäsion (bzw. Mangel an Kohäsion) werden als einfache Verwandtschaft von Macquer bezeichnet. Der Bereich der „kompli-

---

[61] in [6], S. 111

zierten Verwandtschaft" wird wiederum nach Macquer in fünf Kategorien, von denen Goethe vier aufgreift – als vermittelnde, chemische, einfache und doppelte Verwandtschaft.

Die Verwendung des Begriffs „Wahlverwandtschaft" geht jedoch auf den schwedischen Chemiker TORBEN OLOF BERGMAN (1735–1784) zurück, der 1775 sein Werk „Disquisitio de attrationibus electivis" veröffentlichte, das später auch ins Deutsche übersetzt wurde. In den „Chemischen Vorlesungen" von 1779, übersetzt von C. E. WEIGEL (1748–1831, Professor für Chemie und Medizin ab 1775 an der Universität Greifswald). Möglicherweise hatte Goethe jedoch schon in Straßburg als Student bei J. R. Spielmann (s. Kap. 1) den Begriff „chemische Verwandtschaft" kennengelernt. Ausführliche Studien zu dieser Frage hat der Literaturwissenschaftler J. Adler in seinem Buch dargestellt [6].

Auch zur Frage von Theorie und Experiment hat Goethe sich grundlegende Gedanken gemacht. Aus dem Nachlaß des Sohnes August stammt eine Handschrift, die aus 15 Folio-Seiten besteht und am Ende das Datum 28. August 1792 trägt – mit dem Titel „Der Versuche als Vermittler von Subject und Object"[62]. In diesem Text – wir würden ihn heute als Essay bezeichnen – heißt es u.a.:

*Der Wert eines Versuchs besteht vorzüglich darin, daß er, er sei nun einfach oder zusammengesetzt, unter gewissen Bedingungen mit einem bekannten Apparat und mit erforderlicher Geschicklichkeit jederzeit wieder hervorgebracht werden könne, so oft sich die bedingten Umstände vereinigen lassen …*

Goethe warnt aber auch vor voreiligen Schlüssen:

*Man kann sich daher nicht genug in Acht nehmen, aus Versuchen nicht zu geschwind zu folgern: denn bei´m Übergang von der Erfahrung zum Urtheil, von der Erkenntnis zur Anwendung ist es, wo dem Menschen gleichsam wie an einem Passe alle seinen inneren Feinde auflauern, Einbildungskraft, Ungeduldd, Vorschnelligkeit, Selbstzufriedenheit, Steifheit, Gedankenform, vorgefaßte Meinung, Bequemlichkeit, Leichtsinn, Veränderlichkeit, und wie die ganze Schar mit ihrem Gefolge heißen mag, alle liegen hier im Hinterhalte und überwältigen unversehens sowohl den handelnden Weltmann als auch den stillen, vor allen Leidenschaften gesichert scheinenden Beobachter …*

---

[62] WA II. 11, 21–37, zitiert aus S. 27/28

In der Weimarer Ausgabe von Goethes Werken wurde daran anschließend eine weitere Handschrift veröffentlicht, welcher der Titel „Erfahrung und Wissenschaft" gegeben wurde; sie fand sich im Faszikel (Heft) „Physik überhaupt" aus der Zeit von 1798–1799 eingeheftet [63] und ist auf den 15. Januar 1798 datiert. In diesem Text heißt es u.a.:

*… Bei meiner Naturbeobachtung und Betrachtung bin ich folgender Methode, so viel als möglich war, besonders in den letzten Jahren treu geblieben.*

*Wenn ich die Constanz und Consequenz der Phänomene, bis auf einen gewissen Grad, erfahren habe, so ziehe ich daraus ein empirisches Gesetz und schreibe es den künftigen Erscheinungen vor. Passen Gesetz und Erscheinungen in der Folge völlig, so habe ich gewonnen, passen sie nicht ganz, so werde ich auf die Umstände der einzelnen Fälle aufmerksam gemacht und genöthigt neue Bedingungen zu suchen, unter denen ich die widersprechenden Versuche reiner darstellen kann; zeigt sich aber manchmal, unter gleichen Umständen, ein Fall, der meinen Gesetze widerspricht, so sehe ich, daß ich mit der ganzen Arbeit vorrucken und mir einen höhern Standpunct suchen muß.*

Die *Popularisierung der Naturwissenschaften*, auch der Chemie, hatte zur Zeit Goethes einen hohen Stellenwert. Göttling hatte bereits in der „Ankündigung eines sichern und bequemen chemischen Probier-Cabinets" im „Almanach oder Taschen-Buch für Scheidekünstler und Apotheker auf das Jahr 1789" mitgeteilt, daß chemische Untersuchungen jetzt für viele Naturliebhaber Lieblingsbeschäftigungen geworden seien und daß sogar die Damen angefangen hätten, sich damit zu unterhalten.

In England war zu Beginn des 19. Jahrhunderts von JANE MARCET (1769–1858) ein sehr populäres Buch (1. Auf. 1805 - Conversations on Chemistry; in which the Elements of the Science are familliary explained and illustrated by Experiments) – mit dem später deutschen Titel „Unterhaltungen über die Chemie, in welchen die Anfangsgründe dieser nützlichen Wissenschaft allgemein verständlich erläutert werden". Der 13. Auflage wurde von dem deutschen Chemiker Ferdinand Friedlieb Runge, der auch Goethe, aber erst 1819, in Weimar besuchte (s. Kap. 5), 1839 übersetzt. Auch dieses Buch wendet sich in Form von Gesprächen zwischen Damen an die Damen der Gesellschaft. In seiner Vorrede läßt Runge zunächst eine Dame zu Wort kommen [14]:

---

[63] WA II. 11, 38–41, zitiert S. 39₇₋₂₂

„Die Naturwissenschaften werden jetzt mit solchem Eifer betrieben, daß man in geselligen Zirkeln sogar von Physik und Chemie sprechen hört; natürlich nehmen wir Frauenzimmer immer mehr Antheil daran, jemehr die Männer sich bemühen, uns diese Wissenschaften zugänglich zu machen, die so in das Leben eingreifen, daß sie wohl das allgemeinste Interesse verdienen. Den deutschen Leserinnen dürfte daher jetzt ein Buch höchst willkommen sein, was, von einer Frau für Frauen geschrieben, die Chemie eben so ernsthaft als anziehend behandelt, und worin gewiß Jede mehr als Unterhaltung findet … "

Bereits in der ersten Unterhaltung werden die Begriffe „Wahlverwandtschaft, chemische Anziehung und Mischungsanziehung" erläutert. In Deutschland hat dieses in England so erfolgreiche Buch jedoch keine weitere Auflage erreicht.

DIE CHEMIE DES DOKTOR FAUSTUS

Von dem schweizerischen Psychoanalytiker C. G. JUNG (1875–1961) ist Goethes FAUST als ein alchemistisches Drama von Anfang bis Ende bezeichnet worden. Den Urfaust hatte Goethe bereits im November 1775 mit nach Weimar gebracht. Er blieb dank der Hofdame Luise von Göchhausen erhalten, die davon eine Abschrift anfertigte, die erst 1887 bei ihrem Großneffen in Dresden entdeckt wurde. Ein Faust-Fragment erschien bei Göschen in Leipzig 1790. Vier Jahre später regte Schiller dann Goethe zur erneuten Beschäftigung mit dem Thema an. Als „Faust. Der Tragödie erster Teil" erschien das Werk 1808. Der zweiten Teil gehört zu den nachgelassenen Werken 1836.

Im Faust wird Goethes Beschäftigung mit der Alchemie (s. Kap. 1) aus seiner Jugend- und Studentenzeit wieder erkennbar. Im ersten Akt „Nacht" wird zunächst die Atmosphäre des Arbeitszimmers und Fausts Einstellung zu den Wissenschaften allgemein geschildert. Hier begegnen uns viele, heute als geistiges Allgemein(Bildungs)gut zu bezeichnende Formulierungen [64]:

*Nacht. In einem hochgewölbten engen gotischen Zimmer.* Faust *unruhig auf seinem Sessel am Pulte.*

Faust.

---

[64] WA I. 14, S. 27, Zeile 354–364

*Habe nun, ach! Philosophie,*
*Juristerei und Medizin,*
*Und leider auch Theologie!*
*Durchaus studiert, mit heißem Bemühn.*
*Da steh´ ich nun, ich armer Tor!*
*Und bin so klug als wie zuvor;*
*Heiße Magister, heiße Doktor gar,*
*Und ziehe schon an die zehen Jahr,*
*Herauf, herab und quer und krumm,*
*Meine Schüler an der Nase herum -*
*Und sehe, daß wir nichts wissen können!*

Und die Beschreibung des Arbeitszimmers lautet[65]:

*Weh! steck´ ich in dem Kerker noch?*
*Verfluchtes dumpfes Mauerloch,*
*Wo selbst das liebe Himmelslicht*
*Trüb durch gemalte Scheiben bricht!*
*Beschränkt von diesem Bücherhauf,*
*Den Wärme nagen, Staub bedeckt,*
*Den, bis an´s hohe Gewölb´ hinauf,*
*Ein angeraucht Papier umsteckt;*
*Mit Gläsern, Büchsen rings umstellt,*
*Mit Instrumenten vollgepropft,*
*Urväter Hausrat drein gestopft -*
*Das ist deine Welt! das heißt eine Welt!*

Bereits in diesem Akt weist Faust auf den Beruf seines Vaters hin, den er nochmals im berühmten „Osterspaziergang" beschreibt[66]:

*Du alte Geräte, das ich nicht gebraucht,*
*Du stehst nur hier, weil dich mein Vater brauchte.*
*Du alte Rolle, du wirst angeraucht,*
*So lang an diesem Pult die trübe Lampe schmauchte.*
*Weit besser hätt´ ich doch mein Weniges verpraßt,*

---

[65] WA I. 14, Zeile 398–409
[66] WA I. 14, Zeile 676–701

*Als mit dem Wenigen belastet hier zu schwitzen!*
*Was du ererbt von deinen Vätern hast*
*Erwirb es um es zu besitzen.*
*Was man nicht nützt ist eine schwere Last;*
*Nur was der Augenblick erschafft das kann er nützen.*
*Doch warum heftet sich mein Blick auf jene Stelle?*
*Ist jenes Fläschchen dort den Augen ein Magnet?*
*Warum wird mir auf einmal lieblich helle,*
*Als wenn im nächt´gen Wald uns Mondenglanz umwehr?*
*Ich grüße dich, du einzige Phiole!*
*Die ich mit Andacht nun herunterhole,*
*In dir verehr´ ich Menschenwitz und Kunst,*
*Du Inbegriff der holden Schlummersäfte,*
*Du Auszug alles tödlich feinen Kräfte,*
*Erweise deinem Meister deine Gunst!*
*Ich sehe dich, es wird der Schmerz gelindert,*
*Ich fasse dich, das Streben wird gemindert,*
*Des Geistes Flutstrom ebbet nach und nach.*
*In´s hohe Meer werd´ ich hinausgewiesen,*
*Die Spiegelflut erglänzt zu meinen Füßen,*
*Zu neuen Ufern lockt ein neuer Tag.*

Die Phiole, eigentlich nur ein gläserner Langhalskolben, im Brockhaus von 1839 noch ausführlicher als heute mit als „ein birnförmiges, gläsernes Gefäß mit verhältnißmäßig langem und engem Halse, wie dergleichen besonders die Chemiker zu allerhand Verrichtungen brauchen" beschrieben, wurde in der Literatur häufig zu einem Synonym für Gift(-Phiole). Hier aber wird die Aufbewahrungsfunktion auf chemische Stoffe erweitert, die Goethe seinen Faust als „Schlummersäfte", aber auch als „tödtliche Kräfte", als Linderungsmittel aller Schmerzen bezeichnet.

Im zweiten Akt „Vor dem Thor", auf dem „Osterspaziergang" unterhält sich Faust mit seinem Famulus Wagner – und in dieser Unterhaltung kommt er dann auf seinen Vater zu sprechen [67]:

---

[67] WA I. 14, Zeile 1034–1055

*Mein Vater war ein dunkler Ehrenmann,*
*Der über die Natur und ihre heil´gen Kreise,*
*In Redlichkeit, jedoch auf seine Weise,*
*Mit grillenhafter Mühe sann.*
*Der, in Gesellschaft von Adepten,*
*Sich in die schwarze Küche schloß,*
*Und, nach unendlichen Rezepten,*
*Das Widrige zusammengoß.*
*Da ward ein roter Leu, ein kühner Freier,*
*Im lauen Bad der Lilie vermählt*
*Und beide dann mit offnem Flammenfeuer*
*Aus einem Brautgemach in´s andere gequält.*
*Erschien darauf mit bunten Farben*
*Die junge Königin im Glas,*
*Hier war die Arzenei, die Patienten starben,*
*Und niemand fragte: wer genas?*
*So haben wir mit höllischen Latwergen*
*In diesen Tälern, diesen Bergen,*
*Weit schlimmer als die Pest getobt.*
*Ich habe selbst den Gift an Tausende gegeben,*
*Sie welkten hin, ich muß erleben*
*Daß man die frechen Mörder lobt.*

Speziell im Zusammenhang mit diesem Textauszug äußert sich auch Helmut Gebelein in seinem Buch „Alchemie" [15]: „Ohne Kenntnis der alchemistischen Schriften, die Goethe studiert hat, ist der *Faust* nicht völlig zu verstehen … Der Vater Fausts war also ein betrügerisches Spagyriker. Faust hat sich der Magie ergeben, er will Größeres. Die Ausdrücke, mit denen Faust das Vorgehen seines Vaters beschreibt, ähneln übrigens denen, die Goethe in seiner Kritik an Newton verwendet."

Goethe verwendet hier Begriffe, die zur typischen Sprache der Alchemie gehören – wie „schwarze Küche" für das geheimnisvolle Laboratorium des Alchemisten, „roter Leu" als Deckname für den „Stein der Weisen", ein rotes Pulver, das in die Schmelze eines unedlen Metalles geworfen wird.

Weniger alchemistisch sind dann die Fakten, die sich hinter einer Szene zwischen Faust und Mephistopheles im folgenden Akt, der wieder im Studierzimmer spielt, verbergen, als Mephistopheles Faust zu einer Reise in die Welt auffordert [68]:

Mephistopheles.
*Wir breiten nur den Mantel aus,*
*Der soll uns durch die Lüfte tragen.*
*Du nimmst bei diesem kühnen Schritt.*
*Nur keinen großen Bündel mit.*
*Ein bißchen Feuerluft, die ich bereiten werde,*
*Hebt uns behend von dieser Erde.*
*Und sind wir leicht, so geht es schnell hinauf;*
*Ich gratuliere dir zum neuen Lebenslauf.*

Hier zeigen sich Goethes Interessen an der neuen Welt der Luftballone, gefüllt mit Wasserstoff bzw. heißer Luft, den Montgolfieren oder Charlieren (s. Kap. 5).

Eine weiterer Akt in Goethes Faust trägt den Namen „Hexenküche", charakterisiert in den ersten zweiten Sätzen mit [69]:

Hexenküche. *Auf einem niedrigen Herde steht ein großer Kessel über dem Feuer. In dem Dampfe, der davon in die Höhe steigt, zeigen sich verschiedene Gestalten.*

Faust im Gespräch mit Mephisto bezeichnet die Arbeite als „Sudelköcherei":

*Und schafft die Sudelköcherei*
*Wohl dreißig Jahre mir vom Leibe?*
*Weh mir, wenn du nichts Bessers weist!*
*Hat die Natur und hat ein edler Geist*
*Nicht irgend einen Balsam ausgefunden?*

Balsam, den wir bereits in Goethes Erzählung „Der Mann von funfzig Jahren" kurz erwähnt haben, spielt auch hier wieder eine Rolle. Gesa Dane [4] bezeichnet die Verjüngungskur in der Erzählung im Roman Wilhelm Meister als eine ´Parallelgeschichte´ zu Fausts Verjüngung in der ´Hexenküche´. „Am Beginn dieser Szene äußerts Faust nachdrücklich den Wunsch nach

---

[68]  WA I. 14, Zeile 2065–2072
[69]  WA I. 14, S. 114

Verjüngungsmitteln, er lehnt allerdings zugleich Wunder- oder Zaubergetränke à la Cagliostro ab".[70]

Im zweiten Teil der Faust-Tragödie kommt im zweiten Akt wieder ein „hochgewölbtes enges gotisches Zimmer, ehemals Faustens, unverändert"[71] vor, wo ein Famulus mit Mephisto ein Gespräch über den abwesenden Faust führt[72]:

Mephistopheles.

*Wo hat der Mann sich hingetan?*
*Führt mich zu ihm, bringt ihn heran.*

Famulus.
*Ach! sein Verbot ist gar zu scharf,*
*Ich weiß nicht ob ich´s wagen darf.*
*Monate lang, des großen Werkes willen,*
*Lebt´ er im allerstillsten Stillen.*
*Der zarteste gelehrter Männer*
*Er sieht aus wie ein Kohlenbrenner,*
*Geschwärzt vom Ohre bis zur Nasen,*
*Die Augen rot vom Feuerblasen,*
*So lechzt er jeden Augenblick;*
*Geklirr der Zange gibt Musik.*

Im „Laboratorium" kommt es dann zum Höhepunkt, zur Erschaffung des Homunculus, des künstlichen Menschen in der Retorte. Das „Laboratorium" wird von Goethe „im Sinne des Mittelalters", durch „weitläufige unbehülfliche Apparate, zu phantastischen Zwecken" charakterisiert[73]. Anwesend sind Wagner und Mephisto. Wagner, zum Herd gewendet, spricht zu Mephisto[74]:

---

[70] s. [4], S. 104
[71] WA I. 15.1, 90
[72] WA I. 15.1, Zeile 6671–6682
[73] WA I. 15.1, 101
[74] WA I.15.1, Zeile 6848–6860

*Es leuchtet! seht! - Nun läßt sich wirklich hoffen,*
*Daß, wenn wir aus viel hundert Stoffen*
*Durch Mischung, denn auf Mischung kommt es an,*
*Den Menschenstoff gemählich komponieren,*
*In einen Kolben verlutieren,*
*Und ihn gehörig cohobieren,*
*So ist das Werk im Stillen abgetan.*

Zum Herd gewendet.
*Es wird! die Masse regt sich klarer,*
*Die Überzeugung wahrer, wahrer:*
*Was man an der Natur Geheimnisvolles pries,*
*Das wagen wir verständig zu probieren,*
*Und was sie sonst organsieren ließ,*
*Das lassen wir kristallisieren.*

In der typischen Alchemistensprache werden hier die Vorgänge verdunkelt mit Begriffen wie „componieren", „cohobieren" (Cohabation: Wiederzusammenfügen der drei Prinzipien. Dafür steht die Farbe Rot, die Farbe der Liebe, der Vollendung.), „verlutieren". Verlutieren im Sinne von verkitten, verkleben wird in Grimms Deutschem Wörterbuch wie folgt definiert: „verlutiren ist von den chimicis aufgebracht, von lutum lette [Lehm- oder Tonerde, speziell lehmiger Mergel], womit man die gläser fest vermacht oder verschmiert, wenn man etwas im feuer zubereiten will".

Der alchemistische Höhepunkt dieser Szene ist die Entstehung des Homunculus in der Phiole, der zu Wagner spricht:[75]

Wagner bisher immer aufmerksam auf die Phiole.
*Es steigt, es blitzt, es häuft sich an,*
*Im Augenblick ist es getan.*
*Ein großer Vorsatz scheint im Anfang toll;*
*Doch wollen wir des Zufalls künftig lachen,*
*Und so ein Hirn, das trefflich denken soll,*
*Wird künftig auch ein Denker machen.*

---

[75] WA I. 15.1, Zeile 6865–6884

Entzückt die Phiole betrachtend.
*Das Glas erklingt von lieblicher Gewalt,*
*Es trübt, es klärt sich; also muß es werden!*
*Ich seh´ in zierlicher Gestalt*
*Ein artig Männlein sich gebärden.*
*Was wollen wir, was will die Welt nun mehr?*
*Denn das Geheimnis liegt am Tage.*
*Gebt diesem Laute nur Gehör,*
*Er wird zur Stimme wird zur Sprache.*

Homunculus in der Phiole zu Wagner.
*Nun Väterchen! wie steht´s? es war kein Scherz.*
*Komm, drücke mich recht zärtlich an dein Herz.*
*Doch nicht zu fest, damit das Glas nicht springe.*
*Das ist die Eigenschaft der Dinge:*
*Natürlichem genügt das Weltall kaum,*
*Was künstlich ist, verlangt geschloss´nen Raum.*

Das sind prophetische Worte um 1800, die auch in unserem Jahrhundert, ja bis in unsere neueste Zeit an der Schwelle zum 3. Jahrtausend unserer Zeitrechnung zu oft sehr heftigen Diskussionen zwischen Naturwissenschaftlern, Physiker, Chemikern, Genetikern, und mit Nichtnaturwissenschaftlern geführt haben.

[1]  K. O. Conradi, Goethe. Leben und Werk, Zweiter Teil. Summe des Lebens, S. 27–29, Athenäum (Sonderausgabe), Frankfurt am Main 1987

[2]  R. Federmann, Die königliche Kunst. Eine Geschichte der Alchemie, Wien 1964, S. 338–354

[3]  O. Krätz, Casanova, Liebhaber der Wissenschaften, München 1995

[4]  Gesa Dane: „Die heilsame Toilette", Göttingen 1994

[5]  W. Schneider: Wörterbuch der Pharmazie. Band 4 Geschichte der Pharmazie, Stuttgart 1985

[6]  J. Adler: Eine fast magische Anziehungskraft. Goethes Wahlverwandtschaften und die Chemie seiner Zeit, München 1987

[7]  H.A. und E. Frenzel: Daten deutscher Dichtung. Chronologischer Abriß der deutschen Literaturgeschichte, Band 1 Von den Anfängen bis zum jungen Deutschland, 25. Aufl., München 1990, S. 286–287

[8]  O. Krätz: Goethe und die Naturwissenschaften, München 1992, S. 141/142

[9]  W. Aigner: Die Beiträge des Apothekers Johann Friedrich August Göttling (1755–1809) zur Entwicklung der Pharmazie und Sauerstoffchemie, Dissertation München 1985

[10] G. Schwedt: Chemie vor 200 Jahren. Apotheker Göttling und sein chemisches Probir-Cabinet, Deutsche Apotheker Zeitung 130, 2781–2783 (1990); 200 Jahre „Chemisches Probir-Cabinet" des J. F. A. Göttling zu Jena, Labor 2000, 210–216 (1991)

[11] S. Engels, R. Stolz (federführende Hrsgb.): ABC Geschichte der Chemie, Leipzig 1989

[12] E. Schmauderer (Hrgsb.): Der Chemiker im Wandel der Zeiten. Skizzen zur geschichtlichen Entwicklung des Berufsbildes, Weinheim 1973

[13] W. Müller in: W.R. Pötsch (federführender Hrsgb.), Lexikon bedeutender Chemiker, Thun, Frankfurt 1989

[14] Mistreß Marcet: Unterhaltungen über die Chemie; Nachdruck der deutschen Ausgabe von 1839, mit einem Nachwort von O. Krätz, Weinheim 1982

[15] H. Gebelein: Alchemie, München 1991, S. 321–328

# 8 BIOGRAPHIEN

GUISEPPE BALSAMO, der sich Alessandro Graf von Cagliostro nannte, wurde am 8. Juni 1743 in Palermo geboren und starb am 26. August 1795 im Fort San Leone bei Urbino, dem Geburtsort des Malers und Bildhauers Raffaels. Über seinen Lebensweg sind heute folgende Fakten allgemein anerkannt: Seine medizinisch-chemischen Kenntnisse erwarb er sich offensichtlich in Ägypten und Kleinasien. In den höchsten Adelskreisen Europas trat er als Geisterbeschwörer (Spiritist) und Alchimist auf. Er verkaufte ein „Lebenselixier", wodurch er es zu großem Reichtum brachte. Als er 1786 in die Pariser Halsbandaffäre verwickelt war, wurde er aus Frankreich verbannt. Seine Frau soll ihn in Italien als Freimaurer bei den Inquisitionsbehörden denunziert haben, weshalb er 1789 in Rom zum Tode verurteilt wurde. Von Papst Pius VI. 1791 begnadigt, starb er in Gefangenschaft.

ROBERT BOYLE (1627–1691) ist nicht nur durch die Entdeckung das Gasgesetzes, das die Beziehung zwischen Druck und Volumen eines idealen Gases bei konstanter Temperatur angibt (p·V = const) - das *Boyle-Marriottes Gesetz* - sondern auch durch sein Werk „Der skeptische Chemiker" berühmt geworden. Am 25. Januar 1627 in Irland geboren erhielt der Sohn des Earl of Cork eine Ausbildung am Collegium von Eaton und studierte in Genf Rechtswissenschaft, Philosophie und Mathematik. 1654 bis 1668 lebte er in Oxford, danach in London, wo er am 20. Dezember 1691 starb. An der Gründung der Royal Society of London im Jahre 1660 (acht Jahre nach Gründung der Deutschen Akademie der Naturforscher Leopoldina Halle) war er beteiligt, deren Präsident wurde er 1680. Mit seinem Namen sind die Anfänge einer wissenschaftlichen Chemie verbunden. Sein bedeutendstes Werk trägt den Titel *The Sceptical Chemist* (1660), in dem sowohl die aristotelischen Elemente als auch die des Paracelsus in Frage gestellt werden, in Form eines Dialogs (wie auch bei Galilei) zwischen drei Personen. Die eine Person vertritt die Lehre des Aristoteles von den vier Elementen Feuer Wasser, Luft und Erde, die zweite die des Paracelsus (Salz, Schwefel und

Quecksilber) sowie die Alchemie. Die dritte Person ist der Skeptiker. Nach dessen Definition dürfen Stoffe nur dann Elemente genannt werden, wenn sie aus einfachen, homogenen Körpern bestehen. Mit zusammengesetzten Körpern bezeichnet er chemische Verbindungen nach unserem Verständnis. Boyles Aufforderung zu einer Suche nach den Elementen durch das Experiment folgte die Chemie aber verstärkt erst im 18. Jahrhundert.

LORENZ (LORENZ FRIEDRICH VON) CRELL, geboren am 21.1.1744 als Sohn eines Professors für Medizin in Helmstedt, gestorben am 7.5.1816 in Göttingen, studierte Medizin an der Universität Helmstedt und promovierte dort zum Dr.med. im Jahre 1768. Studienreisen führten ihn nach Straßburg, Paris, Edinburgh und London. 1771 wurde er Professor für Chemie und Mineralogie a, Collegium Carolinum (der heutigen TU) Braunschweig, 1774 Professor für Medizin und Philosophie an der Universität Helmstedt, wo er sich jedoch hauptsächlich mit Chemie beschäftigte. Nach Auflösung der Universität ging er 1810 als Professor für Chemie nach Göttingen;... Bekannt wurde Crell vor allem durch die Herausgabe der ersten chemischen Fachzeitschrift seit 1778, dem Chemischen Journal für die Freunde der Naturlehre, Arzneygelahrtheit, Haushaltungskunst und Manufacturen, deren Beiträge überwiegend von Crell selbst verfaßt wurden – wie auch in weiteren von ihm herausgegeben chemischen Fachzeitschriften „Die neuesten Entdeckungen in der Chemie" und „Chemisches Archiv". In ihnen erschienen Berichte über die Fortschritte der Chemie vor allem aus den Laboratorien in Deutschland, Frankreich, England und Schweden.

JOHANN WOLFGANG DÖBEREINER wurde am 13. Dezember 1780 als Sohn eines herzoglichen Kutschers und Landarbeiters des Rittergutes Burg bei Hof geboren und absolvierte ab 1794 bei dem Apotheker Dr. Lotz in Münchberg (Oberfranken) eine dreijährige Lehre. Danach war er als Provisor auf Wanderschaft – u.a. in Dillenburg, Karlsruhe und in der Hirsch-Apotheke zu Straßburg, in der Goethe über fünfundzwanzig Jahre zuvor auch einige Vorlesungen bei Spielmann besucht hatte (s. Kap. 1). Döbereiner erwarb hier autodidaktisch sein Wissen in Chemie, Botanik, Mineralogie und Philosophie – auch durch Vorlesungen an der Universität. Nach seiner Rückkehr 1802 bekam er keine Konzession zur Leitung einer Apotheke und konnte wegen fehlender Geldmittel auch keine eigene erwerben, so daß er im oberfränkischen (bayerischen) Gefrees eine Drogen- und Landproduktenhandlung neben einer kleinen Fabrik für pharmazeutisch-chemische Präparate eröffnete. 1803 hatte er Clara Knab (1784–1860), die Tochter des Kastenamtmannes von Münchberg, geheiratet. Eine Klage aus Mißgunst führte jedoch bereits 1806 zur „amtlichen" Schließung dieses erfolgreichen Unternehmens. Döbereiner zog nach Münchberg und leitete dort in der Textilmanufaktur seines Schwagers die Färberei und Bleicherei. Die Kontinentalsperre führte jedoch bald auch zum Niedergang auch dieser Fabrik, so daß er 1808 eine Stelle als Verwalter des Gutes mit Brauerei und Brennerei St. Johannis bei Bayreuth antreten mußte. Bereits nach 18 Monaten wurden Brauerei und Brennerei stillgelegt, nachdem das Gut verkauft worden war. Eine neue Stellung konnte Döbereiner zunächst nicht finden, als ihn eine Brief des Prorektors der Universität Jena „an den Herrn Professor Doctor Döbereiner" erreichte, in dem ihm Herzog Carl August von Sachsen-Weimar das Angebot unterbreiten ließ, der durch Göttlings Tod freigewordenen Lehrstuhl für Chemie und Technologie als außerordentlicher Professor zu übernehmen. Ohne akademisches Studium verlieh ihm die Philosophische Fakultät noch im Jahr der Berufung in Anerkennung seiner bisherigen Veröffentlichungen den Doktortitel (am 30.11.1810). Seine ersten Veröffentlichungen 1802–1804 beschäftigten sich mit Verbesserungen zur Bleiweißgewinnung, mit der Herstellung von Bleizucker und mit Vorgängen der Gärung. Sie waren in dem von Gehlen mitbegründeten und herausgegeben „Journal für die Chemie und Physik" erschienen. Im Wintersemester 1810/11 begann Döbereiner mit seinen Vorlesungen in Jena. 1819 wurde Döbereiner zum ordentlichen Professor „mit 500 Talern festem Gehalt und den Emolumenten der philosophischen Fakultät" ernannt (Emolumente: hier als Nebeneinkünfte).

JOHANN GEORG FORSTER (1754–1794) lernte Goethe in Kassel bereits im September 1779 auf dem Wege zu seiner zweiten Reise in die Schweiz kennen. Forster war damals ebenso wie Sömmering Professor in Kassel. Forster hatte mit seinem Vater Johann Reinhold und J. Cook Forschungsreisen unternommen. Er gilt als einer der Begründer der künstlerischen Reisebeschreibung (durch sein Werke „Reise um die Welt" und „Ansichten vom Niederrhein") und der vergleichenden Länder- und Völkerkunde. Goethe korrespondierte mit Forster über seine Untersuchungen zur Farbenlehre.

CLAUDE JOSEPH GEOFFROY (der Jüngere, 1685–1752), Sohn eines Apothekers in Paris, übernahm nach Abschluß seiner Apothekerlehre 1703 die elterliche

Apotheke und wurde Pharmazieinspektor am Pariser Hospital Hôtel-Dieu. Schwerpunkte seiner chemischen Arbeiten waren Untersuchungen von Pflanzenfarbstoffen und auch anderen Stoffen botanischer Herkunft. Seine Forschungen führten zur Berufung in der Akademie der Wissenschaften.

ETIENNE FRANCOIS GEOFFROY (1672–1731) war zunächst Apotheker dann Mediziner, ab 1707 Professor der Chemie am Jardin des Plantes in Paris und ab 1709 Professor der Medizin am Collége de France. Nach W. Müller lassen sich die Verdienste Geoffroys wie folgt zusammenfassen: „Seine hervorragendste Leistung ist die Aufstellung und Begründung der Verwandtschaftstafeln der Metalle, die er 1718 unter dem Titel ´Tables des différents rapports abservés en Chemie entre différentes substances´ veröffentlichte und 1720 verbesserte. Die Affinitätsreihe der Metalle von Zink, Eisen, Kupfer, Blei, Quecksilber, Silber und Gold wurde von G. systematisiert und festgestellt, daß jedes Metall das in der Reihe nachfolgende aus der Lösung ausfällt. Die Verwandtschaftstafeln, die eine frühe Symbolsprache für die chem. Elemente benutzten, wurden schnell aufgegriffen und besaßen bis zum Ende des 18. Jh. eine große Bedeutung."

JOHANN KONRAD GMELIN hatte noch zwei ebenso bedeutende Brüder mit Namen Johann Georg der Jüngere (1709–1755), Professor der Chemie (seit 1731) und der Medizin (seit 1749) an der Universität Tübingen, und Philipp Friedrich (1721–1768), ebenfalls Professor für Medizin sowie auch für Botanik und Chemie an der Universität Tübingen. Von deren Söhnen lernte Goethe 1797 die Juristen Christian (1750–1823) und Christian Gottlieb (1749–1818) ebenfalls kennen. Der Jurist und Kriminalist Christian Gottlieb war ein Sohn des Philipp Friedrich und Bruder des Göttinger Johann Friedrich Gmelin (1748–1804).

JOHANN BAPTIST VAN HELMONT (1577–1644) war ein Anhänger des Paracelsus, wurde Arzt und wandte sich nach dem Promotion zum Dr. med. an der Universität Louvain (Löwen) 1599 der Chemie zu. Nach Reisen und Aufenthalten in der Schweiz, in Italien, Frankreich und England ließ er sich nach 1605 in Brüssel nieder. Er gilt als einer der Begründer der Iatrochemie, die sich mit der Übertragung chemischer Erkenntnisse auf physiologische Vorgänge im menschlichen Körper (als Vorläufer der physiologischen Chemie) beschäftigte. Helmont entdeckte um 1640 das Kohlenstoffdioxid (durch Freisetzung aus Kalkstein und als Gärungsprodukt). Von den Chemiehistorikern wird der strenggläubige Katholik sowohl als Verfechter phantastischer Theorien mit dem Glauben an den Stein der Weisen als auch als ein früher Chemiker charakterisiert, welche die Erkenntnisse über die Eigenschaften luftförmiger Stoffe – begriffliche Unterscheidung von Luft, Wasserdampf und Gas – erweiterte. Er wurde wegen seiner Schriften von der Kirche und Inquisition verfolgt und auch zeitweise unter Hausarrest gestellt.

Den Apotheker ILSEMANN würdigte der Pharmaziehistoriker G. E. Dann wie folgt:

„Johann Christoph Ilsemann [1729–1822] gehört zu den in jener Epoche nicht ganz seltenen autodidaktisch gebildeten Apothekern, die in ihren Leistungen über den noch weitgehend handwerklich und händlerisch ausgeübten Beruf hinauswuchsen und als Wissenschaftler Bedeutendes leistete ... Das betraf bei Ilsemann nicht pharmazeutische Fragen. Vielmehr zog ihn nach den örtlichen Gegebenheiten die Chemie des Hüttenwesens an. 'Er war eine lange Reihe von Jahren der Einzige, der mit tiefer Sachkunde den chemischen Teil der Bergwerkskunde auf dem Harz cultivierte.' Er erarbeitete anerkannte Methoden für die Ausbringung mancher Erze. Dabei war er der Lehrer der ersten Hüttenmänner, wie der beiden gelehrten Berghauptleute von Reden ...[Berghauptmann in Clausthal 1788–1791] und von Trebra, die 'sein mineralogisches Wissen sehr hoch schätzten.' ... Eine bedeutende mineralogische Sammlung, die er anlegte, reizte sogar einen Goethe 1777 zur Besichtigung... Ilsemanns wissenschaftliche Arbeit (...) erbrachte ihm die Ernennung zum 'Bergkommissär' und zum Lehrer an der 1775 in Clausthal gegründeten Bergschule. Er vertrat an ihr von 1782 bis 1811 (...) Chemie, Mineralogie und Hüttenkunde in Vorlesungen und Übungen, die er in seinem dazu erweiterten Apothekenlaboratorium abhielt."

JAN INGEN-HOUSZ (Ingenhousz), geboren als Sohn eines Lederhändlers in Breda, gestorben in Bowood Park in England, studierte an der katholischen Universität von Louvain und wurde 1753 Arzt. 1764 ging er nach Edinburgh und später nach London. Im Auftrag des englischen Königs Georg III. wurde er 1768 Leibarzt von Kaiserin Maria-Theresia. In die Geschichte der Wissenschaften ging er vor allem wegen seiner Experimente zur Photosynthe-

---

1   Lexikon bedeutender Chemiker, Frankfurt 1989

se der Pflanzen ein, die er in der Nähe von London durchführte: Er erkannte, daß grüne Teile einer Pflanzen unter dem Einfluß des Sonnenlichtes Sauerstoff an die Atmosphäre abgibt und Kohlenstoffdioxid aus ihr aufnimmt – und er nahm deshalb an, daß der Kohlenstoff in der Pflanze aus dem aufgenommen Kohlenstoffdioxid stamme. Die umgekehrte Hypothese stellte er für Tiere und den Menschen auf.

DIETRICH GEORG KIESER (1779–1862) war Mediziner und Naturforscher und seit 1812 als Professor in Jena. Er ist der Verfasser einer Schrift mit dem Titel „Entwurf einer Geschichte und Beschreibung der Badeanstalt bei Northeim", auf die Goethe sich mehrmals bezieht. Der „gesunde Brunnen" bei Northeim in Niedersachsen war bereits vor der Entdeckung der Schwefelquelle ein beliebtes Ausflugsziel auch für die Göttinger Studenten. Um 1800 entdeckte der damalige Verwalter der Northeimer Ratsapotheke zum Hagen den Schwefelgehalt des Teichwassers, 1807 wurde ein Badehaus errichtet, 1809 kamen bereits 119 Badegäste. Kieser war 1810 Mitglied der Brunnenkommission in der Regierung des Königreichs Westfalen gewesen und hatte in dieser Eigenschaft die genannte Denkschrift verfaßt. Der Name des Naturforschers Kieser ist auch Chemikern durch die Benennung des Minerals Kieserit (MgSO$_4$ · H$_2$O) bekannt.

SUSANNA KATHARINA VON KLETTENBERG (1723–1774) war die älteste Tochter des Arztes, Ratsmitgliedes und zeitweise auch Bürgermeisters von Frankfurt Remigius Seyfart von Klettenberg (1693–1766) und mit den Textors, Goethes Vorfahren mütterlicherseits, verwandt (als Nichte einer Großtante Goethes) und zugleich auch eine Nichte eines berühmten betrügerisches Alchemisten, des Johann Hector von Klettenberg (1684–1720). In den vornehmen Frankfurter Patrizierhäusern der Familien Goethe, Textor oder von Klettenberg dürfte man über diesen Alchemisten kaum laut gesprochen haben. Als Alchemist, unter dem Namen eines Freiherrn von Wildeck, war er zu Beginn des achtzehnten Jahrhunderts in Bremen, Mainz und schließlich Prag tätig. Von dort gelangte er 1713 nach Thüringen, wo ihn offensichtlich die Familie der Grafen von Schwarzburg (erst 1971 erloschenes thüringisches Adelsgeschlecht, Hauptlinien in Sondershausen und Rudolfstadt, 1909 in Personalunion verbunden, ab 1920 im Land Thüringen aufgegangen) aufnahm, und er für den Herzog Wilhelm Ernst von Sachsen-Weimar im sächsischen Silberbergbau metallurgische Arbeiten, d.h. die

Entwicklung von Scheidewasser, vorantreiben sollte. Der größere Erfolg bei den Frauen veranlaßte ihn schließlich, sich an den Hof des Kurfürsten August I. von Sachsen, genannt August der Starke, in Dresden zu begeben, dem er die Kunst des Goldmachens vortäuschte. Als er dem Kurfürsten auch noch eine Verjüngungstinktur versprach, wurde er von diesem zum Kammerherren mit tausend Talern Lohn und weiteren dreitausend für ein chemisches Laboratorium ernannt. Da er keine Erfolge vorweisen konnte, nahm man ihn 1718 auf der Feste Königsstein in Haft und verurteilte ihn nach zwei mißglückten Fluchtversuchen zum Tode durch Enthaupten, der am 1. März 1720 erfolgte.

Über JOHANN KUNCKELS Lebenslauf (1630 oder 1638–1703) wissen wir heute folgende Einzelheiten [18]: Als Sohn eines holsteinischen Glasmachers in oder im Umkreis von Plön geboren war er im Dienste des Herzogs Franz Carl von Sachsen-Lauenburg (gest. 1670) – als Kammerdiener und Chymicus. Im Lauenburgischen Laboratorium auf Schloß Neuhaus hatte er die kleine Hof- und Leibapotheke zu betreuen. Um 1670 holte ihn Kurfürst Georg II. von Sachsen (1656–1680) als Direktor des Dresdner Laboratoriums an den sächsischen Hof. Als er das versprochene Gehalt nicht ausbezahlt bekam, verließ er Dresden und hielt 1678 nach einem Zwischenaufenthalt in Annaberg auch Vorlesungen an der Universität Wittenberg. Von 1678 bis 1688 war er Hofglasmacher des „Großen Kurfürsten" Friedrich Wilhelm I. von Brandenburg (1640–1688). In der Glashütte auf dem kurfürstlichen Vorwerk Drewitz bei Potsdam führte er seine glastechnischen Versuche fort. 1679 pachtete er die neue Kristall-Glashütte auf dem Hakendamm bei Potsdam; im gleichen Jahr erschien sein Glaslehrbuch. In dieser Glashütte entwickelte Kunckel das Herstellungsverfahren für Goldrubinglas. Für seine Leistungen erhielt er am 27. Oktober 1685 vom Kurfürsten ein eigenes Laboratorium auf der Pfaueninsel in Berlin geschenkt. Nach dem Tod des Großen Kurfürsten am 9. Mai 1688 wurden die Privilegien von dessen Sohn Kurfürst Friedrich III., ab 1701 König Friedrich I. in Preußen, nicht bestätigt. Das Laboratorium auf der Pfaueninsel fiel eine Brandstiftung zum Opfer. Seit Beginn der siebziger Jahren fanden auf der Pfaueninsel Ausgrabungen statt, deren Funde Aufschlüsse über das Wirken Kunckels gegeben haben. Trotz dieser Schwierigkeit blieb Kunckel, der in Berlin auch ein Stadthaus besaß, noch in Brandenburg bis er 1693 einen Ruf König Carl XI. (1655–1697) an den schwedischen Hof in Stockholm annimmt. Er wurde dort zum Königlichen Bergrat ernannt und in den erblichen Adelsstand mit dem Beinamen von Löwenstern erhoben. Kunckel gehörte zu den ersten Glasmachern, die sich auch wissenschaftlich-experimentell mit der Glasherstellung beschäftigten.

Den Physiker GEORG CHRISTOPH LICHTENBERG (1742–1799) (s. Kap. 5) hatte Goethe in Göttingen am 27. September 1783 (Zweite Harzreise) besucht. Er nahm in dessen Wohnung an einem physikalischen Kolleg teil. Lichtenberg experimentierte vor Goethe, dem Herzog Carl August, Fritz von Stein, dem Grafen von Hardenberg und dessen Gemahlin mit Sauerstoff und Wasserstoff – d.h. er führte Knallgasreaktionen und auch die Verbrennung einer Uhrfeder in Sauerstoff vor. Als Dichter wurde Goethe von Lichtenberg geschätzt, jedoch nicht als Physiker anerkannt. Lichtenberg war seit 1770 außerordentlicher Professor in Göttingen. Nach dem Tod von Erxleben 1777 gab er dessen Lehrbuch der Naturlehre (erstmals erschienen 1768 „Anfangsgründe der Naturlehre") bis zur siebenten Auflage heraus. Johann Christian Polykarp Erxleben (1744–1777) war der Sohn eines Pfarrers und einer Ärztin (der ersten Medizindoktorin der Universität Halle und in Deutschland) aus Quedlinburg. Er wurde nach dem Studium der Medizin und Naturwissenschaften in Göttingen (Dr. phil. 1767) dort Professor für Physik. Außer den Anfangsgründen der Naturlehre schrieb er auch Lehrbücher zur Naturgeschichte (1767) und zur Chemie (1775). Lichtenbergs Nachfolger wurde Johann Tobias Mayer (1752–1830), Professor der Physik in Altdorf, Erlangen und dann Göttingen, der zum Ärger Goethes „in einem neuen Compendium das alte Lied" anstimmte.

Bei JUSTUS CHRISTIAN LODER (1753–1823), bis 1803 Professor der Medizin, Anatomie und Chirurgie in Jena (danach in Halle und in Königsberg, ab 1810 als russischer Wirklicher Staatsrat in Moskau) hörte Goethe im Oktober 1781 in Jena Vorlesungen zur Anatomie. Loder veröffentlichte 1788 Goethes Entdeckung des Zwischenkieferknochens in seinem Handbuch der Anatomie.

PIERRE JOSEPH MACQUER (1718–1784) war zunächst Arzt, dann nach Chemiestudien am Jardin du Roi in Paris ab 1766 Direktor der Porzellanmanufaktur von Sèvres, in der ab 1769 mit der Produktion von Porzallen begonnen wurde. Im gleichen Jahr wurde er Gouvernementsinspekteur der Färberindustrie und war dann ab 1771 Professor für Chemie am Jardin du

Roi. Er korrigierte und ergänzte die von E. F. Geoffrey entwickelte Affinitätstabelle.

Mit dem „brasilianischen Reisenden" meint Goethe den Naturforscher KARL FRIEDRICH PHILIPP VON MARTIUS (1794–1868), der Professor für Botanik und Leiter des Botanischen Gartens in München wurde. Dessen Vater, ERNST WILHELM MARTIUS (1756–1849), stammte aus Weißenstadt im Fichtelgebirge und hatte nach Wanderjahren 1792 die Leitung der Hof-Apotheke in Erlangen übernommen. Nach der Verleihung des Dr.phil.h.c. wurde er 1818 an der Universität Erlangen Dozent für Pharmazie, pharmazeutische Warenkunde und chemisch-forensische Analytik. 1819 erhielt er für seine Leistungen erhielt er 1819 den Dr.med. et pharm.h.c. der Universität Bonn und wurde auch in der Leopoldina aufgenommen. Zwei Jahre nach Goethes Besuch in Marktredwitz übergab er die Apotheke an seinen Sohn Theodor Wilhelm Christian.

Der französische Philosoph JEAN-JACQUES ROUSSEAU (1712–1778) hatte 1761 und 1762 seine wichtigsten schriftstellerischen Werke zur Erziehung – „Julie oder Die neue Héloise" und „Emil oder Über die Erziehung" – veröffentlicht, die sowohl empfindsame Naturschilderungen als auch Regeln für eine naturgemäße Erziehung, d.h. Entwicklung des Menschen enthielten.

FERDINAND FRIEDLIEB RUNGE wurde am 8. Februar 1794 als Sohn eines Pfarrers in Billwerder bei Hamburg geboren. Nach seiner Apothekerlehre in Lübeck (1810–1816) studierte er in Berlin, Göttingen und Jena zuerst Medizin und wechselte unter dem Einfluß Döbereiners zur Chemie. 1818 war Runge für ein Semester in Göttingen, wo er den späteren Dichter des Deutschlandliedes Hoffmann von Fallersleben kennenlernte. Er blieb mit ihm auch in späteren Jahren befreundet. In Jena promovierte er 1819 zum Dr. med. über Belladonna (Atropin) und dessen Wirkung auf das Auge und in Berlin 1822 zum Dr. phil. über Indigo und seine Salze. 1828 wurde er Professor für technische Chemie an der Universität Breslau – jedoch ohne feste Anstellung, 1832 chemischer Leiter der im preußischen Staatsbesitz, der Königlichen Seehandlungs-Societät, befindlichen Chemischen Produktenfabrik in Oranienburg. Nach deren Privatisierung 1850 mußte Runge 1852 ausscheiden und seinen Lebensunterhalt durch die Einnahmen aus dem Verkauf seiner Bücher verdienen. In die Chemiegeschichte ist er durch die

Isolierung von Chinin (1819), Coffein (1820) und von Anilin sowie Pyrrol und Phenol aus Steinkohlenteer eingegangen. Bekannt wurde er auch durch seine Bücher zur Farbenchemie, insbesondere durch seine „Musterbilder für die Freunde des Schönes" und das Werk „Der Bildungstrieb der Stoffe" (1855) bzw. „Der Bildungstrieb der Stoffe in gewachsenen Bildern" (1859), in denen er als Vorläufer der Papier-Chromatographie Tüpfelversuche auf Papier beschrieb, und durch die populären „Hauswirthschaftlichen Brief" (1866/67). Runge starb im 74. Lebensjahr am 25. Mai 1867 in Oranienburg.

THOMAS JOHANN SEEBECK (geb. 1770 in Reval, gest. 1831 in Berlin) studierte in Berlin und Göttingen Medizin, wirkte von 1802 bis 1810 als Privatgelehrter in Jena, dann in Bayreuth bzw. Nürnberg und ab 1818 in Berlin. Als seine Leistungen in der Chemie werden u.a. die Darstellung von Kaliumamalgam (1808) und Ammoniumamalgam (1818), die Beobachtung der Lichtempfindlichkeit von feuchtem Silberchlorid und der Drehung der Polarisationsebene des Lichtes durch z.B. Rohrzucker, Weinsäure und Terpentinöl genannt.[1] 1821 entdeckte er den Effekt der Thermoelektrizität, der nach ihm benannt wurde.

Mit dem Naturphilosophen FRIEDRICH WILHELM JOSEF SCHELLING (1775–1854) trat Goethe im Juli 1798 in brieflichen Kontakt. Er teilte ihm darin die Ernennung zum außerordentlichen Professor in Jena mit. 1803 ging Schelling an die Universität Würzburg und war dann in München, Erlangen und ab 1841 in Berlin. In den fünf Jahren seines Aufenthaltes in Jena kam Goethe häufig mit ihm und dem Kreis der Romantiker zusammen.

AUGUST WILHELM VON SCHLÖZER (1735–1809) war von 1769 bis 1809 in Göttingen Professor der Geschichte. Goethe nennt ihn den deutschen Aretin, in bezug auf den italienischen Dichter Pietro Aretino (1492–1557), der durch Skandal, Spottschriften und Satiren über zeitgenössische Persönlichkeiten berühmt und auch gefürchtet war. Offensichtlich spielt Goethe damit auf die Tätigkeit Schlözers der Zeitschrift „Briefwechsel statistischen und politischen Inhalts" (1776–1782) an, in dem der ehemalige Züricher Pfarrer Johann Heinrich Waser vier Abhandlungen mit Angriffen gegen die Züricher

---

[2]  WA IV. 4, 3172–5 (Brief Nr. 1027) und Johann Wolfgang von Goethe. Briefe. Hamburger Ausgabe, Band 1, Anmerkungen S. 695, München 1988

Staatsverwaltung veröffentlicht hatte. Aus einem Brief an Lavater[2] vom 13. Oktober 1780, der Goethe über „merkwürdige Geschichte dieses sonderbaren Menschen" berichtet hatte, läßt sich dieser Zusammenhang entnehmen, in dem es heißt: „Schlözer spielt eine scheußliche Figur im Roman, und ich erlaube mir eine herzliche Schadenfreude, weil doch sein ganzer Briefwechsel die Unternehmung eines schlechten Menschen ist."

SAMUEL THOMAS SÖMMERING (1755–1830) hatte Goethe auf der Rückreise von seinem zweiten Besuch im Harz Anfang Oktober 1783 als Professor in Kassel kennengelernt. Er gehört zu den wenigen Naturforschern, die mit ihm in ständigem wissenschaftlichen Kontakt blieben. Der Arzt Sömmering veröffentlichte hervorragend illustrierte Werke zur Anatomie (vor allem auch Neuroanatomie), beschrieb als erster den gelben Fleck im Auge und entwickelte auch einen elektrochemischen Telegrafen.

JACOB REINHOLD SPIELMANN (geb. 31. März 1722 Straßburg, gest. 9. September 1783 Straßburg) lernte zunächst in der Apotheke seines Vaters von 1735 bis 1740, wobei er gleichzeitig an der Universität Medizin studierte. Anschließende Reisen führten ihn nach Berlin, an die Bergakademie Freiberg in Sachsen und nach Paris, wo er ebenfalls an der Universität Vorlesungen besuchte. In Straßburg bestand er 1743 die Apothekerprüfung und promovierte 1748 mit der Dissertation „De principio salino" 1748 zum Doktor der Medizin. Bereits ein Jahr später begann seine akademische Laufbahn mit der Ernennung zum a.o. Professor der Medizin, 1756 zum Professor der Dichtkunst und 1759 zum Ordinarius für Medizin sowie Chemie, Botanik und Arzneimittellehre. Er übte weiterhin den Beruf des Apothekers aus und leitete den Botanischen Garten. Er war fünfmal Rektor der Straßburger Universität. Spielmanns Chemieunterricht war schon damals mit praktischen Übungen im Laboratorium seiner Hirsch-Apotheke verbunden, an denen auch Goethe 1770 teilgenommen haben soll. Von seinen Werken wurde vor allem sein Lehrbuch der Chemie, die Institutiones chemiae, das in mehrere Sprachen übersetzt wurde, bekannt und auch von Goethe u.a. für seine Fauststudien benutzt.

Über den Alchemisten STARKEY sind in der einschlägigen Literatur kaum biographische Einzelheiten verfügbar. JOHANN FRIEDRICH GMELIN (1748–1804, seit 1778 Professor für Chemie, Botanik und Mineralogie an der

Universität Göttingen) führt Georg Starkey als englischen Arzt und eifrigen Verteidiger der Lehren Helmonts auf, „dessen Angedenken sich noch 1797 durch die nach ihm genannte und von ihm sehr empfohlene mit Terpentinöl bereitete Seife erhalten hat". Als Werke werden genannt: „Chemie oder Erklärung der Natur", „Erläuterte Pyrotechnie oder vortrefliche Kunst, philosophische Feuer zu halten" engl. London 1658, deutsch Frankfurt 1711) sowie „Natures explication and *Helmont's* vindication", London 1657.

Die Werke des BASILIUS VALENTINUS, angeblich ein deutscher Benediktinermönch, der im 15. Jahrhundert in Erfurt gelebt haben soll, wurden von dem Salzfabrikanten und Ratskämmerer Johann Thölde aus Frankenhausen (Thüringen) nach 1600 herausgegeben. 1604 erschien das Hauptwerk unter diesem Autorennamen mit dem Titel „Triumph-Wagen Antimonii". Neben den in alchemistischen Schriften üblichen Darstellungen geheimnisvoller „natürlicher und übernatürlicher Dinge" enthielten sie auch zahlreiche Informationen über Eigenschaften von Salzen und Säuren und über deren Herstellung.

# BIBLIOGRAPHIE

*(Bibliothek des Autors)*
MONOGRAPHIEN

ADLER, JEREMY: „Eine fast magische Anziehungskraft" Goethes „Wahlverwandtschaften"und die Chemie seiner Zeit, C.H. Beck, München 1987

BIEDERMANN, FLODOARD FREIHERR VON (Hrgs.): Goethes Gespräche
(ohne die Gespräche mit Eckermann), Insel Verlag, Frankfurt am Main o.J.

CORPUS der Goethezeichnungen, Band Vb, Nr.-264, Die Naturwissenschaftlichen
Zeichnungen mit Ausnahme der Farbenlehre, Bearbeiter: Dorothea Kuhn, Otfried Wagenbreth, Karl Schneider-Carius, E.A.Seemann Verlag, Leipzig 1976 (herausgegeben
von den Nationalen Forschungs- und Gedenkstätten der klassischen deutschen Literatur in Weimar – Goethes Sammlungen zur Kunst, Literatur und Naturwissenschaft)

DANE, GSA: „Die heilsame Toilette" Kosmetik und Bildung in Goethes „Der Mann
von funfzig Jahren", Wallstein, Göttingen 1994

ECKERMANN, JOHANN PETER: Gespräche mit Goethe in den letzten Jahren seines
Lebens, Reclam, Stuttgart 1994

GEITEL, MAX: Entlegene Spuren Goethes. Goethes Beziehungen zu der Mathematik,
Physik, Chemie und zu deren Anwendung in der Technik, zum technischen Unterricht
und zum Patentwesen, R. Oldenbourg, München und Berlin 1911

GOETHE, JOHANN WOLFGANG: Die Tafeln zur Farbenlehre und deren Erklärungen,
Insel-Bücherei Nr. 1140, Frankfurt und Leipzig, 4. Aufl. 1994

GÖRES, JÖRN (Hrgs.): „Was ich dort gelebt, genossen..." Goethes Badeaufenthalte
1785–1823. Geselligkeit – Werkentwicklung – Zeitereignisse., Athenäum, Königstein 1982

GÖTTING, FRANZ: Chronik von Goethes Leben, Insel-Verlag, Leipzig 1953

GRASDORF, ERICH UND PETER BRUNNER: Zu Tisch mit Goethe, Rezepte aus der Zeit der deutschen Klassiker, AT Verlag, Aarau/Schweiz 1995

HANSEN, VOLKMAR (Hrgs.): Goethe in seiner Zeit. Goethe-Museum Düsseldorf. Anton-und-Katharina-Kippenberg-Stiftung, Düsseldorf 1993

KAMINIARZ, IRINA und HANS LUCKE: Goethes Weimar. Ein Reisebuch, Ellert & Richter Verlag, Hamburg 1991

KLAUSS, JOCHEN (Hrsg.): Zeichnungen von Goethes Hand, E.A.Seemann Verlag, Leipzig 1992

KLAUSS, JOCHEN (Hrsg.): Der Zeichner Goethe 1788–1832, Nationale Forschungs- und Gedenkstätten der klassischen deutschen Literatur, Weimar 1990

KORANYI, STEPHAN: Autobiographik und Wissenschaft im Denken Goethes, Bouvier, Bonn 1984

KRÄTZ, OTTO: Goethe und die Naturwissenschaften, Callwey, München 1992 (Bildband mit umfangreichem Literaturverzeichnis)

KRIPPENDORF, EKKEHART (Hrsg.): Goethes Anschauen der Welt, Schriften und Maximen zur wissenschaftlichen Methode, Insel, Frankfurt am Main und Leipzig 1994

KÜNTZEL, ULRICH: Die Geschäfte des Herrn Goethe, Fackelträger, Hannover 1997

MATTHAEI, R.: Die Farbenlehre im Goethe-Nationalmuseum, Gustav Fischer, Jena 1939

MAISAK, PETRA: Johann Wolfgang Goethe Zeichnungen, Reclam, Stuttgart 1996

MEYER-ABICH, ADOLF: Biologie der Goethezeit, Klassische Abhandlungen über die Grundlagen und Hauptprobleme der Biologie von Goethe und den großen Natur-forschern seiner Zeit: Georg Forster, Alexander v. Humboldt, Lorenz Oken, Carl Gustav Carus, Karl Ernst v. Baer und Johannes Müller, Hippokrates-Verlag, Stuttgart 1949

MÜLLNER, LUDWIG: Goethes Faust im Lichte seiner Naturforschung, Orient-Occident-Verlag, Stuttgart, 2. Aufl. 1981

MUSCHG, ADOLF: Goethe als Emigrant. Auf der Suche nach dem Grünen bei einem alten Dichter, Suhrkamp, Frankfurt am Main 1986

PARTENHEIMER, MAREN: Goethes Tragweite in der Naturwissenschaft, Hermann von Helmholtz, Ernst Haeckel, Werner Heisenberg, Carl Friedrich von Weizsäcker, Duncker & Humblot, Berlin 1989

PAWLIK, JOHANN: Goethe-Farbenlehre. Didaktischer Teil, Textauswahl mit einer Einführung und neuen Farbtafeln, DuMont, Köln 9. Aufl. 1994

SACHTLEBEN, PETER: Das Phänomen Forschung und die Naturwissenschaft Goethes, Europäische Hochschulschriften Reihe XX Philosophie Band 248 (Inaugural-Dissertation Katholische Universität Eichstätt), Peter Lang, Frankfurt am Main, Bern, New York, Paris 1987

SCHMID, GÜNTHER: Goethe und die Naturwissenschaften. Eine Bibliographie, Halle 1940 (mit 4554 Literaturstellen)

STEIGER, GÜNTER: Goethe, die Universität Jena und die Naturwissenschaften, Friedrich-Schiller-Universität, Jena 1986

STEIN, W. J.: Die moderne naturwissenschaftliche Vorstellungsart und die Weltanschauung Goethes wie sie Rudolf Steiner vertritt, Wölfing, Konstanz 1919

TÜMMLER, HANS: Das klassische Weimar und das große Zeitgeschehen, Böhlau, Köln und Wien 1975

VIRCHOW, RUDOLF: Göthe als Naturforscher und in besonderer Beziehung auf Schiller. Eine Rede., A. Hirschwald, Berlin 1861

VOIGT, WOLFRAM, SUCKER, ULRICH: Johann Wolfgang von Goethe. Biographien hervorragender Naturwissenschaftler, Techniker und Mediziner Band 38, Teubner, Leipzig, 3. Aufl. 1987

VÖLKEL, WERNER (Hrgs.): Bei Goethe zu Gast. Besucher in Weimar, Insel, Frankfurt am Main und Leipzig 1996

WACHSMUTH, ANDREAS B.: Geeinte Zwienatur. Aufsätze zu Goethes naturwissenschaftlichem Denken (Beiträge zur deutschen Klassik Band 19), Aufbau-Verlag, Berlin und Weimar 1966

WAGENBRETH, OTFRIED: Goethe und der Ilmenauer Bergbau, Acta Humaniora, Nationale Forschungs- und Gedenkstätten, Weimar 1983

WALTHER, JOHANNES (Hrgs.): Goethe als Seher und Erforscher der Natur. Untersuchungen über Goethes Stellung zu den Problemen der Natur, Halle 1930

WENZEL, MANFRED: Goethe und die Medizin, Selbstzeugnisse und Dokumente, Insel, Frankfurt am Main und Leipzig 1992

## SPEZIELLE LITERATUR ZUM THEMA „GOETHE UND DIE CHEMIE"

BRAUER, KURT:
Goethe und die Chemie (Der Briefwechsel zwischen Goethe und Wackenroder);
Angew. Chemie 37, Nr. 14, 185–189 (1924)

CHEMNITIUS, FRITZ:
Die Chemie in Jena von Rolfinck bis Knorr (1629–1921), Jena 1929

CHEMNITIUS, FRITZ:
Über das Leben und Wirken von Johann Wolfgang Döbereiner.
In: Beiträge zur Geschichte der Math.-Naturwiss. Fakultät der Friedrich-Schiller-Universität Jena anläßlich der 400-Jahrfeier, Jena 1959, S. 88ff

DÖBLING, H.:
Die Chemie in Jena zur Goethezeit;
in: 13. Beiheft zur neuen Folge der Zschr. des Vereins f. thür. Gesch. u. Altertumskunde, Jena 1928, S. 57ff

GRÜNBAUM, HERBERT:

Die chemische Verwandtschaftslehre in Goethes Wahlverwandtschaften;
Chemiker-Zeitung 32, Nr. 97, 1173–1184 (1908)

GEBUARDT, MARTIN:

Goethe als Physiker. Ein Weg zum unbekannten Goethe; 6. Grotesche Verlagsbuchhandlung, berlin 1932

GUTBIER, ALEXANDER:

GOETHE, Großherzog Carl August und die Chemie in Jena – Rede gehalten zur Feier
der akademischen Preisverteilung am 19. Juni 1926 - Mit einem neu aufgefundenen
Brief Döbereiners an Goethe; Jenaer akademische Reden Heft 2, Gustav Fischer,
Jena 1926

KAHLE, WERNER:

Zu einigen Momenten des Wissenschaftsverständnisses Goethes im Spiegel seiner
Briefe; Wiss. Beiträge der Friedrich-Schiller-Universität Jena 1984, S. 140–148

KUHN, DOROTHEA:

Goethe und die Chemie – Vortrag gehalten am 19. Oktober 1972 vor der Fachgruppe
„Geschichte der Chemie" der Gesellschaft Deutscher Chemiker in Frankfurt a. Main,

LINKE, DIETMAR:

Goethe und die Chemie – von der 'heimlich Geliebten' bis zur 'Revolution auf akademischem Boden'; Wiss. Beiträge der Friedrich-Schiller-Universität Jena 1984, S. 78–94

MATTHAEI, RUPPRECHT:

Die Farbenlehre im Goethe-Museum Düsseldorf; Goethe-Museum Düsseldorf 1973

LIPPMANN, EDUARD O. VON:

Der Stein der Weisen und Homunculus, zwei alchemistische Probleme in Goethes
Faust; Chemiker-Zeitung 44, Nr. 31, 213–216 (1920)

PAUL, S.:

Johann Wolfgang Döbereiner und sein Verhältnis zu Goethe und Carl August von
Sachsen-Weimar-Eisenach; Pharm. Praxis 42, H. 2, 51–55 (1987)

SCHIFF, JULIUS:

Goethes chemische Berater und Freunde;

Deutsche Rundschau Band CLI, 450–466 (1912)


SCHIFF, JULIUS:

Unveröffentlichte chemische Dokumente aus dem Goethe- und Schiller-Archiv in Weimar; Chemiker-Zeitung 47, Nr. 54, S. 385–388 (1923)


SCHMID, IRMTRAUD:

Goethes amtliche Einflußnahme auf die Universität Jena über die naturwissenschaftlichen Institute. Der behördengeschichtliche Charakter seines Amtes „Oberaufsicht";

Wiss. Beiträge der Friedrich-Schiller-Universität Jena 1984, S. 30–42


STEIGER, GÜNTER:

Goethe und die Wissenschaften;

Wiss. Beiträge der Friedrich-Schiller-Universität Jena 1984, S. 12–29


WAGENBRETH, OTFRIED:

Goethes Stellung in der Geschichte der Geologie;

Wiss. Beiträge der Friedrich-Schiller-Universität Jena 1984, S. 59–77


WALDEN, PAUL:

Goethe und die Chemie;

Zschr. für angew. Chemie 43, 792–797, 847–850, 864–868 (1930)


WALDEN, PAUL:

Goethe als Chemiker und Techniker; Verlag Chemie, Berlin 1932


WEERDA, JUTTA, GÜNTHER SIMON:

Die Chemie am Kreuzweg – Goethes Verhältnis zur Chemie; Math.-Naturwiss. Unterr. 36, H. 6, 326–328 (1983)

# PERSONENREGISTER

# BILDNACHWEIS

BILD 1   Original in der Herzog-August Bibliothek Wolfenbüttel, Sign. Nd. 782 lat, Nd 47 dtsch,

BILD 2   Deutscher Literaturatlas von Gustav Könnecke, S. XII, Elwertsche Verlagsbuchhandlung in Marburg 1909 (Reprint Weltbild Verlag), mit freundlicher Genehmigung Stiftung Weimarer Klassik/Museen

BILD 3   Goethe, Sein Leben in Bildern und Texten, Insel Taschenbuch, 1982, S.112, mit freundlicher Genehmigung Stiftung Weimarer Klassik/Museen

BILD 4   G. Schwedt, Chemische Experimentierkunst im 16. bis 19. Jahrhundert, Holzschnitt und Kupferstiche aus Drucken der Calvörschen Bibliothek in der Universitätsbibliothek Clausthal, Edition Clausthal 1992

BILD 5   Goethe, Sein Leben in Bildern und Texten, Insel Taschenbuch, 1982, S. 192, mit freundlicher Genehmigung Stiftung Weimarer Klassik/Museen

BILD 6   Corpus der Goethezeichnungen Band VB Nr. 185 VEB E.A. Seemann, Leipzig 1976

BILD 7   Corpus der Goethezeichnungen Band VB Nr. 199 VEB E.A. Seemann, Leipzig 1976, mit freundlicher Genehmigung Stiftung Weimarer Klassik/Museen

BILD 8   Georg Agricola, de re metallica libri 12, Basel 1621

BILD 9   Corpus der Goethezeichnungen Band VB Nr. 200a VEB E.A. Seemann, Leipzig 1976, mit freundlicher Genehmigung Stiftung Weimarer Klassik/Museen

BILD 10  Bildarchiv des Autors

BILD 11  und 12 mit freundlicher Genehmigung Stiftung Weimarer Klassik/Museen

BILD 13  Jörn Göres: Goethes Badeaufenthalte 1785-1823, Athenäum, 1982, S. 293

BILD 14  Porträtsammlung der Herzog August Bibliothek Wolfenbüttel

BILD 15  Jörn Göres: Goethes Badeaufenthalte 1785-1823, Athenäum, 1982, S. 290

BILD 16  Bildarchiv des Autors

BILD 17  mit freundlicher Genehmigung Stiftung Weimarer Klassik/Museen

BILD 18  Bildarchiv Autor

BILD 19  mit freundlicher Genehmigung Stiftung Weimarer Klassik/Museen

BILD 20  Goethe, Sein Leben in Bildern und Texten, Insel Taschenbuch, 1982, S. 356, mit freundlicher Genehmigung Stiftung Weimarer Klassik/Museen

BILD 21  Bildarchiv des Autors

BILD 22 mit freundlicher Genehmigung Stiftung Weimarer Klassik/Museen
BILD 23 Bildarchiv des Autors

Druck: Mercedesdruck, Berlin
Verarbeitung: Buchbinderei Lüderitz & Bauer, Berlin

# Springer
# und
# Umwelt

Als internationaler wissenschaftlicher
Verlag sind wir uns unserer besonderen
Verpflichtung der Umwelt gegenüber
bewußt und beziehen umweltorientierte
Grundsätze in Unternehmens-
entscheidungen mit ein. Von unseren
Geschäftspartnern (Druckereien,
Papierfabriken, Verpackungsherstellern
usw.) verlangen wir, daß sie sowohl
beim Herstellungsprozess selbst als
auch beim Einsatz der zur Verwendung
kommenden Materialien ökologische
Gesichtspunkte berücksichtigen.
Das für dieses Buch verwendete Papier
ist aus chlorfrei bzw. chlorarm
hergestelltem Zellstoff gefertigt und im
pH-Wert neutral.

Springer